全国重点大学强基计划

数学教程

主　编　张天德　贾广素

副主编　沈建华　于　学　黄恩勋　杨　琪

　　　　孔祥昊　王家河　杨瑞磊　吕成杰

　　　　李　宁　李修国

山东人民出版社·济南

国家一级出版社　全国百佳图书出版单位

图书在版编目（CIP）数据

全国重点大学强基计划——数学教程/张天德，贾广
素主编 . -- 济南：山东人民出版社，2022. 3 （2023.11重印）
  ISBN 978 - 7 - 209 - 13774 - 4

  Ⅰ . ①全… Ⅱ . ①张… ②贾… Ⅲ . ①中学数学课—
高中—升学参考资料 Ⅳ . ①G634

  中国版本图书馆 CIP 数据核字（2022）第 033955 号

全国重点大学强基计划——数学教程
QUANGUO ZHONGDIAN DAXUE QIANGJI JIHUA——SHUXUE JIAOCHENG
张天德　贾广素　主编

主管单位　山东出版传媒股份有限公司
出版发行　山东人民出版社
出 版 人　胡长青
社　　址　济南市市中区舜耕路 517 号
邮　　编　250003
电　　话　总编室（0531）82098914
　　　　　市场部（0531）82098027
网　　址　http：//www. sd－book. com. cn
印　　装　济南龙玺印刷有限公司
经　　销　新华书店

规　　格　16 开（185mm×260mm）
印　　张　41.75
字　　数　810 千字
版　　次　2022 年 3 月第 1 版
印　　次　2023 年 11 月第 5 次
印　　数　7501 - 10500
ISBN 978－7－209－13774－4
定　　价　98.00 元（全两册）
　　　　　如有印装质量问题，请与出版社总编室联系调换。

▷ ▷ ▷ 前　言

高考,对于学生来说是一件大事。作为高考改革的一项重要成果,2020 年 1 月教育部下发的《教育部关于在部分高校开展基础学科招生改革试点工作的意见》,取消了自 2002 年开始的高校自主招生,在部分高校开展基础学科招生改革试点(也称强基计划)。强基计划主要选拔培养有志于服务国家重大战略需求且综合素质优秀或基础学科拔尖的学生,聚焦高端芯片与软件、智能科技、新材料、先进制造和国家安全等关键领域,以及国家人才紧缺的人文社会科学领域。

一、关于高校强基计划数学

强基计划数学按高考成绩设定入围线,这也决定了高校强基计划招生的自主命题与高考命题将体现"互补性",且更倾向于测试考生的数学素养积淀、数学思想与技能。如果说数学的日常教学已经从"一纲一本"的封闭中走了出来,开始踏上"新课程"改革的大道,那么强基计划数学试题所体现的教育理念,则更能充分地为学有余力的学生提供自由发展和充分表现的机会。许多体现现代数学思想或具有高等数学背景的"活数学",通过强基计划招生考试传播到中学校园,许多学生的数学功底是在第一课堂准备的,而思维潜能却往往是在强基备考的过程中体现出来的。

强基计划数学考试的备考工作在启发学生的学习兴趣和提高数学学习能力方面所发挥的作用,就我国的基础教育而言,是不可或缺的有益补充。从数学强基计划备考的现状来看,凡是开展较好的地区和单位,学生的数学学习兴趣得到了激发,创造性思维得到了锻炼,学习效率也得到了提高。

二、本书的特点

本书是编者认真收集与研究全国重点高校的强基计划数学试题,并在此基础上深入剖析强基计划数学试题的特点,总结命题规律,为强基计划数学量身打造的。共分为十五个模块,每个模块集知识点、典型例题于一体,既有知识点的详细讲解,分析其来龙去脉,又有典型例题作为参照,便于学生掌握考情。这十五个模块既相互独立又前后互映,构成了一个有机的整体。

1. 同步安排　系统跟踪

本书是根据新教材的内容,将整个高中数学知识进行了整合,而不是完全按照课本顺序进行编写的。这主要是为了与学生备考第一轮复习同步,避免过多地占用学生课余时间,尽量让学生"一次备考,两次受益"。本书的内容着重对学生素质、能力的培养,在例题解析中训练、提升学生的思维与组合能力,习题的配置也尽可能地提供详尽的答案,以便于学生课下研究。

2. 立体设计　螺旋提升

在本书的编写过程中,编者尽可能地把各种因素、各种关系、各种要求考虑进去,并从整体上进行协调,既便于学生学习使用,又能起到综合教育与适当推广的作用。每一模块的编写,既注意知识点的数量、典型性与训练的价值,又注意直接从中学教材、中学课堂寻找生长点。例题的编排,通常有较低的起点,较高的落点,较宽的跨度,不求齐求全,而求突出核心。习题的配备既注重数量又注重题型,为考生提供更多的练习机会。强基计划考试与高考所需的各大知识支柱在各模块中循环出现,有的甚至是从初中到高中的循环,但都不是简单的重复,而是巩固深化,拾级而上的螺旋式上升。

3. 真题再现　彰显规律

编者通过多种渠道收集的各重点大学的强基计划、暑期营、秋令营、冬令营等的考试试题,具有极强的参考性,并以例题讲解与习题演练的方式将不同层次大学的强基计划考试的命题思想、命题思路、命题规律、命题难度和考查方式呈现出来,以使学生见到"真经",分析差距,明确方向,并按各自所需找到相应档次的大学强基计划考试的试题进行研究。另外,本书不仅适合参加强基计划、"三位一体"综合评价招生的学生备考使用,也可供参加高考培优和全国高中数学联赛训练的学生选用。

三、优秀的传承

本书是 2013 版《全国重点大学自主招生数学教程》的姊妹篇,所选试题均为近几年的考试试题,与《全国重点大学自主招生数学教程》所选尽可能地不同。在编写过程中,编者还将部分章节在北京奇趣数学苑、厦门阿叶数学、广州杨志明数学角、济宁素悦人生等数学公众号进行连载,得到了全国广大师的一致好评,反响很好。

除此之外,在本书的编写过程中,得到了全国各重点高校、中学及有关教师的帮助与支持,特别是山东济宁孔子学校与山东济宁孔子高级中学的大力支持,在此向诸位表示衷心的感谢!

张天德工作室

2022 年 2 月于山东大学

▷ ▷ ▷ 目　录

▷ ▷ ▷ **第一章**
集合与简易逻辑

　　集合是现代数学大厦的基石,以集合为载体,可以承载丰富的知识、方法和数学思想,可以有效地考查学生的数学阅读、即时学习、创新意识等素质和能力.逻辑作为一门研究思维的科学,与我们的学习和生活有着千丝万缕的联系,在数学的应用中非常重要.因此,集合与逻辑成为高校强基计划命题的理想素材.本章,我们重点研究集合与逻辑的一些基本问题和应用.

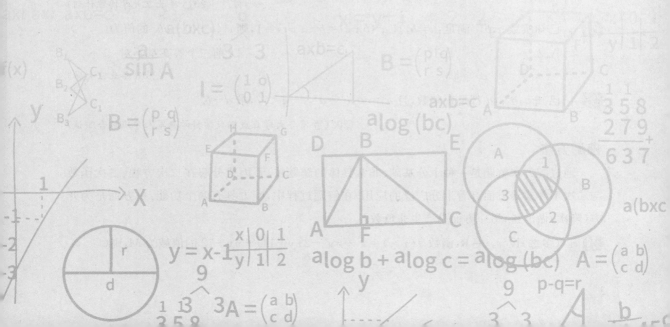

§1.1 代数式与方程

我们知道,任何一个恒等式均由若干个代数式构成.代数式是中学阶段的重点内容之一.从某种意义上讲,数学问题解决的本质就是研究代数式的过程.

一、代数式

❶因式分解

把一个多项式化为几个最简整式的乘积,这种变形称为多项式因式分解(也称为分解因式).在高中数学中,因式分解几乎无处不在,尤其是在集合、函数、不等式、数列、解析几何初步等的应用中十分广泛.在进行因式分解时,需要遵循一定的规则,如:

(1)平方差公式:$a^2-b^2=(a-b)(a+b)$;

(2)完全平方公式:$(a\pm b)^2=a^2\pm 2ab+b^2$;

(3)立方和公式:$a^3+b^3=(a+b)(a^2-ab+b^2)$;

(4)立方差公式:$a^3-b^3=(a-b)(a^2+ab+b^2)$;

(5)三数和平方公式:$(a+b+c)^2=a^2+b^2+c^2+2(ab+bc+ca)$;等等.

类似于上述这些公式,我们可以将之推广到 n 次的情形,请读者自试之.

例 1 记 $(\sqrt{5}+\sqrt{3})^6$ 的小数部分为 t,则 $(\sqrt{5}+\sqrt{3})^6(1-t)$ 的值为_____.

(2018 年上海交通大学)

例 2 若方程 $x^2-3x-1=0$ 的根也是方程 $x^4+ax^2+bx+c=0$ 的根,则 $a+b-2c=$（　　）

A. -13 B. -9

C. -5 D. 前三个答案都不对

(2016 年北京大学博雅计划)

例 3 已知实数 a,b,c 满足:$a\neq b$,且 $a^2(b+c)=b^2(a+c)=1$,则 $c^2(a+b)-abc$ 的值为（　　）

A. 2   B. 1   C. 0   D. 前三个答案都不对

(2018 年北京大学)

例 4 已知 a,b,c,d 都是正整数,且 $a^3=b^2$,$c^5=d^4$,$c-a=77$,求 $d-b$.

(2021 年清华大学丘成桐数学科学领军人才班综合测试)

❷配方法

通过配方来解题是一种十分基础、非常具体的解题技巧.因式分解在二次方程、二次函数与二次不等式等方面有着十分广泛的应用.在解题过程中,配方具有两个功能:一方面是为开方(降次)做准备,另一方面是产生非负数.

例 5 (多选)设 $x,y\in\mathbf{R}$,函数 $f(x,y)=x^2+6y^2-2xy-14x-6y+72$ 的值域为 M,则（　　）

$\qquad$ A. $1 \in M$ $\qquad$ B. $2 \in M$ $\qquad$ C. $3 \in M$ $\qquad$ D. $4 \in M$

（2017 年清华大学 THUSSAT）

例 6 若 $a+b=2$，则 $(a^2-b^2)^2-8(a^2+b^2)$ 的值为（ ）

$\qquad$ A. -16 $\qquad$ B. 0 $\qquad$ C. 6 $\qquad$ D. 8

（2015 年北京大学生命科学冬令营）

例 7 已知实数 a,b 满足 $(a^2+4)(b^2+1)=5(2ab-1)$，则 $b\left(a+\dfrac{1}{a}\right)$ 的值为（ ）

$\qquad$ A. $\dfrac{3}{2}$ $\qquad$ B. $\dfrac{5}{2}$ $\qquad$ C. $\dfrac{7}{2}$ $\qquad$ D. 前三个答案都不对

（2017 年北京大学）

例 8 函数 $f(x)=x(x+1)(x+2)(x+3)$ 的最小值为（ ）

$\qquad$ A. -1 $\qquad$ B. -1.5 $\qquad$ C. -2 $\qquad$ D. 前三个答案都不对

（2017 年北京大学）

❸有理化因式

例 9 设 n 是正整数，当 $n>100$ 时，$\sqrt{n^2+3n+1}$ 的小数部分的前两位数是_____．

（2018 年陕西省预赛）

例 10 设 a,b,c 均为正数，且 a,b,c 成等差数列，判断 $\dfrac{1}{\sqrt{b}+\sqrt{c}}$，$\dfrac{1}{\sqrt{c}+\sqrt{a}}$，$\dfrac{1}{\sqrt{a}+\sqrt{b}}$ 是否成等差数列，并说明理由．

（2016 年北京大学优秀中学生暑期夏令营）

二、方程与方程组

$\qquad$ 方程与方程组的问题在高校的强基计划中经常出现，这里我们仅介绍几个关于方程的重要结论．

❶一元 n 次方程根与系数的关系

$\qquad$ 法国数学家韦达最早发现了一元 n 次方程的根与系数的关系，人们将之称为韦达定理．有趣的是，韦达 16 世纪就证明了这个定理，但证明该定理所依靠的代数基本定理在 1799 年才由大数学家高斯作出了实质性的论证．韦达定理在方程论方面有着广泛的应用．

$\qquad$ 让我们先回顾一元二次方程韦达定理的推导过程：

$\qquad$ 一元二次方程 $ax^2+bx+c=0(a\neq 0)$ 有两个根 x_1,x_2（可以是虚根），则该一元二次方程可设为 $ax^2+bx+c=a(x-x_1)(x-x_2)=ax^2-a(x_1+x_2)x+ax_1x_2$，比较两端的系数，不难得到 $x_1+x_2=-\dfrac{b}{a}$，$x_1x_2=\dfrac{c}{a}$．

$\qquad$ 类似于上面的推导过程，我们也可得到一元三次方程的韦达定理：

$\qquad$ 一元三次方程 $ax^3+bx^2+cx+d=0(a\neq 0)$ 有三个根 x_1,x_2,x_3（可以是虚根），则该一元三次方程可设有 $ax^3+bx^2+cx+d=a(x-x_1)(x-x_2)(x-x_3)$，展开，得

$$ax^3+bx^2+cx+d=a[x^3-(x_1+x_2+x_3)x^2+(x_1x_2+x_2x_3+x_3x_1)x-x_1x_2x_3]$$

比较两端的系数,即得
$$\begin{cases} x_1+x_2+x_3=-\dfrac{b}{a}, \\ x_1x_2+x_2x_3+x_3x_1=\dfrac{c}{a}, \\ x_1x_2x_3=-\dfrac{d}{a}. \end{cases}$$

类似上述方法,我们还可以推广到更一般的情形,在此不再赘述.

例 11 若实数 x,y 满足 $x-4\sqrt{y}=2\sqrt{x-y}$,则 x 的取值范围是_____.

(2018 年浙江大学)

例 12 已知三个不同的实数 x,y,z 满足 $x^3-3x^2=y^3-3y^2=z^3-3z^2$,则 $x+y+z=($)

A. -1 B. 0

C. 1   D. 前三个答案都不对

(2016 年北京大学博雅计划)

例 13 四次多项式 $x^4-18x^3+kx^2+200x-1984$ 的四个零点中有两个零点的积为 -32,则实数 $k=$_____.

(2018 年湖南省预赛)

例 14 已知实系数方程 $x^4+ax^3+bx^2+cx+d=0$ 的根都不是实数,其中两个根的和为 $2+i$,另两个根的积为 $5+6i$,则 $b=($)

A. 11   B. 13

C. 15   D. 前三个答案都不对

(2016 年北京大学)

❷ 函数思维

例 15 (多选)设 x,y 满足 $(3x+y)^5+x^5+4x+y=0$,则点 $(x,y)($)

A. 只有有限多个   B. 有无限多个

C. 位于同一条直线上   D. 位于同一条抛物线上

(2017 年清华大学领军计划)

例 16 若 $x,y\in\left[-\dfrac{\pi}{6},\dfrac{\pi}{6}\right],a\in\mathbf{R}$. 且满足 $\begin{cases} x^3+\sin x-3a=0, \\ 9y^3+\dfrac{1}{3}\sin 3y+a=0, \end{cases}$ 则 $\cos(x+3y)=$_____.

(2018 年河北省预赛)

§1.2   集合的概念与运算

集合论是德国著名数学家康托尔在 19 世纪末创立的. 它在数学中是一个不加定义的原始

概念,是现代数学的基石.

一、集合的概念

现实生活中,我们经常把一些确定的对象作为一个整体来考察研究. 在数学上,我们把能够确定的不同对象组成的整体称为集合. 集合中的各个对象叫作这个集合的元素. 研究集合,首先需要弄清一条:集合中的元素是什么?

例 1 已知函数 $f(x)=\ln(a-3x)$ 的定义域为 A,若 $4\in A,5\notin A$,则实数 a 的取值范围是 ( )

A. $(12,15)$ B. $[12,15)$ C. $(12,15]$ D. $[12,15]$

(2018 年清华大学 THUSSAT)

例 2 设函数 $f(t)=t^2+2t$,则点集 $M=\{(x,y)\mid f(x)+f(y)\leqslant 2,\text{且 } f(x)\geqslant f(y)\}$ 所构成图形的面积是( )

A. 4π B. 2π C. π D. 前三个答案都不对

(2018 年北京大学)

二、集合间的关系

一般地,对于两个集合 A 与 B,如果集合 A 中的任何一个元素都是集合 B 中的元素,我们就说集合 A 是集合 B 的子集,记作 $A\subseteq B$;如果 $A\subseteq B$,且集合 B 中至少有一个元素 $b\notin A$,我们就说集合 A 是集合 B 的真子集,记作 $A\subsetneqq B$. 我们规定:空集 $\varnothing$ 是任何集合的子集.

对于两个集合 A 与 B,如果 $A\subseteq B$,且 $B\subseteq A$,我们就称集合 A 与集合 B 相等,记作 $A=B$.

子集具有以下性质:

(1)$\varnothing\subseteq A,\varnothing\subsetneqq B(B\neq\varnothing)$;

(2)$A\subseteq B,B\subseteq C$,则 $A\subseteq C$;

(3)$A\cup B=B\Leftrightarrow A\subseteq B;A\cap B=A\Leftrightarrow A\subseteq B$.

例 3 (多选)已知集合 $A=\{x\mid x=3a+2b,a,b\in\mathbf{Z}\}$,集合 $B=\{x\mid x=2a-3b,a,b\in\mathbf{Z}\}$,则( )

A. $A\subseteq B$ B. $B\subseteq A$ C. $A=B$ D. $A\cap B=\varnothing$

(2018 年中学生数理化创新能力大赛)

例 4 已知集合 $A=\{x,xy,x+y\},B=\{0,|x|,y\}$,且 $A=B$,则 $x^{2018}+y^{2018}=$_____.

(2018 年河北省预赛)

例 5 设集合 $A=\{x\mid x^2-3x-10\leqslant 0\},B=\{x\mid m+1\leqslant x\leqslant 2m-1\}$. 若 $A\cap B=B$,则实数 m 的取值范围是_____.

(2018 年湖南省预赛)

三、集合间的运算

❶交集、并集和补集

$A\cap B=\{x\mid x\in A,\text{且 } x\in B\};A\cup B=\{x\mid x\in A,\text{或 } x\in B\};\complement_U A=\{x\mid x\in U,\text{且 } x\notin A\}$.

例 6 已知集合 $A=\{x\in\mathbf{Z}\,|\,x^2-9>0\}$，集合 $B=\{x\in\mathbf{Z}\,|\,x^2-8x+a<0\}$，$A\cap B$ 一共 4 个子集.

(1)求 $A\cap B$(写出结论即可,无须证明);

(2)求实数 a 的取值范围.

(2019 年清华大学暑期学校)

❷集合运算常用的结论

(1)交换律　$A\cup B=B\cup A$，$A\cap B=B\cap A$；

(2)结合律　$A\cup(B\cup C)=(A\cup B)\cup C$，$A\cap(B\cap C)=(A\cap B)\cap C$；

(3)分配律　$A\cup(B\cap C)=(A\cup B)\cap(A\cup C)$，$A\cap(B\cup C)=(A\cap B)\cup(A\cap C)$；

(4)同一律　$A\cup\varnothing=A$，$A\cup U=U$；$A\cap\varnothing=\varnothing$，$A\cap U=A$；

(5)等幂律　$A\cup A=A$，$A\cap A=A$；

(6)吸收律　$A\cap(A\cup B)=A$，$A\cup(A\cap B)=A$；

(7)求补律　$A\cup\complement_U A=U$，$A\cap\complement_U A=\varnothing$；

(8)反演律(摩根律)　$\complement_U(A\cap B)=(\complement_U A)\cup(\complement_U B)$，$\complement_U(A\cup B)=(\complement_U A)\cap(\complement_U B)$；

(9)对合律　$\complement_U(\complement_U A)=A$.

例 7 全集 $U=\mathbf{R}$，集合 $A=\{x\,|\,y=\log_{2018}(x-1)\}$，集合 $B=\{y\,|\,y=\sqrt{x^2+4x+8}\}$，则 $A\cap(\complement_U B)=(\quad)$

A. $[1,2]$　　　　　　　　B. $[1,2)$

C. $(1,2]$　　　　　　　　D. $(1,2)$

(2018 年清华大学 THUSSAT)

例 8 已知 $A\cup B=\{a_1,a_2,a_3\}$，当 $A\neq B$ 时,(A,B) 与 (B,A) 视为不同的对,则这样的 (A,B) 对的个数有_____个.

(2018 年湖南省预赛)

例 9 若集合 N 的三个子集 A,B,C 满足:$Card(A\cap B)=Card(A\cap C)=Card(B\cap C)=1$,且 $A\cap B\cap C=\varnothing$,($Card(X)$ 表示集合 X 中元素的个数)则称 (A,B,C) 为 N 的"有序子集列". 现有 $N=\{1,2,3,4,5,6\}$,则 N 的"有序子集列"的个数为($\quad$)

A. 540 个　　　　　　　　B. 1280 个

C. 3240 个　　　　　　　　D. 7680 个

(2017 年清华大学 THUSSAT)

四、新定义的集合问题

例 10 设 X 为全集,$A\subsetneqq X$,定义 $f_A^S=\begin{cases}1,S\in A\\0,S\notin A\end{cases}$,对 X 的真子集 A 和 B,下列说法错误的是（　　）

A. $B\subseteq A\Rightarrow f_B^S\leqslant f_A^S$ 　　　　　　B. 若 $B\cap A\neq\varnothing$,则 $f_{B\cap A}^S\leqslant f_B^S+f_A^S$

C. $f_{B\cup A}^S\geqslant f_B^S+f_A^S$ 　　　　　　　D. $f_{B\cup A}^S=f_B^S+f_A^S$

(2018 年上海交通大学)

例 11 (多选)若存在满足下列三个条件的集合 A,B,C,则称偶数 n 为"萌数":

(1)集合 A,B,C 为集合 $M=\{1,2,3,\cdots,n\}$ 的 3 个非空子集,A,B,C 两两之间的交集为 $\varnothing$,且 $A\cup B\cup C=M$;

(2)集合 A 中的所有数均为奇数,集合 B 中所有数均为偶数,所有 3 的倍数数都在集合 C 中;

(3)集合 A,B,C 所有元素的和分别为 S_1,S_2,S_3,且 $S_1=S_2=S_3$.

下列说法正确的是(　　)

A. 8 是"萌数" 　　　　　　　　　B. 60 是"萌数"

C. 68 是"萌数" 　　　　　　　　　D. 80 是"萌数"

(2017 年清华大学 THUSSAT)

例 12 定义 x_0 为集合 A 的"聚点":若对于任意正实数 a,存在 $x\in A$ 使得 $|x-x_0|<a$ 成立.

下列集合以 0 为"聚点"的有_____.

① $\left\{\ln\left(1+\dfrac{1}{n}\right)\mid n\in\mathbf{Z},n>0\right\}$;② $\left\{\sin\dfrac{1}{n}\mid n\in\mathbf{Z},n>0\right\}$;③ $\left\{\dfrac{3}{n}\mid n\in\mathbf{Z},n>0\right\}$;④ 整数集 $\mathbf{Z}$

(2019 年清华大学暑期学校)

§1.3 容斥原理与抽屉原理

容斥原理与抽屉原理是数学中两个极为朴素的原理,能很好地考查学生思维的灵活性以及构造能力,在高校的强基计划和数学竞赛中颇受青睐.

一、容斥原理

在计数时,为使重叠部分不被重复计算,人们研究出了一种新的计数方法,这种方法的基本思想是:先不考虑重叠的情况,把包含于某内容中的所有对象的数目先计算出来,然后再把计数时重复计算的数目排斥出去,使得计算结果既无遗漏又无重复,这种计数方法称为容斥原理.

容斥原理:用 $\text{Card}(X)$ 表示集合 X 所含元素的个数,则

(1)$\text{Card}(A\cup B)=\text{Card}(A)+\text{Card}(B)-\text{Card}(A\cap B)$;

(2)$\text{Card}(A\cup B\cup C)=\text{Card}(A)+\text{Card}(B)+\text{Card}(C)-\text{Card}(A\cap B)-\text{Card}(A\cap C)-\text{Card}(B\cap C)+\text{Card}(A\cap B\cap C)$

我们不难将其推广到 n 个集合的情况,即

$$\mathrm{Card}\left(\bigcup_{i=1}^{n} A_i\right) = \sum_{i=1}^{n} \mathrm{Card}(A_i) - \sum_{1 \leqslant i < j \leqslant n} \mathrm{Card}(A_i \cap A_j) + \sum_{1 \leqslant i < j < k \leqslant n} \mathrm{Card}(A_i \cap A_j \cap A_k) - \cdots +$$
$$(-1)^{n-1} \mathrm{Card}\left(\bigcap_{i=1}^{n} A_i\right).$$

例 1 (多选)某校共 2017 名学生,其中每名学生至少要选 A、B 两门课程中的一门. 已知选修 A 课程的人数约占全校人数的 70%～75%,选修 B 课程的人数约占到全校人数的 40%～45%,则下列说法正确的是(   )

A. 同时选修 A、B 的人数约 200 人   B. 同时选修 A、B 的人数约 300 人

C. 同时选修 A、B 的人数约 400 人   D. 同时选修 A、B 的人数约 500 人

(2017 年清华大学 THUSSAT)

例 2 设集合 $I = \{1, 2, 3, 4, 5, 6, 7, 8\}$,若 I 的非空子集 A, B 满足 $A \cap B = \varnothing$,就称有序集合 $\{A, B\}$ 为 I 的"隔离集合对",则集合 I 的"隔离集合对"的个数为_____.(用具体数字作答)

(2018 年四川省预赛)

例 3 设集合 A 与集合 B 都是有限集合,定义 $d(A, B) = \mathrm{Card}(A \cup B) - \mathrm{Card}(A \cap B)$,其中 $\mathrm{Card}(A)$ 表示有限集合 A 中的元素个数.

命题①:对任意有限集合 A, B,"$A \neq B$"是"$d(A, B) > 0$"的充要条件;

命题②:对任意有限集合 $A, B, C, d(A, C) \leqslant d(A, B) + d(B, C)$

则(   )

A. 命题①与命题②都成立

B. 命题①与命题②都不成立

C. 命题①成立,命题②不成立

D. 命题①不成立同,命题②成立

(2018 年清华大学)

例 4 设有 n 个人,任意两人在其他 $n-2$ 人中都有至少 2016 位共同的朋友,朋友关系是相互的,求所有 n,使得在满足以上条件的任何情形下都存在 5 人彼此是朋友.

(2016 年中国科学技术大学优秀中学生体验营)

二、抽屉原理

我们知道,把三个苹果放进两个抽屉,必有一个抽屉里至少有两个苹果. 这就是著名的抽屉原理. 抽屉原理常见的形式有:

1. 把 $n+k(k \geqslant 1)$ 个物体以任意的方式全部放入 n 个抽屉中,一定存在一个抽屉中至少有两个物体;

2. 把 $mn+k(k \geqslant 1)$ 个物体以任意的方式全部放入 n 个抽屉中,一定存在一个抽屉中至少有 $m+1$ 个物体;

3.把 $m_1+m_2+\cdots+m_n+k(k\geqslant1)$ 个物体以任意方式全部放入 n 个抽屉中,那么或在一个抽屉里至少放入了 m_1+1 个物体,或在第二个抽屉里至少放入了 m_2+1 个物体,$\cdots$,或在第 n 个抽屉里至少放入了 m_n+1 个物体.

4.把 m 个物体以任意方式全部放入 n 个抽屉中,有两种情况:

(1)当 $n\mid m$ 时($n\mid m$ 表示 n 整除 m),一定存在一个抽屉中至少放入了 $\dfrac{m}{n}$ 个物体;

(2)当 n 不能整除 m 时,一定存在一个抽屉中至少放入了 $\left[\dfrac{m}{n}\right]+1$ 个物体($[x]$ 表示不超过 x 的最大整数).

抽屉原理使用的关键在于根据具体问题的情景构造相应的"抽屉".

例5 在直角坐标系中,已知 $A(-1,0)$,$B(1,0)$.若对于 y 轴上任意 n 个不同点 $P_1,P_2,\cdots,P_n$,总存在两个不同的点 P_i,P_j,使得 $|\sin\angle AP_iB-\sin\angle AP_jB|\leqslant\dfrac{1}{3}$,则 n 的最小值为（　　）

A. 3　　　　　B. 4　　　　　C. 5　　　　　D. 6

(2015 年清华大学领军计划)

例6 设 $x_1,x_2,\cdots,x_{100}\in[-1,1]$,求证:存在 $i\neq j$,使得 $|x_ix_{j+1}-x_jx_{i+1}|<\dfrac{1}{12}$.

(2016 年中国科学技术大学优秀中学生体验营)

例7 设 $x_1,x_2,\cdots,x_n$ 是给定的 n 个实数.

证明:存在实数 x 使得 $\{x-x_1\}+\{x-x_2\}+\cdots+\{x-x_n\}\leqslant\dfrac{n-1}{2}$.

(这里 $\{x\}$ 表示 x 的小数部分)

例8 从 $1,2,3,\cdots,2050$ 这 2050 个数中任取 2018 个数成集合 A,把 A 中的每个数染上红色或蓝色.求证:总存在一种染色方法,使得有 600 个红数及 600 个蓝数满足下列两个条件:

(1)这 600 个红数的和等于这 600 个蓝数的和;

(2)这 600 个红数的平方和等于这 600 个蓝数的平方和.

(2018 年江苏省预赛)

三、映射与计数

设 A,B 是两个非空集合,如果对于集合 A 的每一个元素 x,按照某种对应关系 f,在集合 B 中有唯一的元素 y 与之对应,则称 $f:A\to B$ 为一个映射,记作:$f:A\to B$,其中 x 称为 y 的原象,y 称作是 x 的象.特别地,当集合 A 与 B 都是非空数集时,映射 f 称为函数.

如果 $f:A\to B$ 是一个映射,且对任意 $x,y\in A,x\neq y$ 都有 $f(x)\neq f(y)$,则 $f:A\to B$ 是 A 到

B 的单射；

如果 $f:A \rightarrow B$ 是映射，且对任意 $y \in B$，都有一个 $x \in A$ 使得 $f(x)=y$，则 $f:A \rightarrow B$ 是 A 到 B 的满射；

如果 $f:A \rightarrow B$ 既是单射，又是满射，则 $f:A \rightarrow B$ 是 A 到 B 的双射，也称一一映射；

如果 $f:A \rightarrow B$ 为满射，且对任意 $y \in B$，恰好有 A 中的 m 个元素 $x_1, x_2, \cdots, x_m$ 使得 $f(x_i)=y(i=1,2,\cdots,m)$，则 $f:A \rightarrow B$ 是 A 到 B 的倍数(倍数为 m)映射.

定理 设 A,B 都是有限集，$f:A \rightarrow B$ 是 A 到 B 的一个映射，

(1)如果 f 是单射，则有 $\mathrm{Card}(A) \leqslant \mathrm{Card}(B)$；

(2)如果 f 是满射，则有 $\mathrm{Card}(A) \geqslant \mathrm{Card}(B)$；

(3)如果 f 是双射，则有 $\mathrm{Card}(A) = \mathrm{Card}(B)$；

(4)如果 f 是倍数为 m 的映射，则有 $\mathrm{Card}(A) = m\mathrm{Card}(B)$.

例 9 已知定义在 $(0,+\infty)$ 上的函数 $f(x)$ 是单射，对任意 $x>0$，有 $xf(x)>1$，$f[xf(x)-1]=2$，则 $f(2)=$ _____.

(2018 年中国科学技术大学)

例 10 设 $S=\{1,2,3,4,5\}$，则满足 $f[f(x)]=x$ 的映射 $f:S \rightarrow S$ 的个数是 _____.

(2018 年中国科学技术大学)

§1.4 命题的形式

逻辑学是研究人类思维、思维规律、思维方法的科学. 一般来说，逻辑学主要包括形式逻辑、数理逻辑和辩证逻辑，它们分别从不同的角度研究思维问题. 在高中阶段，我们主要研究简易逻辑.

一、推出关系

命题是指可以判断真假的句子，一般为反映事物情况的陈述句. 命题是由题设(条件)和结论两部分组成，题设是已知事项，结论是由已知事项推出的事项.

一般地，如果事件 α 成立可以推出事件 β 成立，那么就说由 α 可以推出 β，记作 $\alpha \Rightarrow \beta$. 换而言之，$\alpha \Rightarrow \beta$ 表示以 α 为条件，β 为结论的真命题. 如果事件 α 成立，而事件 β 不成立，那么就说事件 α 不能推出事件 β，可记作 $\alpha \nRightarrow \beta$. 换而言之，$\alpha \nRightarrow \beta$ 表示以 α 为条件，β 为结论的命题是假命题.

如果 $\alpha \Rightarrow \beta$，且 $\beta \Rightarrow \alpha$，就说 α 与 β 等价，记作 $\alpha \Leftrightarrow \beta$.

显然，推出关系满足传递性：$\alpha \Rightarrow \beta, \beta \Rightarrow \gamma$，则 $\alpha \Rightarrow \gamma$.

例 1 (多选)若 a,b 表示直线，α 表示平面，下列命题中错误的是( )

    A. 若 $a//b, b \subset \alpha$，则 $a//\alpha$ B. 若 $a//\alpha, b//\alpha$，则 $a//b$

    C. 若 $a//b, b//\alpha$，则 $a//\alpha$ D. 若 $a//\alpha, b \subset \alpha$，则 $a//b$

(2018 年清华大学 THUSSAT)

例 2 已知△ABC 的三边长分别为 a，b，c，有以下四个命题：

(1)以 $\sqrt{a}$，$\sqrt{b}$，$\sqrt{c}$ 为边长的三角形一定存在；

(2)以 a^2，b^2，c^2 为边长的三角形一定存在；

(3)以 $\dfrac{a+b}{2}$，$\dfrac{b+c}{2}$，$\dfrac{c+a}{2}$ 为边长的三角形一定存在；

(4)以 $|a-b|+1$，$|b-c|+1$，$|c-a|+1$ 为边长的三角形一定存在.

其中正确命题的个数是(　　)

A. 2　　　　　　　　B. 3　　　　　　　　C. 4　　　　　　　　D. 前三个答案都不对

(2016 年北京大学博雅计划)

二、四种命题

一个命题由条件与结论两部分组成成，如果将原命题中的条件与结论互换，所得的新命题为原命题的逆命题，显然它们互为逆命题；如果一个命题的条件与结论分别是另一个命题条件的否定与结论的否定，则称这两个命题为互否命题，其中一个命题是另一个命题的否命题；如果将一个命题结论的否定作为条件，而将此命题的条件的否定作为结论，所得到的新命题叫作原命题的逆否命题.

如果我们将 α 作为原命题的条件，β 为原命题的结论，则四种命题的形式及关系如下：

原命题:若 α，则 β;　　　　　　逆命题:若 β，则 α;

否命题:若 $\bar{\alpha}$，则 $\bar{\beta}$;　　　　　　逆否命题:若 $\bar{\beta}$，则 $\bar{\alpha}$.

(其中 $\bar{\alpha}$ 为 α 的否定，$\bar{\beta}$ 为 β 的否定)

例 3 (多选)下列命题中正确的有(　　)

A. "$x>1$"是"$x^2>1$"的充分不必要条件

B. 命题"若 a，b 都是奇数，则 $a+b$ 是偶数"的逆否命题是"若 $a+b$ 不是偶数，则 a，b 都不是奇数"

C. 命题"$\forall x>0$，都有 $x+\dfrac{1}{x}\geqslant2$"的否定是"$\exists x_0>0$，使得 $x_0+\dfrac{1}{x_0}<2$"

D. 已知 p，q 为简单命题，若 $\neg p$ 是假命题，则 $p\wedge q$ 是真命题

(2018 年清华大学 THUSSAT)

三、等价关系

通过上面的分析我们发现，原命题的逆命题与原命题的否命题也是互为逆否命题，而且互为逆否命题的两个命题是同真或同假的.

一般地，原命题与它的逆否命题是同真或同假的，即如果 $\alpha\Rightarrow\beta$，那么 $\bar{\beta}\Rightarrow\bar{\alpha}$；如果 $\alpha\not\Rightarrow\beta$，那么 $\bar{\beta}\not\Rightarrow\bar{\alpha}$.

对于命题 A 与命题 B 而言，如果有 $A\Rightarrow B$，且 $B\Rightarrow A$，那么命题 A 与命题 B 就叫作等价命

题. 原命题与其逆否命题就是等价命题. 因此, 当证明某个命题有困难时, 我们可以尝试证明它的等价命题或逆否命题来代替证明原命题.

例 4 下列说法正确的是( )

    A. 若命题 $p: \dfrac{1}{x-1} > 0$, 则 $\neg p: \dfrac{1}{x-1} \leqslant 0$

    B. 若 $x \in \mathbf{R}$, 则 "$x > 1$" 是 "$\dfrac{1}{x} < 1$" 的充要条件

    C. 命题 $p: \exists n \in \mathbf{N}, n^2 > 2017$ 的否定 $\neg p: \forall n \notin \mathbf{N}, n^2 \leqslant 2017$

    D. 若 $a, b \in \mathbf{R}$, 且 $a + b > 4$, 则 a, b 中至少有一个大于 2

(2017 年清华大学 THUSSAT)

例 5 已知命题 p: 若 $k < 8$, 则方程 $\dfrac{x^2}{35-k} + \dfrac{y^2}{k-8} = 1$ 表示焦点在 x 轴上的双曲线; 命题 q: 在 $\triangle ABC$ 中, 若 $\sin A < \sin B$, 则 $A < B$. 则下列命题中是真命题的是( )

    A. $\neg q$ B. $(\neg p) \wedge (\neg q)$

    C. $p \wedge q$ D. $p \wedge (\neg q)$

(2017 年清华大学 THUSSAT)

例 6 (多选)设 $x_1, x_2, \cdots, x_{2017}$ 均为正数, 且 $\dfrac{1}{1+x_1} + \dfrac{1}{1+x_2} + \cdots + \dfrac{1}{1+x_{2017}} = 1$, 则 $x_1, x_2, \cdots, x_{2017}$ 中( )

    A. 小于 1 的数最多只有一个   B. 小于 2 的数最多只有两个

    C. 最大的数不小于 2016   D. 最大的数不小于 2017

(2017 年清华大学领军计划)

例 7 已知数列 $\{a_n\}$ 满足: $a_n > 0, a_n + a_n^2 + \cdots + a_n^n = \dfrac{1}{2}$ $(n = 1, 2, \cdots)$.

    证明: $a_n > a_{n+1}$ $(n = 1, 2, \cdots)$

(2015 年清华大学金秋营)

四、逻辑推理

我们从小学阶段开始接触逻辑推理的问题. 逻辑推理常见的问题主要有以下几类:

❶ 条件分析

处理条件分析的问题, 主要有三种方法:

(1) 假设法

假设可能情况中的一种成立, 然后按照这个假设去判断, 如果有与题设矛盾的情况, 则说明该假设情况不成立, 从而肯定与假设相反的情况成立.

(2) 列表法

当题设条件比较多, 需要多次假设才能完成时, 就需要列表来辅助分析. 所谓列表法, 就是把题目中出现的条件全部表示在一个图表中, 观察表格中的题设情况, 运用逻辑规律进行判断.

(3)图象法

当两个对象之间的关系只有两种关系时,就可用连线表示两个对象之间的关系,有连线就表示"有"等肯定状态,没有连线就表示否定的状态.

例 8　甲、乙、丙、丁四个人背后有 4 个号码,赵同学说:甲是 2 号,乙是 3 号;钱同学说:丙是 2 号,乙是 4 号;孙同学说:丁是 2 号,丙是 3 号;李同学说:丁是 1 号,乙是 3 号.他们中每人都说对了一半,则丙是(　　)号.

　　A. 1　　　　　　B. 2　　　　　　C. 3　　　　　　D. 4

(2017 年清华大学 THUSSAT)

例 9　(多选)甲、乙、丙、丁四个人比赛,有两人获奖.比赛结果揭晓之前,四人作了如下猜测:

　　甲:两名获奖者在乙、丙、丁中;

　　乙:我没有获奖,丙获奖了;

　　丙:甲、丁中有且只有一人获奖;

　　丁:乙说的对.

已知四人中有且只有两人的猜测是正确的,那么两名获奖者是(　　)

　　A. 甲　　　　　　B. 乙　　　　　　C. 丙　　　　　　D. 丁

(2016 年清华大学领军计划)

例 10　牛得亨先生、他的妹妹、他的儿子,还有他的女儿都是网球选手.情况:

　　①最佳选手的孪生同胞与最差选手的性别不同;

　　②最佳选手与最差选手年龄相同.

　　则这四人中最佳选手是_____.

(2018 年贵州省预赛)

❷ 逻辑计算

在推理过程中,除了进行条件分析的推理,有时还需要相应的计算,根据计算的结果为推理提供一个新的判断筛选条件.

例 11　若既约分数 $\dfrac{p}{q}$($p,q\in \mathbf{N}^*$)化为小数是 $0.18\cdots$,则当 q 最小时,$p=$(　　)

　　A. 9　　　　　　B. 7　　　　　　C. 5　　　　　　D. 2

(2018 年陕西省预赛)

例 12　一群学生参加夏令营,每名同学至少参加了一个学科测试.已知有 100 名学生参加了数学考试,50 名学生参加了物理考试,48 名学生参加了化学考试.学生总数是只参加一门考试学生数的 2 倍,也是参加三门考试学生数的 3 倍,则参加夏令营的学生总数是(　　)

　　A. 108 名　　　　B. 120 名　　　　C. 125 名　　　　D. 前三个答案都不对

(2017 年北京大学博雅计划)

❸ 简单归纳与推理

根据题目提供的特征和数据,分析其中存在的规律和方法,从特殊情况推广到一般情况,并推出相应的关系式,从而使问题得以解决.

例 13 魏晋时期,数学家刘徽首创割圆术,他在《九章算术·方田》圆田术中指出:"割之弥细,所失弥少. 割之又割,以至于不可割,则与圆周合体而无所失矣."这是一种无限与有限的转化过程,比如在正数 $\dfrac{12}{1+\dfrac{12}{1+\cdots}}$ 中的"$\cdots$"代表无限次重复,设 $x=\dfrac{12}{1+\dfrac{12}{1+\cdots}}$,则可利用方程 $x=\dfrac{12}{1+x}$ 求得 x,类似可得正数 $\sqrt{5\sqrt{5\sqrt{5\cdots}}}$ 等于(　　)

A. 3 　　　　　 B. 5 　　　　　 C. 7 　　　　　 D. 9

(2018 年清华大学 THUSSAT)

例 14 一学生解方程 $\log_2(x^{12}+3x^{10}+5x^8+3x^6+1)=1+\log_2(x^4+1)$,经过 $t=x^2$ 换元变形后得到 $t^6+3t^5+5t^4+3t^3-2t^2-1=0$,为求解方程,他判断出方程无有理根. 利用二分法,发现两个零点 t_1,t_2 满足 $t_1\in(0,1)$,$t_2\in(-2,-1)$,他决定追踪之并分解因式,得到

t	0	1	0.5	0.75	0.625	0.562	0.593	0.609	0.617	0.621	0.619	0.618
$f(t)$	-1	9	-0.703	1.613	0.060	-0.401	-0.196	-0.074	-0.009	0.025	0.008	-0.001

下列实数中,关于 x 的方程的解是(　　)

A. $\dfrac{-1+\sqrt{5}}{2}$ 　　 B. $\dfrac{-1-\sqrt{5}}{2}$ 　　 C. $\sqrt{\dfrac{1+\sqrt{5}}{2}}$ 　　 D. $\sqrt{\dfrac{-1+\sqrt{5}}{2}}$

(2017 年清华大学 THUSSAT)

§1.5　充分条件与必要条件

在日常生活中,我们完成一件事情,往往需要具备一定的条件. 在数学中,若要得到一个结论,同样要也具备一定的条件.

一般地,如果事件 α 成立,可以推出事件 β 也成立,即 $\alpha\Rightarrow\beta$,那么称 α 是 β 的充分条件,β 是 α 的必要条件. 如果既有 $\alpha\Rightarrow\beta$,又有 $\beta\Rightarrow\alpha$,即有 $\alpha\Leftrightarrow\beta$,这时我们称 α 是 β 的充分必要条件,简称为充要条件.

一、充分条件与必要条件的判定

对于充分条件与必要条件的判定,通常来说有三种方法:

❶**定义法**

在明确条件和结论的前提下,直接利用定义进行判定.

❷**等价转化法**

若 $p \Rightarrow q$,则 p 是 q 的充分条件,同时 q 是 p 的必要条件;若 $\neg p \Rightarrow \neg q$,则称 p 是 q 的必要条件,同时 p 是 q 的充分条件.

❸**集合方法**

记集合 $M = \{x \mid p(x) \text{成立}\}$,$N = \{x \mid q(x) \text{成立}\}$,如果 $M \subseteq N$,则 p 是 q 的充分条件;若 $N \subseteq M$,则 p 是 q 的必要条件.

例 1 在 $\triangle ABC$ 中,$\tan A + \tan B + \tan C > 0$ 是 $\triangle ABC$ 为锐角三角形的(　　)

A. 充分不必要条件　　　　　　　B. 必要不充分条件

C. 充要条件　　　　　　　　　　D. 前三个答案都不对

（2018 年北京大学）

例 2 设 p:角 α 是钝角,q:角 α 满足 $\alpha > \dfrac{\pi}{2}$.则 p 是 q 的(　　)

A. 充分不必要条件　　　　　　　B. 必要不充分条件

C. 充要条件　　　　　　　　　　D. 既不充分也不必要条件

（2018 年清华大学 THUSSAT）

例 3 在 $\triangle ABC$ 中,点 D 为边 BC 上一点,$AB = c$,$AC = b$,$AD = h$,$BD = x$,$CD = y$,则 $x^2 + y^2 + 2h^2 = b^2 + c^2$ 是 AD 是中线的(　　)

A. 充分不必要条件　　　　　　　B. 必要不充分条件

C. 充要条件　　　　　　　　　　D. 既不充分也不必要条件

（2018 年复旦大学）

例 4 已知非零实数 a, b, c, A, B, C,则"$ax^2 + bx + c \geqslant 0$ 与 $Ax^2 + Bx + C \geqslant 0$ 的解集相同"是"$\dfrac{a}{A} = \dfrac{b}{B} = \dfrac{c}{C}$"的(　　)

A. 充分不必要条件　　　　　　　B. 必要不充分条件

C. 充要条件　　　　　　　　　　D. 既不充分也不必要条件

（2017 年清华大学 THUSSAT）

二、充分条件与必要条件应用

例 5 已知命题 P:$-2 \leqslant x + 1 \leqslant 4$,命题 Q:$x^2 \leqslant a$.若命题 P 是命题 Q 的充分不必要条件,则实数 a 的取值范围是_____.

（2018 年协作体数学夏令营）

三、条件的寻求

例 6 设 $a, b, c, d > 0$.证明:$a^{\frac{1}{3}} b^{\frac{1}{3}} + c^{\frac{1}{3}} d^{\frac{1}{3}} \leqslant (a + b + c)^{\frac{1}{3}} (a + c + d)^{\frac{1}{3}}$.并求等号成立的充分必

要条件.

（2018 年第九届陈省身杯竞赛）

例 7　有一道三角形的题目因纸张破损而使得有一个条件看不清,具体如下:在 $\triangle ABC$ 中,a,b,c 分别是角 A,B,C 的对边.已知 $a=\sqrt{6}$,_____,且 $2\cos^2\dfrac{A+C}{2}=(\sqrt{2}-1)\cos B$,求角 A.

现知道破损缺少的条件是三角形的一个边长,且该题的答案为 $A=60°$,试将条件补充完整,并做出解答.

（2018 年全国中学生能力大赛）

例 8　(1)已知 P 是矩形 $ABCD$ 所在平面上的一点,则有 $PA^2+PC^2=PB^2+PD^2$,试证明该命题;

(2)将上述命题推广到 P 为空间上任一点的情形,写出这个推广后的命题,并加以证明;

(3)将矩形 $ABCD$ 进一步推广到长方体 $ABCD\text{-}A_1B_1C_1D_1$,并利用(2)中得到的命题建立并证明一个新命题.

（2018 年湖南省预赛）

§1.6　方程问题

方程问题在中学数学中占有较为重要的地位,许多问题的解决离不开方程的求解.对于方程问题,首先需要考虑的问题有三个:

1.方程有实数根还是有虚数根?

2.如果有实数根,有多少个实数根?

3.方程的实数根或虚数根是什么?

一、方程的根是否存在

代数方程通常是指整式方程,即由多项式组成的方程,有时也泛指由未知数的代数式所组成的方程,包括整式方程、分式方程、无理方程.在数学学习中,常常需要计算一些代数方程的解,而在解代数方程时,我们首先要判断这类方程的解的存在性.

例 1　如果方程 $x^3-2ax+a^2=0$ 在 $(0,1)$ 上有解,则实数 a 的取值_____.

（2016 年中国科学技术大学新生入学考试）

二、方程根的个数

判断方程根的个数问题,我们可以借助构造函数,通过观察函数的图象与 x 轴交点的个数或研究两个函数的交点个数来进行研究.

例 2　方程 $\dfrac{x}{100}=\sin x$ 有_____个解.

（2017 年中国科学技术大学）

例 3 已知 $x^4 - ax^3 - bx^2 + 12x + 36 = 0$ 有二重根，则 $a^2 + (b+1)^2 = $ _____.

（2018 年复旦大学）

例 4 试求如下方程的根的个数：$|x| + |x+1| + \cdots + |x+2018| = x^2 + 2018x - 2019$.

（2018 年俄罗斯数学竞赛）

例 5 已知 x_1, x_2 是方程 $x^2 - 3x + 1 = 0$ 的某两个不同的根，是否存在有理数 a, b, c，使得 $x_1 = ax_2^2 + bx_2 + c$? 若存在，请求所有这样的 (a, b, c)；若不存在，请说明理由.

（2015 年北京大学夏令营）

三、方程根的求解

当方程有解时，我们需要将方程的根解出来，以便于研究后续问题. 而解方程的方法在初中已经有了较为成熟的方法，在此不再赘述.

例 6 定义 $x \oplus y = \log_x y + 2$，解方程：$(x \oplus 4) \oplus 2 = 0$.

（2018 年复旦大学）

例 7 方程 $x^2 - 2xy + 3y^2 - 4x + 5 = 0$ 的整数解的组数是 _____.

（2021 年北京大学）

例 8 在实数范围内解下述方程组 $\begin{cases} (x-1)(y-1)(z-1) = xyz - 1, \\ (x-2)(y-2)(z-2) = xyz - 2. \end{cases}$

（2018 年第三届国际大都市数学竞赛）

四、复数方程

例 9 设 α 为复数，i 为虚数单位，关于 x 的方程 $x^2 + \alpha x + i = 0$ 有实根，则 $|\alpha|$ 的取值范围是 _____.

（2018 年中国科学技术大学）

习题一

一、选择题

1. 已知集合 $A=\{x \mid \log_2 x < 2\}$，集合 $B=\left\{x \mid \dfrac{1}{2} \leqslant 2^x \leqslant 8\right\}$，则 $A \cap B = ($ $)$

    A. $[-1,3]$ B. $(0,3]$ C. $[-1,4]$ D. $(0,4)$

（2018 年清华大学 THUSSAT）

2. 方程 $x^4 - y^4 - 4x^2 + 4y^2 = 0$ 表示的图形是（ ）

    A. 两条平行直线   B. 两条相交直线

    C. 两条平行线与一个圆   D. 两条相交直线与一个圆

（2016 年北京大学生命科学冬令营）

3. 若方程 $x^2 + ax + 1 = b$ 有两个不同的非零整数根，则 $a^2 + b^2$ 可能为（ ）

    A. 素数   B. 2 的非负整数次幂

    C. 3 的非零整数次幂   D. 前三个答案都不对

（2016 年北京大学）

4. 已知 $f(x) = x^2 + ax + b$ 在区间 $(-1,1)$ 内有两个零点，则 $a^2 - 2b$ 的取值范围是（ ）

    A. $(-2,0)$ B. $(0,2)$ C. $(0,4)$ D. $(-2,2)$

（2017 年清华大学领军计划）

5. "$\sin \alpha = \cos \alpha$" 是 "$\alpha = 2k\pi + \dfrac{\pi}{4}, k \in \mathbf{Z}$" 的（ ）

    A. 充分不必要条件   B. 必要不充分条件

    C. 充要条件   D. 既不必要也不充分条件

（2018 年清华大学 THUSSAT）

6. 已知正数 a,b，则 $\log_a b = \log_b a$ 是 $a = b$ 的（ ）

    A. 充分不必要条件   B. 必要不充分条件

    C. 充要条件   D. 既不必要也不充分条件

（2018 年复旦大学）

7. （多选）已知实数 a,b 满足 $a > 0, b > 0, a \neq 1, b \neq 1$，且 $x = a^{\lg b}, y = b^{\lg a}, z = a^{\lg a}, w = b^{\lg b}$，则（ ）

    A. 存在实数 a,b，使得 $x > y > z > w$

    B. 存在 $a \neq b$，使得 $x = y = z = w$

    C. 任意符合条件的实数 a,b，都有 $x = y$

    D. x, y, z, w 中至少有两个大于 1

（2018 年全国中学生能力大赛）

8. 整数 p,q 满足 $p + q = 218$，$x^2 + px + q = 0$ 有整数根，满足这样条件的整数对 (p,q) 的个数（ ）

    A. 0 个   B. 2 个   C. 4 个   D. 前三个答案都不对

（2017 年北京大学博雅计划）

9. 已知实数 x,y 满足 $5x^2-y^2-4xy=5$，则 $2x^2+y^2$ 的最小值是（　　）

A. $\dfrac{5}{3}$　　　　　　B. $\dfrac{5}{6}$　　　　　　C. $\dfrac{5}{9}$　　　　　　D. 2

（2017 年清华大学）

10. (多选)一道选择题，赵、钱、孙、李各选了一个选项，且选的恰好不相同.

赵说：我选的 A；

钱说：我选的 B、C、D 之一；

孙说：我选的 C；

李说：我选的 D.

已知四人中只有一个人说了假话，则说假话的可能是（　　）

A. 赵　　　　　　B. 钱　　　　　　C. 孙　　　　　　D. 李

（2017 年清华大学领军计划）

11. 已知实数 x,y,z 满足 $\begin{cases} x+y+z=2016, \\ \dfrac{1}{x}+\dfrac{1}{y}+\dfrac{1}{z}=\dfrac{1}{2016}, \end{cases}$ 则 $(x-2016)(y-2016)(z-2016)=$（　　）

A. 0　　　　　　　　　　　　B. 1

C. 不确定　　　　　　　　　　D. 前三个答案都不对

（2016 年北京大学）

12. 已知复数 x,y 满足 $x+y=x^4+y^4=1$，则 xy 的不同取值有（　　）种.

A. 0　　　　　　B. 1　　　　　　C. 2　　　　　　D. 4

（2017 年清华大学）

二、填空题

13. 已知集合 $A=\{0,1,2,3\}$，集合 $B=\{x\,|-x\in A,2-x^2\in A\}$，则集合 B 中所有元素的和是_____.

（2018 年浙江大学）

14. 已知点集 $M=\{(x,y)\,|\sqrt{1-x^2}\cdot\sqrt{1-y^2}\geqslant xy\}$，则平面直角坐标系中区域 M 的面积是_____.

（2015 年北京大学博雅计划）

15. 已知集合 $A=\{x\,|x^2-2x-3>0\}$，集合 $B=\{|x^2+ax+b\leqslant 0\}$，若 $A\cup B=\mathbf{R}$，$A\cap B=(3,5]$，则 $a+b=$_____.

（2016 年清华大学夏令营）

16. 若集合 M 中任意两个元素的和差积商的运算结果都在集合 M 中，则称集合 M 是封闭集合. 已知有下列集合：

(1)$\mathbf{R}$；

(2)$\mathbf{Q}$；

(3)$\complement_{\mathbf{R}}\mathbf{Q}$；

(4)$\{x\,|m+\sqrt{2}n,m,n\in\mathbf{Z}\}$.

其中是封闭集合的序号是_____.

（2020 年上海交通大学）

三、解答题

17. 设 a,b,c 为实数，证明：当且仅当 $(a-b)^2 \geq 2c$ 时，对任意实数 x 都有 $(x-a)^2+(x-b)^2 \geq c$ 成立．

（2016 年北京大学优秀中学生暑期夏令营）

18. 求所有函数 $f: \mathbf{N}^* \to \mathbf{N}^*$，使得对任意正整数 $x \neq y$，$0 < |f(x)-f(y)| < 2|x-y|$．

（2016 年中国科学技术大学）

19. 求所有的二次实系数多项式 $f(x)=x^2+ax+b$，使得 $f(x)|f(x^2)$．

（2018 年中国科学技术大学）

20. 已知三个集合 A,B,C 满足 $A \cap B \cap C = \varnothing$．

(1) 求证：$|A \cup B \cup C| \geq \dfrac{1}{2}(|A|+|B|+|C|)$（这里 $|X|$ 表示有限集合 X 的元素个数）；

(2) 举例说明 (1) 中的等号成立．

（2018 年上海市数学竞赛）

21. 已知 n 元正整数集 $A=\{a_1,a_2,\cdots,a_n\}$，对任意 $i \in \{1,2,\cdots,n\}$，由集合 A 去掉元素 a_i 后得到的集合 A_i 可分成两个不交的子集之并，且两子集元素之和相等，称这样的数集 A 为"好数集"．

(1) 证明："好数集"的元素个数 n 为奇数；

(2) 求"好数集"元素个数 n 的最小值．

（2018 年北京市中学生数学竞赛）

22. 定义 $f_M(x) = \begin{cases} -1, & x \in M, \\ 1, & x \notin M, \end{cases}$ 且 $M \Delta N = \{x \mid f_M(x) \cdot f_N(x) = -1\}$．

集合 $A = \{x \mid x=k, k \in \mathbf{N}, 1 \leq k \leq 2016\}$，集合 $B = \{x \mid x=2k, k \in \mathbf{N}, 1 \leq k \leq 2016\}$．

(1) 求 $f_A(2016)$，$f_B(2016)$；

(2) 设 Card(X) 为集合 X 的元素个数，求 $m = $ Card$(X \Delta A) + $ Card$(X \Delta B)$ 的最小值．

（2016 年清华大学夏令营）

▷ ▷ ▷ ▷ **第二章**

不等式

在现实世界中,等是相对的,不等是绝对的.不等关系是现实生活中最普遍的数量关系.不等式是刻画不等关系的一种重要的数学模型.不等式与代数式、方程、函数等知识有着天然紧密的联系,是学习高等数学的基础.

§2.1 不等式的性质

不等式的有关知识渗透在中学数学的各个分支中,有着十分广泛的应用.不等式的性质是研究不等式问题的理论依据.

❶ 两个实数的大小

我们知道,对两个实数 a,b 而言,如果 $a-b>0$,则有 $a>b$;反过来,如果有 $a>b$,则也一定有 $a-b>0$.同样地,我们也知道 $a-b<0 \Leftrightarrow a<b, a-b=0 \Leftrightarrow a=b$.如果对于 $a,b \in \mathbf{R}^+$,则有 $\frac{a}{b}>1 \Leftrightarrow a>b; \frac{a}{b}<1 \Leftrightarrow a<b; \frac{a}{b}=1 \Leftrightarrow a=b$.

例 1 已 $a>0,b>0$,且 $a \neq b$ 时,比较 $a^a b^b$ 与 $a^b b^a$ 的大小.

❷ 不等式的性质

不等式具有下列简单性质:

(1) $a>b \Leftrightarrow b<a$(对称性或反身性);

(2) $a>b,b>c \Rightarrow a>c$(传递性);

(3) $a>b \Rightarrow a+c>b+c$(可加性,也称为移项法则);

$a>b,c>d \Rightarrow a+c>b+d$(同向可加性);

(4) $a>b,c>0 \Rightarrow ac>bc; a>b,c<0 \Rightarrow ac<bc$(可乘性);

$a>b>0,c>d>0 \Rightarrow ac>bd$(正数同向可乘性);

(5) $a>b>0(n \in \mathbf{N}) \Leftrightarrow a^n>b^n>0$(乘方法则);

(6) $a>b>0(n \in \mathbf{N},n \geq 2) \Leftrightarrow \sqrt[n]{a}>\sqrt[n]{b}>0$(开方法则);

(7) $a>b,ab>0 \Rightarrow \frac{1}{a}<\frac{1}{b}$(倒数法则).

例 2 (多选)已知实数 a,b 满足 $|x| \leq 1$ 时,恒有 $|x^2+ax+b| \leq 2$,则(　　)

    A. $a \geq -2$ B. $a \leq 2$ C. $b \geq -1$ D. $b \leq 1$

(2017 年清华大学领军计划)

例 3 设 $f(x)=ax^2+bx$,且 $1 \leq f(-1) \leq 2, 2 \leq f(1) \leq 4$,求 $f(-2)$ 的取值范围.

例 4 实数 x,y 满足 $x^2+y^2=20$,则 $xy+8x+y$ 的最大值是_____.

(2018 年天津市预赛)

例 5　已知 $a>b>0$,有下列命题:

①若 $\sqrt{a}-\sqrt{b}=1$,则 $a-b<1$;②若 $a^2-b^2=1$,则 $a-b<1$;③若 $a^3-b^3=1$,则 $a-b<1$;

④若 $a^4-b^4=1$,则 $a-b<1$;

其中真命题的个数是(　　)

A. 1　　　　　　B. 2　　　　　　C. 3　　　　　　D. 4

（2018 年清华大学中学生能力诊断）

例 6　已知 a,b,c 均为正数,则 $\min\left\{\dfrac{1}{a},\dfrac{2}{b},\dfrac{4}{c},\sqrt[3]{abc}\right\}$ 的最大值为_____.

（2018 年河南省预赛）

例 7　若 a,b,c 为正数,且 $a+b+c=3$.证明:$ab+bc+ca\leqslant\sqrt{a}+\sqrt{b}+\sqrt{c}\leqslant3$.

（2018 年河北省预赛）

例 8　设三个实数 a,b,c 组成等比数列,$c>0$ 且 $a\leqslant2b+3c$,则实数 $\dfrac{b-2c}{a}$ 的取值范围是(　　)

A. $\left(-\infty,\dfrac{1}{16}\right]$　　　　　　　　　B. $\left(-\infty,\dfrac{1}{9}\right]$

C. $\left(-\infty,\dfrac{1}{8}\right]$　　　　　　　　　D. 前三个答案都不对

（2018 年北京大学）

§2.2　不等式的求解

求不等式的解集叫作解不等式,如果两个不等式的解集相同,那么这两个不等式就叫作同解不等式.

❶ 不等式的同解变形

一个不等式变形为另一个不等式时,如果这两个不等式是同解不等式,那么这种变形就叫作不等式的同解变形.

例 1　不等式 $1+2^x<3^x$ 的解集是_____.

（2017 年上海交通大学）

例 2　设 x,y,z 都是正实数,满足 $\begin{cases}x+y=xy,\\x+y+z=xyz,\end{cases}$ 则 z 的取值范围是(　　)

（2018 年吉林省预赛）

A. $(0,\sqrt{3}]$　　　　B. $(1,\sqrt{3}]$　　　　C. $\left(0,\dfrac{4}{3}\right]$　　　　D. $\left(1,\dfrac{4}{3}\right]$

❷ 绝对值不等式

含有绝对值的不等式有以下两种基本形式:

(1) $|x|<a(a>0)\Leftrightarrow-a<x<a$;

(2) $|x|>a(a>0)\Leftrightarrow x>a$,或 $x<-a$.

解绝对值不等式的关键在于去掉绝对值符号,一般有以下方法:

(1)定义法;

(2)零点分段法:通常适用于含有两个及以上绝对值符号的不等式;

(3)平方法:通常适用于两端均为非负实数时(如 $|f(x)|<|g(x)|$);

(4)图象法或数形结合法.

例 3 已知函数 $f(x)=|x+1|-|x-2|$.

(1)求不等式 $f(x)<1$ 的解集;

(2)若 $f(x)+2|x-2|\geqslant m$ 恒成立,求实数 m 的取值范围.

(2019 年清华大学 THUSSAT)

例 4 已知函数 $f(x)=|x+2|-a|2x-1|,a\in\mathbf{R}$.

(1)当 $a=1$ 时,求不等式 $f(x)\geqslant0$ 的解集;

(2)若存在 $x\in\mathbf{R}$,使得不等式 $f(x)>a$ 成立,求实数 a 的取值范围.

(2018 年清华大学 THUSSAT)

绝对值不等式具有以下两个非常重要的性质:

性质 1 如果 a,b 都是实数,则 $|a+b|\leqslant|a|+|b|$,当且仅当 $ab\geqslant0$ 时等号成立.

性质 2 如果 a,b,c 都是实数,则 $|a-c|\leqslant|a-b|+|b-c|$,当且仅当 $(a-b)(b-c)\geqslant0$ 时等号成立.

例 5 设 $f(x)=x^2+ax+b$ 对任意 $a,b\in\mathbf{R}$,总存在 $x\in[0,4]$,使得 $|f(x)|\geqslant m$ 成立,则实数 m 的取值范围是( )

A. $\left(-\infty,\dfrac{1}{2}\right)$ B. $(-\infty,1]$

C. $(-\infty,2]$ D. $(-\infty,4]$

(2017 年北京大学 U-Test)

例 6 若对任意实数 x 都有 $|2x-a|+|3x-2a|\geqslant a^2$,则实数 a 的取值范围是_____.

(2016 年中国科学技术大学)

❸含参数的不等式

含有两个或两个以上字母的不等式,将其中的一个未知数视为参数,称为含参数(或含字母)的不等式. 在处理时,有时需要对字母的取值进行恰当地分类讨论,在分类时需要注意"不重不漏"的原则.

例 7 设 $a\geqslant1$,且对任意 $x\in[1,2]$,不等式 $x|x-a|+\dfrac{3}{2}\geqslant a$ 恒成立,则实数 a 的取值范围是( )

A. $\left[1, \dfrac{3}{2}\right] \cup \left[\dfrac{5}{2}, +\infty\right)$　　　　　　　B. $\left[1, \dfrac{5}{4}\right] \cup \left[\dfrac{5}{2}, +\infty\right)$

C. $\left[\dfrac{5}{4}, \dfrac{3}{2}\right] \cup \left[\dfrac{5}{2}, +\infty\right)$　　　　　　D. 前三个答案都不对

（2016 北京大学生命科学冬令营）

例 8 设函数 $f(x) = x^4 - 2x^3 + (2+m)x^2 - 2(1+2m)x + 4m + 1$. 若对任意实数 x，都有 $f(x) \geqslant 0$，则实数 m 的取值范围是（　　）

A. $[0, +\infty)$　　　　　　　　B. $\left[\dfrac{1}{2}, +\infty\right)$

C. $[0, 1]$　　　　　　　　　　D. $\left[\dfrac{1}{2}, 1\right]$

（2017 年清华大学领军计划）

§2.3　不等式的证明

　　不等式的证明一般没有固定的程序，方法因题而异、灵活多样、技巧性强. 有时一个不等式的解法与证明方法不止一种，而且有时一种证明方法中又可能用到多种技巧. 本节主要介绍不等式常见的证明策略与分析策略.

一、常用方法

　　不等式证明的常用方法主要有以下几种：

❶ 比较法

　　比较法是证明不等式的基本方法，主要有差值比较法与商值比较法两种，其理论依据在于不等式的基本性质.

例 1 设 $a > 0, b > 0$，求证：$\left(\dfrac{a^2}{b}\right)^{\frac{1}{2}} + \left(\dfrac{b^2}{a}\right)^{\frac{1}{2}} \geqslant a^{\frac{1}{2}} + b^{\frac{1}{2}}$.

❷ 分析法

　　证明不等式时，有时可以从所证不等式的结论出发，分析使得这个不等式成立的充分条件，把证明不等式转化为判定这些充分条件是否具备的问题. 如果能够肯定这些充分条件都已具备，那么就可以断定原不等式成立，这种方法通常称作分析法，也称逆推法.

例 2 设 x, y, z 是非负实数，满足 $xy + yz + zx = 1$，证明 $\dfrac{1}{x+y} + \dfrac{1}{y+z} + \dfrac{1}{z+x} \geqslant \dfrac{5}{2}$.

（2018 年武汉大学）

❸ 综合法

　　综合法是"由因导果"，即从已知条件出发，依据不等式性质、函数性质或熟知的不等式，逐

步推导出所要证明的结果.

例 3 在 $\triangle ABC$ 中,证明:$\cos A + \cos B + \cos C > 1$.

(2017 年北京大学冬令营)

❹ 反证法

反证法是属于逻辑学中"间接证明"的一种方法,它是从一个否定原结论的假设出发,通过正确的推理而得到(与公理、定理、题设等)矛盾的结论,从而推翻原假设,得到命题正确的证明方法.反证法适用的范围大致分为八种情形:基本命题、限定式命题、存在性命题、无穷性命题、唯一性命题、否定性命题、肯定性命题、某些不等式命题.这里,我们只谈利用反证法证明不等式的问题.

例 4 设实数 $x_1, x_2, \cdots, x_{2018}$ 满足 $x_{n+1}^2 \leqslant x_n \cdot x_{n+2}$ $(n=1,2,\cdots,2016)$ 与 $\prod_{i=1}^{2018} x_n = 1$.

证明:$x_{1009} \cdot x_{1010} \leqslant 1$.

(2018 年浙江省预赛)

二、不等式证明的其他方法

❶ 放缩法

在证明的过程中,根据不等式的传递性,常采用舍去一些正项(或负项)使不等式各项之和变小(或变大),或把和(或积)的各项换成较大(或较小)的数,或在分式中扩大(或缩小)分式中的分子(或分母),从而达到证明目的,这种证明不等式的方法称为放缩法.常采有的策略主要有:改变分子(分母)放缩、拆补法、编组放缩、寻找"中间量"放缩法等.

例 5 设 $a_1 = 1, a_{n+1} = \left(1 + \dfrac{1}{n}\right)^3 (n + a_n) (n \in \mathbf{N}^*)$.

求证:(1)$a_n = n^3 \left(1 + \sum\limits_{k=1}^{n-1} \dfrac{1}{k^2}\right)$;

(2)$\prod\limits_{k=1}^{n} \left(1 + \dfrac{k}{a_k}\right) < 3$.

(2018 年中国科学技术大学)

例 6 数列 $\{a_n\}$ 满足:$a_1 = 1, a_2 = \dfrac{1}{4}$,且 $a_{n+1} = \dfrac{(n-1)a_n}{n - a_n} (n = 2, 3, \cdots)$

(1)求 $\{a_n\}$ 的通项公式 a_n;

(2)求证:$\sum\limits_{k=1}^{n} a_k^2 < \dfrac{7}{6}$.

(2017 年山东大学)

❷ 换元法

换元法就是根据题目的需要进行一些等量代换,选择适当的辅助参数简化问题的一种方法.在运用换元法证明不等式时,往往会增加一些多余的参数,但必须注明参数的取值范围.

例 7 已知 a,b,c 为正实数,则代数式 $\dfrac{a}{b+3c}+\dfrac{b}{8c+4a}+\dfrac{9c}{3a+2b}$ 的最小值为( )

A. $\dfrac{47}{48}$ B. 1   C. $\dfrac{35}{36}$ D. $\dfrac{3}{4}$

(2017 年清华大学 THUSSAT)

❸判别式法

判别式法是根据证明的需要,通过构造一元二次方程,利用关于某一变元的二次三项式有(或无)实根时的判别式的取值范围来证明不等式的一种方法.

例 8 (多选)设非负实数 x,y 满足 $2x+y=1$,则 $x+\sqrt{x^2+y^2}($)

A. 最小值为 $\dfrac{4}{5}$ B. 最小值为 $\dfrac{2}{5}$ C. 最大值为 1   D. 最大值为 $\dfrac{1+\sqrt{2}}{3}$

(2015 年清华大学)

❹分解法

按照一定的法则,把一个数或式分解成几个数或式,使得复杂的问题转化为简单易解的基本问题,各个击破,从而使不等式得以证明的方法称为分解法.

例 9 已知正数 a,b,c 满足 $abc=\dfrac{1}{2}$,求证: $\dfrac{ab^2}{a^3+1}+\dfrac{bc^2}{b^3+1}+\dfrac{ca^2}{c^3+1}\geqslant 1$.

(2017 年北京大学夏令营)

§2.4 经典不等式

在数学研究中,人们发现了一些不仅形式优美而且具有重要应用价值的不等式,人们称它们为经典不等式,如平均值不等式、柯西不等式、排序不等式、琴生不等式等. 本讲我们将介绍这些经典不等式及其应用,让同学们感受数学的美妙,提高数学素养.

一、平均值不等式

设 $a_i\in(0,+\infty)(i=1,2,\cdots,n)$,记这 n 个数的

调和平均值 $H_n=\dfrac{n}{\sum\limits_{i=1}^{n}\dfrac{1}{a_i}}$ 几何平均值 $G_n=\sqrt[n]{\prod\limits_{i=1}^{n}a_i}$

算术平均值 $A_n=\dfrac{\sum\limits_{i=1}^{n}a_i}{n}$ 方幂平均值 $X_n=\sqrt{\dfrac{\sum\limits_{i=1}^{n}a_i^2}{n}}$

则 $H_n\leqslant G_n\leqslant A_n\leqslant X_n$,当且仅当 $a_1=a_2=\cdots=a_n$ 时等号成立.

例 1 在 $\triangle ABC$ 中,角 A、B、C 的对边分别为 a、b、c,如果 $\triangle ABC$ 的面积为 $\dfrac{1}{4}$,其外接圆半径 R

$=1$，试比较 $\sqrt{a}+\sqrt{b}+\sqrt{c}$ 与 $\frac{1}{a}+\frac{1}{b}+\frac{1}{c}$ 的大小.

（2018 年上海交通大学）

例 2 设 $x>-\frac{1}{2}$，则 $f(x)=x^2+x+\frac{4}{2x+1}$ 的最小值为 _____.

（2018 年中国科学技术大学）

例 3 设 a,b,c 是非负实数，满足 $a+b+c=3$，则 $a+ab+abc$ 的最大值是（　　　）

A. 3　　　　　　 B. 4　　　　　　 C. $3\sqrt{2}$　　　　　　 D. 前三个答案都不对

（2018 年北京大学博雅计划）

例 4 已知不等式 $|2x+4|+|x-1|\geqslant m$ 的解集为 **R**.

(1)求实数 m 的取值范围；

(2)若 m 的最大值为 n，当正数 a,b 满足 $\frac{2}{2a+b}+\frac{1}{a+3b}=n$ 时，求 $17a+11b$ 的最小值.

（2018 年清华大学 THUSSAT）

二、柯西不等式

对于任意两组实数 $a_1,a_2,\cdots,a_n$ 和 $b_1,b_2,\cdots,b_n\ (n\geqslant2)$，有 $\left(\sum_{i=1}^{n}a_ib_i\right)^2\leqslant\left(\sum_{i=1}^{n}a_i^2\right)$

$\left(\sum_{i=1}^{n}b_i^2\right)$. 当且仅当 $\lambda a_i=\mu b_i$（λ,μ 为常数，$i=1,2,\cdots,n$）时等号成立.

这就是著名的**柯西不等式**. 从运算的角度来看，就是"乘积和的乘方不大于平方和的乘积". 对于柯西不等式，有以下几点需要说明：

1. 由于" $\sum_{i=1}^{n}a_i^2=0$，$\sum_{i=1}^{n}b_i^2=0$，$\sum_{i=1}^{n}a_ib_i=0$"情况之一出现时，不等式显然也成立. 因此，我们在使用时，不妨设 $\sum_{i=1}^{n}a_i^2\neq0$，$\sum_{i=1}^{n}b_i^2\neq0$，$\sum_{i=1}^{n}a_ib_i\neq0$ 都成立.

2. 柯西不等式取等号的条件常常可以写成比例形式 $\frac{a_1}{b_1}=\frac{a_2}{b_2}=\cdots=\frac{a_n}{b_n}$，并约定：分母为 0 时，分子也为 0. "等号成立"也是柯西不等式应用的一个重要组成部分.

3. 使用柯西不等式的方便之处在于"对任意两组实数都成立"这个不等式告诉我们：任意两组实数 $a_1,a_2,\cdots,a_n$ 和 $b_1,b_2,\cdots,b_n(n\geqslant2)$ 其对应项"相乘"之后，"求和"，再"平方"三种运算不满足交换律，先各自平方，然后求和，最后相乘，运算的结果一定不会变大.

推论　若 $c_i>0(i=1,2,\cdots,n,$ 且 $n\geqslant2)$，则

$$\frac{x_1^2}{c_1}+\frac{x_2^2}{c_2}+\cdots+\frac{x_n^2}{c_n}\geqslant\frac{(x_1+x_2+\cdots+x_n)^2}{c_1+c_2+\cdots+c_n}$$

当且仅当 $\frac{x_1}{c_1}=\frac{x_2}{c_2}=\cdots=\frac{x_n}{c_n}$ 时成立.

例 5 已知实数 $a_i(i=1,2,3,4,5)$ 满足 $(a_1-a_2)^2+(a_2-a_3)^2+(a_3-a_4)^2+(a_4-a_5)^2=1$，则

$a_1-2a_2-a_3+2a_5$ 的最大值为(　　)

A. $2\sqrt{2}$　　　　B. $2\sqrt{5}$　　　　C. $\sqrt{5}$　　　　D. $\sqrt{10}$

(2017 年北京大学 U-Test)

例 6　已知函数 $f(x)=|2x-1|-|x+2|$.

(1)存在 $x_0\in\mathbf{R}$,使得 $f(x_0)+2a^2\leqslant 4a$,求实数 a 的取值范围;

(2)设在(1)中求得的取值范围中的最大数为 a_0,若 $\dfrac{1}{a^2}+\dfrac{4}{b^2}+\dfrac{9}{c^2}=a_0$,则 a,b,c 取何值

时,$a^2+4b^2+9c^2$ 取得最小值? 并求出该最小值.

(2017 年清华大学 THUSSAT)

例 7　已知非负实数 x,y,z 满足 $4x^2+4y^2+z^2+2z=3$,求 $5x+4y+3z$ 的最小值与最大值.

(2018 年清华大学)

例 8　已知 $a,b,c>0$ 满足 $a+b+c=3$.求证:$\dfrac{a^2}{a+\sqrt{bc}}+\dfrac{b^2}{b+\sqrt{ca}}+\dfrac{c^2}{c+\sqrt{ab}}\geqslant\dfrac{3}{2}$.

(2016 年中国科学技术大学)

三、排序不等式

设 $a_1\leqslant a_2\leqslant\cdots\leqslant a_n$,$b_1\leqslant b_2\leqslant\cdots\leqslant b_n$ 是两组实数,$c_1,c_2,\cdots,c_n$ 为 $b_1,b_2,\cdots,b_n$ 的任一排列,则 $a_1b_n+a_2b_{n-1}+\cdots+a_nb_1\leqslant a_1c_1+a_2c_2+\cdots+a_nc_n\leqslant a_1b_1+a_2b_2+\cdots+a_nb_n$.

当且仅当 $a_1=a_2=\cdots=a_n$ 或 $b_1=b_2=\cdots=b_n$ 时,等号成立.

这就是**排序不等式**.排序不等式也是基本而重要的不等式,它的思想简单明了,便于记忆和使用,许多不等式可以借助排序不等式得以证明.

对于数组 $(a_1,a_2,\cdots,a_n)$ 和 $(b_1,b_2,\cdots,b_n)$,我们称 $S_1=a_1b_n+a_2b_{n-1}+\cdots+a_nb_1$ 为这两组数的反序和,称 $S_2=a_1b_1+a_2b_2+\cdots+a_nb_n$ 为其正序和,$S=a_1c_1+a_2c_2+\cdots+a_nc_n$ 为其乱序和,则排序不等式可以简记为 $S_1\leqslant S\leqslant S_2$. 即"反序和"≤"乱序和"≤"正序和".

例 9　设 a,b,c 均为正数,求证:$\dfrac{a(a^2+bc)}{b+c}+\dfrac{b(b^2+ca)}{c+a}+\dfrac{c(c^2+ab)}{a+b}\geqslant ab+bc+ca$.

(2018 年陕西省预赛)

例 10　设 a,b,c 和 $\left(a-\dfrac{1}{b}\right)\left(b-\dfrac{1}{c}\right)\left(c-\dfrac{1}{a}\right)$ 均为正整数,则 $2a+3b+5c$ 的最大值与最小值的差为(　　)

A. 9　　　　B. 15　　　　C. 22　　　　D. 前三个答案都不对

(2017 年北京大学博雅计划)

四、琴生不等式

首先,我们来了解一下凸函数的定义:一般地,设 $f(x)$ 是定义在区间 D 上的函数,如果对于区间 D 内的任意两个数 x_1,x_2 都有

$$f(tx_1+(1-t)x_2)\leqslant tf(x_1)+(1-t)f(x_2)(t\in[0,1])$$

则称 $f(x)$ 是定义在 D 内的**下凸函数**. 如果

$$f(tx_1+(1-t)x_2)\geqslant tf(x_1)+(1-t)f(x_2)(t\in[0,1]),$$

则称 $f(x)$ 是定义在 D 内的**上凸函数**. 一般所说的凸函数,通常是指下凸函数.

对于凸函数,有下列两个常用的性质:

性质 1(琴生不等式)　对于定义在区间 (a,b) 内的下凸函数 $f(x)$,对 $x_i\in(a,b)(i=1,2,\cdots,n)$,有 $f\left(\dfrac{x_1+x_2+\cdots+x_n}{n}\right)\leqslant\dfrac{f(x_1)+f(x_2)+\cdots+f(x_n)}{n}$

当且仅当 $x_1=x_2=\cdots=x_n$ 时等号成立.

性质 2(加权琴生不等式)　对于定义在区间 (a,b) 内的下凸函数 $f(x)$,对 $x_i\in(a,b)(i=1,2,\cdots,n)$,若 $\lambda_1+\lambda_2+\cdots+\lambda_n=1(\lambda_i\in\mathbf{R}^+,i=1,2,\cdots,n)$,有

$$f(\lambda_1x_1+\lambda_2x_2+\cdots+\lambda_nx_n)\leqslant\lambda_1f(x_1)+\lambda_2f(x_2)+\cdots+\lambda_nf(x_n)$$

当且仅当 $x_1=x_2=\cdots=x_n$ 时等号成立.

定理　设函数 $f(x)$ 在区间 D 上二阶可导,则 $f(x)$ 在区间 D 上为下凸函数的充分必要条件是:对任意 $x\in D$,有 $f''(x)\geqslant0$;反之,为上凸函数.

例 11　已知函数 $f(x)=2\sin x+\sin2x$,则 $f(x)$ 的最小值为 _____.

(2018 年全国高考理科 I 卷)

例 12　设正数 a,b,c 满足 $ab+bc+ca=1$. 求 $\dfrac{a}{\sqrt{1+a^2}}+\dfrac{b}{\sqrt{1+b^2}}+\dfrac{c}{\sqrt{1+c^2}}$ 的取值范围.

(2016 年中国科学技术大学新生入学考试)

§2.5　不等式的应用

不等式是研究方程、函数的重要工具,运用不等式可以解决函数有关性质以及讨论方程中根与系数的关系等问题. 运用不等式,还可以解决一些实际问题.

一、最值问题

例 1　设正实数 a,b 满足 $a+b=1$,则 $\dfrac{1}{a}+\dfrac{27}{b^3}$ 的最小值为(　　　)

A. $\dfrac{47+13\sqrt{13}}{2}$　　　　　　　　B. $\dfrac{55+55\sqrt{13}}{2}$

C. 218　　　　　　　　　　　　D. 前三个答案都不对

(2018 年北京大学)

例 2　设实数 a,b,c 满足 $a^2+b^2+c^2=1$,记 $ab+bc+ca$ 的最大值与最小值分别为 M 和 m,则 $M-m=$ _____.

(2018 年上海市预赛)

例 3 实数 x,y 满足 $x^2+y^2=20$,则 $xy+8x+y$ 的最大值是_____.

(2018 年天津市预赛)

例 4 设 a,b,c 为实数,求 $f(a,b,c)=\max\limits_{0\leqslant x\leqslant 1}|x^3+ax^2+bx+c|$ 的最小值.

(2016 年中国科学技术大学)

二、线性规划

在直角坐标系中,直线 $l:ax+by+c=0$ 表示满足一定条件的点的集合,直线 l 平面分成两部分,其中一部分的点满足条件 $ax+by+c\leqslant 0$,另一部分的点满足 $ax+by+c>0$. 也就是说,二元一次不等式在平面上表示一个平面区域. 要判定哪一部分的点满足不等式 $ax+by+c\leqslant 0$,只要在该部分任取一点如 (x_0,y_0),如果 $ax_0+by_0+c\leqslant 0$,那么该部分的所有的点都满足这个不等式 $ax+by+c\leqslant 0$,而另一部分的所有点都满足不等式 $ax+by+c>0$. 在线性约束条件下求目标函数的最大(或最小)值的问题叫作**线性规划**问题.

例 5 已知两点 $A(0,1)$,$B(1,-1)$,直线 $ax+by=1$ 与线段 AB 有公共点,求 a^2+b^2 的最小值.

(2018 年复旦大学)

例 6 设实数 x,y 满足 $\begin{cases} x+y-2\geqslant 0, \\ 2x-y-2\leqslant 0, \\ y-1\leqslant 0, \end{cases}$ 则 $z=\dfrac{2y+x}{y-2x}$ 的取值范围是_____.

(2018 年清华大学 THUSSAT)

例 7 若变量 x,y 满足 $\begin{cases} y\leqslant x, \\ x+y\leqslant 4, \\ y\geqslant k, \end{cases}$ 且 $z=2x+y$ 的最小值为 -4,则 $k=$_____.

(2018 年清华大学 THUSSAT)

例 8 已知变量 x,y 满足 $\begin{cases} x+y\leqslant 4, \\ x+y\geqslant 3, \\ x\geqslant 1, \\ y\geqslant 1, \end{cases}$ 则 $\dfrac{x^2+5xy+y^2}{xy}$ 的取值范围是_____.

(2017 年清华大学 THUSSAT)

习题二

一、选择题

1. 不等式 $\dfrac{2}{x}+\dfrac{2}{y}>1$，且 $x\geqslant3,y\geqslant3$ 的正整数解 (x,y) 的个数是（　　）

  A. 3   B. 4   C. 6   D. 前三个答案都不对

（2018 年北京大学）

2. 若 $\alpha\in\left(\dfrac{\pi}{4},\dfrac{\pi}{2}\right)$，$x=(\sin\alpha)^{\log_a\cos\alpha}$，$y=(\cos\alpha)^{\log_a\sin\alpha}$，则（　　）

  A. $x>y$ B. $x<y$ C. $x=y$ D. 不能确定

（2016 年中国科学技术大学改编）

3. 设 a,b,c 是两两不等的有理数，$N=(a-b)^{-2}+(b-c)^{-2}+(c-a)^{-2}$，则 $\sqrt{N}$ 一定是（　　）

  A. 整数   B. 有理数   C. 无理数   D. 前三个答案都不对

（2015 年北京大学）

4. 若实数 x,y 满足 $5x^2-y^2-4xy=5$，则 $2x^2+y^2$ 的最小值是（　　）

  A. $\dfrac{5}{3}$ B. $\dfrac{5}{6}$ C. $\dfrac{5}{9}$ D. 2

（2017 年清华大学 THUSSAT）

5. 函数 $f(x)=|x^2-2|-\dfrac{1}{2}|x|+|x-1|$ 在区间 $[-1,2]$ 上的最大值与最小值的差所在的区间是（　　）

  A. $\left(\dfrac{5}{3},3\right)$ B. $\left(3,\dfrac{7}{2}\right)$ C. $\left(\dfrac{7}{2},4\right)$ D. 前三个答案都不对

（2017 年北京大学）

6. 已知 $a=\log_8 5,b=\log_4 3,c=\dfrac{2}{3}$，则 a,b,c 的大小关系是（　　）

  A. $a>b>c$ B. $b>c>a$ C. $b>a>c$ D. $c>b>a$

（2018 年陕西省预赛）

7. 若 $0<x<\dfrac{\pi}{2}$，且 $\dfrac{\sin^4 x}{9}+\dfrac{\cos^4 x}{4}=\dfrac{1}{13}$，则 $\tan x$ 的值是（　　）

  A. $\dfrac{1}{2}$ B. $\dfrac{2}{3}$ C. 1   D. $\dfrac{3}{2}$

（2018 年陕西省预赛）

8. 不等式组 $\begin{cases} y\geqslant2|x|-1, \\ y\leqslant-3|x|+5 \end{cases}$ 所表示的平面区域的面积是（　　）

  A. 6   B. $\dfrac{33}{5}$

C. $\dfrac{36}{5}$ D. 前三个答案都不对

（2017 年北京大学）

9. 设正实数 x,y,z,w 满足 $\begin{cases} x-2y-z+2w=0, \\ 2yz-wx=0, \\ x\geqslant y, \end{cases}$ 则 $\dfrac{z}{y}$ 的最小值为（   ）

   A. $6+\sqrt{2}$ B. $6+2\sqrt{2}$ C. $6+3\sqrt{2}$ D. $6+4\sqrt{2}$

（2017 年清华大学领军计划）

10. 已知某个三角形的 2 条高的长度分别为 10 和 20，则它的第三条高的长度的取值范围是
（   ）

   A. $\left(\dfrac{10}{3},5\right)$ B. $\left(5,\dfrac{20}{3}\right)$ C. $\left(\dfrac{20}{3},20\right)$ D. 前三个答案都不对

（2017 年北京大学）

11. 已知 x,y,z 为正实数，则 $\dfrac{xy+yz}{x^2+y^2+z^2}$ 的最大值为（   ）

   A. 1   B. 2   C. $\dfrac{\sqrt{2}}{2}$ D. $\sqrt{2}$

（2018 年清华大学领军计划）

12. （多选）设非负实数 x,y,z 满足 $\left(x+\dfrac{1}{2}\right)^2+(y+1)^2+\left(z+\dfrac{3}{2}\right)^2=\dfrac{27}{4}$，则 $x+y+z$ 的（   ）

   A. 最小值为 $\dfrac{\sqrt{22}-3}{2}$ B. 最小值 $\dfrac{\sqrt{14}-1}{2}$

   C. 最大值为 $\dfrac{3}{2}$ D. 最大值为 $\dfrac{7}{2}$

（2016 年清华大学领军计划）

二、填空题

13. 若实数 x,y,z 满足 $x^2+y^2+z^2=3$，$x+2y-2z=4$，则 z 的最大值与最小值之和为_____．

（2018 年河北省预赛）

14. 设 $g(x)=ax^2+bx+c$，若对任意实数 $x,g(x)$ 满足：$x^2+2x+2\leqslant g(x)\leqslant 2x^2+4x+3$ 且 $g(9)$ $=161$，则 $g(14)=$_____．

（2017 年上海交通大学）

15. 设 a_n 是与 $\sqrt{n}$ 最接近的整数，则 $\displaystyle\sum_{n=1}^{2016}\dfrac{1}{a_n}=$_____．

（2016 年中国科学技术大学）

16. 已知实数 x,y 满足 $x^2+2xy-1=0$，则 x^2+y^2 的最小值为_____．

（2020 年复旦大学）

三、解答题

17. 设 $a \leqslant b < c$ 为直角三角形 ABC 的三边长,求最大的常数 M,使得 $\dfrac{1}{a} + \dfrac{1}{b} + \dfrac{1}{c} \geqslant \dfrac{M}{a+b+c}$ 恒成立.

(2017 年山东大学)

18. 已知函数 $f(x) = |2x+1| - |3x-a|\ (a>0)$.

    (1) 当 $a=3$ 时,求不等式 $f(x)>2$ 的解集;

    (2) 若 $f(x)$ 的图象与 x 轴围成的三角形的面积大于 $\dfrac{5}{3}$,求实数 a 的取值范围.

(2019 年清华大学 THUSSAT)

19. 设 x, y, z 为正实数,求 $\left(x + \dfrac{1}{y} + \sqrt{2}\right)\left(y + \dfrac{1}{z} + \sqrt{2}\right)\left(z + \dfrac{1}{x} + \sqrt{2}\right)$ 的最小值.

(2018 年四川省预赛)

20. 给定正整数 n 和正常数 a,对于满足条件 $a_1^2 + a_{n+1}^2 \leqslant a$ 的所有等差数列 $a_1, a_2, a_3, \cdots$,求 $\displaystyle\sum_{i=n+1}^{2n+1} a_i$ 的最大值.

(2018 年上海交通大学)

21. 已知 $n \in \mathbf{N}^*$,求证: $\dfrac{1}{1^2} + \dfrac{1}{2^2} + \dfrac{1}{3^2} + \cdots + \dfrac{1}{n^2} < \dfrac{5}{3}$.

(2015 年北京大学优秀中学生体验营)

22. 求所有的实数 a, b,使得 $\left| \sqrt{1-x^2} - ax - b \right| \leqslant \dfrac{\sqrt{2}-1}{2}\ (0 \leqslant x \leqslant 1)$ 恒成立.

(2015 年华中科技大学)

▷ ▷ ▷ **第三章**

函　数

　　函数是描述客观世界变化规律的重要数学模型,高中阶段不仅把函数看成是变量之间的依赖关系,同时还用集合与映射的观点加以刻画.函数现象大量存在于我们周围,与我们的生产、生活息息相关,函数也是我们认识世界和改造世界的有力工具.函数思想与方法贯穿于整个高中数学的始终,是学习高等数学的基础.

§3.1 函数的概念与性质

一、函数的概念

在初中阶段,我们学习过函数的概念,它是这样叙述的:

在一个变化过程中,有两个变量 x 与 y,如果对于 x 的每一个值,y 都有唯一的值与之对应,那么就说 y 是 x 的函数,x 叫作自变量.

在学习了集合的概念之后,我们从集合与映射的角度将函数的概念进一步叙述如下:

❶ 函数与映射

设 A、B 是两个非空数集,如果按照某种确定的对应关系 f,使得对于集合 A 中的任意一个数 x,在集合 B 中都有唯一确定的数 y 与之对应,那么就称 $f:A \to B$ 为集合 A 到集合 B 的一个函数,记作 $y = f(x)$,$x \in A$,其中 x 叫作自变量,x 的取值范围叫作函数的定义域;与 x 值对应的 y 的值叫作函数值,函数值的集合 $\{y \mid y = f(x), x \in A\}$ 叫作函数的值域.

如果将函数定义中的两个非空数集拓展到任意元素的非空集合,我们就得到了映射的概念.

例 1 求所有的函数 $f: \mathbf{N}^* \to \mathbf{N}^*$,使得对任意正整数 $x \neq y$,满足 $0 < |f(x) - f(y)| < 2|x - y|$.

(2016 年中国科学技术大学)

例 2 已知函数 $f(x)$ 的定义域为 $(0,1)$,若 $c \in \left(0, \dfrac{1}{2}\right)$,则函数 $g(x) = f(x+c) + f(x-c)$ 的定义域为 _____.

(2020 年上海交通大学综合评价)

❷ 函数关系的建立

建立函数关系式是表示函数对应的一种常用方法,它是独立地、完整地表达函数关系的一种形式,标志着"研究两个非空数集的两个变量之间的对应关系"的前提条件的确定. 在函数关系式建立的后面必须标注函数的定义域,其值域由定义域与对应法则唯一确定,函数的三要素随之便一应俱全.

例 3 满足 $f(f(x)) = f^4(x)$ 的实系数多项式 $f(x)$ 的个数为(　　)

A. 2　　　　　　B. 4　　　　　　C. 无穷多　　　　　D. 前三个答案都不对

(2017 年北京大学)

例 4 已知函数 $f(x)$ 满足 $f\left(x + \dfrac{1}{x}\right) = x^2 + \dfrac{1}{x^2}$,那么 $f(x)$ 的值域为 _____.

(2018 年北京中学生数学竞赛)

例 5 已知函数 $f(x)=-\dfrac{1}{2}x^2+x$，若 $f(x)$ 的定义域为 $[m,n](m<n)$，值域为 $[km,kn]$ $(k>1)$，则 n 的值为_____．

（2018 年河南省预赛）

❸ 函数的运算及图象

例 6 （1）已知函数 $f(x)=\begin{cases}\log_2 x,x>0,\\ x^3,x<0,\end{cases}$ 若 $f(8)=3f(a)$，则 $a=$_____．

（2018 年清华大学 THUSSAT）

（2）已知函数 $f(\log_2 x)=x+1$，则 $f(3)=$_____．

（2018 年清华大学 THUSSAT）

例 7 函数 $y=\dfrac{\ln(x+1)}{x^2-2x+1}$ 的部分图象大致是（ ）

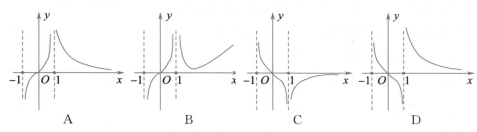

（2019 年清华大学 THUSSAT）

例 8 已知定义在 **R** 上的函数 $f(x)=\begin{cases}2^x+a,x\leqslant 0,\\ \ln(x+a),x>0,\end{cases}$ 若方程 $f(x)=\dfrac{1}{2}$ 有两个不相等的实数根，则实数 a 的取值范围是（ ）

A. $\left[-\dfrac{1}{2},\dfrac{1}{2}\right)$ B. $\left[0,\dfrac{1}{2}\right)$ C. $[0,1)$ D. $\left(-\dfrac{1}{2},0\right)$

（2018 年清华大学）

二、函数的性质

❶ 函数的奇偶性

　　一般地，对于函数 $f(x)$，若对定义域 D 内的任意一个 x，都有 $f(-x)=-f(x)$，那么函数 $f(x)$ 就叫作奇函数；若对定义域 D 内的任意一个 x 都有 $f(-x)=f(x)$，那么函数 $f(x)$ 就叫作偶函数．

　　奇函数的图象关于原点对称，偶函数的图象关于 y 轴对称．

　　这里有几点需要说明：

　　(1)函数的奇偶性是函数的整体性质；

　　(2)奇函数在原点有定义时，则 $f(0)=0$；

　　(3)我们经常利用函数的奇偶性来简化函数图象的作图过程；

　　(4)任意一个定义在 **R** 上的函数均可以表示为一个偶函数与一个奇函数的和．

例 9 已知 $0<a<1$.

求证：当 $x<0$ 时，$\dfrac{x(a^x-1)}{(a^x+1)\log_a(\sqrt{x^2+1}-x)}>\ln(\sqrt{x^2+1}+x)$.

例 10 已知 $a>0$，设 $f(x)=\dfrac{2017^{x+1}+2015}{2017^x+1}+\sin x(x\in[-a,a])$ 的最大值为 M，最小值为 N，求 $M+N$ 的值.

② 函数的单调性

一般地，设函数 $f(x)$ 的定义域 D，如果对于定义域 D 内的某个区间上的任意两个自变量的值 x_1,x_2，当 $x_1<x_2$ 时，都有 $f(x_1)<f(x_2)$，那么就说 $f(x)$ 在这个区间上是增函数，此时，这个区间叫作函数 $f(x)$ 的增区间. 同样，可定义减函数的概念.

例 11 若函数 $f(x)$ 的定义域为 $(0,+\infty)$，且满足

①存在实数 $a\in(1,+\infty)$，使得 $f(a)=1$；

②当 $m\in\mathbf{R}$，且 $x\in(0,+\infty)$ 时，有 $f(x^m)-mf(x)=0$ 恒成立.

(1)证明：$f\left(\dfrac{x}{y}\right)=f(x)-f(y)$（其中 $x>0,y>0$）；

(2)判断 $f(x)$ 在 $(0,+\infty)$ 上的单调性，并证明你的结论；

(3)若 $t>0$ 时，不等式 $f(t^2+4)-f(t)\geqslant1$ 恒成立，求实数 a 的取值范围.

(2018 年河北省预赛)

③ 函数的对称性

关于对称性有如下四个定理：

定理 1 若函数 $y=f(x)$ 的定义域关于原点对称，且满足 $f(a+x)=f(b-x)$，则函数 $y=f(x)$ 的图象关于直线 $x=\dfrac{a+b}{2}$ 对称.

定理 2 若函数 $y=f(x)$ 的定义域关于原点对称，且满足 $f(a+x)+f(b-x)=c$，则函数 $y=f(x)$ 的图象关于点 $\left(\dfrac{a+b}{2},\dfrac{c}{2}\right)$ 对称.

定理 3 若函数 $y=f(x)$ 的定义域关于原点对称，且满足 $y=f(a+x)$ 与 $y=f(b-x)$ 的图象关于直线 $x=\dfrac{b-a}{2}$ 对称.

定理 4 若函数 $y=f(x)$ 的定义域关于原点对称，且满足 $y=f(a+x)$ 与 $y=c-f(b-x)$ 的图象关于点 $\left(\dfrac{b-a}{2},\dfrac{c}{2}\right)$ 对称.

定理 1 与定理 2 指的是一个函数的对称性，而定理 3 与定理 4 指的是两个函数的对称性.

例 12 若关于 x 的方程 $2^{|x-1|}+a\cos(x-1)=0$ 只有一个实根，则实数 a 的值（　　）

A. 等于－1　　　B. 等于 1　　　C. 等于 2　　　D. 不唯一

（2017 年清华大学领军计划）

例 13　若函数 $f(x)=\log_3|ax+1|$ 的图象的对称轴是 $x=2$，则非零实数 a 的值为_____.

（2018 年清华大学 THUSSAT）

❹函数的周期性

设 $f(x)$ 是定义在数集 M 上的函数，如果存在非零常数 T，使得对所有 $x\in M$，都有 $f(x+T)=f(x)$ 成立，则称 $f(x)$ 是数集 M 上的周期函数，常数 T 为函数 $f(x)$ 的一个周期. 如果在所有正周期中有一个最小的，则称它为函数 $f(x)$ 的最小正周期. 由定义可以看出，周期函数 $f(x)$ 的周期 T 是一个与 x 无关的非零实数，且周期函数不一定有最小正周期.

周期函数具有以下性质：

（1）如果 $T(T\neq0)$ 是函数 $f(x)$ 的一个周期，则 nT（n 为任意非零整数）也是函数 $f(x)$ 的周期；

（2）如果 T_1 与 T_2 都是函数 $f(x)$ 的周期，则 mT_1+nT_2（m,n 为任意非零实数，且 $mT_1+nT_2\neq0$）也是函数 $f(x)$ 的周期.

（3）周期函数 $f(x)$ 的定义域 M 必然是一个无界集合.

例 14　如图放置的边长为 1 的正方形 $ABCD$ 沿 x 轴正向滚动，即先以 A 为中心顺时针旋转，当 B 落在 x 轴上时，再以 B 为中心顺时针旋转，如此继续，当正方形 $ABCD$ 的某个顶点落在 x 轴上时，则以该顶点为中心顺时针旋转. 设顶点 C 滚动时的曲线为 $y=f(x)$，则 $f(x)$ 在 $[2017,2018]$ 上的表达式为_____.

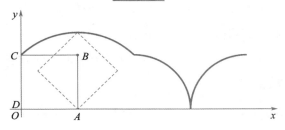

（2018 年湖南省预赛）

关于周期性与对称性，有如下三个非常重要的定理：

定理 5　若函数 $f(x)$ 关于 $x=a$ 与 $x=b(a\neq b)$ 对称，则 $T=2(b-a)$ 为函数 $f(x)$ 的一个周期.

定理 6　若函数 $f(x)$ 关于点 (a,c) 与 $(b,c)(a\neq b)$ 对称，则 $T=2(b-a)$ 为函数 $f(x)$ 的一个周期.

定理 7　若函数 $f(x)$ 关于 $x=a$ 与点 (b,c) 对称，则 $T=4(b-a)$ 为函数 $f(x)$ 的一个周期.

总体来说，定义在 **R** 上的函数 $f(x)$，在对称性、周期性与奇偶性这三条性质中，只要有两条存在，则第三条一定存在.

例 15 设 $f(x)$ 是定义在 **R** 上的偶函数, $f(x+1)$ 与 $f(x-1)$ 都是奇函数. 若当 $0 < x < 1$ 时, $f(x) = \sin x$, 则 $f(3\pi) = $ _____.

(2016 年中国科学技术大学)

例 16 已知定义在 **R** 上的奇函数 $f(x)$ 的图象关于直线 $x = 2$ 对称, 且当 $0 < x \leqslant 2$ 时, $f(x) = x + 1$. 则 $f(-100) + f(-101) = $ _____.

(2018 年福建省预赛)

例 17 定义在 **R** 上的偶函数 $f(x)$ 满足 $f(x+1) = \dfrac{1}{2} + \sqrt{f(x) - f^2(x)}$, 则 $f\left(\dfrac{121}{2}\right) = $ _____.

(2019 年浙江大学)

§3.2 基本初等函数

二次函数、指数函数、对数函数与幂函数在中学数学中占有极其重要的地位. 这几类函数来源于生活实践, 与日常生活密切相关, 应该引起我们对其应用性的足够重视.

一、二次函数

二次函数是初中阶段所接触的一个非常重要的函数, 在学习二次函数时, 应抓住二次函数的顶点 $\left(-\dfrac{b}{2a}, \dfrac{4ac - b^2}{4a}\right)$, 这是因为顶点坐标的由来体现了配方, 而图象变换、对称性、单调性、极值、判别式、与 x 的位置关系等都与顶点有关. 二次函数与二次三项式、二次不等式、二次曲线(圆锥曲线)、匀加速直线运动(物理)等都有着密切的联系.

例 1 设 $a > 0$, 且 $a \neq 1$, 函数 $f(x) = a^{2x} - 4a^x - 1$ 在区间 $[-1, 2]$ 的上最小值为 -5, 则实数 a 的取值范围是( )

A. $a = \dfrac{1}{2}$, 或 $a \geqslant \sqrt{2}$ 　　　　　　B. $0 < a < 1$, 或 $a \geqslant \sqrt{2}$

C. $0 < a \leqslant \dfrac{1}{2}$, 或 $a \geqslant \sqrt{2}$ 　　　　D. 前三个答案都不对

(2018 年北京大学)

例 2 设实函数 $f(x) = ax^2 + bx + c(a \neq 0)$, 定义 $f_1(x) = f(x)$, $f_n(x) = f(f_{n-1}(x))(n \geqslant 2)$, 已知方程 $f(x) = x$ 无实根, 则方程 $f_{2018}(x) = x$ 的实根个数为( )

A. 0 　　　　B. 2018 　　　　C. 4036 　　　　D. 前三个答案都不对

(2018 年北京大学博雅计划)

二、指数与对数的运算

指数从有理数推广到实数时, 其运算法则仍然成立. 即

$a^m \cdot a^n = a^{m+n} (a>0, m, n \in \mathbf{R})$

$(a^m)^n = a^{m \cdot n} (a>0, m, n \in \mathbf{R})$

$(a \cdot b)^n = a^n \cdot b^n (a>0, b>0, n \in \mathbf{R})$.

如果 $a(a>0,$ 且 $a \neq 1)$ 的 b 次幂等于 N, 就是 $a^b = N$, 那么 b 就叫作以 a 为底 N 的对数, 记作 $\log_a N = b$, 其中 a 叫作对数的底数, N 叫作真数.

根据对数的定义, 我们可以得到 $\log_a 1 = 0, \log_a a = 1 (a>0,$ 且 $a \neq 1)$.

通常我们把以 10 为底的对数叫作**常用对数**, 并简记为 $\lg N$, 即 $\log_{10} N = \lg N$; 以无理数 $e = 2.71828\cdots$ 为底的对数叫作**自然对数**, 并简记为 $\ln N$, 即 $\log_e N = \ln N$.

通过对有理指数幂的运算性质, 我们可以得到对数的运算性质: $a>0,$ 且 $a \neq 1, M, N>0,$ 有

(1) $\log_a (M \cdot N) = \log_a M + \log_a N$;

(2) $\log_a \dfrac{M}{N} = \log_a M - \log_a N$;

(3) $\log_a M^n = n \log_a M$;

(4) (换底公式) $\log_a b = \dfrac{\log_c b}{\log_c a} (a>0, a \neq 1; c>0, c \neq 1, b>0)$.

另外, 对于正数的常用对数值, 可以写成一个整数与一个正的纯小数(或 0)的和, 即正数 x 的常用对数写以写成 $\lg x = M + m$(其中 M 为整数, $0 \leqslant m < 1$)此时, 我们称 M 为对数 $\lg x$ 的首数, m 为对数 $\lg x$ 的尾数.

例 3 已知实数 a, b, c, d 满足 $5^a = 4, 4^b = 3, 3^c = 2, 2^d = 5$, 则 $(abcd)^{2018} = $ _____.

(2018 年北京中学生数学竞赛)

例 4 方程 $\log_{3x} 3 + \log_{27} 3x = -\dfrac{4}{3}$ 的两根为 a 和 b, 则 $a+b = $ _____.

(2018 年复旦大学)

三、反函数

一般地, 对于函数 $y = f(x)$, 设它的定义域为 D, 值域为 A. 如果对于 A 中的任一个值, 在集合 D 中总有唯一确定的 x 与之对应, 且满足 $x = \varphi(y)$, 这样, 就得到了 x 关于 y 的函数; $x = \varphi(y)(x \in D, y \in A)$ 叫作 $y = f(x)$ 的反函数, 我们常常将 $x = \varphi(y)$ 记作 $x = f^{-1}(y)(x \in D, y \in A)$. 在习惯上, 自变量常用 x 表示, 而函数常用 y 表示, 所以将之改写为 $y = f^{-1}(x)(x \in A, y \in D)$.

例 5 已知 $f(x)$ 与 $g(x)$ 都是定义在 $\mathbf{R}$ 上的函数, 设 f^{-1} 表示 f 的反函数, $f \circ g$ 表示函数 f 与函数 g 的复合函数, 即 $(f \circ g)(x) = f(g(x))$.

(1) 证明: $(f \circ g)^{-1}(x) = (g^{-1} \circ f^{-1})(x)$;

(2) 记 $F(x) = f(-x), G(x) = f^{-1}(x)$. 证明: 若 $F(x)$ 是 $G(x)$ 的反函数, 则 $f(x)$ 是奇函数.

(2014 年清华大学)

四、指数函数与对数函数

一般地,我们将形如 $y=a^x(a>0,$ 且 $a\neq1)$ 的函数称为指数函数. 当 $a>1$ 时,指数函数 $y=a^x$ 为增函数;当 $0<a<1$ 时,指数函数 $y=a^x$ 为减函数. 而称形为 $y=\log_a x$ 的函数为对数函数.

例 6 若 x_1 是方程 $x\cdot e^x=e^2$ 的解, x_2 是方程 $x\cdot\ln x=e^2$ 的解,则 $x_1\cdot x_2$ 等于( )

  A. 1   B. e   C. e^2 D. e^4

(2017 年北京大学 U-Test)

例 7 方程 $\log_4(2^x+3^x)=\log_3(4^x-2^x)$ 的实根个数为( )

  A. 0   B. 1   C. 2   D. 前三个答案都不对

(2017 年北京大学)

例 8 已知定义在 $\mathbf{R}^+$ 上的函数 $f(x)=\begin{cases}|\log_3 x-1|,&0<x\leq9\\4-\sqrt{x},&x>9\end{cases}$,设 a,b,c 是三个互不相同的实数,满足 $f(a)=f(b)=f(c)$,求实数 abc 的取值范围.

(2018 年高中数学联赛)

例 9 若关于 x 的方程 $m(4^{4-x}+2^{x-4})+x^2-8x=0$ 恰有一个实数解,求关于 a 的不等式 $(\log_m a)^2-3\log_{\sqrt{m}}a-m<0$ 的解集.

(2018 年重庆市夏令营)

五、幂函数

一般地,形如 $y=x^k(k$ 为常数, $k\in\mathbf{Q})$ 的函数叫作幂函数. 根据几类特殊的幂函数的特点,可得到幂函数的性质如下:

性质 1 当 $k>0$ 时,函数 $y=x^k(k$ 为常数, $k\in\mathbf{Q})$ 的图象都经过 $(0,0),(1,1)$,且在第一象限单调递增;

性质 2 设 $k=\dfrac{q}{p}(p,q\in\mathbf{N}^*)$ 且 p,q 互质.

(1)当 p 为奇数, q 为偶数时,函数 $y=x^{\frac{q}{p}}$ 分布在第一、第二象限,图象关于 y 轴对称,是偶函数;

(2)当 p 为奇数, q 为奇数时,函数 $y=x^{\frac{q}{p}}$ 分布在第一、第三象限,图象关于原点对称,是奇函数;

(3)当 p 为偶数, q 为奇数时,函数 $y=x^{\frac{q}{p}}$ 分布在第一象限,图象既不关于原点称,又不关于 y 轴对称,既不是奇函数又不是偶函数.

例 10 已知 $a=\sin1+\cos1,b=\sin1\cdot\cos1,c=(\sin1)^{\cos1},d=(\cos1)^{\sin1}$. 将实数 a 、 b 、 c 、 d 按从小到大的顺序排列起来,结果为_____. (用 a 、 b 、 c 、 d 表示)

(2018 年第三届爱尖子杯)

$$\S 3.3 \quad \text{函数的最值}$$

有关函数的最值问题一直是各级考试的热点.由于求解这类问题时所要求的分析能力较强,涉及的数学思想方法较多,变形技巧较高,导致许多考生感觉力不从心,望题生畏,无从下手.在本节中,我们从不同的思考视角、不同的求解方案探究函数最值的求法.

一、函数最值的求法

一般地,设函数 $f(x)$ 的定义域为 D,如果存在实数 M 满足:

(1)对任意 $x \in D$,都有 $f(x) \leqslant M$;(2)存在 $x_0 \in D$,使得 $f(x_0) = M$.

那么,我们称 M 为函数 $f(x)$ 的最大值.类似地,可以定义函数的最小值.

函数的最值问题常用的方法主要有以下几种:

❶ 单调性法

直接应用或构造函数,利用函数的单调性求最值.

例 1 设 $x \in (0, \pi)$,则函数 $f(x) = |\sqrt{1+\cos x} - \sqrt{1-\cos x}|$ 的取值范围是(　　)

A. $[0, \sqrt{2})$　　　　B. $[0, 2)$　　　　C. $[0, \sqrt{2}]$　　　　D. $[0, 2]$

（2015 年北京大学生命科学冬令营）

❷ 不等式法

各种常见的不等式(如均值不等式、柯西不等式等)通常是解决函数最值的重要工具,通过不等式进行有效的放缩达到求最值的目的.

例 2 已知 $x \in \mathbf{R}$,求函数 $f(x) = \dfrac{16^x + 4^{1-x} + 4 \times 2^x + 1}{4^x + 2^{1-x}}$ 的最小值.

（2018 年复旦大学）

例 3 已知 $\forall x \in \mathbf{R}, f(x) = 2x^4 + mx^3 + (m+6)x^2 + mx + 2 > 0$,求正整数 m 的最大值.

（2021 年清华大学丘成桐数学科学领军人才班综合测试）

❸ 判别式法

将等式 $y = f(x)$ 转化为 $p(y)x^2 + q(y)x + r(y) = 0$ 的形式,利用关于 x 的一元二次方程有解,考虑判别式 $\Delta = q^2(y) - 4p(y)r(y) \geqslant 0$,进而求得 y 的取值范围.

例 4 函数 $f(x) = \dfrac{x^2 - x - 1}{x^2 + x + 1}$ 的最大值与最小值的和是(　　)

A. $\dfrac{5}{3}$　　　　B. $\dfrac{2}{3}$　　　　C. 1　　　　D. $-\dfrac{2}{3}$

（2016 年北京大学生命科学冬令营）

❹猜测法

先猜测 $f(x)$ 在某一点 x_0 处取得最大值,再证明对任意的 $x \in D$,都有 $f(x) \leqslant f(x_0)$.

例 5 已知 $a, b \in \mathbf{R}$,函数 $f(x) = a\cos x + b\cos 2x (x \in \mathbf{R})$ 的最小值为 -1,则(　　)

A. $a + b$ 的最小值为 1,此时 $(a, b) = \left(\dfrac{1}{3}, \dfrac{2}{3}\right)$

B. $a + b$ 的最大值为 2,此时 $(a, b) = \left(\dfrac{4}{3}, \dfrac{2}{3}\right)$

C. $a + b$ 的最小值为 1,此时 $(a, b) = \left(\dfrac{2}{3}, \dfrac{1}{3}\right)$

D. $a + b$ 的最大值为 2,此时 $(a, b) = \left(\dfrac{2}{3}, \dfrac{4}{3}\right)$

(2017 年清华大学 THUSSAT)

❺拆项法

先将 $f(x)$ 分解为 $f(x) = \sum\limits_{i=1}^{n} g_i(x) + c$,其中 $g_i(x)$ 有下界 $z_i (i = 1, 2, \cdots, n)$,则 $\sum\limits_{i=1}^{n} z_i + c = f(x_0)$ 即为 $f(x)$ 的最小值.

例 6 (多选)已知函数 $f(x)$ 满足 $f(m+1, n+1) = f(m, n) + f(m+1, n) + n$,$f(m, 1) = 1$,$f(1, n) = n$,其中 $m, n \in \mathbf{N}^*$. 则(　　)

A. 使 $f(2, n) \geqslant 100$ 的 n 的最小值为 11

B. 使 $f(2, n) \geqslant 100$ 的 n 的最小值为 13

C. 使 $f(3, n) \geqslant 2016$ 的 n 的最小值为 19

D. 使 $f(3, n) \geqslant 2016$ 的 n 的最小值为 20

(2017 年清华大学 THUSSAT)

❻数形结合法

数形结合法也称几何法,利用几何图形中的不等关系达到求最值的目的.

例 7 函数 $f(x) = \sqrt{2x^2 - 2x + 1} - \sqrt{2x^2 + 2x + 5}$ 的值域是 _____.

(2017 年中国科学技术大学)

例 8 函数 $f(x) = \sqrt{x^4 - 5x^2 - 8x + 25} - \sqrt{x^4 - 3x^2 + 4}$ 的最大值为 _____.

(2017 年上海交通大学)

❼换元法

先使用换元得到较为容易求值的函数解析式,再利用其他方法求最值.

例 9 费马点是指三角形内到三角形三个顶点距离之和最小的点. 当三角形三个内角均小于 $120°$ 时,费马点与三个顶点连线正好三等分费马点所在的周角,即该点所对的三角形三边的张角相等均为 $120°$. 根据以上性质,函数 $f(x) = \sqrt{(x-1)^2 + y^2} + \sqrt{(x+1)^2 + y^2}$

$+\sqrt{x^2+(y-2)^2}$ 的最小值为_____.

二、多元函数的最值

多元函数,特别是形如 $z=f(x,y)$ 二元函数的最值问题是近年来高考和数学竞赛的一个难点,多元函数的最值涉及函数、不等式、线性规划等诸多重要的知识点,同时还体现了函数与方程、转化与化归、数形结合等核心数学思想,因此成为考查的热点.本文通过典型题例对解决多元函数的方法进行了一定的探究与归纳.

❶消元法

消元是处理多元问题常用的、最有效的数学技巧之一,常常能将多元函数问题转化为我们熟悉的一元函数、方程或不等式问题来处理,可以起到化繁为简的作用.常可以通过代入消元法、整体消元法、不等式的放缩、三角换元等方法来达到消元的目的.

例 10 设实数 x,y 满足 $\dfrac{x^2}{4}+y^2=1$,则 $|3x+4y-12|$ 的取值范围是(　　)

　A. $[0,+\infty)$

　B. $[12-2\sqrt{13},12+2\sqrt{13}]$

　C. $[0,12+2\sqrt{13}]$

　D. 前三个答案都不对

(2018 年北京大学)

例 11 设 $a,b,c\in\mathbf{R}^+$,且满足 $abc+a+c=b$.试求 $P=\dfrac{2}{1+a^2}-\dfrac{2}{1+b^2}+\dfrac{3}{1+c^2}$ 的最大值.

❷确定主元法,将问题转化为一元函数求最值

例 12 若对任意使得关于 x 的方程 $ax^2+bx+c=0(ac\neq0)$ 有实数解的 a,b,c 均有 $(a-b)^2+(b-c)^2+(c-a)^2\geqslant rc^2$,则实数 r 的最大值是(　　)

　A. 1　　　　　B. $\dfrac{9}{8}$　　　　　C. $\dfrac{9}{16}$　　　　　D. 2

(2017 年北京大学 U-Test)

❸不等式法

利用基本不等式、均值不等式、柯西不等式求解多元条件下的函数最值问题是思考解决这类问题的第一着眼点,采用不等式法求最值时,必须看清已知条件是否符合"公式"的要求,懂得变形的两个技巧——"配凑"与"分拆".

例 13 已知 $a+b+c=1$,则 $\sqrt{4a+1}+\sqrt{4b+1}+\sqrt{4c+1}$ 的最大值与最小值的乘积属于区间(　　)

　A. $[10,11)$　　　B. $[11,12)$　　　C. $[12,13)$　　　D. 前三个都不对

(2016 年北京大学博雅计划)

例 14 已知正实数 a,b,c 满足 $a+b+c=1$，求 $\dfrac{abc}{(1-a)(1-b)(1-c)}$ 的最大值.

（2015 年北京大学优秀中学生体验营）

❹数形结合法

求解多元函数最值时，常结合题目中的条件和目标函数的形式所对应的几何意义，将"数"化归为"形"，这是解决多元函数最值的又一利器.

例 15 已知 $g(a,b)=(a+5-3|\cos b|)^2+(a-2|\sin b|)^2$，求 $g(a,b)$ 的最小值.

（2018 年上海交通大学）

❺高数视野

当遇到多元条件最值问题时，可考虑拉格朗日乘数法：

函数 $z=f(x,y)$ 在约束条件 $\varphi(x,y)=0$ 之下的极值点是如下方程组的解：

$$\begin{cases} f_x(x,y)+\lambda\varphi_x(x,y)=0, \\ f_y(x,y)+\lambda\varphi_y(x,y)=0, \\ \varphi(x,y)=0. \end{cases}$$

这种方法一般适用选择题或填空题，需要注意检验. 一般情况下，使用拉格朗日乘数法的条件比较苛刻，有时甚至无法求出上面方程组的解，因此，在解答题中运用此方法时，要求解题过程规范完整，理论严谨.

例 16 （1）已知实数 a,b,c 满足 $a+2b+3c=6$，则 $a^2+4b^2+9c^2$ 的最小值为_____.

（2）已知正实数 x,y 满足 $xy+2x+3y=42$，则 $xy+5x+4y$ 的最小值为_____.

以上题型揭示了多元函数的最值问题的解题常用思路，处理方法主要有三种：（1）通过不同的方式（消元，换元，确立主元等）将多元转化为一元问题，利用熟知的一元函数的最值方法求解；（2）可考虑基本不等式、柯西不等式等不等关系进行适当的放缩达到求最值的目的；（3）尝试从构造的角度处理问题，赋予式子明显的几何意义，通过"形"达到由繁到简的目的.

§3.4 函数的零点

对于函数 $f(x)$，我们把方程 $f(x)=0$ 的实数根叫作函数 $f(x)$ 的零点. 函数 $y=f(x)$ 的零点就是方程 $f(x)=0$ 的实数根，也就是函数 $y=f(x)$ 的图象与 x 轴交点的横坐标. 由于函数的零点可以较好地体现学生解决数学问题的能力，因此成为高校强基计划命题的热点. 本节，我们主要来介绍函数零点问题涉及的主要问题及处理策略.

一、零点的判断

函数零点是否存在，在高中阶段我们主要借助零点存在定理来进行研究.

零点存在定理：设函数 $f(x)$ 在闭区间 $[a,b]$ 上连续，且 $f(a)\cdot f(b)<0$，那么在开区间 $(a,$

b)内至少存在一点 x_0,使得 $f(x_0)=0$.

零点存在定理是大学《数学分析》中连续函数的介值定理的一个特例:

连续函数的介值定理:设函数 $f(x)$ 在闭区间 $[a,b]$ 上连续,其最大值与最小值分别为 M, m,则对任意 $y\in[m,M]$,至少存在一点 $\xi\in[a,b]$,使得 $f(\xi)=y$.

连续函数的介值定理表明,如果定义域为 $[a,b]$ 的连续函数 f,那么在区间内的某个点,它可以在 $f(a)$ 和 $f(b)$ 之间取任何值,也就是说,介值定理是在连续函数的一个区间的函数值肯定介于最大值和最小值之间.

特别地,如果一个连续函数在闭区间 $[a,b]$ 内有 $f(a)$ 与 $f(b)$ 异号,那么它在开区间 (a,b) 内有根存在. 这就是**零点存在定理**,也称**博尔扎诺定理**.

例 1 已知方程 $x^2-(3a+2)x+2a-1=0$ 的两个实根一个大于 3,另一个小于 3,则实数 a 的取值范围是(　　)

　　A. $a>\dfrac{2}{7}$　　　　　B. $a>\dfrac{2}{9}$　　　　　C. $a<\dfrac{2}{7}$　　　　　D. $a<\dfrac{2}{9}$

(2016 年北京大学生命科学冬令营)

例 2 若 $a<b<c$,则函数 $f(x)=(x-a)(x-b)+(x-b)(x-c)+(x-c)(x-a)$ 的两个零点分别位于区间(　　)

　　A. (a,b) 和 (b,c) 内　　　　　　　B. $(-\infty,a)$ 和 (a,b) 内

　　C. (b,c) 和 $(c,+\infty)$ 内　　　　　　D. $(-\infty,a)$ 和 $(c,+\infty)$ 内

(2018 年清华大学)

例 3 已知对任意 $x_i\in[0,4]$($i=1,2,\cdots,2016$),方程 $\displaystyle\sum_{i=1}^{2016}|x-x_i|=2016a$ 在 $[0,4]$ 上至少有一个根,则 a 等于(　　)

　　A. 1　　　　　　　　　　　B. 2

　　C. 3　　　　　　　　　　　D. 前三个答案都不对

(2016 年北京大学)

二、零点的个数

对于函数零点的个数问题,如果题目中的函数是基本初等函数,一般可以通过画图来解决;如果题目中的函数较为复杂,则可以转化为两个函数的交点个数的问题. 当然,对于部分题目,也可以直接求解其对应的方程,通过判断对应方程根的个数来考虑零点的个数.

例 4 方程 $\sqrt[3]{15x+1-x^2}+\sqrt[3]{x^2-15x+27}=4$ 的实根个数为(　　)

　　A. 1　　　　　　　　　　　B. 2

　　C. 3　　　　　　　　　　　D. 前三个答案都不对

(2018 年北京大学博雅计划)

例 5 (多选)下列函数中,有两个零点的是(　　)

A. $f(x)=e^x-x-2$ B. $f(x)=e^x-x-1$

C. $f(x)=3\ln x-x$ D. $f(x)=3\ln x+\dfrac{1}{x}$

（2016 年清华大学领军计划）

例 6 关于 x 的方程 $\lg(ax+1)=\lg(x-1)+\lg(2-x)$ 有唯一的实数解,则实数 a 的取值范围是_____.

（2018 年甘肃省预赛）

三、零点的性质

例 7 已知函数 $f(x)=\sin(\pi x)$,$g(x)=\begin{cases}\dfrac{1}{2-2x},&x\neq 1,\\ 0,&x=1,\end{cases}$ 则函数 $h(x)=f(x)-g(x)$ $(x\in(-2,4])$ 的所有零点之和为_____.

（2017 年清华大学 THUSSAT）

例 8 已知函数 $f(x)$ 是连续的偶函数,且当 $x>0$ 时,$f(x)$ 是严格单调函数,则满足 $f(x)=f\left(\dfrac{x+3}{x+4}\right)$ 的所有 x 的和是(　　)

A. -1 B. -3 C. -5 D. -8

（2016 年北京大学生命科学冬令营）

例 9 已知函数 $f(x)=x^3+\sin x(x\in\mathbf{R})$,函数 $g(x)$ 满足 $g(x)+g(2-x)=0(x\in\mathbf{R})$,若函数 $h(x)=f(x-1)-g(x)$ 恰有 2019 个零点,则所有这些零点之和为_____.

（2018 年甘肃省预赛）

四、复合函数的零点

例 10 已知函数 $f(x)=\begin{cases}|\log_3(2-x)|,&x<2,\\ -(x-3)^2+2,&x\geqslant 2,\end{cases}$ 则方程 $f\left(x+\dfrac{1}{x}-1\right)=a$ 的实根个数不可能为(　　)

A. 8   B. 7   C. 6   D. 5

（2018 年清华大学 THUSSAT）

例 11 已知 $f(x)=\dfrac{e\ln x}{2x}$,$g(x)=\dfrac{2x^2}{x-m}$,若函数 $h(x)=g(f(x))+m$ 有 3 个不同的零点 x_1,x_2,$x_3(x_1<x_2<x_3)$,则 $2f(x_1)+f(x_2)+f(x_3)$ 的取值范围是_____.

例 12 已知整系数多项式 $f(x)=x^5+a_1x^4+a_2x^3+a_3x^2+a_4x+a_5$,若 $f(\sqrt{3}+\sqrt{2})=0$,$f(1)+f(3)=0$,则 $f(-1)=$_____.

（2018 年福建省预赛）

§3.5 简单的函数方程

我们将含有某一类函数或某一类函数具有的性质的等式叫作函数方程. 简单地说,我们把含有未知函数的等式叫作函数方程. 函数方程问题是一个十分古老而又非常有趣的问题,它是分析学中至今仍未成型的问题之一,没有定型的解法. 本节,我们对一些简章的函数方程作一些探讨.

❶变数变换法

变数变换法多适用于只有一个独立变量的情形:主要的技巧是把原来的方程式经过适当的变量变换而得到一个或多个函数方程式,使得原来的函数方程和新得到的函数方程式形成一个含有未知函数的函数方程组,然后再用消去法(或行列式法)来解这个函数方程组以得到欲求的函数. 一般而言,对于函数方程 $a(x)f(x)+b(x)f(\varphi(x))=c(x)$,其中 $a(x),b(x),\varphi(x),c(x)$ 为已知函数,如果存在一个 $k\in\mathbf{N}$,使得 $\varphi^k(x)=x$,即可用上述的方法求解. 事实上,若要解函数方程 $f(\varphi(x))=g(x)$(其中 $\varphi(x)$ 及 $g(x)$ 是已知函数)时,可设 $t=\varphi(x)$,并在 φ 的反函数存在时,求出反函数 $x=\varphi^{-1}(t)$;将它们代回原来的方程式以求出 $f(x)$;但若 $\varphi(x)$ 为未知函数时,这个方法就不能用了. 需要注意的是,在使用变量变换法解函数方程时,必须使函数的定义域不产生变化.

例 1 若函数 $f(x)$ 满足 $f\left(\dfrac{1}{x}\right)+\dfrac{1}{x}f(-x)=2x(x\neq1)$,则 $f(2)=$ _____.

(2018 年复旦大学)

例 2 已知函数 $f(x)$ 满足:$f(1)=\dfrac{1}{4}$,$4f(x)f(y)=f(x+y)+f(x-y)(x,y\in\mathbf{R})$,则 $f(2019)$

=( )

A. $\dfrac{1}{2}$ B. $-\dfrac{1}{2}$ C. $\dfrac{1}{4}$ D. $-\dfrac{1}{4}$

(2018 年吉林省预赛)

例 3 对任意 $x,y\in\mathbf{R}$,有 $f(x+y)=f(x)\cos y+f(y)f\left(\dfrac{\pi}{2}-x\right)$,求 $f(x)$ 的解析式.

(2021 年中国科技大学少年创新班)

❷待定系数法

当我们知道函数的类型(如有理函数、对数函数、指数函数……等)及函数的某些特征(如已知函数在某些点的值或函数的对称性、周期性……等),用待定系数法来求解较为简捷.

例 4 已知 $f(x)$ 为多项式函数,解函数方程 $f(x+1)+f(x-1)=2x^2-4x$. (1)

例 5 已知 $f(x)$ 是二次函数,解函数方程 $f[f(x)]=x^4-2x^2$.

❸数值代入法

这种方法是用于函数的独立变量多于一个时,将其中部分的独立变量以特别的数值代入,简化方程式,进而求解.

例 6 定义域为 **R** 的函数 $f(x)$ 满足 $2f(x)+f(x^2-1)=1$,则 $f(-\sqrt{2})$ 的值是(　　)

A. 0　　　　　　B. $\dfrac{1}{2}$　　　　　　C. $\dfrac{1}{3}$　　　　　　D. 前三个答案都不对

(2016 年北京大学博雅计划)

例 7 (多选)设定义在 **R** 上的函数 $f(x),g(x)$ 满足:

①$g(0)=1$;

②对任意实数 $x_1,x_2,g(x_1-x_2)=f(x_1)f(x_2)+g(x_1)g(x_2)$;

③存在大于零的常数 λ,使得 $f(\lambda)=1$,且当 $x\in(0,\lambda)$ 时,$f(x)>0,g(x)>0$.

则(　　)

A. $g(\lambda)=f(0)=0$

B. 当 $x\in(0,\lambda)$ 时,$f(x)+g(x)>1$

C. 函数 $f(x)g(x)$ 在 **R** 上无界

D. 任取 $x\in\mathbf{R},f(\lambda-x)=g(x)$

(2016 年清华大学领军计划)

例 8 若对任意实数 x,y,有 $f[(x-y)^2]=f^2(x)-2x\cdot f(y)+y^2$,求 $f(x)$.

(2015 年华中科技大学理科试验班)

❹递推数列法

(1)递推数列求和法

这种方法多用于定义域为自然数的函数方程:先找出 $f(n)$ 的某个递推公式,然后依次取 n 为自然数 $1,2,\cdots m$ 个值代入递推公式,得到 m 个等式;设法利用这些等式消去 $f(n)$ 以外其他形式的函数,即可求出函数方程的解.递推数列求和法实质上是将 $f(n)$ 的解析式表示成某个数列的前几项之和,因此需熟记等差及等比级数求和的公式.

(2)递推数列求积法

这种方法与递推数列求和法类似,只是此时我们是以乘积的方法消去 $f(n)$ 以外其他形式的函数,取代前面相加消去 $f(n)$ 以外其他形式的函数.

(3)有的函数方程需同时用到递推数列求和及递推数列求积法才能解出.

一般而言,若函数方程能化成 $f(n)\pm f(n-1)=g(n)[f(n-1)\pm f(n-2)]$.其中 $g(n)$ 为已知函数时,我们可用递推数列求积法先去一个函数符号,再利用递推数列求和法解出 $f(n)$.

例 9 设 $f(1)=1$, $f(2)=8$ 且满足：$f(n)=\sqrt{f(n-1)f(n-2)}$, $\forall n \geqslant 3$. 试求 $f(n)$.

❺ 数学归纳法

数学归纳法常用来求某些定义在自然数上的函数方程的解. 通常我们先根据假设条件求出 $f(1)=$? $f(2)=$? $f(3)=$? 并观察这些函数值的规律，猜出 $f(k)=$? 再验证 $f(k+1)$ 也成立，则我们所猜的 $f(k)$ 即为此函数方程的解.

例 10 已知 $f:\mathbf{Z} \rightarrow \mathbf{Z}$ 是偶函数，且 $f(1)=1$, $f(2017) \neq 1$, 若对任意 $x,y \in \mathbf{Z}$ 均满足 $2f(x+y)-f(x)-f(y) \leqslant |f(x)-f(y)|$, 求 $f(2018)$ 的所有可能值.

(2018 年希望联盟夏令营)

❻ 辅助数列法

一般而言，若 $f(1)=a$, 则形如 $f(n+1)=qf(n)+b$(a,b,q 为常数，$q \neq 1$) 的函数方程都可用辅助数列法求解. 事实上，若 b 为一个 n 的函数，亦可利用这种方法求解.

例 11 若函数 f 满足：$4[f(1)+f(2)+\cdots+f(n)]=[f(n)]^2+4n-1$, $\forall n \in \mathbf{N}$.   (1)

试求 $f(n)$.

❼ 不动点法

不动点是 20 世纪数学中的一朵奇葩，其影响可以说遍及数学的各个领域.

例 12 方程 $\left(\dfrac{x^3+x}{3}\right)^3 + \dfrac{x^3+x}{3} = 3x$ 的所有实数解的平方和等于（   ）

A. 0   B. 2   C. 4   D. 前三个答案都不对

(2016 年北京大学博雅计划)

例 13 设 $f(x)$ 为实数，满足 $f(c)=c$ 的实数 c 称为 $f(x)$ 的不动点. 设 $f(x)=a^x$, 其中 $a>0$ 且 $a \neq 1$. 若 $f(x)$ 恰有两个不动点，则实数 a 的取值范围是（   ）

A. $0<a<1$ B. $1<a<e$

C. $1<a<\sqrt{e}$ D. $1<a<e^{\frac{1}{e}}$

(2015 年北京大学生命科学冬令营, 2018 年贵州省预赛)

例 14 已知 $f(x)=\sqrt{5+\sqrt{5+\sqrt{5+\sqrt{5+x}}}}$, 求 $f(x)$ 图象与其反函数图象交点的横坐标.

(2019 年北京大学寒假学堂)

❽ 假设论证法

所谓假设论证法，就是指根据已知条件对函数方程进行归纳、猜想，假设出函数方程解的形式，然后再利用数学归纳法等进行论证其解的正确性.

例 15 已知 $f:\mathbf{R}^+ \rightarrow \mathbf{R}^+$, 满足对 $\forall x,y>0$, 有 $f(x+y)=f(y)f[xf(y)]$, 求 $f(x)$.

(2018 年北京大学夏令营)

❾ 反证法

例 16 设 **R** 表示实数集. 已知非常数函数 $f:\mathbf{R}\to\mathbf{R}$ 满足: 对一切 $x,y\in\mathbf{R}$, 恒有

$$f^2(x)-f^2(y)=f(x+y)f(x-y),$$

$$g^2(x)-g^2(y)=g(x+y)g(x-y).$$

问: 是否一定存在实常数 c, 使得对一切实数 x, 恒有 $f(x)=cg(x)$? 证明你的结论.

(2018 年根源杯数学邀请赛)

§3.6 二元函数方程

设有三元变量 x,y 和 z, 如果当变量 x,y 在某一给定的二元有序实数对 D 内任取一对值 (x,y) 时, 变量 z 按照一定的规律, 总有唯一确定的 (x,y) 与之对应, 则变量 z 叫作 x,y 的二元函数, 记作 $z=f(x,y)$, 其中 x,y 为自变量, z 为因变量, (x,y) 变化的范围 D 称为函数 z 的定义域. 设点 $(x_0,y_0)\in D$, 则 $z_0=f(x_0,y_0)$ 称为对应于点 (x_0,y_0) 的函数值, 函数值的总体称为函数的值域. 我们将含有二元函数的函数方程称为二元函数方程. 本节, 我们对一些二元函数方程做一些探究.

❶ 柯西方程

考虑二元函数方程: $f:R\to R,\ f(x+y)=f(x)+f(y)$ (1)

通常这类函数方程的解不是唯一的, 为了使 (1) 的解是唯一的, 我们大多给予一些附加条件. 例如, 要求该函数是 "连续的", 或者是 "在定义域中每一个有限区间内为有界的", 或是 "单调函数" 等. 解方程式 (1) 的步骤是: 依次求出独立变量取正整数值、整数值、有理数值, 直至所有实数值, 而得到函数方程的解.

例 1 (柯西方程) 设函数 $f(x)$ 在整个实数域上连续, 满足 $f(x+y)=f(x)+f(y)$, 求 $f(x)$.

例 2 若函数 $f(x)$ 满足:

(a) $f(x+y)=f(x)+f(y)$; (b) $f(x\cdot y)=f(x)\cdot f(y)$; (c) $f(1)\neq0$.

证明: (1) 当 x 为有理数时, $f(x)=x$;

(2) 当 x 为实数时, $f(x)=x$.

(2017 年上海交通大学)

❷ 几个重要的二元函数方程

在本节中, 如果不加以特殊说明, 我们假设所有的 $f(x)$ 均是连续的.

例 3 设 $f(x)$ 在 **R** 上是连续的且不恒等于 0, 满足 $f(x+y)=f(x)f(y)$, 求 $f(x)$.   (1)

例 $\boxed{4}$ 设 $f(x)$ 在正实数域上有定义,连续且不恒等于 0,且满足 $f(x\cdot y)=f(x)+f(y)$,求 $f(x)$.

例 $\boxed{5}$ 设 $f(x)$ 在实数上都有定义,连续且不恒为 0,且满足 $f(x\cdot y)=f(x)f(y)$,求 $f(x)$.

❸ 已知结论的应用

通过前面的例题我们发现,在假设函数 f 是连续函数时,对于常见的二元函数方程式我们有以下之结果:

(a) $f(x+y)=f(x)+f(y)$, $f(x)=af(1)$;

(b) $f(x+y)=f(x)f(y)$, $f(x)=[f(1)]^x$;

(c) $f(xy)=f(x)+f(y)$, $f(x)=\log_b x$;

(d) $f(xy)=f(x)f(y)$, $f(x)=x^a$.

在解二元函数方程式时,我们经常利用上述已知的结果进行求解.

例 $\boxed{6}$ 已知连续函数 $f(x)$ 满足:对任意实数 x,y,都有 $f(x+y)=f(x)+f(y)+6xy$ 成立,且 $f(-1)\cdot f(1)\geqslant 9$,则 $f\left(\dfrac{2}{3}\right)=$ _____.

(2018 年福建省预赛)

例 $\boxed{7}$ 设 $f(x)$ 在整个实数域上是连续的,且满足 $2f\left(\dfrac{x+y}{2}\right)=f(x)+f(y)$,求 $f(x)$.   (1)

例 $\boxed{8}$ 设 $f(x)$ 除了 0 以外的地方都有定义且连续,且满足 $f(x+y)=\dfrac{f(x)f(y)}{f(x)+f(y)}$,求 $f(x)$.

习题三

一、选择题

1. 已知方程 $x^4 + ax^3 + bx^2 - 3x - 2 = 0$ 的两个实根 $x_1 = 2, x_2 = -1$，则其余的两根为（　　）

　　A. 相同的实根　　　　B. 不同的实根　　　　C. 共轭复根　　　　D. 以上都不对

（2018 年复旦大学）

2. 若 $f(x)$ 是 **R** 上周期为 5 的奇函数，且满足 $f(7) = 9$，则 $f(2020) - f(2018) = ($　　$)$

　　A. 6　　　　　　　　B. 7　　　　　　　　C. 8　　　　　　　　D. 9

（2018 年北京中学生数学竞赛）

3. （多选）已知函数 $f(x) = x - [x]$，其中 $[x]$ 表示不大于 x 的最大整数，下列关于函数 $f(x)$ 的性质，描述正确的是（　　）

　　A. $f(x)$ 是增函数　　　　　　　　　　　B. $f(x)$ 是周期函数

　　C. $f(x)$ 的值域为 $[0, 1)$　　　　　　　　D. $f(x)$ 是偶函数

（2018 年中学生数理化创新能力大赛）

4. （多选）已知方程 $kx = \sin x (k > 0)$ 在区间 $(-3\pi, 3\pi)$ 内有 5 个实数解 x_1, x_2, x_3, x_4, x_5，且 $x_1 < x_2 < x_3 < x_4 < x_5$，则（　　）

　　A. $x_5 = \tan x_5$　　　　　　　　　　　B. $\dfrac{29\pi}{12} < x_5 < \dfrac{5\pi}{2}$

　　C. x_2, x_4, x_5 成等差数列　　　　　　D. $x_1 + x_2 + x_3 + x_4 + x_5 = 0$

（2017 年清华大学 THUSSAT）

5. （多选）已知实数 a, b 满足 $a > 0, b > 0, a \neq 1, b \neq 1$，且 $x = a^{\lg b}, y = b^{\lg a}, z = a^{\lg a}, w = b^{\lg b}$，则（　　）

　　A. 存在实数 a, b，使得 $x > y > z > w$　　　B. 存在 $a \neq b$，使得 $x = y = z = w$

　　C. 任意符合条件的实数 a, b 都有 $x = y$　　D. x, y, z, w 中至少有两个大于 1

（2018 年中学生数理化创新能力大赛）

6. 已知函数 $f(x) = \begin{cases} 2^x, & x \leqslant 0, \\ \log_3 x, & x > 0, \end{cases}$ 则函数 $y = f[f(x)] + 1$ 的零点的个数是（　　）

　　A. 4　　　　　　　　B. 3　　　　　　　　C. 2　　　　　　　　D. 1

（2018 年清华大学 THUSSAT）

7. 满足对任意实数 a, b 都有 $f(a + b) = f(a) + f(b)$ 和 $f(ab) = f(a) \cdot f(b)$ 的实函数的个数是（　　）

　　A. 1　　　　　　　　　　　　　　　　　B. 2

　　C. 3　　　　　　　　　　　　　　　　　D. 前三个答案都不对

（2018 年北京大学）

8. 定义在 **R** 上的偶函数 $f(x)$ 满足 $f(3 + x) = f(3 - x)$，当 $x \in (-2, 0)$ 时，$f(x) = e^{-x}$，则 $f\left(\dfrac{2019}{2}\right) = ($　　$)$

A. $e^{\frac{3}{2}}$ B. $-e^{\frac{3}{2}}$ C. $e^{-\frac{3}{2}}$ D. $-e^{-\frac{3}{2}}$

(2019 年清华大学 THUSSAT)

9. (多选)若参数 λ,M 使得 $x_1^2+x_2^2+\lambda x_1 x_2 \geqslant M(x_1+x_2)^2$ 对任意非负实数 x_1,x_2 恒成立,则下列选项中正确的是(　　)

A. 若 $\lambda=0$,则 M 的最大值为 0

B. 若 $\lambda>0$,则 M 不存在最小值

C. "M 的最大值为 1"的充要条件是"$\lambda\geqslant 2$"

D. 若 $\lambda=-6$,则 M 的最小值为 -2

(2018 年清华大学领军计划)

10. 函数 $f(x)=\dfrac{\ln x^2}{\sqrt{x}}$ 的大致图象是(　　)

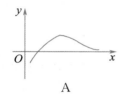 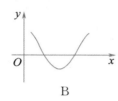 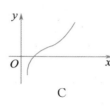 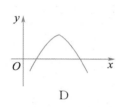

        A   B   C   D

(2018 年清华大学 THUSSAT)

11. 设 $f(x)$ 是定义在 $\mathbf{R}$ 上的函数,若存在两不等实数 $x_1,x_2\in\mathbf{R}$,使得 $f\left(\dfrac{x_1+x_2}{2}\right)=$

$\dfrac{f(x_1)+f(x_2)}{2}$,则称函数 $f(x)$ 具有性质 P,那么下列函数①$f(x)=\begin{cases}\dfrac{1}{x},&(x\neq 0)\\ 0,&(x=0)\end{cases}$;②$f(x)=$

x^2;③$f(x)=|x^2-1|$;④$f(x)=x^3$ 中,不具有性质 P 的函数为(　　)

A. ①   B. ②   C. ③   D. ④

(2018 年北京中学生数学竞赛)

12. (多选)对于函数 $f_n(x)=\dfrac{\sin nx}{\sin x}(n\in\mathbf{N}^*)$,有下列说法:

①$f_n(x)(n\in\mathbf{N}^*)$均是周期函数;②$f_n(x)(n\in\mathbf{N}^*)$均有对称轴;

③$f_n(x)(n\in\mathbf{N}^*)$的图象均有对称中心 $\left(\dfrac{\pi}{2},0\right)$;④$|f_n(x)|\leqslant n(n\in\mathbf{N}^*)$.

其中正确命题的序号是(　　)

A. ①   B. ②   C. ③   D. ④

(2018 年复旦大学)

二、填空题

13. 函数 $y=f(x)$ 的图象与 $y=e^x$ 的图象关于 $y=-x$ 对称,则 $f(x)=$ _____.

(2015 年中国科学技术大学)

14. 函数 $y=2(5-x)\sin\pi x-1(0\leqslant x\leqslant 10)$ 的所有零点之和等于 _____.

(2018 年贵州省预赛)

15. 已知 $a>0,b>0$，则 $\dfrac{6ab}{a^2+36b^2}+\dfrac{ab}{a^2+b^2}$ 的最大值为 _____．

（2018 年"根源杯"竞赛）

16. 若两个二元素集合 $A=\{x,y\}$ 与 $B=\{1,\log_3(x+2)\}$ 恰有一个公共元素为正数 $x+1$，则 $A\cup B=$ _____．

（2018 年重庆市夏令营）

三、解答题

17. 若 a 为正实数，且 $f(x)=\log_2(ax+\sqrt{2x^2+1})$ 是奇函数，求不等式 $f(x)>\dfrac{3}{2}$ 的解集．

（2018 年天津市预赛）

18. 已知函数 $f(x)=\left(\dfrac{\ln x}{x}\right)^2+(a-1)\dfrac{\ln x}{x}+1-a$ 有三个不同的零点 x_1,x_2,x_3，且 $x_1<x_2<x_3$，求 $\left(1-\dfrac{\ln x_1}{x_1}\right)^2\left(1-\dfrac{\ln x_2}{x_2}\right)\left(1-\dfrac{\ln x_3}{x_3}\right)$ 的值．

（2018 年清华大学 THUSSAT）

19. 已知 a,b,c 是三角形的三边长，且 $a^k+b^k=c^k$，求证：$k<0$ 或 $k>1$．

（2015 年北京大学优秀中学生体验营）

20. 设 $f(x)$ 是定义在 $[0,1]$ 上的不减函数，且满足：

① $f(0)=0$；② 对任意 $x\in[0,1]$，$f(1-x)+f(x)=1$；③ 对任意 $x\in[0,1]$，$f\left(\dfrac{x}{3}\right)=\dfrac{f(x)}{2}$．

求 $f\left(\dfrac{17}{2018}\right)$ 的值．

（2018 年爱尖子杯竞赛）

21. 设 $\mathbf{R}$ 是实数集，函数 $f:\mathbf{R}\to\mathbf{R}$ 满足对任意 $x,y\in\mathbf{R}$，有 $|f(x-y)|=|f(x)-f(y)|$．

证明：对任意实数 x,y，$f(x+y)=f(x)+f(y)$．

（2018 年北京大学金秋营）

22. (1) 实数 x,y,z 满足 $\begin{cases}x+y-2z+1=0\\4z^2-xy-14z+14=0\end{cases}$，求 x^2+y^2 的取值范围；

(2) 若 x,y,z 为正实数，求 $\dfrac{xy^2z}{(x^2+2xy+4y^2)(y^2+4yz+z^2)}$ 的最大值．

（2018 年清华大学领军计划，原题为选择题）

第四章

数　列

数列是高中数学的主干知识之一,包含着丰富的数学思想和方法,其形式多变,考查方式较为灵活.数列问题融计算、推理于一体,综合性与灵活性都很强,是进一步学习高等数学的基础,与离散数学的兴起相协调,因而是各高校强基计划命题的热点.

§ 4.1 数 列

一、数列的概念

数学研究的基本对象是数,按照一定的顺序排列起来的一列数叫作**数列**.数列中的每一个数都叫作这个**数列的项**.我们把项数有限的数列称为**有限数列**;项数无限多的数列称为**无穷数列**.如果从第 2 项起,每一项都比它的前一项大的数列叫作**递增数列**;从第 2 项起,每一项都比它的前一项小的数列叫作**递减数列**;各项都相等的数列叫作**常数列**.如果存在正常数 M,使得每一项的绝对值都不大于 M 的数列叫作**有界数列**,否则叫作**无界数列**.

例 1 设 $0<a<1$,若 $x_1<a,x_2=a^{x_1},x_3=a^{x_2},\cdots,x_n=a^{x_{n-1}},\cdots$,则数列 $\{x_n\}$（　　）

    A.单调递增   B.奇数项递减,偶数项递增

    C.单调递减   D.奇数项递增,偶数项递减

（2018 年上海交通大学）

例 2 （多选）已知数列 $\{a_n\}$,其中 $a_1=a,a_2=b$,且 $ab\neq0,a_{n+2}=a_n-\dfrac{7}{a_{n+1}}$,则（　　）

    A.$\{a_n\}$ 可能递增   B.$\{a_n\}$ 可能递减

    C.$\{a_n\}$ 可能为有限数列   D.$\{a_n\}$ 可能为无穷数列

（2017 年清华大学 THUSSAT）

二、数列的通项与前 n 项和

从函数的观点来看,数列可以看作是正整数集 $\mathbf{N}^*$（或它的有限子集）$\{1,2,\cdots,n\}$ 为定义域的函数 $a_n=f(n)$,当自变量按从小到大的顺序依次取值时,$f(n)$ 所对应的一列数.当数列 $\{a_n\}$ 的第 n 项 a_n 与项的序号 n 之间的关系:$a_n=f(n)$ 可以用一个公式来表示时,这个公式就叫作这个数列的**通项公式**.在数列 $\{a_n\}$ 中,一般地,我们用 S_n 来表示数列 $\{a_n\}$ 的前 n 项和,即 $S_n=a_1+a_2+\cdots+a_n$,显然有 $a_n=\begin{cases}S_1,&(n=1)\\S_n-S_{n-1},&(n\geqslant2).\end{cases}$

❶ a_n 与 S_n 的关系

例 3 设数列 $\{a_n\}$ 的首项 $a_1=2019$,前 n 项和 $S_n=n^2a_n$,则 a_{2018} 的值为（　　）

    A.$\dfrac{1}{2019}$ B.$\dfrac{1}{2018}$ C.$\dfrac{1}{1009}$ D.前三个答案都不对

（2018 年北京大学）

例 4 正数项数列 $\{a_n\}$ 的前 n 项为 S_n,$\{a_n\}$ 满足:$a_1=1$,且 $S_{n+1}a_{n+1}-S_{n+1}S_n=4a_n^2-S_n^2$,则数列 $\{a_n\}$ 的通项公式为＿＿＿＿＿＿.

（2019 年清华大学 THUSSAT）

❷ 简单的递推关系

例 5 已知数列 $\{a_n\}$ 满足:$a_1 = \dfrac{3}{2}, a_{n+1} = a_n^2 - a_n + 1 (n \in \mathbf{N}^*)$.

求 $\dfrac{1}{a_1} + \dfrac{1}{a_2} + \dfrac{1}{a_3} + \cdots + \dfrac{1}{a_{2017}}$ 的整数部分.

(2018 年上海交通大学)

例 6 已知正实数数列 $\{a_n\}$ 满足:$S_n = \dfrac{1}{2}\left(a_n + \dfrac{1}{a_n}\right)$,

求 $\dfrac{1}{S_1} + \dfrac{1}{S_2} + \cdots + \dfrac{1}{S_{2018}}$ 的整数部分.

(2018 年北京大学暑假综合营)

例 7 若 $S = \dfrac{1}{1^3} + \dfrac{1}{2^3} + \dfrac{1}{3^3} + \cdots + \dfrac{1}{2017^3}$,则 $4S$ 的整数部分是_____.

(2017 年上海交通大学)

例 8 已知数列 $\{a_n\}$ 满足:$a_1 = 1, a_{n+1} = a_n + a_n^2 (n \in \mathbf{N}^*)$.

记 $S_n = \dfrac{1}{(1+a_1)(1+a_2)\cdots(1+a_n)}, T_n = \displaystyle\sum_{i=1}^{n} \dfrac{1}{1+a_k}$. 求 $S_n + T_n$ 的值.

(2018 年河北省预赛)

三、新定义型数列问题

例 9 把正整数中的非完全平方数从小到大排成一个数列 $\{a_n\}(n \geqslant 1)$,例如,$a_1 = 2, a_2 = 3, a_3 = 5, a_4 = 6, \cdots$,则 a_{2018} 的值为(　　　　)

A. 2061　　　　B. 2062　　　　C. 2063　　　　D. 前三个答案都不对

(2018 年北京大学博雅计划)

例 10 在数列 $\{a_n\}$ 中,若 $a_n^2 - a_{n-1}^2 = p (n \geqslant 2, n \in \mathbf{N}^*, p$ 为常数),则称 $\{a_n\}$ 为"等方差数列".

下列是对"等方差数列"的判断:

①数列 $\{(-1)^n\}$ 是等方差数列;

②若 $\{a_n\}$ 是等方差数列,则 $\{a_n^2\}$ 是等差数列;

③若 $\{a_n\}$ 是等方差数列,则 $\{a_{kn}\}(k \in \mathbf{N}^*, k$ 为常数)也是等方差数列;

④若 $\{a_n\}$ 既是等方差数列,又是等差数列,则该数列为常数列.

其中正确命题的序号是_____(将所有正确命题的序号填在横线上)

(2018 年吉林省预赛)

§4.2　等差数列与等比数列

　　等差数列与等比数列是数列问题的两种基本数学模型,解决这类问题的关键在于挖掘项

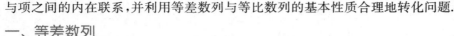

与项之间的内在联系,并利用等差数列与等比数列的基本性质合理地转化问题.

一、等差数列

❶等差数列的概念

一般地,如果一个数列从第 2 项起,每一项与它前一项的差等于同一个常数,那么这个数列叫作**等差数列**,这个常数叫作等差数列的**公差**,公差通常用小写字母 d 表示. 设等差数列的首项为 a_1,公差为 d,则根据等差数列的定义,有 $a_n - a_{n-1} = d$($n \geqslant 2$,d 为常数). 最简单的等差数列有三项:若 a, A, b 是等差数列,则 A 叫作 a 与 b 的等差中项. 由等差数列的定义可知 $A = \dfrac{a+b}{2}$.

❷等差数列的通项公式与前 n 项和

从等差数列的概念不难得出 $a_n = a_1 + (n-1)d$,我们可以将其改写为 $a_n = dn + (a_1 - d)$. 由此可以看出,如果将等差数列看作关于正整数 n 的函数,那么其对应的点在平面直角坐标系内一次函数 $y = a_1 + (x-1)d$ 上,即 (n, a_n) 呈线性关系,且两相邻两点的距离都相等,其增减性取决于 d 的正负.

等差数列 $\{a_n\}$ 的前 n 项和公式 $S_n = \dfrac{n(a_1 + a_n)}{2} = na_1 + \dfrac{n(n-1)d}{2} = \dfrac{d}{2}n^2 + \left(a_1 - \dfrac{d}{2}\right)n$,不难发现,前 n 项和公式可以写成 $S_n = An^2 + Bn$ 的形式. 从表现形式上来看,等差数列的前 n 项和对应的点落在一个过原点的抛物线上(虽然是线上的孤立的点),$S_n = An^2 + Bn$ 这一形式可以作为判断一个数列是否是等差数列的充要条件.

❸等差数列的性质

等差数列具有以下性质:

(1)$a_n = a_m + (n-m)d$;

(2)若 $m + n = p + q$,则 $a_m + a_n = a_p + a_q$;

(3)若 $\{a_n\}$ 是公差为 d 的等差数列,则 $S_k, S_{2k} - S_k, S_{3k} - S_{2k}, \cdots$ 也成等差数列,且公差 $d_1 = k^2 d$;

(4)若 $\{a_n\}$、$\{b_n\}$ 是公差分别为 d_1、d_2 的等差数列,那么 $\{\alpha a_n + \beta b_n + \gamma\}$(其中 $\alpha, \beta, \gamma \in \mathbf{R}$)也是等差数列,其公差为 $d = \alpha d_1 + \beta d_2$;

(5)奇偶项的性质

若数列 $\{a_n\}$ 有 $2n$ 项,则 $S_{2n} = \dfrac{2n(a_1 + a_n)}{2} = n(a_n + a_{n+1})$,从而

$$S_{奇} = \frac{n(a_1 + a_{2n-1})}{2} = na_n, \quad S_{偶} = \frac{n(a_2 + a_{2n})}{2} = na_{n+1},$$

$$S_{偶} - S_{奇} = nd, \quad \frac{S_{偶}}{S_{奇}} = \frac{a_{n+1}}{a_n}.$$

若数列 $\{a_n\}$ 有 $2n-1$ 项,$S_{2n-1} = (2n-1)a_n$,从而

$$S_{奇}=\frac{n(a_1+a_{2n-1})}{2}=na_n,\quad S_{偶}=\frac{(n-1)(a_2+a_{2n-2})}{2}=(n-1)a_n,$$

$$S_{偶}-S_{奇}=-a_n,\quad \frac{S_{偶}}{S_{奇}}=\frac{n-1}{n}.$$

(6)若$\{a_n\}$是公差为d的等差数列,则$a_k,a_{k+m},a_{k+2m},\cdots$也成等差数列,其公差为$md$;

(7)若$\{a_n\}$是等差数列,且$\{k_n\}$也是等差数列,则$\{a_{k_n}\}$也是等差数列.

例 1 朱世杰是历史上最伟大的数学家之一,他所著的《四元玉鉴》卷中"如像招数"五问中有如下问题:"今有官司差夫一千九百八十四人筑堤,只云初日差六十四人,次日转多八人,每人日支米三升."其大意为:"官府陆续派遣 1984 人前往修筑堤坝,第一天派出 64 人,从第二天开始每天派出的人数比前一天多 8 人,修筑堤坝的每人每天发大米 3 升."在该问题中的 1984 人全部派遣到位需要的天数为(　　)

A. 14　　　　　　B. 16　　　　　　C. 18　　　　　　D. 20

(2018 年北京大学博雅闻道)

例 2 设 S_n 是一个等差数列的前 n 项和,且 $S_{10}=0,S_{15}=25$,则 nS_n 的最小值是(　　)

A. -25　　　　　B. -36　　　　　C. -48　　　　　D. 前三个答案都不对

(2018 年北京大学)

例 3 已知等差数列$\{a_n\}$的前 n 项和为 S_n,且 $S_{105}=2016,S_{2016}=105$,

则 $S_{2121}=$ _____.

(2016 年清华大学夏令营)

例 4 已知等差数列$\{a_n\}$和$\{b_n\}$,A_n、B_n 分别为数列$\{a_n\}$、$\{b_n\}$的前 n 项和. 若对 $\forall n\in \mathbf{N}^*$,有

$\dfrac{A_n}{B_n}=\dfrac{3n+5}{5n+3}$,则$\dfrac{a_{10}}{b_6}=$(　　)

A. $\dfrac{35}{33}$　　　　　B. $\dfrac{31}{29}$　　　　　C. $\dfrac{175}{99}$　　　　　D. $\dfrac{155}{87}$

(2018 年贵州省预赛)

例 5 设点 $P(\sqrt{5},0)$,已知曲线 $y=\sqrt{\dfrac{x^2}{2}-1}\,(2\leqslant x\leqslant \sqrt{5})$ 上存在 n 个点 $A_1,A_2,\cdots,A_n$ 使得,

$|PA_1|,|PA_2|,\cdots,|PA_n|$构成公差为 d 的等差数列,如果 $\dfrac{1}{5}<d<\dfrac{3}{5}$,试求 n 的最大值.

(2018 年上海交通大学)

二、等比数列

❶等比数列的概念

一般地,如果一个数列从第 2 项起,每一项与它前一项的比值等于同一个非零常数 q,即 $\dfrac{a_n}{a_{n-1}}=q(n\geqslant 2,q\neq 0)$,那么这个数列叫作**等比数列**,这个常数 q 称为该等比数列的**公比**. 与等差数列的概念类似,若 a,G,b 为等比数列,则 G 称为 a 与 b 的等比中项. 由等比数列的性质可知

$G^2 = a \cdot b.$

❷**等比数列的通项公式与前 n 项和**

从等比数列定义,我们不难得到,若 $\{a_n\}$ 是以 a_1 为首项,以 $q(q \neq 0)$ 为公比的等比数列,则 $a_n = a_1 q^{n-1}$. 同时,等比中项也可推广为 $a_n^2 = a_{n-m} \cdot a_{n+m}$. 等比数列的前 n 项和公式 $S_n =$

$$\begin{cases} \dfrac{a_1(1-q^n)}{1-q}, & (q \neq 1), \\ na_1, & (q=1), \end{cases} \quad \text{也可以写成 } S_n = \begin{cases} \dfrac{a_1 - a_n q}{1-q}, & (q \neq 1), \\ na_1, & (q=1). \end{cases}$$

❸**等比数列的性质**

与等差数列的性质类似,我们可以得如下等比数列的一些性质:

(1) $a_n = a_m q^{n-m}$;

(2) 若 $m+n = p+q$,则 $a_m \cdot a_n = a_p \cdot a_q$;

(3) 若 $\{a_n\}$,$\{b_n\}$ 为等比数列,则 $\{\lambda a_n\}(\lambda \neq 0)$,$\{a_n^2\}$,$\left\{\dfrac{1}{a_n}\right\}$,$\{a_n \cdot b_n\}$,$\left\{\dfrac{a_n}{b_n}\right\}$ 均为等比数列;

(4) 若等比数列 $\{a_n\}$ 的前 n 项和为 $S_n(q \neq 1)$,则 $S_n, S_{2n} - S_n, S_{3n} - S_{2n}, \cdots, S_{kn} - S_{k(n-1)}$ 仍成等比数列,且公比为 q^n;

(5) 若 $\{a_n\}$ 是等比数列,则 $a_k, a_{k+m}, a_{k+2m}, \cdots$ 仍成等比数列,公比为 q^m;

(6) 等比数列的单调性由 a_1 与 q 共同决定(不能只看 a_1 或只看 q 一个方面);

(7) 数列 $\{a_n\}$ 为等比数列,若 $\{k_n\}$ 成等差数列(其中 $k_n \in \mathbf{N}^*$),则 $\{a_{k_n}\}$ 成等比数列.

例 6 设数列 $\{a_n\}$ 满足:$a_1 = 1$,$a_{n+1} = 5a_n + 1(n=1,2,\cdots)$,则 $\displaystyle\sum_{i=1}^{2018} a_n = $ _____.

(2018 年浙江省预赛)

例 7 设数列 $\{a_n\}$ 的前 n 项和为 S_n,若 $a_n - \dfrac{S_n}{2} = 1(n \in \mathbf{N}^*)$.

(1) 求出数列 $\{a_n\}$ 的通项公式;

(2) 已知 $b_n = \dfrac{2^n}{(a_n - 1)(a_{n+1} - 1)}(n \in \mathbf{N}^*)$,数列 $\{b_n\}$ 的前 n 项和为 T_n.

证明:$T_n \in \left[\dfrac{2}{3}, 1\right)$.

(2019 年北京大学博雅闻道)

例 8 设等比数列 $\{a_n\}$ 的前 n 项和为 S_n,且 $a_{n+1} = 2S_n + 1(n \in \mathbf{N}^*)$.

(1) 求数列 $\{a_n\}$ 的通项公式;

(2) 在 a_n 与 a_{n+1} 之间插入 n 个实数,使这 $n+2$ 个数依次组成公差为 d_n 的等差数列,设数列 $\left\{\dfrac{1}{d_n}\right\}$ 的前 n 项和为 T_n. 求证:$T_n < \dfrac{15}{8}$.

(2018 年甘肃省预赛)

§ 4.3 递推数列

我们在研究数列 $\{a_n\}$ 时,如果任一项 a_n 与它的前一项 a_{n-1}(或 n 项)间的关系可以用一个公式来表示,则此公式称为数列的**递推公式**.通过递推公式给出的数列,称之为**递推数列**.本节我们主要研究递推数列通项公式的求法.

一、利用递推数列求通项公式

❶累加与叠乘

例 1 在一个平面内,一条抛物线把平面最多分成两部分,两抛物线把平面最多分成七部分,那么四条抛物线把平面最多分成_____部分.

(2018 年上海交通大学)

例 2 已知数列 $\{a_n\}$ 满足 $a_{n+1} = \dfrac{3^{n+1} a_n}{a_n + 3^{n+1}}$,$a_1 = 3$,则数列 $\{a_n\}$ 的通项公式是_____.

(2018 年甘肃省预赛)

❷构造法

通过构造特殊的数列(一般为等差数列或等比数列),利用特殊数列的通项求递推数列.

例 3 数列 $\{a_n\}$ 为首项 $a_1 = 2$,且 $a_{n+1} = 3a_n + 2 (n \in \mathbf{N}^*)$.令 $b_n = \log_3(a_n + 1)$,

则 $\dfrac{b_1 + b_2 + \cdots + b_{2018}}{2018} = $_____.

(2018 年清华大学 THUSSAT)

例 4 数列 $\{a_n\}$ 满足:$a_1 = \dfrac{1}{2}$,$2n \cdot a_{n+1} = (n+1) \cdot a_n$,记 $S_n = \sum\limits_{k=1}^{n} a_k$,则 $S_n = ($ $)$

A. $2 - \dfrac{n+2}{2^n}$

B. $1 - \dfrac{n+2}{2^{n+1}}$

C. $2 - \dfrac{n+2}{2^{n+1}}$

D. $2 - \dfrac{n+1}{2^n}$

(2018 年清华大学领军计划)

❸迭代法

将递推式适当变形后,用下标较小的项代替某些下标较大的项,在一般项和初始项之间建立某种关系,从而求出通项.

例 5 已知无穷数列 $\{a_n\}$ 满足 $a_{n+1} = \dfrac{a_n}{a_n + 1}$,则 a_1 的取值范围是_____.

(2017 年清华大学暑期学校)

❹待定系数法

待定系数法又称线性代换法,是求数列通项公式时最常用的一种方法.其本质是构造新的等比数列,然后转化为求通项公式的问题.

例 6 已知数列 $\{a_n\}$,$\{b_n\}$ 均为等差数列,且 $a_1b_1=135$,$a_2b_2=304$,$a_3b_3=529$,则下列各项在集合 $\{a_nb_n\}$ 中的是（　　　）

A. 810　　　　　　B. 1147　　　　　　C. 1540　　　　　　D. 3672

（2017 年清华大学 THUSSAT）

❺ 特征根法

对于形如 $\begin{cases} a_1=a, \\ a_2=b, \\ a_n=pa_{n-1}+qa_{n-2}, \end{cases}$ （其中 p,q 为常数,$n\geqslant 3$）的递推关系式,虽然可以利用待定

系数法求得其通项公式,但相对来说较为繁琐.下面我们来介绍利用特征根法求得其通项的方法.首先,我们称方程 $x^2=px+q$ 为满足递推关系 $a_n=pa_{n-1}+qa_{n-2}$ 的特征方程,有下面两种情况:

（1）如果特征方程有两不同的根 x_1,x_2,则有 $a_n=A\cdot x_1^{n-1}+B\cdot x_2^{n-1}$,其中 A、B 由初始值 $\begin{cases} a_1=a \\ a_2=b \end{cases}$ 确定;

（2）如果特征方程有相等的根 $x_1=x_2=x_0$,则有 $a_n=(An+B)x_0^{n-1}$,其中 A、B 由初始值 $\begin{cases} a_1=a \\ a_2=b \end{cases}$ 确定.

例 7（多选）如果数列 $\{x_n\}$,$\{y_n\}$,$\{z_n\}$ 满足 $\begin{cases} x_{n+1}=\dfrac{1}{2}(y_n+z_n-x_n), \\ y_{n+1}=\dfrac{1}{2}(z_n+x_n-y_n), \\ z_{n+1}=\dfrac{1}{2}(x_n+y_n-z_n), \end{cases}$ 那么（　　　）

A. 数列 $\{x_n+y_n+z_n\}$ 一定是等比数列

B. 当 $x_1=-\dfrac{1}{2}$,$x_2=\dfrac{5}{4}$ 时,$x_n=(-1)^n+\dfrac{1}{2^n}$

C. 当数列 $\{x_n\}$ 各项均为正数时,$x_1=y_1=z_1$

D. 当存在正整数 m,使得 $x_m=y_m=z_m$ 时,$x_1=y_1=z_1$

（2017 年清华大学领军计划）

❻不动点法

对于形如（1）$a_n=\dfrac{pa_{n-1}+q}{ra_{n-1}+h}(r\neq 0,ph\neq rq,$ 且 $a_1\neq -\dfrac{h}{r},n\geqslant 2)$ 与（2）$a_n=\dfrac{p\cdot a_{n-1}+q}{2p\cdot a_{n-1}+h}$ 递推

数列的通项公式问题,常用不动点法加以解决.对上述两种类型,我们分别给出相关结论:

类型 1　　$a_n=\dfrac{pa_{n-1}+q}{ra_{n-1}+h}$

可作特征方程 $x=\dfrac{px+q}{rx+h}$,当特征方程有且只有一个根 x_0 时,可构造 $\left\{\dfrac{1}{a_n-x_0}\right\}$ 为等差数列;当特征方程有两个相异的根 x_1,x_2 时,可构造 $\left\{\dfrac{a_n-x_1}{a_n-x_2}\right\}$ 为等比数列;

类型 2　$a_n=\dfrac{p\cdot a_{n-1}+q}{2p\cdot a_{n-1}+h}$

可作特征方程 $x=\dfrac{px+q}{2px+h}$,当特征方程只有一个根时 x_0 时,可构造数列 $\{a_n-x_0\}$ 是等比数列;当特征方程有两个相异的实数根 x_1,x_2 时,可构造数列 $\left\{\lg\left(\dfrac{a_n-x_1}{a_n-a_2}\right)\right\}$ 为等比数列.

例 8　已知 $f(x)=\dfrac{1+\sqrt{3}x}{\sqrt{3}-x}$,定义 $f_1(x)=f(x),f_{k+1}(x)=f(f_k(x)),k\geqslant 1$,则 $f_{2017}(2017)$ 的值为(　　)

A. $\dfrac{2017+\sqrt{3}}{2017-\sqrt{3}}$　　　B. 2017　　　C. $\dfrac{1+2017\sqrt{3}}{2017+\sqrt{3}}$　　　D. 前三个答案都不对

(2017 年北京大学博雅计划)

例 9　已知实数 $a_1,a_2,\cdots,a_{2018}$ 两两不同,存在 t 满足 $a_i+\dfrac{1}{a_{i+1}}=t(i=1,2,\cdots,2018)$.并规定 $a_{2019}=a_1$,求实数 t 的可能值的个数.

(2018 北京大学"中学数学奖"夏令营)

二、递推方法
❶ 递推关系
例 10　梯形 $ABCD$ 中,$AB\ /\!/\ CD$,对角线 AC 与 BD 交于点 P_1,过 P_1 作 AB 的平行线交 BC 于点 Q_1.AQ_1 交 BD 于 P_2,过 P_2 作 AB 的平行线交 BC 于 Q_2,$\cdots$.若 $AB=a,CD=b$,则 $P_nQ_n=$＿＿＿＿＿＿(用 a,b,n 表示).

(2016 年中国科学技术大学)

❷ 放缩的技巧
例 11　设数列 $\{a_n\}$ 中,a_n 是与 $\sqrt{n}$ 最接近的整数,若 $\sum\limits_{k=1}^{n}\dfrac{1}{a_k}=2016$,则 n 的值是(　　)

A. 1017070　　　　　　　　B. 1017071

C. 1017072　　　　　　　　D. 前三个答案都不对

(2016 年北京大学)

例 12　数列 $\{a_n\}$ 满足 $a_1=1,a_{n+1}=a_n+\dfrac{1}{a_n}$,若 $a_{2017}\in(k,k+1)(k\in\mathbf{N}^*)$,则 k 的值是(　　)

A. 63　　　B. 64　　　C. 65　　　D. 66

(2017 年北京大学 U-Test)

❸斐波那契数列

斐波那契是意大利著名的数学家,他主要的研究成果在不定方程和数论方面.在他 1202 年出版的《算盘全书》一书中,他提出了著名的"兔子繁殖问题":

一般而言,兔子在出生两个月后就具有了繁殖能力,每对兔子每个月繁殖一对兔子.如果兔子都不死,那么由一对初生的兔子开始,12 个月后共有多少对兔子?

由这个模型,我们抽象出一个十分著名数列:1,1,2,3,5,8,13,21,…它的递推式为:

$\begin{cases} a_1 = a_2 = 1 \\ a_n = a_{n-1} + a_{n-2} (n \geqslant 3) \end{cases}$. 由于这个数列是由斐波那契提出的,所以这个数列又被称为**斐波那契数列**.斐波那契数列的通项公式由法国数学家比内求出:

$$a_n = \frac{1}{\sqrt{5}} \left[\left(\frac{1+\sqrt{5}}{2} \right)^n - \left(\frac{1-\sqrt{5}}{2} \right)^n \right].$$

斐波那契数列具有许多美妙的性质,比如:如果把斐波那契数列的邻项之比作为一个新的数列的项,我们得到:$\frac{1}{1}, \frac{1}{2}, \frac{2}{3}, \frac{3}{5}, \frac{5}{8}, \frac{8}{13}, \frac{13}{21}, \cdots$我们可以证明,这个数列的 $r = \frac{\sqrt{5}-1}{2} \approx 0.618$,这是非常著名的**黄金分割率**.再如,在斐波那契数列中,从第三项开始,每个奇数项的平方都比前后两项之积多 1,每个偶数项的平方都比前后两项之积少 1.(这里有一点需要说明:奇数项和偶数项指的是项的奇偶,而不是数列数字本身的奇偶,比如第四项 3 是奇数,但它是偶数项,第五项 5 是奇数,它是奇数项,如果认为数字 3 和 5 都是奇数项,则误解了题意).

例 13 设 $x_n (n \in \mathbf{N}^*)$ 满足下列两个条件的数列 $a_1, a_2, \cdots, a_n$ 的个数:

①每个 $a_i (i = 1, 2, \cdots, n)$ 都是 0 或 1;

②当 $n > 2$ 时,任意相邻两项的乘积 $a_i \cdot a_{i+1} = 0$.

(1)求 x_1、x_2、x_3 的值;

(2)求 $\sum\limits_{i=1}^{2018} (x_i x_{i+2} - x_{i+1}^2)$ 值.

(2015 年中国科学技术大学改编)

§4.4 数列求和与数学归纳法

数列求和问题是高中数学的一个重要知识点.由于数列的形式种类繁多,其求和方法也是灵活多样、纷繁多变.数学归纳法是探究关于正整数 n 的命题 $P(n)$ 成立的一种方法,是归纳公理的直接推论.本节,我们来介绍数列求和方法与数学归纳法.

一、数列的求和

❶公式法

对于等差数列或等比数列,或者一些特殊的常规数列:如 $\sum\limits_{k=1}^{n} k^2 = \frac{n(n+1)(2n+1)}{6}$,$\sum\limits_{k=1}^{n} k^3$

$=\dfrac{1}{4}n^2(n+1)^2$，我们可以直接利用求和公式或一些即有结论进行求和.

例 1 在平面直角坐标系 xOy 中，有 2018 个圆：$\odot A_1,\odot A_2,\cdots,\odot A_{2018}$，其中 $\odot A_k$ 的圆心 $A_k\left(a_k,\dfrac{1}{4}a_k^2\right)$，半径为 $\dfrac{1}{4}a_k^2(k=1,2,\cdots,2018)$，这里 $a_1>a_2>\cdots>a_{2018}=\dfrac{1}{2018}$，且 $\odot A_{k+1}$ 与 $\odot A_k$ 外切$(k=1,2,\cdots,2017)$，则 $a_1=$＿＿＿＿＿.

（2018 年上海市预赛）

❷分组求和

在数列求和时，对于部分数列可以将其分解成若干个易于处理，或能够利用公式法求和的新数列分别进行求和.

例 2 已知等比数列 $\{a_n\}$ 各项都是正数，S_n 为其前 n 项和，$a_3=8$，$S_3=14$.

(1)求数列 $\{a_n\}$ 的通项公式；

(2)设 $\{a_n-b_n\}$ 是首项为 1，公差为 3 的等差数列，求数列 $\{b_n\}$ 的通项公式及前 n 项和 T_n.

（2018 年清华大学 THUSSAT）

❸裂项相消法

裂项相消法常用于形如 $\left\{\dfrac{c}{a_na_{n+1}}\right\}$（其中 $\{a_n\}$ 为各项均不为 0 的等差数列，c 为常数）的数列、部分有理数列、含阶乘的数列等的求和问题.

例 3 已知正项等比数列 $\{a_n\}$，满足 $S_2=6$，$S_4=30$.

(1)求数列 $\{a_n\}$ 的通项公式；

(2)若 $b_n=\log_2 a_n$，已知数列 $\left\{\dfrac{1}{b_nb_{n+1}}\right\}$ 的前 n 项和为 T_n，试证明 $T_n<1$ 恒成立.

（2018 年北京大学博雅闻道）

例 4 已知数列 $\{a_n\}$ 前 n 项和 S_n 满足 $2S_n-na_n=n(n\in\mathbf{N}^*)$，且 $a_2=3$.

(1)求数列 $\{a_n\}$ 的通项公式；

(2)设 $b_n=\dfrac{1}{a_n\sqrt{a_{n+1}}+a_{n+1}\sqrt{a_n}}$，$T_n$ 是数列 $\{b_n\}$ 的前 n 项和，求使 $T_n>\dfrac{9}{20}$ 成立的最小正整数 n 的值.

（2018 年福建省预赛）

例 5 已知等比数列 $\{a_n\}$ 的各项均为正数，并且 $2a_1+3a_2=33$，$a_2a_4=27a_3$. 数列 $\{b_n\}$ 满足 $b_n=\log_3 a_{n+1}$，$n\in\mathbf{N}^*$.

(1)求数列 $\{b_n\}$ 的通项公式；

(2)若 $c_n=a_n\cdot b_n$，求数列 $\{c_n\}$ 的前 n 项和 S_n.

（2018 年清华大学 THUSSAT）

❹ 错位相减法

例 6 已知数列 $\{a_n\}$ 的前 n 项和为 S_n，且 $S_n = n^2 + n (n \in \mathbf{N}^*)$，数列 $\{b_n\}$ 满足 $b_n = 2^{a_n} (n \in \mathbf{N}^*)$.

(1) 求 a_n, b_n；

(2) 求数列 $\{a_n \cdot b_n\}$ 的前 n 项和 T_n.

（2019 年清华大学 THUSSAT）

例 7 已知数列 $\{a_n\}$ 中，$a_1 = \dfrac{1}{2}$，$a_{n+1} = \dfrac{1}{2} a_n + \dfrac{2n+1}{2^{n+1}} (n \in \mathbf{N}^*)$.

(1) 求数列 $\{a_n\}$ 的通项公式；

(2) 求数列 $\{a_n\}$ 的前 n 项和 S_n.

（2018 年河北省预赛）

二、数列归纳法

从特殊到一般的推理方法，叫作**归纳法**. 根据全部事例推出结论的推理方法，叫作**完全归纳法**；而根据部分事例推出更加一般结论的推理方法，叫作**不完全归纳法**. 归纳法可以帮助我们从一些具体事例中发现一般规律，但仅根据有限的特殊事例得出的结论不一定都是正确的. 因此，我们使用归纳法得到结论后，必须对数学命题进行论证，才能判断命题的正确与否. 与正整数 n 有关的数学命题是数学研究中常见的一类问题，对于这类问题，我们可以通过举反例来说明命题是错误的，但不可能用穷举法来验证其正确性，而往往采用数学归纳法来进行证明. 数学归纳法的证明步骤是：

(1) 证明当 n 取第一个值 $n_0 (n_0 \in \mathbf{N}^*)$ 时，命题成立；

(2) 假设当 $n = k (k \in \mathbf{N}^*, k \geqslant n_0)$ 时命题成立，再证明当 $n = k+1$ 时命题也成立.

根据 (1)(2) 两个步骤，我们可以断定这个命题对于从 n_0 开始的所有正整数 n 都成立.

这个数学归纳法，我们将其称之为**第一数学归纳法**.

例 8 已知数列 $\{a_n\}$ 满足：$a_1 = 1$，$a_{n+1} = \dfrac{1}{8} a_n^2 + m (n \in \mathbf{N}^*)$.

若对任意正整数 n，都有 $a_n < 4$，求实数 m 的最大值.

（2018 年四川省预赛）

例 9 5 名学生围成一圈依序循环报数，规定：

(1) 第 1 位学生报出的数为 1，第 2 位学生首次报出的数也为 1，之后每位学生所报出的数都是前 2 位学生报出的数之和；

(2) 若报出的数为 3 的倍数，则报该数的学生需拍手一次.

已知学生甲第 1 个报数，当 5 位学生依序循环报到第 100 个数时，学生甲拍手的总次数为 _____.

第一数学归纳法：是数学归纳法的基本形式，除此之外，还有许多"变式"，下面我们给出数学归纳法的其他形式：

设 $P(n)$ 是一个与正整数有关的命题.

第二数学归纳法:设 $p(n)$ 是一个含有正整数 n 的命题($n \geqslant a, a \in \mathbf{N}^*$),如果:

(1)当 $n = a$ 时,$p(a)$ 成立;

(2)由 $p(m)$ 对所有适合 $a \leqslant m \leqslant k$ 的正整数 m 成立的假定下,推得 $p(k+1)$ 时命题也成立,那么 $p(n)$ 对所有正整数 $n \geqslant a$ 都成立.

反向数学归纳法:反向归纳法也叫倒推归纳法.相应的两个步骤如下:

(1)对于无穷对个自然数,命题成立.

(2)假设 $p(k+1)$ 成立,可导出 $p(k)$ 也成立.

由(1)、(2)可以判定对于任意的自然数 n,$p(n)$ 都成立.

二重归纳法:设 $p(n, m)$ 是一个含有两个独立正整数 n, m 的命题,如果满足:

(1)$p(1, m)$ 对任意正整数 m 成立,$p(n, 1)$ 对任意正整数 n 成立;

(2)在 $p(n+1, m)$ 与 $p(n, m+1)$ 成立的假设下,可以证明 $p(n+1, m+1)$ 成立.那么 $p(n, m)$ 对任意正整数 n 和 m 都成立.

螺旋式归纳法:现有两个与自然数 n 有关的命题 $A(n), B(n)$.如果满足:

(1)$A(1)$ 是正确的.

(2)假设 $A(k)$ 成立,能导出 $B(k)$ 成立;假设 $B(k)$ 成立,能导出 $A(k+1)$ 成立.

这样就能断定对于任意的自然数 n,$A(n)$ 和 $B(n)$ 都正确.

跳跃归纳法:若一个命题 T 对自然数 $1, 2, \cdots, l$,都是正确的;如果由假定命题 T 对自然数 k 正确,就能推出命题 T 对自然数 $k+l$ 正确.则命题对一切自然数都正确.

例 10 数列 $\{a_n\}$ 满足 $a_{2l} = 3l^2$,$a_{2l-1} = 3l(l-1)+1$ 其中 l 是自然数,又令 S_n 表示数列 $\{a_n\}$ 的前 n 项之和,求证:

$$S_{2l-1} = \frac{1}{2}l(4l^2 - 3l + 1) \tag{1}$$

$$S_{2l} = \frac{1}{2}l(4l^2 + 3l + 1) \tag{2}$$

§4.5 数列的极限

数列的极限问题是一个比较重要的部分,同时极限的理论也是高等数学的基础之一.数列极限的问题作为微积分的基础概念,其建立与产生对微积分的理论有着重要的意义.本节我们主要来了解数列的极限.

一、基本概念

❶ 数列极限的定义

一般地,如果当项数 n 无限增大时,无穷数列 $\{a_n\}$ 的项无限地趋近于某个常数 a,那么,我们就说数列$\{a_n\}$以a为极限.

这是数列极限描述性的定义,很通俗易懂.但它仅是形象描述,不符合数学的严密性和简洁性.下面我们给出数列极限的严格定义:

设$\{a_n\}$是一个数列,a为一个确定的常数,如果对于任意的正数ε,总存在一个正整数N,使得当$n>N$时,都有$|a_n-a|<\varepsilon$,则称数列$\{a_n\}$的极限为a,或称数列$\{a_n\}$收敛于a,记作$\lim\limits_{n\to\infty}a_n=a$.

数列$\{a_n\}$单调递增,且有上界,则$\lim\limits_{n\to\infty}a_n$存在;同样,如果数列$\{a_n\}$单调递减,且有下界,则$\lim\limits_{n\to\infty}a_n$存在.

例 1 证明数列$x_n=\sqrt{a+\sqrt{a+\cdots+\sqrt{a}}}$($n$个根式,且$a>0$,$n=1,2,\cdots$)极限存在,并求$\lim\limits_{n\to\infty}x_n$.

例 2 计算(1)$\dfrac{12}{1+\dfrac{12}{1+\cdots}}$;

(2)$\sqrt{5\sqrt{5\sqrt{5\cdots}}}$.

(2017 年清华大学 THUSSAT 改编)

❷ 几个常用的数列极限

在进行极限求值或运算时,我们常借用下列几个常用的数列极限来进行求值:

(1)$\lim\limits_{n\to\infty}C=C$($C$为常数);

(2)$\lim\limits_{n\to\infty}\dfrac{1}{n}=0$;

(3)$\lim\limits_{n\to\infty}q^n=0$($|q|<1$);

(4)$\lim\limits_{n\to\infty}\dfrac{an^k+b}{cn^k+d}=\dfrac{a}{c}$($k\in\mathbf{N}^*$,$a$、$b$、$c$、$d\in\mathbf{R}$,且$c\neq0$);

(5)$\lim\limits_{n\to\infty}\dfrac{a^n-b^n}{a^n+b^n}=\begin{cases}1,&|a|>|b|,\\0,&|a|=|b|,\\-1,&|a|<|b|.\end{cases}$

例 3 设有$\triangle A_0B_0C_0$,作它的内切圆,三个切点确定一个新的$\triangle A_1B_1C_1$,再作$\triangle A_1B_1C_1$确定$\triangle A_2B_2C_2$,依次类推,一次一次不停地作下去,可以得到一个三角形序列,它们的尺寸越来越小,则最终这些三角形的极限情况是(　　　　)

A. 等边三角形

B. 直角三角形

C. 与$\triangle A_0B_0C_0$相似

D. 前三个答案都不对

(2015 年北京大学生命科学冬令营)

❸运算法则

仅凭定义与几个特殊的数列极限,还不足以解决较为复杂的数列极限问题,为此,我们再给出下面数列极限的运算法则:

设数列 $\{a_n\}$ 与 $\{b_n\}$ 的极限存在,且 $\lim\limits_{n\to\infty}a_n=a$,$\lim\limits_{n\to\infty}b_n=b$,则

(1) $\lim\limits_{n\to\infty}(a_n\pm b_n)=\lim\limits_{n\to\infty}a_n\pm\lim\limits_{n\to\infty}b_n=a\pm b$;

(2) $\lim\limits_{n\to\infty}(a_n\cdot b_n)=\lim\limits_{n\to\infty}a_n\cdot\lim\limits_{n\to\infty}b_n=a\cdot b$;

(3) $\lim\limits_{n\to\infty}\dfrac{a_n}{b_n}=\dfrac{\lim\limits_{n\to\infty}a_n}{\lim\limits_{n\to\infty}b_n}=\dfrac{a}{b}\,(b\neq 0)$.

例 4 下列关于数列 $\left\{\left(1+\dfrac{1}{n}\right)^n\right\}$ 的判断中正确的是(　　　　)

A. 对一切 $n\in\mathbf{N}^*$,都有 $\left(1+\dfrac{1}{n}\right)^n<\left(1+\dfrac{1}{n+1}\right)^{n+1}<3$

B. 对一切 $n\in\mathbf{N}^*$,都有 $\left(1+\dfrac{1}{n}\right)^n>\left(1+\dfrac{1}{n+1}\right)^{n+1}>2$

C. 对一切 $n\in\mathbf{N}^*$,都有 $\left(1+\dfrac{1}{n}\right)^n>\left(1+\dfrac{1}{n+1}\right)^{n+1}$,且存在 $n\in\mathbf{N}^*$,使 $\left(1+\dfrac{1}{n}\right)^n<3$

D. 对一切 $n\in\mathbf{N}^*$,都有 $\left(1+\dfrac{1}{n}\right)^n<\left(1+\dfrac{1}{n+1}\right)^{n+1}$,且存在 $n\in\mathbf{N}^*$,使 $\left(1+\dfrac{1}{n}\right)^n>3$

(2017 年清华大学 THUSSAT)

例 5 计算 (1) $\lim\limits_{n\to\infty}\left(1+\dfrac{1}{4n}\right)^{8n}$;(2) $\lim\limits_{n\to\infty}\left(\dfrac{n}{n+1}\right)^{n-3}$;(3) $\lim\limits_{n\to\infty}\dfrac{(n+1)^{n+1}}{n^n}\sin\dfrac{1}{n}$.

二、数列极限的分类

常见的数列极限主要分为以下两类:

❶关于自然数 n 的多项式商

$$\lim_{n\to\infty}\frac{a_k n^k+a_{k-1}n^{k-1}+\cdots+a_1 n+a_0}{b_l n^l+b_{l-1}n^{l-1}+\cdots+b_1 n+b_0}=\begin{cases}\dfrac{a}{b},\text{当 }l=k\text{ 时},\\[2mm]0,\text{当 }l>k\text{ 时},\end{cases}(k,l\in\mathbf{N}^*,a_k\neq 0,b_l\neq 0)$$

当 $k>l$ 时,上述极限不存在.

这里,我们介绍一个非常重要的定理——**夹逼定理**:

如果数列 $\{x_n\}$、$\{y_n\}$ 以及 $\{z_n\}$ 满足下列两个条件:

(1) 从某项起,即当 $n>n_0$(其中 $n_0\in\mathbf{N}$),有 $x_n\leqslant y_n\leqslant z_n(n=1,2,3,\cdots)$;

(2) $\lim\limits_{n\to\infty}x_n=a$,且 $\lim\limits_{n\to\infty}z_n=a$.

那么,数列 $\{y_n\}$ 的极限也存在,且 $\lim\limits_{n\to\infty}y_n=a$.

例 6 计算 $\lim\limits_{n\to\infty}\left(\dfrac{1}{n^2+n+1}+\dfrac{2}{n^2+n+2}+\cdots+\dfrac{n}{n^2+n+n}\right)$.

❷关于 n 的指数式

$$\lim_{n\to\infty}q^n=\begin{cases}0,\text{当}|q|<1\text{时},\\1,\text{当}q=1\text{时}.\end{cases}\text{当}|q|>1,\text{或}q=-1\text{时},\text{上述极限不存在}.$$

例 **7** (1)证明：$\dfrac{1}{2^k}+\dfrac{1}{2^k+1}+\dfrac{1}{2^k+2}+\cdots+\dfrac{1}{2^{k+1}-1}<1(n\geqslant2,n\in\mathbf{N})$；

(2)分别以 $1,\dfrac{1}{2},\dfrac{1}{3},\cdots,\dfrac{1}{n},\cdots$ 为边长的正方形能互不重叠地全部放入一个边长为 $\dfrac{3}{2}$ 的正方形内.

(2018 年贵州省预赛)

习题四

一、选择题

1. 等差数列 $\{a_n\}$ 中，$a_2+a_{11}+a_{14}=-6$，则前 17 项的和 $a_1+a_2+\cdots+a_{17}$ 等于（　　）

A. 0　　　　　　　B. -34　　　　　　C. 17　　　　　　D. 34

（2018 年天津市预赛）

2. 设 $\{a_n\}$ 是公差为 2 的等差数列，$b_n=a_{2^n}$，若数列 $\{b_n\}$ 为等比数列，其前 n 项和为 S_n，则 S_n 为（　　）

A. $2(2^n-1)$　　　　　　　　　　B. $2(2^{n+1}-1)$

C. $4(2^n-1)$　　　　　　　　　　D. $4(2^{n+1}-1)$

（2018 年清华大学 THUSSAT）

3. 已知 $k\neq 1$，则等比数列 $a+\log_2 k$，$a+\log_4 k$，$a+\log_8 k$ 的公比为（　　）

A. $\dfrac{1}{2}$　　　　　　B. $\dfrac{1}{3}$　　　　　　C. $\dfrac{1}{4}$　　　　　　D. 前三个答案都不对

（2016 年北京大学博雅计划）

4. 设等差数列 $\{a_n\}$ 的前 n 项和 S_n，若 $a_4+S_5=2$，$S_7=14$，则 $a_{10}=$（　　）

A. 8　　　　　　　B. 18　　　　　　　C. -14　　　　　D. 14

（2019 年北京大学博雅闻道）

5. 设 $\{a_n\}$ 是等差数列，p,q,k,l 为正整数，则"$p+q>k+l$"是"$a_p+a_q>a_k+a_l$"的（　　）

A. 充分不必要条件　　　　　　B. 必要不充分条件

C. 充要条件　　　　　　　　　D. 既不充分也不必要条件

（2015 年清华大学领军计划）

6. 数列 $\{a_n\}$ 满足 $a_1=\dfrac{2}{3}$，$a_{n+1}=\dfrac{a_n}{2(2n+1)a_n+1}$，则数列 $\{a_n\}$ 的前 2017 项的和 S_{2017} 等于（　　）

A. $\dfrac{2016}{2017}$　　　　B. $\dfrac{2017}{2018}$　　　　C. $\dfrac{4034}{4035}$　　　　D. $\dfrac{4033}{4034}$

（2017 年北京大学 U-Test）

7. 已知数列 $\{a_n\}$ 满足 $a_1=1$，$a_{n+1}=n+1+a_n\ (n\in \mathbf{N}^*)$，若 $[x]$ 表示不超过实数 x 的最大整数，则 $\left[\dfrac{1}{a_1}+\dfrac{1}{a_2}+\cdots+\dfrac{1}{a_{2018}}\right]=$（　　）

A. 1　　　　　　　B. 2　　　　　　　C. 3　　　　　　　D. 2018

（2018 年陕西省预赛）

8. 在数列 $\{a_n\}$ 中，已知 $a_1=1$，且 $a_n-a_{n-1}=2^{n-1}\ (n\geq 2)$，则数列 $\left\{\dfrac{2^{n-1}}{a_n a_{n+1}}\right\}$ 的前 n 项和 T_n 为（　　）

A. $1-\dfrac{1}{2^n-1}$ 　　　　　　　　　　B. $1-\dfrac{1}{2^{n+1}-1}$

C. $\dfrac{1}{2}\left(1-\dfrac{1}{2^n}\right)$ 　　　　　　　　D. $\dfrac{1}{2}\left(1-\dfrac{1}{2^{n+1}-1}\right)$

(2017 年清华大学 THUSSAT)

9.（多选）在数列 $\{a_n\}$（$n\in \mathbf{N}^*$）中，若 $\dfrac{a_{n+2}-a_{n+1}}{a_{n+1}-a_n}=k$（$k$ 为常数），则称 $\{a_n\}$ 为"等差比数列"．下列对"等差比数列"的判断正确的是（　　）

A. k 不可能为 0　　　　　　　　B. 等差数列一定是"等差比数列"

C. 等比数列一定是"等差比数列"　　D. "等差比数列"中可以有无数项 0

(2018 年全国中学生创新能力大赛)

10. 数列 $\{a_n\}$ 满足：$a_1=1$，$a_{n+1}=\dfrac{a_n}{(n-2)a_n+2}$（$n\in\mathbf{N}^*$），则下列选项中正确的是（　　）

A. $a_9=\dfrac{2}{9}$ 　　　　　　　　B. $a_{10}=\dfrac{2}{503}$

C. $a_{n+1}\leqslant a_n$ 　　　　　　　D. $0<a_n\leqslant 2$

(2018 年清华大学领军计划)

11. 小王在 word 文档中设计好一张 A4 规格的表格，根据要求，这种规格的表格需要设计 1000 张，小王欲使用"复制—粘贴"（用鼠标选中表格，右键点击"复制"，然后在本 word 文档中"粘贴"）的办法满足要求．请问：小王需要使用"复制—粘贴"的次数至少为（　　）

A. 9 次　　　　　　B. 10 次　　　　　　C. 11 次　　　　　　D. 12 次

(2018 年贵州省预赛)

12.（多选）设数列 $\{a_n\}$ 满足：$a_1=5$，$a_2=13$，$a_{n+2}=\dfrac{a_{n+1}^2+6^n}{a_n}$（$n\in\mathbf{N}^*$），则（　　）

A. $a_{n+2}=5a_{n+1}-6a_n$ 　　　　B. $\{a_n\}$ 中的项都是整数

C. $a_n>4^n$ 　　　　　　　　　D. $\{a_n\}$ 中与 2015 最接近的数是 a_7

(2016 年清华大学领军计划)

二、填空题

13. 正整数数列 $\{a_n\}$：$a_n=3n+2$ 与 $\{b_n\}$：$b_n=5n+3$（$n\in\mathbf{N}^*$）在 $M=\{1,2,3,\cdots,2018\}$ 中公共项的个数是_____．

(2018 年江西省预赛)

14. 数列 $\{a_n\}$ 满足：$a_1=33$，$a_{n+1}-a_n=2n$，则当 $\dfrac{a_n}{n}$ 取最小值时，$n=$_____．

(2018 年上海交通大学)

15. 设 n 是正整数，当 $n>100$ 时，$\sqrt{n^2+3n+1}$ 的小数部分的前两位数是_____．

(2018 年陕西省预赛)

三、解答题

16. 数列 $\{a_n\}$ 为等差数列，且满足 $3a_5 = 8a_{12} > 0$，数列 $\{b_n\}$ 满足 $b_n = a_n \cdot a_{n+1} \cdot a_{n+2}$ $(n \in \mathbf{N}^*)$，$\{b_n\}$ 的前 n 项和记为 S_n. 问：n 为何值时，S_n 取得最大值，说明理由.

（2018 年甘肃省预赛）

17. 已知数列 $\{a_n\}$ 是等差数列，且 $a_2 = -1$，数列 $\{b_n\}$ 满足 $b_n - b_{n-1} = a_n$ $(n=2,3,4,\cdots)$，且 $b_1 = b_3 = 1$.

(1) 求 a_1 的值；

(2) 求数列 $\{b_n\}$ 的通项公式.

（2018 年浙江大学）

18. 已知无穷数列 $1, \dfrac{1}{2}, \dfrac{1}{3}, \dfrac{1}{4}, \cdots$，是否存在 2017 项，使这 2017 项构成等差数列？

（2017 年北京大学优秀中学生夏令营）

19. 设 $a_1 = 2$，$a_{n+1} = a_n^2 - a_n + 1$. 证明：$1 - \dfrac{1}{2018^{2018}} < \displaystyle\sum_{n=1}^{2018} \dfrac{1}{a_n} < 1$.

（2018 年重庆市预赛）

20. 求满足以下条件的正整数数列 $\{a_n\}$ $n \in \mathbf{N}$ 的个数：对任意 $n \in \mathbf{N}$ 都有 $a_n \leqslant 100$ 且 $a_n = a_{n+100}$，且 $a_n \neq a_{n+1}$.

（2016 年中国科学技术大学）

▷ ▷ ▷ ▷ **第五章**
微积分初步

　　微积分是研究函数的重要工具,是数学发展史上重要的里程碑.其中,导数与定积分是微积分的两大核心内容.导数是研究函数的单调性、变化快慢、最大值与最小值的最一般、最有效的工具;定积分是解决图形的面积、变力做功等实际问题的有效方法.微积分在物理、化学、生物、天文及经济等各种科学领域都有着十分广泛而重要的应用.本章,我们对微积分做一些浅显的探讨.

§5.1 函数的极限

数列作为定义在自然数集上的函数,我们在上一章讨论了它的极限,即自变量无限增大时,相应的函数值(即因变量的值)的变化趋势;数列中的自变量是离散变量,而对于函数中连续的自变量,是否可以像数列一样同样可以讨论当变量连续趋近于某个数值时因变量的变化情况? 针对这一问题,我们本节来研究函数的极限. 有一点需要特别说明:由于函数的极限是大学高等数学的内容,在本节,我们只从高中生容易理解的角度加以介绍,而并不做过深的探讨!

一、函数的极限

为了与数列的极限相对应,我们首先给出自变量趋于正无穷大时的函数极限的定义.

❶ $x \to +\infty$ 时的函数极限

首先,我们用描述性的语言给出函数极限的概念:

当自变量 x 无限增大时,函数 $f(x)$ 无限趋近于一个常数 A,则称 A 为函数 $f(x)$ 是当 x 趋向于正无穷大时的函数 $f(x)$ 的极限,记作 $\lim\limits_{x \to +\infty} f(x) = A$. 比如 $\lim\limits_{x \to +\infty} \dfrac{1}{x} = 0$,$\lim\limits_{x \to +\infty} 2^{-x} = 0$ 等. 由于数列极限描述性的定义类似,函数极限的这种描述性的定义同样也不严格,下面我们给出精确的定义:

若对任意给定的常数 $\varepsilon > 0$,总存在一个正数 m,当 $x > m$ 时,恒有 $|f(x) - A| < \varepsilon$ 成立(其中 A 为常数),则称 A 为函数 $f(x)$ 是当 x 趋向于正无穷大时的函数 $f(x)$ 的极限,记作 $\lim\limits_{x \to +\infty} f(x) = A$.

❷ $x \to -\infty$ 时的函数极限

与 $x \to -\infty$ 类似,我们给出 $x \to -\infty$ 时函数 $f(x)$ 极限的概念:

若对任意给定的常数 $\varepsilon > 0$,总存在一个正数 m,当 $x < -m$ 时,恒有 $|f(x) - A| < \varepsilon$ 成立(其中 A 为常数),则称 A 为函数 $f(x)$ 是当 x 趋向于负无穷大时的函数 $f(x)$ 的极限,记作 $\lim\limits_{x \to -\infty} f(x) = A$.

❸ $x \to \infty$ 时的函数极限

我们将上述两个定义综合起来,就可以得到 $x \to \infty$ 时的函数 $f(x)$ 极限的概念:

若对任意给定的常数 $\varepsilon > 0$,总存在一个正数 m,当 $|x| > m$ 时,恒有 $|f(x) - A| < \varepsilon$ 成立(其中 A 为常数),则称 A 为函数 $f(x)$ 是当 x 趋向于无穷大时的函数 $f(x)$ 的极限,记作 $\lim\limits_{x \to \infty} f(x) = A$.

上述三个定义之间存在着如下关系:$\lim\limits_{x \to \infty} f(x) = A$ 的充分必要条件是 $\lim\limits_{x \to -\infty} f(x) = \lim\limits_{x \to +\infty} f(x) = A$.

比如:$\lim\limits_{x \to -\infty} \dfrac{1}{x} = \lim\limits_{x \to +\infty} \dfrac{1}{x} = 0$,故有 $\lim\limits_{x \to \infty} \dfrac{1}{x} = 0$. 再如:$\lim\limits_{x \to +\infty} \dfrac{|x|}{x} = 1$,而 $\lim\limits_{x \to -\infty} \dfrac{|x|}{x} = -1$,故而符号 $\lim\limits_{x \to \infty} \dfrac{|x|}{x}$ 无意义.

❹ 函数在某点 x_0 处的极限

在引入概念之前,我们先来看一个简单的例子:

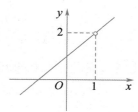

设函数 $f(x)=\dfrac{x^2-1}{x-1}$,函数的定义域为 $\{x\mid x\neq 1\}$,即在 $x=1$ 处函数无意义.但我们所关心的是当自变量 x 从 1 的附近无限趋近于 1 时,相应的函数值的变化情况.事实上,当 x 无限趋近于 1 时,函数值无限地趋近于 2,这时我们称 $f(x)$ 当 x 趋近于 1 时的极限为 2.

综上,我们可以给出函数 $f(x)$ 在某定点 x_0 处的极限定义:

若函数 $f(x)$ 在 x_0 的某一去心邻域 $\mathring{U}(x_0,\delta)$ 内有定义,对任意给定的正数 ε,对任意 $x\in\mathring{U}(x_0,\delta)$,总存在正数 δ,当 $0<|x-x_0|<\delta$ 时,恒有 $|f(x)-A|<\varepsilon$ 成立(A 为常数),则称 A 为函数 $f(x)$ 当 x 趋向于 x_0 时的**极限**,记作 $\lim\limits_{x\to x_0}f(x)=A$.

如果 $f(x)$ 在 x_0 的某半个邻域 $(x_0,x_0+\delta)$ 内有定义,对任意 $x\in(x_0,x_0+\delta)$,总存在正数 δ,当 $0<x-x_0<\delta$ 时,恒有 $|f(x)-A|<\varepsilon$ 成立(A 为常数),则称 A 为函数 $f(x)$ 当 x 从 x_0 的右侧趋向于 x_0 时的**右极限**,记作 $\lim\limits_{x\to x_0^+}f(x)=A$.

同样,我们可以定义当 x 从 x_0 的左侧趋向于 x_0 时 $f(x)$ 的左极限:

如果 $f(x)$ 在 x_0 的某半个邻域 $(x_0-\delta,x_0)$ 内有定义,对任意 $x\in(x_0-\delta,x_0)$,总存在正数 δ,当 $-\delta<x-x_0<0$ 时,恒有 $|f(x)-A|<\varepsilon$ 成立(A 为常数),则称 A 为函数 $f(x)$ 当 x 从 x_0 的左侧趋向于 x_0 时的**左极限**,记作 $\lim\limits_{x\to x_0^-}f(x)=A$.

$\lim\limits_{x\to x_0}f(x)$ 存在的充要条件是 $f(x)$ 在 x_0 处的左、右极限都存在且相等.

即 $\lim\limits_{x\to x_0}f(x)=A\Leftrightarrow\lim\limits_{x\to x_0^-}f(x)=\lim\limits_{x\to x_0^+}f(x)=A$.

例 1 讨论函数 $f(x)=\begin{cases}1+x,0<x\leqslant 1,\\ 1,x=0,\\ 1-x,-1\leqslant x<0\end{cases}$ 在 $x=0$ 处的极限的存在性.

二、函数极限的性质

函数的极限具有如下性质:

1.(唯一性)若 $\lim\limits_{x\to x_0}f(x)=A$,$\lim\limits_{x\to x_0}f(x)=B$,则 $A=B$.

2.(局部有界性)若 $\lim\limits_{x\to x_0}f(x)=A$,则存在 x_0 的去心邻 $\mathring{U}(x_0,\delta)$ 和 $M>0$,使得对任意 $x\in\mathring{U}(x_0,\delta)$,有 $|f(x)|\leqslant M$.

3.(保号性)若 $\lim\limits_{x\to x_0}f(x)=A$,且 $A>0$(或 $A<0$),则存在 $\delta>0$,使得对任意 $x\in\mathring{U}(x_0,\delta)$,有 $f(x)>0$(或 $f(x)<0$).

4.(四则运算法则)$\lim\limits_{x\to x_0}f(x)=A$,$\lim\limits_{x\to x_0}g(x)=B$.

(1)$\lim\limits_{x \to x_0}(f(x) \pm g(x)) = \lim\limits_{x \to x_0} f(x) \pm \lim\limits_{x \to x_0} g(x) = A \pm B.$

(2)$\lim\limits_{x \to x_0}(f(x) \cdot g(x)) = \lim\limits_{x \to x_0} f(x) \cdot \lim\limits_{x \to x_0} g(x) = A \cdot B.$

(3)$\lim\limits_{x \to x_0} \dfrac{f(x)}{g(x)} = \dfrac{\lim\limits_{x \to x_0} f(x)}{\lim\limits_{x \to x_0} g(x)} = \dfrac{A}{B} \,(B \neq 0).$

例 2 求下列函数的极限:

(1)$\lim\limits_{x \to 3}(4x^2 - 5x + 1)$

(2)$\lim\limits_{x \to 1} \dfrac{x^2 + 3x - 1}{2x^4 - 5}$

(3)$\lim\limits_{x \to \infty} \dfrac{x^2 + 2x - 3}{x^2 - 1}$

(4)$\lim\limits_{x \to \infty}(\sqrt{x^2 + 1} - \sqrt{x^2 - 1})$

例 3 (多选)设函数 $f(x)$ 的定义域为 $(-1,1)$,若 $f(0) = f'(0) = 1$,则存在实数 $\delta \in (0,1)$,使得(　　)

A. $f(x) > 0, x \in (-\delta, \delta)$

B. $f(x)$ 在 $(-\delta, \delta)$ 上单调递增

C. $f(x) > 1, x \in (0, \delta)$

D. $f(x) > 1, x \in (-\delta, 0)$

(2015 年清华大学领军计划)

三、两个重要的极限

❶迫敛准则(夹逼定理)

设 $f(x), g(x), h(x)$ 在 x_0 的去心邻域 $\mathring{U}(x_0, \delta)$ 内定义,且满足:

(1)对任意 $x \in \mathring{U}(x_0, \delta)$ 有 $g(x) \leqslant f(x) \leqslant h(x)$;

(2)$\lim\limits_{x \to x_0} g(x) = \lim\limits_{x \to x_0} h(x) = A.$

则 $\lim\limits_{x \to x_0} f(x) = A.$

这是第 4.5 节数列型极限夹逼定理的推广.

例 4 证明:$\lim\limits_{x \to 0} \dfrac{\sin x}{x} = 1$;

例 5 证明:$\lim\limits_{n \to \infty}\left(1 + \dfrac{1}{n}\right)^n$ 存在.

例 6 证明:$\lim\limits_{x \to \infty}\left(1 + \dfrac{1}{x}\right)^x = \mathrm{e}.$

四、函数的连续性

❶ 连续的概念

在高中阶段,我们不严格地给出函数连续性的概念:

如果函数 $f(x)$ 在 x_0 处有定义,且 $\lim\limits_{x \to x_0} f(x)$ 存在,并且 $\lim\limits_{x \to x_0} f(x) = f(x_0)$,则称 $f(x)$ 在 $x = x_0$ 处连续.表现在图象上,即 $f(x)$ 的图象在 x_0 处是连续不断的.

基本初等函数在有定义的独立区间内都连续.连续函数相加、相减、相乘、复合后的函数也是连续的,而相除时,在分母为零的点处将会出现不连续.

❷ 闭区间上连续函数的性质

(1)**最值定理**:若函数 $f(x)$ 在闭区间 $[a,b]$ 上连续,则 $f(x)$ 在闭区间 $[a,b]$ 上可同时取到最大值与最小值.

(2)**零点存在定理**:若函数 $f(x)$ 在闭区间 $[a,b]$ 上连续,且 $f(a)f(b) < 0$,则在区间 (a,b) 内至少存在一点 ξ,使得 $f(\xi) = 0$.

(3)**介值定理**:若函数在 $[a,b]$ 上连续,且 $f(a) \neq f(b)$,c 为介于 $f(a)$ 与 $f(b)$ 之间的任意数,则在区间 (a,b) 内至少存在一点 ξ,使得 $f(\xi) = c$.

例 7 证明:函数 $f(x)$ 在区间 $[0,2a]$ 上连续并且函数 $f(0) = f(2a)$.那么方程 $f(x) = f(x+a)$ 在 $[0,a]$ 内至少有一个根.

例 8 证明:方程 $x^3 + px + q = 0$,$p > 0$,有且只有一个根.

§5.2 导数的概念与几何意义

导数是微积分的核心概念之一.它是研究函数的增减、变化快慢、最值等问题的最一般、最有效的工具,因而也是解决诸如运动速度、特种繁殖率、绿化面积增长率,以及用料最省、利润最大、效率最高等实际问题的最有力的工具.本节,我们来学习导数的概念及其几何意义.

一、导数的概念

❶ 函数 $f(x)$ 在 $x = x_0$ 处的导数

一般地,函数 $y = f(x)$ 在 $x = x_0$ 处的瞬时变化率 $\lim\limits_{\Delta x \to 0} \dfrac{\Delta y}{\Delta x} = \lim\limits_{\Delta x \to 0} \dfrac{f(x_0 + \Delta x) - f(x_0)}{\Delta x}$,我们称它为函数 $y = f(x)$ 在 $x = x_0$ 处的导数,记作 $f'(x_0)$ 或 $y'|_{x=x_0}$,即

$$f'(x_0) = \lim_{\Delta x \to 0} \frac{\Delta y}{\Delta x} = \lim_{\Delta x \to 0} \frac{f(x_0 + \Delta x) - f(x_0)}{\Delta x}.$$

对于函数 $y=f(x)$ 而言,如果差商 $\frac{\Delta y}{\Delta x}$ 的左(右)极限存在,就把该左、右极限在 x_0 处的**左、右导数**,分别记作 $f'_-(x_0)$ 与 $f'_+(x_0)$,左导数与右导数统称为**单侧导数**. 由此可得**导数存在定理**:

函数 $y=f(x)$ 在点 x_0 处导数存在的充分必要条件是 $f'_-(x_0)$ 与 $f'_+(x_0)$ 都存在且相等.

❷ 函数 $f(x)$ 的导数

如果函数 $f(x)$ 在开区间 (a,b) 内的每一处都有导数,其导数值在 (a,b) 内构成一个新的函数 $f'(x)$,我们将 $f'(x)=\lim\limits_{\Delta x \to 0}\frac{f(x+\Delta x)-f(x)}{\Delta x}$ 称为函数 $f(x)$ 的在开区间 (a,b) 内的导函数.

例 1 (多选)设函数 $f(x)$ 在区间 $(-1,1)$ 上有定义,则(　　　)

  A. 当导数 $f'(0)$ 存在时,曲线 $y=f(x)$ 在点 $(0,f(0))$ 处存在切线

  B. 当曲线 $y=f(x)$ 在点 $(0,f(0))$ 处存在切线时,导数 $f'(0)$ 存在

  C. 当导数 $f'(0)$ 存在时,函数 $f(x^2)$ 在 $x=0$ 处的导数等于零

  D. 当函数 $f(x^2)$ 在 $x=0$ 处的导数等于零时,导数 $f'(0)$ 存在

(2016 年清华大学领军计划)

例 2 罗尔中值定理:若函数 $f(x)$ 满足:①$f(x)$ 在闭区间 $[a,b]$ 上连续;②$f(x)$ 在开区闭 (a,b) 上可导;③$f(a)=f(b)$. 则存在 $\xi \in (a,b)$,使得 $f'(\xi)=0$.

(1)试证明拉格朗日中值定理:若函数 $f(x)$ 满足:①$f(x)$ 在闭区间 $[a,b]$ 上连续;②$f(x)$ 在开区闭 (a,b) 上可导;则存在 $\xi \in (a,b)$,使得 $f(a)-f(b)=f'(\xi)(a-b)$;

(2)设 $f(x)$ 的定义域与值域均为 $[0,1]$,$f(0)=0$,$f(1)=1$ 且 $f(x)$ 在其定义域上连续且可导. 求证:对任意正整数 n,存在互不相同的 $x_1,x_2,\cdots,x_n \in [0,1]$,使得 $f'(x_1)+f'(x_2)+\cdots+f'(x_n)=n$.

(2017 年清华大学暑期学校测试)

二、导数的运算

❶ 基本初等函数的导数

由导数的概念,我们可以推导出下列一系列常见的导数:

(1)若 $f(x)=c$(c 为常数),则 $f'(x)=0$;

(2)若 $f(x)=x^\alpha$($\alpha \in \mathbf{Q}^*$),则 $f'(x)=\alpha x^{\alpha-1}$;

(3)若 $f(x)=\sin x$,则 $f'(x)=\cos x$;

(4)若 $f(x)=\cos x$,则 $f'(x)=-\sin x$;

(5)若 $f(x)=a^x$,则 $f'(x)=a^x \ln a$;

(6)若 $f(x)=\mathrm{e}^x$,则 $f'(x)=\mathrm{e}^x$;

(7)若 $f(x)=\log_a x$,则 $f'(x)=\frac{1}{x \ln a}$;

(8)若 $f(x)=\ln x$,则 $f'(x)=\frac{1}{x}$.

❷**导数的运算性质**

根据导数的定义,我们还可以证明关于导数的四则运算法则和复合函数的求导法则,以及反函数的求导法则.

若 $u'(x)$,$v'(x)$ 都存在,则有:

(1)$[u(x) \pm v(x)]' = u'(x) \pm v'(x)$;

(2)$[u(x)v(x)]' = u'(x)v(x) + u(x)v'(x)$;

(3)$\left[\dfrac{u(x)}{v(x)}\right]' = \dfrac{u'(x)v(x) - u(x)v'(x)}{v^2(x)}$（其中 $v(x) \neq 0$）;

(4)若函数 $u = \varphi(x)$ 在点 x 处有导数 $\varphi'(x)$,函数 $y = f(x)$ 在点 x 处的对应点 u 处有导数 $y'_u = f'(u)$,则复合函数 $y = f[\varphi(x)]$ 在点 x 处也有导数,且 $f'_x[\varphi(x)] = f'(u)\varphi'(x)$,或写成 $y'_x = y'_u \cdot u'_x$;

(5)若函数 $y = f(x)$ 是函数 $x = \varphi(y)$ 的反函数,$y = f(x)$ 在点 x 处连续,$x = \varphi(y)$ 在 x 处的导数不为零,则 $y = f(x)$ 在 x 处有导数,且 $f'(x) = \dfrac{1}{\varphi'(y)}$,记作 $y'_x = \dfrac{1}{x'_y}$.

❸**常见函数的导数公式**

根据导数的定义及运算性质,我们可以得到如下常见函数的求导公式:

(1)若 $f(x) = \tan x$,则 $f'(x) = \sec^2 x$;

(2)若 $f(x) = \cot x$,则 $f'(x) = -\csc^2 x$;

(3)若 $f(x) = \sec x$,则 $f'(x) = \sec x \tan x$;

(4)若 $f(x) = \csc x$,则 $f'(x) - \csc x \cot x$;

(5)若 $f(x) = \arcsin x$,则 $f'(x) = \dfrac{1}{\sqrt{1-x^2}}$;

(6)若 $f(x) = \arccos x$,则 $f'(x) = -\dfrac{1}{\sqrt{1-x^2}}$;

(7)若 $f(x) = \arctan x$,则 $f'(x) = \dfrac{1}{1+x^2}$;

(8)若 $f(x) = \text{arccot} x$,则 $f'(x) = -\dfrac{1}{1+x^2}$.

三、导数的几何意义

从导数的定义可以看出,导数 $\lim\limits_{\Delta x \to 0} \dfrac{\Delta y}{\Delta x}$ 就是平均变化率的极限,即函数 $f(x)$ 在 $x \to x_0$ 时的瞬时变化率.如果从几何观点来解释,差商 $\dfrac{\Delta y}{\Delta x}$ 即为曲线 $y = f(x)$ 割线的斜率,而当 $\Delta x \to 0$ 时的差商 $\dfrac{\Delta y}{\Delta x}$ 的极限就是这条割线的极限位置(切线)的斜率,即曲线 $y = f(x)$ 上的点 $(x_0, f(x_0))$ 处的切线斜率.

例 3 设 $f(x)=e^x(x-3)$，过点 $(0,a)$ 可作 $f(x)$ 的三条切线，则（ 　 ）

    A. $a>-e$ B. $a<-3$

    C. $a<-3$ 或 $a>-e$ D. $-3<a<-e$

（2018 年清华大学领军计划）

例 4 直线 $y=-x+2$ 与曲线 $y=-e^{x+a}$ 相切，则 a 的值为（ 　 ）

    A. -3 B. -2 C. -1 D. 前三个答案都不对

（2016 年北京大学博雅计划）

§5.3 　导数在研究函数中的应用

    函数是描述客观世界变化规律的重要的模型. 研究函数时，了解函数的增与减、增与减的快与慢以及函数的最大值与最小值等性质是非常重要的. 通过研究函数的这些性质，我们可以对数量的变化规律有一个基本的了解. 下面，我们运用导数研究函数的性质，体会导数在研究函数中的作用.

一、函数的单调性与导数

    在高一阶段学习函数时，我们已经会利用函数单调性的定义判断一些函数的单调性. 现在我们运用导数的知识，就可以更快捷地研究函数的单调性问题. 下面给出**有关函数单调性的判定定理**（证明略）：

    设函数 $f(x)$ 在区间 (a,b) 内可导. 若在区间 (a,b) 内 $f'(x)>0$，那么函数 $f(x)$ 在区间 (a,b) 内是增函数；如果在区间 (a,b) 内 $f'(x)<0$，那么函数 $f(x)$ 在区间 (a,b) 内是减函数.

例 1 设函数 $f(x)=e^x-x^2e^x-ax-1$.

    （1）当 $a=0$ 时，讨论 $f(x)$ 的单调性；

    （2）若存在 $x_0>0$，使得 $f(x_0)>0$ 成立，求实数 a 的取值范围.

（2019 年清华大学 THUSSAT）

例 2 已知函数 $f(x)=\ln(ax+1)-\dfrac{2ax}{x+2}-2\ln2+\dfrac{3}{2}(a>0,a$ 为常数，$x>0)$.

    （1）讨论函数 $f(x)$ 的单调性；

    （2）当 $0<a\leqslant\dfrac{3}{2}$ 时，求证：$f(x)\geqslant0$.

（2018 年清华大学 THUSSAT）

二、函数的极值、最值

    一般地，设函数 $f(x)$ 在点 x_0 处有定义，如果对 x_0 附近的所有点，都有 $f(x)<f(x_0)$，就说 $f(x_0)$ 是函数 $f(x)$ 的一个**极大值**，此时称 x_0 为函数 $f(x)$ 的一个**极大值点**；如果对 x_0 附近的所有

点,都有 $f(x) > f(x_0)$,就说 $f(x_0)$ 是函数 $f(x)$ 的一个**极小值**,此时称 x_0 为函数 $f(x)$ 的一个**极小值点**.极大值与极小值统称为**极值**,极大值点与极小值点统称为**极值点**.

极值反映了函数在某一点附近的大小情况,刻画的是函数的局部性质.若 x_0 满足 $f'(x_0) = 0$ 且在 x_0 的两侧 $f'(x)$ 异号,则 $f(x)$ 在 x_0 处存在极值,且极值为 $f(x_0)$,x_0 为极值点.

如果在 x_0 附近的左侧 $f'(x) > 0$,右侧 $f'(x) < 0$,那么 $f(x_0)$ 是极大值,x_0 为极大值点;

如果在 x_0 附近的左侧 $f'(x) < 0$,右侧 $f'(x) > 0$,那么 $f(x_0)$ 是极小值,x_0 为极小值点.

例 3 (多选)设函数 $f(x) = e^x (x-1)^2 (x-2)$,则(　　)

A. $f(x)$ 有两个极大值点　　　　B. $f(x)$ 有两个极小值点

C. $x=1$ 是 $f(x)$ 的极大值点　　D. $x=1$ 是 $f(x)$ 的极小值点

(2017年清华大学领军计划)

例 4 已知函数 $f(x) = (a-x)e^x - 1, x \in \mathbf{R}$.

(1)求 $f(x)$ 的单调区间与极值;

(2)设 $g(x) = (x-t)^2 + \left(\ln x - \dfrac{m}{t}\right)^2$,当 $a=1$ 时,存在 $x_1 \in (-\infty, +\infty), x_2 \in (0, +\infty)$ 使得方程 $f(x_1) = g(x_2)$ 成立,求实数 m 的最小值.

(2019年北京大学博雅闻道)

三、不等式与导数

数学的基本特点是应用的广泛性、理论的抽象性和逻辑的严谨性,而不等关系则深刻体现数学的基本特点.不等式的应用体现了一定的综合性与灵活多样性,多出现在高考压轴题的位置,在强基计划招生考试中属于难点.用导数处理不等式问题,也体现了导数的重要性.

例 5 设函数 $f(x) = \ln x - \left(1 - \dfrac{1}{x}\right)$.

(1)证明:当 $x > 1$ 时,$f(x) > 0$;

(2)若关于 x 的不等式 $\dfrac{\ln x}{x} < a(x-1)$ 对任意 $x \in (1, +\infty)$ 恒成立,求实数 a 的取值范围.

(2019年北京大学博雅闻道)

例 6 (1)求 $f(x) = \dfrac{\ln x}{x}$ 的单调区间与最大值;

(2)设 $0 < x < y$,且 $x^y = y^x$.求证:$x+y > 2e$.

(2015年中国科学技术大学)

四、函数的零点与导数

函数的零点、方程的根、函数图象与横坐标轴交点的横坐标,从本质上来讲是同一问题的三种不同的表现形式.而导数是研究函数的图象与性质的一个有力工具,利用导数研究函数的零点与方程的根是最近几年高考与强基计划招生命题的热点.

例 7 设函数 $f(x) = (x^2 - 3)e^x$.

A. $f(x)$有极小值,但无最小值

B. $f(x)$有极大值,但无最大值

C. 若方程 $f(x)=b$ 恰好有一个实根,则 $b>\dfrac{6}{e^3}$

D. 若方程 $f(x)=b$ 恰好有三个不同的实根,则 $0<b<\dfrac{6}{e^3}$

(2015 年清华大学领军计划)

例 8 已知函数 $f(x)=ax^2+1$.

(1)若 $a=1$,$g(x)=\dfrac{xf(x)-x}{e^x}$,证明:当 $x\geqslant 5$ 时,$g(x)<1$;

(2)设 $h(x)=1-\dfrac{f(x)-1}{e^x}$,若函数 $h(x)$ 在 $(0,+\infty)$ 上有 2 个不同的零点,求实数 a 的取值范围.

(2018 年北京大学博雅闻道)

§5.4 导数典型问题及处理策略

  导数是研究函数图象和性质的重要工具,自从将导数引进高中数学教材以来,有关导数的问题便成为每年高考与强基计划招生的必考试题之一,且相当一部分是高考数学与强基计划试卷的压轴题.其中以函数为载体,以导数为工具,综合考查函数性质及应用的试题,已成为最近几年高考与强基计划命题的显著特点和命题趋向.本节,我们从高考与强基计划两个角度来探讨导数的典型问题,并提出部分解决策略.

一、极值、最值与几何意义

例 1 设函数 $f(x)=x^2-\ln x$,$g(x)=x-1$,直线 $y=m$ 分别交函数 $f(x)$ 与 $g(x)$ 的图象于点 P、Q,则 $|PQ|$ 的最小值为( )

A. 1   B. 2   C. 3   D. 4

(2017 年北京大学 U-Test)

例 2 (多选)已知函数 $f(x)=x^2-1$,$g(x)=\ln x$.下列说法中正确的有( )

A. $f(x)$ 与 $g(x)$ 在点 $(1,0)$ 处相交

B. $f(x)$ 与 $g(x)$ 在点 $(1,0)$ 处有公切线

C. $f(x)$ 与 $g(x)$ 存在互相平行的切线

D. $f(x)$ 与 $g(x)$ 有两个交点

(2016 年清华大学领军计划)

二、方程的根与函数零点

  函数的图象与方程的根的问题一直是高考与强基计划中的热点问题,其问题主要包括零

点的判断与证明、零点个数、复合函数的零点及零点的性质等几个方面.

例 3 设函数 $f(x)=\ln x+\dfrac{a-1}{x}$，$g(x)=ax-3$.

(1)求函数 $\varphi(x)=f(x)+g(x)$ 的单调增区间；

(2)当 $a=1$ 时，记 $h(x)=f(x)\cdot g(x)$，是否存在整数 λ，使得关于 x 的不等式 $2\lambda\geqslant h(x)$ 有解？若存在，请求出 λ 的最小值；若不存在，请说明理由.

(2018 年清华大学 THUSSAT)

例 4 已知函数 $f(x)=x\mathrm{e}^{x-1}-a(x+\ln x)$，$a\in\mathbf{R}$.

(1)若 $a=1$，求 $f(x)$ 的单调区间；

(2)若 $\forall x>0$，$f(x)\geqslant f(m)$ 恒成立，且 $f(m)\geqslant 0$.

求证：$f(m)\geqslant 2m^2(1-m)$.

(2018 年清华大学 THUSSAT)

三、双变量问题处理策略

在解决函数的综合题时，我们经常会遇到在某个范围内都可以任意变动的双变量问题，由于两个变量都在变动，很多同学往往不知该把哪个变量当作是自变量进行研究，从而无法展开思路，造成无从入手. 处理这类问题最有效的思想是"**整体代换，变量统一**".

例 5 已知函数 $f(x)=\ln x$，关于 x 的方程 $f(x)=ax(a\in\mathbf{R})$ 有两个不同的实根 x_1，x_2，则下列结论正确的是(　　)

A. $x_1\cdot x_2=\dfrac{1}{a^2}$

B. $x_1\cdot x_2<\dfrac{1}{a^2}$

C. $x_1\cdot x_2>\dfrac{1}{a^2}$

D. $x_1\cdot x_2$ 与 a 无关

(2017 年清华大学领军计划)

例 6 已知函数 $f(x)=2x(\ln x+1)$.

(1)求函数 $f(x)$ 的单调区间；

(2)若斜率为 k 的直线与曲线 $y=f'(x)$ 交于点 $A(x_1,y_1)$，$B(x_2,y_2)$ 两点，其中 $x_1<x_2$.

求证：$x_1<\dfrac{2}{k}<x_2$.

(2018 年清华大学 THUSSAT)

四、极值点偏移

例 7 (多选)已知函数 $f(x)=x\ln x$，$f(x_1)=f(x_2)$，且 $x_1\neq x_2$，则(　　)

A. $\dfrac{x_1+x_2}{2}>\dfrac{1}{\mathrm{e}}$

B. $\dfrac{x_1+x_2}{2}<\dfrac{1}{\mathrm{e}}$

C. $\sqrt{x_1\cdot x_2}>\dfrac{1}{\mathrm{e}}$

D. $\sqrt{x_1\cdot x_2}<\dfrac{1}{\mathrm{e}}$

(2017 年清华大学 THUSSAT)

五、不等式

❶ 含导抽象函数问题

例 8 设 **R** 上可导函数 $f(x)$ 满足 $f(x)-f(-x)=\dfrac{1}{3}x^3$, 并且在 $(-\infty,0)$ 上有 $f'(x)<\dfrac{1}{2}x^2$,

实数 a 满足 $f(6-a)-f(a)\geqslant-\dfrac{1}{3}a^3+3a^2-18a+36$, 则实数 a 的取值范围是( )

A. $(-\infty,3]$ 　　　　　　　　 B. $(-\infty,2]$

C. $[4,+\infty)$ 　　　　　　　　 D. $(-\infty,4]$

(2017 年北京大学 U-Test)

❷ 不等式证明

例 9 已知 $0<x<1$, 则下列结论正确的是( )

A. $\dfrac{\sin x}{x}<\left(\dfrac{\sin x}{x}\right)^2<\dfrac{\sin x^2}{x^2}$ 　　　　 B. $\left(\dfrac{\sin x}{x}\right)^2<\dfrac{\sin x}{x}<\dfrac{\sin x^2}{x^2}$

C. $\left(\dfrac{\sin x}{x}\right)^2<\dfrac{\sin x^2}{x^2}<\dfrac{\sin x}{x}$ 　　　　 D. $\dfrac{\sin x^2}{x^2}<\left(\dfrac{\sin x}{x}\right)^2<\dfrac{\sin x}{x}$

(2017 年清华大学 429 学术能力)

❸ 不等式恒成立与能成立问题求参数的取值范围

例 10 设函数 $f(x)=e^{2x}+e^x-ax$, 若对任意 $x>0$, $f(x)\geqslant2$, 则实数 a 的取值范围是
( )

A. $(-\infty,3]$ 　　　　　　　　 B. $[3,+\infty)$

C. $(-\infty,2]$ 　　　　　　　　 D. $[2,+\infty)$

(2017 年清华大学领军计划)

❹ 不等式放缩

例 11 已知函数 $f(x)=e^x-\ln(x+m)$. 当 $m\leqslant2$ 时, 求证: $f(x)>0$.

例 12 两个正数 a 和 b 的对数平均定义: $L(a,b)=\begin{cases}\dfrac{a-b}{\ln a-\ln b}(a\neq b),\\ a(a=b).\end{cases}$

试证明对数平均与算术平均、几何平均的大小关系:

$$\sqrt{ab}\leqslant L(a,b)\leqslant\frac{a+b}{2}\text{(此式记为对数平均不等式)}$$

取等条件: 当且仅当 $a=b$ 时, 等号成立.

在初中阶段学习中,我们已经知道正方形、三角形、平行四边形、梯形等"直边图形"的面积;在物理中,我们知道了匀速直线运动的时间、速度与路程的关系等. 在数学与物理的学习中,我们还经常遇到计算平面曲线围成的平面"曲边图形"的面积、变速直线运动物体位移、变力做功的问题. 这需要我们新的数学知识——定积分.

一、定积分的概念

一般地,如果函数 $f(x)$ 在区间 $[a,b]$ 上连续,用分点 $a=x_0<x_1<\cdots<x_{i-1}<x_i<\cdots<x_n=b$ 将区间 $[a,b]$ 等分成 n 个小区间,在每个小区间 $[x_{i-1},x_i]$ 上任取一点 $\xi_i (i=1,2,\cdots,n)$,作和式 $\sum\limits_{i=1}^{n} f(\xi_i)\Delta x=\sum\limits_{i=1}^{n} \dfrac{b-a}{n}f(\xi_i)$,当 $n\to\infty$ 时,上述和式无限接近某个常数,这个常数叫作函数 $f(x)$ 在区间 $[a,b]$ 上的**定积分**,记作 $\int_a^b f(x)\mathrm{d}x$,即 $\int_a^b f(x)\mathrm{d}x=\lim\limits_{x\to\infty}\sum\limits_{i=1}^{n}\dfrac{b-a}{n}f(\xi_i)$. a 和 b 分别叫作**积分上限**和**积分下限**,区间 $[a,b]$ 叫作**积分区间**,x 叫作**积分变量**,$f(x)\mathrm{d}x$ 叫作**被积式**.

例 1 (1)计算:$\lim\limits_{n\to\infty}\dfrac{1}{n^2}\left(\sqrt{n^2-1}+\sqrt{n^2-2^2}+\cdots+\sqrt{n^2-(n-1)^2}\right)$;

(2)计算:$\lim\limits_{n\to\infty}\dfrac{1^p+2^p+\cdots+n^p}{n^{p+1}}(p>0)$.

定积分存在定理:(1)函数 $f(x)$ 在区间 $[a,b]$ 上连续,则 $f(x)$ 在区间 $[a,b]$ 上可积;
(2)函数 $f(x)$ 在区间 $[a,b]$ 上连续,且只有有限多个间断点,则 $f(x)$ 在区间 $[a,b]$ 上可积.

例 2 利用定积分的定义,计算 $\int_0^1 x^3\mathrm{d}x$ 的值.

二、微积分基本定理

一般地,如果 $f(x)$ 是区间 $[a,b]$ 上的连续函数,并且 $F'(x)=f(x)$,那么

$$\int_a^b f(x)\mathrm{d}x=F(b)-F(a).$$

这个结论叫作**微积分基本定理**,又叫作**牛顿—莱布尼茨公式**.

为了方便,我们常常把 $F(b)-F(a)$ 记成 $F(x)\Big|_a^b$,即

$$\int_a^b f(x)\mathrm{d}x=F(x)\Big|_a^b=F(b)-F(a).$$

微积分基本定理表明,计算定积分 $\int_a^b f(x)\mathrm{d}x$ 的关键是找到满足 $F'(x)=f(x)$ 的函数

$F(x)$. 通常,我们可以运用基本初等函数的求导公式和导数的四则运算法则从反方向求出 $F(x)$.

例 3 计算下列定积分:

(1) $\int_1^2 \dfrac{1}{x}\mathrm{d}x$;   (2) $\int_0^2 2^x\mathrm{d}x$.

三、定积分的性质

由定积分的定义,可以得到定积分如下性质:

(1) $\int_a^b kf(x)\mathrm{d}x = k\int_a^b f(x)\mathrm{d}x(k$ 为常数$)$;

(2) $\int_a^b [f_1(x) \pm f_2(x)]\mathrm{d}x = \int_a^b f_1(x)\mathrm{d}x \pm \int_a^b f_2(x)\mathrm{d}x$;

(3) $\int_a^b f(x)\mathrm{d}x = \int_a^c f(x)\mathrm{d}x + \int_c^b f(x)\mathrm{d}x($其中 $a < c < b)$.

例 4 计算下列定积分的值:

(1)若 $f(x)=\begin{cases} x^2, x\in[0,1] \\ 2-x, x\in(1,2] \end{cases}$,求 $\int_0^2 f(x)\mathrm{d}x$;

(2) $\int_0^{\frac{\pi}{2}} \cos 2x\mathrm{d}x$.

四、定积分的几何意义

(1)当函数 $f(x)$ 在区间 $[a,b]$ 上恒为正时,定积分 $\int_a^b f(x)\mathrm{d}x$ 的几何意义是由直线 $x=a,x=b(a\neq b),y=0$ 和曲线 $y=f(x)$ 所围成的曲边梯形的面积(图①中的阴影部分);

(2)一般情况下,定积分 $\int_a^b f(x)\mathrm{d}x$ 的几何意义是介于 x 轴、曲线 $f(x)$ 以及直线 $x=a,x=b$ 之间的曲边梯形面积的代数和(图②阴影部分所示),其中在 x 轴上方的面积等于该区间上的积分值,在 x 轴下方的面积等于该区间上积分值的相反数.

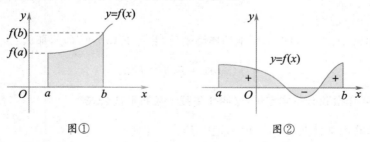

图①　　　　　　　　图②

例 5 设 n 为正整数,则定积分 $\int_0^{2\pi} (x-\pi)^{2n-1}(1+\sin^{2n}x)\mathrm{d}x$ 的值为(　　　)

A. 0   B. 1   C. π D. 与 n 的取值有关

(2016 年清华大学领军计划)

例 6 如图,在矩形 $OABC$ 中的曲线分别是 $y=\sin x$, $y=\cos x$, $A\left(\dfrac{\pi}{2},0\right)$, $C(0,1)$, 在矩形 $OABC$ 内随机取一点, 则此点取自阴影部分的概率是(　　)

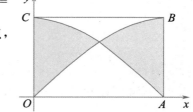

A. $\dfrac{4(\sqrt{3}-1)}{\pi}$

B. $\dfrac{4(\sqrt{2}-1)}{\pi}$

C. $4(\sqrt{3}-1)\pi$

D. $4(\sqrt{2}-1)\pi$

(2017 年清华大学 THUSSAT)

例 7 一根直细杆放在数轴上占用的区间是 $[0,4]$. 若该细杆的质量线密度为 $\rho(x)=\sqrt{4x-x^2}$, 则其质量为(　　)

A. π 　　　　　　B. 2π 　　　　　　C. 3π 　　　　　　D. 4π

(2017 年清华大学领军计划)

习题五

一、选择题

1. 已知函数 $f(x) = (x^2 + a)e^x$ 在 **R** 上存在最小值,则函数 $g(x) = x^2 + 2x + a$ 的零点个数为（ 　 ）

A. 0 个 　　　　　　 B. 1 个 　　　　　 C. 2 个 　　　　　 D. 无法确定

（2016 年清华大学领军计划）

2. 已知点 P 在曲线 $y = \dfrac{4\sqrt{3}}{e^x + 1}$ 上,α 为曲线在点 P 处的切线的倾斜角,则 α 的取值范围是（ 　 ）

A. $\left[\dfrac{\pi}{6}, \dfrac{\pi}{2}\right)$ 　　　 B. $\left[\dfrac{\pi}{3}, \dfrac{\pi}{2}\right)$ 　　　 C. $\left[\dfrac{5\pi}{6}, \pi\right)$ 　　　 D. $\left[\dfrac{2\pi}{3}, \pi\right)$

（2019 年清华大学 THUSSAT）

3. 设关于 x 的方程 $x^2 - 2a|x - a| - 2ax + 1 = 0$ 有 3 个互不相同的实根,则实数 a 的取值范围是（ 　 ）

A. $[1, +\infty)$ 　　　　　　　　 B. $(-\infty, -1]$

C. $[-1, 0) \bigcup (0, 1]$ 　　　　　 D. 前三个都不对

（2018 年北京大学博雅计划）

4. 已知函数 $f(x)$ 是奇函数,当 $x < 0$ 时,$f(x) = x\ln(-x) - x - 1$,则曲线 $y = f(x)$ 在 $x = e$ 处的切线方程是（ 　 ）

A. $y = 2x + 1$ 　　　　　　　　 B. $y = x - e$

C. $y = -2x + 2e + 1$ 　　　　　 D. $y = x - e + 1$

（2018 年清华大学 THUSSAT）

5. 已知定义在 **R** 上的函数 $f(x)$ 满足:

(1) $f(x + 2) = f(x)$;

(2) $f(x - 2)$ 为奇函数;

(3) 当 $x \in (-1, 1)$ 时,$f(x)$ 的图象连续且 $f'(x) > 0$ 恒成立.

则 $f\left(-\dfrac{15}{2}\right)$,$f(4)$,$f\left(\dfrac{11}{2}\right)$ 的大小正确的是（ 　 ）

A. $f\left(\dfrac{11}{2}\right) > f(4) > f\left(-\dfrac{15}{2}\right)$ 　　　 B. $f(4) > f\left(\dfrac{11}{2}\right) > f\left(-\dfrac{15}{2}\right)$

C. $f\left(-\dfrac{15}{2}\right) > f(4) > f\left(\dfrac{11}{2}\right)$ 　　　 D. $f\left(-\dfrac{15}{2}\right) > f\left(\dfrac{11}{2}\right) > f(4)$

（2018 年北京大学博雅闻道）

6. 一物体从原点出发沿着 x 轴运动,速度为 $v(t) = \pi\sin(\pi t)$,该物体自出发开始,前 2 秒移动的距离为（ 　 ）

A. 1m　　　　　　B. 2m　　　　　　C. 3m　　　　　　D. 4m

（2018 年清华大学领军计划）

7. 函数 $f(x)=\dfrac{\ln x^2}{\sqrt{x}}$ 的大致图象是（　　）

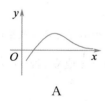
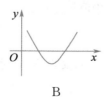
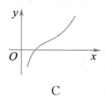
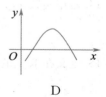

A　　　　　　　　　B　　　　　　　　　C　　　　　　　　　D

（2018 年清华大学 THUSSAT）

8.（多选）已知 $x,y,z\in\mathbf{R}$，满足 $\begin{cases}x+y+z=1,\\x^2+y^2+z^2=1,\end{cases}$ 则（　　）

A. z 的最小值为 $-\dfrac{1}{3}$　　　　　　B. z 的最大值为 $\dfrac{2}{3}$

C. xyz 的最小值为 $-\dfrac{4}{27}$　　　　　　D. xyz 的最大值为 0

（2016 年清华大学领军计划）

9. 若 $f(x)$ 是定义在 $\left(0,\dfrac{\pi}{2}\right)$ 上的函数，$f'(x)$ 为导函数，且 $f(x)<\tan x\cdot f'(x)$ 恒成立，则（　　）

A. $f\left(\dfrac{\pi}{2}\right)<2f\left(\dfrac{\pi}{6}\right)$　　　　　　B. $\sqrt{3}f\left(\dfrac{\pi}{4}\right)>\sqrt{2}f\left(\dfrac{\pi}{3}\right)$

C. $\sqrt{3}f\left(\dfrac{\pi}{6}\right)<f\left(\dfrac{\pi}{3}\right)$　　　　　　D. $f(1)<2f\left(\dfrac{\pi}{6}\right)\sin 1$

（2018 年清华大学 THUSSAT）

10. 设函数 $f(x)=\displaystyle\int_{0}^{x^2}\ln(2+t)\mathrm{d}t$，则 $f'(x)$ 的零点个数是（　　）

A. 0　　　　　　B. 1　　　　　　C. 2　　　　　　D. 3

11. 已知函数 $f(x)=|x-a|-\dfrac{3}{x}+a(a\in\mathbf{R})$，若方程 $f(x)=2$ 有且只有三个不同的实数根，则实数 a 的取值范围是（　　）

A. $(1+\sqrt{3},\sqrt{3})$　　　　　　B. $(-1,1-\sqrt{3})\cup(1+\sqrt{3},+\infty)$

C. $(-\infty,1-\sqrt{3})$　　　　　　D. $(-\infty,1-\sqrt{3})\cup(1+\sqrt{3},3)$

（2018 年清华大学 THUSSAT）

12. 已知实数 $x\in\left(0,\dfrac{\pi}{2}\right)$，则下列方程中有解的是（　　）

A. $\cos(\cos x)=\sin(\sin x)$　　　　　　B. $\sin(\cos x)=\cos(\sin x)$

C. $\tan(\tan x)=\sin(\sin x)$　　　　　　D. $\tan(\sin x)=\sin(\tan x)$

（2017 年清华大学 429 学术能力测试）

二、填空题

13. 已知方程 $xe^{-2x}+k=0$ 在区间 $(-2,2)$ 内恰有两个实根,则 k 的取值范围是_____.

(2018年广东省预赛)

14. 若正实数 x,y 满足 $y>2x$,则 $\dfrac{y^2-2xy+x^2}{xy-2x^2}$ 的最小值是_____.

(2018年甘肃省预赛)

15. 定义在 **R** 上的函数 $f(x)$ 满足 $f(-x)+f(x)=\cos x$,又当 $x\leqslant 0$ 时,$f'(x)\geqslant\dfrac{1}{2}$ 成立,若 $f(t)$

$\geqslant f\left(\dfrac{\pi}{2}-t\right)+\dfrac{\sqrt{2}}{2}\cos\left(t+\dfrac{\pi}{4}\right)$,则实数 t 的取值范围是_____.

(2019年北京大学博雅闻道)

16. 定义在 **R** 上函数 $f(x)$ 的导函数 $f'(x)$,若对任意实数 x,有 $f(x)>f'(x)$,且 $f(x)+\pi^{2018}$ 为奇函数,则不等式 $f(x)+\pi^{2018}e^x<0$ 的解集是_____.

(2018年清华大学 THUSSAT)

三、解答题

17. 已知 $f(x)=\dfrac{1}{2}mx^2-2x+1+\ln(x+1)(m\geqslant 1)$.

(1)若在 $(0,1)$ 处的切线与 $y=f(x)$ 的图象仅有一个公共点,求 m 的值;

(2)证明:$f(x)$ 存在单调递减区间 $[a,b]$,并求 $t=b-a$ 的取值范围.

(2017年山东大学)

18. 已知函数 $f(x)=x^3-9x,g(x)=3x^2+a$.

(1)若曲线 $y=f(x)$ 与曲线 $y=g(x)$ 在它们的交点处具有公共切线,求 a 的值;

(2)若存在实数 b 使不等式 $f(x)<g(x)$ 的解集为 $(-\infty,b)$,求实数 a 的取值范围;

(3)若方程 $f(x)=g(x)$ 有三个不同的解 x_1,x_2,x_3,而且它们可以构成等差数列,写出实数 a 的值(只需写出结果).

(2018年浙江大学)

19. 已知 $f(x)=\dfrac{x}{1+x}-a\ln(1+x)\,(a<0)$，$g(x)=x^2\mathrm{e}^{mx}\,(m\in\mathbf{R})$．对任意实数 $x_1,x_2\in[0,2]$，$f(x_1)+1\geqslant g(x_2)$ 恒成立，求实数 m 的取值范围．

20. 已知函数 $f(x)=\mathrm{e}^{x-m}-x\ln x-(m-1)x$，$m\in\mathbf{R}$．

(1) 当 $m=1$ 时，求证：当 $x\in(0,+\infty)$ 时，$f'(x)\geqslant0$；

(2) 如果 $f(x)$ 有两个极值点，求实数 m 的取值范围．

21. 已知函数 $f(x)=(ax+1)\mathrm{e}^x$，$a\in\mathbf{R}$．

(1) 当 $a>0$ 时，证明：$f(x)+\dfrac{a}{\mathrm{e}}>0$；

(2) 当 $a=-\dfrac{1}{2}$ 时，如果 $x_1\neq x_2$，且 $f(x_1)=f(x_2)$，证明：$x_1+x_2<2$．

（2018 年清华大学 THUSSAT）

22. 设 $f(x)=\mathrm{e}^x-\cos x$,正项数列 $\{a_n\}$ 满足:$a_1=1$,$f(a_n)=a_{n-1}(n\geqslant 2)$.

求证:(1)当 $n\geqslant 2$ 时,$a_{n-1}>a_n+a_n^2$;

(2) $\displaystyle\sum_{k=1}^{n} a_k<2\sqrt{n}$;

(3)存在正整数 n,使得 $\displaystyle\sum_{i=1}^{n} a_i>2016$.

(2016 年中国科学技术大学)

▷ ▷ ▷ **第六章**

三角函数

三角函数是一个功能极其强大且内容丰富的知识模块,在代数学与几何学中占据重要的地位,有着十分广泛的应用.本章,我们结合强基计划考试对三角部分的要求来学习三角函数的相关内容.

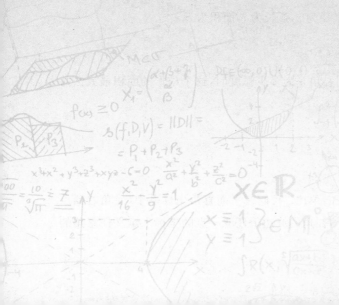

§6.1 三角比

一、任意角及其度量

角可以看作是平面内由一条射线绕着它的端点从初始位置旋转到终止位置所形成的图形. 为了实际的需要,我们规定:按逆时针方向旋转所形成的角叫作正角,其度量值为正的;按顺时针方向旋转所形成的角叫作负角,其度量值为负的;当一条射线没有旋转时,我们也认为形成了一个角,将这个角称为零角,其度量值为 0.

为了方便,我们常在直角坐标系中研究角. 使角的顶点与坐标原点重合,角的始边在 x 轴的正半轴上,这时角的终边落在第几象限,这个角就是第几象限角,或者说这个角属于第几象限. 当角的终边落在坐标轴上时,就认为这个角不属于任何象限,称其为轴间角或象限间角.

在平面几何里,我们把周角分成 360 等份,每一份叫 1 度的角,这种用"度"作为单位来度量角的单位制叫角度制. 由于 $1°$ 的圆心角所对的弧长为 $\dfrac{2\pi r}{360}=\dfrac{\pi}{180}r$,因此 $x°$ 的圆心角所对的弧长为 $l=\dfrac{\pi x}{180}r$,由此得到 $\dfrac{l}{r}=\dfrac{\pi x}{180}$,说明 $\dfrac{l}{r}$ 仅与角的大小 x 有关,即对于不同半径的圆来说,比值 $\dfrac{l}{r}$ 恒不变. 因此,我们可以用圆弧的长与圆半径的比值来表示这个圆弧所对圆心角的大小. 特别地,把弧长等于半径的圆心角叫作 1 弧度角,用符号 rad 表示,读作弧度. 用"弧度"作为单位来度量角的单位制叫作弧度制.

一般地,如果一个半径为 r 的圆心角 α 所对的弧长为 l,那么 l 所含半径的倍数就是角 α 的弧度数,即弧长 l 与半径 r 的比值 $|\alpha|=\dfrac{l}{r}$(其中 α 的正负由角 α 的终边的旋转方向决定). 零角的弧度数为 0.

例 1 (1)设扇形的圆心角为 $\alpha(0<\alpha<2\pi)$,半径为 r,弧长为 l,面积为 S.

求证:(1)$l=r\alpha$;(2)$S=\dfrac{1}{2}\alpha r^2$;(3)$S=\dfrac{1}{2}l\cdot r$.

(2)若扇形的周长为 20cm,求扇形的圆心角 α 为多少弧度时,这个扇形的面积最大? 并求此扇形的最大面积.

二、任意角的三角比

❶三角比的定义

随着角的概念的推广,需要定义任意角的三角比. 我们在平面直角坐标系中,使角的顶点与坐标原点重合,角的始边在 x 轴的正半轴上,在角的终边上任取一点的坐标来定义任意角的三角比.设 $P(x,y)$ 是角 α 终边上的任意一点(不重合于角的顶点),则 P 到坐标原点 O 的距离为 $r=OP=\sqrt{x^2+y^2}$.定义:

正弦:$\sin\alpha=\dfrac{y}{r}$,余弦:$\cos\alpha=\dfrac{x}{r}$,正切:$\tan\alpha=\dfrac{y}{x}$;

余割:$\csc\alpha=\dfrac{r}{y}$,正割:$\sec\alpha=\dfrac{r}{x}$,余切:$\cot\alpha=\dfrac{x}{y}$.

❷ 同角三角比的基本关系

从上面的分析可以发现,角 α 的六个三角比都是用其终边的一点的坐标来定义的,从中可以发现六个三角比存在着一定的关系:

(1)倒数关系

$$\sin\alpha\cdot\csc\alpha=1;\cos\alpha\cdot\sec\alpha=1;\tan\alpha\cdot\cot\alpha=1.$$

(2)商数关系

$$\tan\alpha=\dfrac{\sin\alpha}{\cos\alpha};\cot\alpha=\dfrac{\cos\alpha}{\sin\alpha}.$$

(3)平方关系

$$\sin^2\alpha+\cos^2\alpha=1;1+\tan^2\alpha=\sec^2\alpha;1+\cot^2\alpha=\csc^2\alpha.$$

以上这些关系都是恒等式,即当 α 取使关系式的两边都有意义的值时,关系式两边的值都相等.

我们构造"上弦、中切、下割;左正、右余、中间1"的正六边形模型,则上述关系具有以下规律:

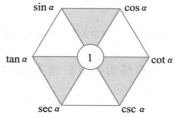

(1)倒数关系:对角线上的两个三角比互为倒数.

(2)商数关系:六边形任意一顶点上三角比等于与它相邻的两个顶点上三角比的值的乘积.

(3)在带有阴影线的三角形中,上面两个顶点上的三角比的平方和等于下面顶点上的三角比值的平方.

例 2 已知 $\dfrac{\tan^2 x+\tan^2 y}{1+\tan^2 x+\tan^2 y}=\sin^2 x+\sin^2 y$,则 $\sin x\cdot\sin y$ 的最大值为(　　)

A. 0　　　　　　　　　　　　　B. $\dfrac{1}{4}$

C. $\dfrac{\sqrt{2}}{2}$　　　　　　　　　D. 前三个答案都不对

(2017 年北京大学博雅计划)

例 3 已知 $\dfrac{\cos x}{\sqrt{1-\sin^2 x}}-\dfrac{\sin x}{\sqrt{1-\cos^2 x}}=2(0<x<2\pi)$，则 x 的取值范围是（ ）

A. $\left(0,\dfrac{\pi}{2}\right)$ 　　　　　　　　　　 B. $\left(\dfrac{\pi}{2},\pi\right)$

C. $\left(\pi,\dfrac{3}{2}\pi\right)$ 　　　　　　　　　 D. 前三个答案都不对

（2016 年北京大学）

例 4 设 $\sin x+\cos x=\dfrac{1}{2}$，则 $\sin^3 x+\cos^3 x=$ ＿＿＿＿＿＿＿．

（2018 年广西壮族自治区预赛）

❸ 诱导公式

从上面的分析，我们可以看出，当知道了角 α 的一个三角比，就可以由上面的同角三角比的关系求出其他的三角比. 下面我们来研究与角 α 有关的角的三角比问题. 这里需要提供一系列非常重要的三角比公式——诱导公式：

诱导公式一：$\sin(2k\pi+\alpha)=\sin\alpha,\cos(2k\pi+\alpha)=\cos\alpha,\tan(2k\pi+\alpha)=\tan\alpha$；

诱导公式二：$\sin(-\alpha)=-\sin\alpha,\cos(-\alpha)=\cos\alpha,\tan(-\alpha)=-\tan\alpha$；

诱导公式三：$\sin(\pi-\alpha)=\sin\alpha,\cos(\pi-\alpha)=-\cos\alpha,\tan(\pi-\alpha)=-\tan\alpha$；

诱导公式四：$\sin(\pi+\alpha)=-\sin\alpha,\cos(\pi+\alpha)=-\cos\alpha,\tan(\pi+\alpha)=\tan\alpha$；

诱导公式五：$\sin\left(\dfrac{\pi}{2}-\alpha\right)=\cos\alpha,\cos\left(\dfrac{\pi}{2}-\alpha\right)=\sin\alpha,\tan\left(\dfrac{\pi}{2}-\alpha\right)=\cot\alpha$；

诱导公式六：$\sin\left(\dfrac{\pi}{2}+\alpha\right)=\cos\alpha,\cos\left(\dfrac{\pi}{2}+\alpha\right)=-\sin\alpha,\tan\left(\dfrac{\pi}{2}+\alpha\right)=-\cot\alpha$．

我们可以将上述六组诱导公式总结为："奇变偶不变，符号看象限"，就是对于角 $\dfrac{k\pi}{2}\pm\alpha(k\in\mathbf{Z})$ 而言：

（1）当 k 为偶数时，等于 α 的同名三角函数值，前面乘上一个把 α 看作锐角时原三角函数值的符号.

（2）当 k 为奇数时，等于 α 的异名三角函数值，前面加上一个把 α 看作锐角时原三角函数值的符号.

例 5 "$\triangle ABC$ 为锐角三角形"是"$\sin A+\sin B+\sin C>\cos A+\cos B+\cos C$"的（ ）

A. 充分不必要条件 　　　　　　 B. 必要不充分条件

C. 充分必要条件 　　　　　　　 D. 既不充分也不必要条件

（2016 年清华大学领军计划）

例 6 函数 $y=\dfrac{2\cos\left(\dfrac{\pi}{2}-x\right)}{1+\dfrac{1}{x^2}}\left(x\in\left[-\dfrac{3\pi}{4},0\right)\cup\left(0,\dfrac{3\pi}{4}\right]\right)$ 的图象大致是（ ）

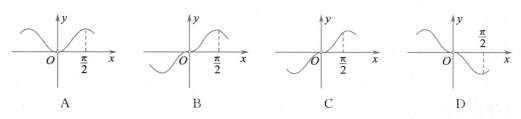

A　　　　　　B　　　　　　C　　　　　　D

（2018 年清华大学 THUSSAT）

例 7 （多选）已知 $\sin(\pi+\theta)=2\sin\left(\dfrac{\pi}{2}-\theta\right)$，则 $\dfrac{3\sin\theta+4\cos\theta}{\sin\theta-2\cos\theta}=$（　　　）

A. $\dfrac{1}{2}$　　　　　B. 2　　　　　C. $\dfrac{1}{3}$　　　　　D. 3

（2018 年清华大学 THUSSAT）

例 8 证明：$\cos\alpha(2\sec\alpha+\tan\alpha)(\sec\alpha-2\tan\alpha)=2\cos\alpha-3\tan\alpha$.

§6.2　三角公式（一）

　　三角问题主要集中在三个方面：三角恒等变换、三角函数的图象与性质、三角形内的三角函数. 这些问题的处理均离不开三角公式的使用. 而三角公式种类繁多，如何灵活地运用公式成为解决问题的关键. 本节，我们主要介绍一些常用的三角公式.

一、两角和与差的正弦、余弦和正切

❶两角和与差的余弦公式

　　在三角比的计算与化简中，常用到 α,β 的三角比来表示角 $\alpha+\beta$ 或角 $\alpha-\beta$ 的三角比. 如果设 α 和 β 是两个任意角，它们的顶点都位于平面直角坐标系的坐标原点，始边都与 x 的正方向重合，它们的终边 OA,OB 分别与单位圆相交于 A,B 两点，则 $A(\cos\alpha,\sin\alpha),B(\cos\beta,\sin\beta)$. 若把角的终边 OA,OB 都绕坐标原点 O 旋转 $-\beta$ 角，分别转到 OA' 和 OB' 的位置. 由于 OA' 转过了 $-\beta$ 角，所以 $\angle B'OA'=\alpha-\beta$，点 $A'(\cos(\alpha-\beta),\sin(\alpha-\beta))$，点 $B'(1,0)$.

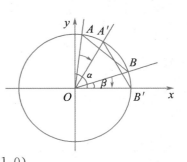

　　由两点间的距离公式，知

$|AB|^2=(\cos\alpha-\cos\beta)^2+(\sin\alpha-\sin\beta)^2=2-2(\cos\alpha\cos\beta+\sin\alpha\sin\beta)$.

又 $|A'B'|^2=[\cos(\alpha-\beta)-1]^2+\sin^2(\alpha-\beta)=2-2\cos(\alpha-\beta)$，

由 $|AB|=|A'B'|$，知 $\cos(\alpha-\beta)=\cos\alpha\cos\beta+\sin\alpha\sin\beta$.

　　此等式对任意角 α 和 β 都成立，这个公式叫作**两角差的余弦公式**.

　　若在上述公式中，用 $-\beta$ 代替 β，则得 $\cos(\alpha+\beta)=\cos\alpha\cos\beta-\sin\alpha\sin\beta$，此即为**两角和的余弦**

公式.

例 1 若 $\sin\alpha+\sin\beta=\dfrac{1}{2}$，且 $\cos\alpha+\cos\beta=\dfrac{1}{3}$，则 $\cos(\alpha-\beta)=$ _____.

（2015 年中国科学技术大学）

例 2 已知 $\cos\alpha=\dfrac{1}{7}$，$\cos(\alpha-\beta)=\dfrac{13}{14}$，且 $0<\beta<\alpha<\dfrac{\pi}{2}$，则 $\cos\beta=$（　　）

A. $\dfrac{\sqrt{3}}{3}$ 　　　B. $\dfrac{\sqrt{3}}{2}$ 　　　C. $\dfrac{1}{2}$ 　　　D. $\dfrac{\sqrt{6}}{6}$

（2018 年清华大学 THUSSAT）

❷ 两角和与差的正弦公式

由于 $\sin(\alpha+\beta)=\cos\left[\dfrac{\pi}{2}-(\alpha+\beta)\right]=\cos\left[\left(\dfrac{\pi}{2}-\alpha\right)-\beta\right]$

$=\cos\left(\dfrac{\pi}{2}-\alpha\right)\cos\beta+\sin\left(\dfrac{\pi}{2}-\alpha\right)\sin\beta=\sin\alpha\cos\beta+\cos\alpha\cos\beta$，

即 $\sin(\alpha+\beta)=\sin\alpha\cos\beta+\cos\alpha\sin\beta$，这个恒等式叫作**两角和的正弦公式**.

再把上述恒等式中的 β 代换成 $-\beta$，则得 $\sin(\alpha-\beta)=\sin\alpha\cos\beta-\cos\alpha\sin\beta$，这个恒等式叫作**两角差的正弦公式**.

例 3 设 $x=\dfrac{\pi}{24}$，则 $\dfrac{\sin x}{\cos 4x\cos 3x}+\dfrac{\sin x}{\cos 3x\cos 2x}+\dfrac{\sin x}{\cos 2x\cos x}+\dfrac{\sin x}{\cos x}$ 等于（　　）

A. $\dfrac{\sqrt{3}}{6}$ 　　　B. $\dfrac{\sqrt{3}}{3}$ 　　　C. $\dfrac{\sqrt{3}}{2}$ 　　　D. $\dfrac{1}{2}$

（2016 年清华大学领军计划）

例 4 函数 $y=\dfrac{\sin 9x}{\sin x}+\dfrac{\cos 9x}{\cos x}$ 的值域是 _____.

（2018 年"根源杯"试题）

例 5 $\left[2\cos 40°+(1+\sqrt{3}\tan 10°)\sin 10°\right]\sqrt{1+\cos 20°}=$（　　）

A. $\sqrt{6}$ 　　　B. $\dfrac{\sqrt{6}}{2}$ 　　　C. $\sqrt{3}$ 　　　D. $\dfrac{\sqrt{3}}{2}$

（2018 年清华大学领军计划）

❸ 两角和与差的正切公式

因为 $\tan(\alpha+\beta)=\dfrac{\sin(\alpha+\beta)}{\cos(\alpha+\beta)}=\dfrac{\sin\alpha\cos\beta+\cos\alpha\sin\beta}{\cos\alpha\cos\beta-\sin\alpha\sin\beta}$，对分子与分母同时除以 $\cos\alpha\cos\beta$，得

$\tan(\alpha+\beta)=\dfrac{\tan\alpha+\tan\beta}{1-\tan\alpha\tan\beta}$，这个恒等式称为**两角和的正切公式**.

同理，可以得到 $\tan(\alpha-\beta)=\dfrac{\tan\alpha-\tan\beta}{1+\tan\alpha\tan\beta}$，此恒等式称为**两角差的正切公式**.

例 6 已知 $\alpha\in\left(0,\dfrac{\pi}{2}\right)$，$\beta\in\left(0,\dfrac{\pi}{2}\right)$，且 $\sin(2\alpha+\beta)=\dfrac{3}{2}\sin\beta$，则 $\cos\beta$ 的最小值为（　　）

A. $\dfrac{\sqrt{5}}{3}$ B. $\dfrac{\sqrt{5}}{5}$ C. $\dfrac{1}{2}$ D. $\dfrac{2}{3}$

（2019 年北京大学博雅闻道）

例 7 （多选）已知 $\alpha=1°,\beta=61°,\gamma=121°$，则（　　　）

A. $\dfrac{\tan\alpha+\tan\beta+\tan\gamma}{\tan\alpha\tan\beta\tan\gamma}=-3$ B. $\tan\alpha\tan\beta+\tan\beta\tan\gamma+\tan\gamma\tan\alpha=-3$

C. $\tan\alpha+\tan\beta+\tan\gamma=3$ D. $\tan\alpha\tan\beta+\tan\beta\tan\gamma+\tan\gamma\tan\alpha=3$

（2016 年清华大学领军计划）

例 8 已知 $\triangle ABC$ 中，$\sin A+2\sin B\cos C=0$，则 $\tan A$ 的最大值是_____.

（2016 年中国科学技术大学）

二、二倍角与半角的正弦、余弦和正切

❶ 二倍角公式

在两角和的三角比公式中，令 $\beta=\alpha$，就可得到两角和的正弦、余弦和正切的**二倍角公式**：

$$\sin2\alpha=2\sin\alpha\cos\alpha,\quad \cos2\alpha=\cos^2\alpha-\sin^2\alpha,\quad \tan2\alpha=\dfrac{2\tan\alpha}{1-\tan^2\alpha}.$$

由于 $\sin^2\alpha+\cos^2\alpha=1$，因此二倍角的余弦公式还可以表示成

$$\cos2\alpha=2\cos^2\alpha-1=1-2\sin^2\alpha.$$

例 9 $\left(1+\cos\dfrac{\pi}{5}\right)\left(1+\cos\dfrac{3\pi}{5}\right)$ 的值为（　　　）

A. $1+\dfrac{\sqrt{5}}{5}$ B. $\dfrac{5}{4}$ C. $1+\dfrac{\sqrt{3}}{3}$ D. 前三个答案都不对

（2017 年北京大学）

例 10 函数 $f(x)=\sin x\cdot\sin2x$ 的最大值为_____.

（2017 年上海交通大学）

例 11 $\cos\dfrac{\pi}{11}\cos\dfrac{2\pi}{11}\cos\dfrac{3\pi}{11}\cdots\cos\dfrac{10\pi}{11}$ 的值为（　　　）

A. $-\dfrac{1}{16}$ B. $-\dfrac{1}{32}$ C. $-\dfrac{1}{64}$ D. 前三个答案都不对

（2016 年北京大学博雅计划）

❷ 降幂公式

由 $\cos2\alpha=2\cos^2\alpha-1=1-2\sin^2\alpha$，我们不难得到

$$\cos^2\alpha=\dfrac{1+\cos2\alpha}{2},\quad \sin^2\alpha=\dfrac{1-\cos2\alpha}{2}.$$

我们称这两个公式为**降幂公式**.

❸ 半角公式

如果我们在降幂公式中将 2α 视为角 β，那么便可得到 $\cos^2\dfrac{\beta}{2}=\dfrac{1+\cos\beta}{2}$，进而得 $\cos\dfrac{\beta}{2}=$

$\pm\sqrt{\dfrac{1+\cos\beta}{2}}$. 同理, 得 $\sin\dfrac{\beta}{2}=\pm\sqrt{\dfrac{1-\cos\beta}{2}}$.

两式相除, 又可得到 $\tan\dfrac{\beta}{2}=\pm\sqrt{\dfrac{1-\cos\beta}{1+\cos\beta}}$.

以上的三个恒等式分别叫作**半角的余弦**、**正弦和正切公式**.

在半角公式中, 根号前的"$\pm$"由角 $\dfrac{\beta}{2}$ 的终边在直角坐标系中的位置决定.

由于 $\tan\dfrac{\beta}{2}=\dfrac{\sin\dfrac{\beta}{2}}{\cos\dfrac{\beta}{2}}=\dfrac{\sin\dfrac{\beta}{2}\cdot2\cos\dfrac{\beta}{2}}{\cos\dfrac{\beta}{2}\cdot2\cos\dfrac{\beta}{2}}=\dfrac{\sin\beta}{1+\cos\beta}$, 即 $\tan\dfrac{\beta}{2}=\dfrac{\sin\beta}{1+\cos\beta}$ 成立, 同理, 也有

$\tan\dfrac{\beta}{2}=\dfrac{1-\cos\beta}{\sin\beta}$. 因此, 半角的正切公式有三种不同的表达形式, 即

$$\tan\dfrac{\beta}{2}=\pm\sqrt{\dfrac{1-\cos\beta}{1+\cos\beta}}=\dfrac{\sin\beta}{1+\cos\beta}=\dfrac{1-\cos\beta}{\sin\beta}.$$

❹ 万能公式

由正弦的倍角公式, 我们得 $\sin\alpha=2\sin\dfrac{\alpha}{2}\cos\dfrac{\alpha}{2}=\dfrac{2\sin\dfrac{\alpha}{2}\cos\dfrac{\alpha}{2}}{\sin^2\dfrac{\alpha}{2}+\cos^2\dfrac{\alpha}{2}}=\dfrac{2\tan\dfrac{\alpha}{2}}{1+\tan^2\dfrac{\alpha}{2}}$.

同理, 得 $\cos\alpha=\dfrac{1-\tan^2\dfrac{\alpha}{2}}{1+\tan^2\dfrac{\alpha}{2}}$, $\tan\alpha=\dfrac{2\tan\dfrac{\alpha}{2}}{1-\tan^2\dfrac{\alpha}{2}}$.

以上三个公式叫作**万能公式**. 它们右边都是关于 $\tan\dfrac{\alpha}{2}$ 的代数式, 就可以将角 α 的任意一

种三角比转化为以 $\tan\dfrac{\alpha}{2}$ 为变量的函数, 这往往对问题的解决是有益的.

例 12 已知 A,B,C 为锐角 $\triangle ABC$ 的三个内角, 求证: $\sin A+\sin B+\sin C+\tan A+\tan B+\tan C>2\pi$.

§6.3 三角公式(二)

在上节我们讲到, 解决三角问题离不开三角公式的使用, 三角公式的种类繁多, 需要加以补充. 在本节, 我们继续补充一些常用的三角公式.

一、三角比的积化和差与和差化积

❶ 三角比的积化和差公式

我们知道两角和与差的正弦公式为:

$$\sin(\alpha+\beta)=\sin\alpha\cos\beta+\cos\alpha\sin\beta, \qquad (1)$$

$$\sin(\alpha-\beta)=\sin\alpha\cos\beta-\cos\alpha\sin\beta. \qquad (2)$$

$(1)+(2)$,得 $\sin\alpha\cos\beta=\dfrac{1}{2}\left[\sin(\alpha+\beta)+\sin(\alpha-\beta)\right]$;

$(1)-(2)$,得 $\cos\alpha\sin\beta=\dfrac{1}{2}\left[\sin(\alpha+\beta)-\sin(\alpha-\beta)\right]$.

同理,由两角和与差的余弦公式,可以得到

$$\cos\alpha\cos\beta=\dfrac{1}{2}\left[\cos(\alpha+\beta)+\cos(\alpha-\beta)\right];$$

$$\sin\alpha\sin\beta=-\dfrac{1}{2}\left[\cos(\alpha+\beta)-\cos(\alpha-\beta)\right].$$

上述四个恒等式均是将三角比的乘积形式转化为三角比的和与差的形式,我们称这一组公式为**三角比的积化和差公式**.

例 1 已知 $\sin 2\alpha=\dfrac{3}{5}$,则 $\dfrac{\tan(\alpha+15°)}{\tan(\alpha-15°)}=$ _____.

(2018 年中国科学技术大学)

例 2 设 $\alpha=\dfrac{\pi}{7}$,则 $\sin^2\alpha+\sin^2 2\alpha+\sin^2 3\alpha$ 的值为(　　　)

A. $\dfrac{7}{4}$　　　　　　B. 1　　　　　　C. $\dfrac{7}{8}$　　　　　　D. 前三个答案都不对

(2016 年北京大学生命科学冬令营)

例 3 求证:$(1)\cos\dfrac{2\pi}{11}+\cos\dfrac{4\pi}{11}+\cos\dfrac{6\pi}{11}+\cos\dfrac{8\pi}{11}+\cos\dfrac{10\pi}{11}=-\dfrac{1}{2}$;

$(2)\tan\dfrac{3\pi}{11}+4\sin\dfrac{2\pi}{11}=\sqrt{11}$.

(2015 年北京大学化学体验营)

❷三角比的和差化积公式

在积化和差公式中,令 $\alpha+\beta=A$,$\alpha-\beta=B$,则有 $\alpha=\dfrac{A+B}{2}$,$\beta=\dfrac{A-B}{2}$.

代回积化和差公式,可得

$$\sin A+\sin B=2\sin\dfrac{A+B}{2}\cos\dfrac{A-B}{2};$$

$$\sin A-\sin B=2\cos\dfrac{A+B}{2}\sin\dfrac{A-B}{2};$$

$$\cos A+\cos B=2\cos\dfrac{A+B}{2}\cos\dfrac{A-B}{2};$$

$$\cos A-\cos B=-2\sin\dfrac{A+B}{2}\sin\dfrac{A-B}{2}.$$

这四个恒等式都是将三角比的和与差的形式转化为乘积形式,我们称这一组公式为**三角**

比的和差化积公式.

例 4 设 $\alpha,\beta\in\left(0,\dfrac{\pi}{2}\right)$,证明:$\cos\alpha+\cos\beta+\sqrt{2}\sin\alpha\sin\beta\leqslant\dfrac{3\sqrt{2}}{2}$.

（2018 年河北省预赛）

例 5 已知 $0\leqslant y\leqslant x\leqslant\dfrac{\pi}{2}$,且 $4\cos^2y+4\cos x\sin y-4\cos^2x\leqslant1$,则 $x+y$ 的取值范围为_____.

（2018 年联盟夏令营）

二、三角公式的拓展与延伸

❶倍角公式的拓展

我们在两角和的正弦公式 $\sin(\alpha+\beta)=\sin\alpha\cos\beta+\cos\alpha\sin\beta$ 中,令 $\beta=2\alpha$,则得

$\sin3\alpha=\sin(\alpha+2\alpha)=\sin\alpha\cos2\alpha+\cos\alpha\sin2\alpha$

$=\sin\alpha(1-2\sin^2\alpha)+\cos\alpha\cdot2\sin\alpha\cos\alpha$

$=\sin\alpha(1-2\sin^2\alpha)+(1-\sin^2\alpha)\cdot2\sin\alpha$

$=\sin\alpha-2\sin^3\alpha+2\sin\alpha-2\sin^3\alpha$

$=3\sin\alpha-4\sin^3\alpha.$

同理,我们在两角和的余弦公式中,令 $\beta=2\alpha$,即可得 $\cos3\alpha=4\cos^3\alpha-3\cos\alpha.$

上述两恒等式,我们称之为**三倍角公式**.

另外,我们发现 $4\sin(60°-\alpha)\cdot\sin\alpha\cdot\sin(60°+\alpha)=-2\sin\alpha(\cos120°-\cos2\alpha)$

$=2\sin\alpha\left(\dfrac{1}{2}+\cos2\alpha\right)=2\sin2\alpha\left(\dfrac{3}{2}-2\sin^2\alpha\right)=3\sin\alpha-4\sin^3\alpha=\sin3\alpha.$

同理,我们也可以得到 $4\cos(60°-\alpha)\cos\alpha\cos(60°+\alpha)=\cos3\alpha.$

上述两式作商,即得 $\tan(60°-\alpha)\tan\alpha\tan(60°+\alpha)=\tan3\alpha.$

这是三倍角公式三角表现形式,这三个结论极具对称性与美感,尽管不是特别常用,但在特定的情形中会起到意想不到的效果.

例 6（多选）已知 $f(x)=\dfrac{\sin3x\cdot\sin^3x+\cos3x\cdot\cos^3x}{\cos^22x}+\sin2x$,则（　　）

A. $f(x)$ 的最小值为 -2 　　B. $f(x)$ 的最小值为 $-\sqrt{2}$

C. $f(x)$ 的最大值为 $\sqrt{2}$ 　　D. $f(x)$ 的最大值为 2

（2018 年清华大学领军计划）

例 7 已知 $\cos x$ 是无理数,求使 $\cos2x,\cos3x,\cdots,\cos nx$ 均为有理数的 n 的最大值.

（2018 年北京大学综合营）

❷辅助角公式

对于形如 $a\sin x+b\cos x(a\neq0,b\neq0)$ 型函数,（为了方便,只研究 $a>0$ 的情形）我们可以作如下变形:

$$a\sin x + b\cos x = \sqrt{a^2+b^2}\left(\frac{a}{\sqrt{a^2+b^2}}\sin x + \frac{b}{\sqrt{a^2+b^2}}\cos x\right).$$

为了利用两角和与差的三角比公式进行化简,设 $-\frac{\pi}{2}<\varphi<\frac{\pi}{2}$,使得 $\cos\varphi=\frac{a}{\sqrt{a^2+b^2}}$,$\sin\varphi$

$=\frac{b}{\sqrt{a^2+b^2}}$,则 $a\sin x+b\cos x=\sqrt{a^2+b^2}(\cos\varphi\sin x+\sin\varphi\cos x)=\sqrt{a^2+b^2}\sin(x+\varphi)$,

即 $a\sin x+b\cos x=\sqrt{a^2+b^2}\sin\left(x+\arctan\frac{b}{a}\right)$.

当然,也可以设 $\sin\theta=\frac{a}{\sqrt{a^2+b^2}}$,$\cos\theta=\frac{b}{\sqrt{a^2+b^2}}$,

则 $a\sin x+b\cos x=\sqrt{a^2+b^2}(\sin\theta\sin x+\cos\theta\cos x)=\sqrt{a^2+b^2}\cos(x-\theta)$,

即 $a\sin x+b\cos x=\sqrt{a^2+b^2}\cos\left(x-\arctan\frac{b}{a}\right)$.

我们称上述三角比公式为**辅助角公式**.

例 8 设 A,B,C 是 $\triangle ABC$ 的三个内角,则 $\sin A+\sin B\sin C$ 的最大值(　　)

A. 等于 $\frac{3}{2}$　　　　B. 等于 $\frac{3+2\sqrt{2}}{4}$　　　C. 等于 $\frac{1+\sqrt{5}}{2}$　　D. 不存在

(2017 年清华大学领军计划)

❸角度成等差或等比求值

对于形如 $\sin\alpha+\sin(\alpha+\beta)+\sin(\alpha+2\beta)+\cdots+\sin(\alpha+(n-1)\beta)$ 以及形如 $\cos\alpha+\cos(\alpha+\beta)$

$+\cos(\alpha+2\beta)+\cdots+\cos(\alpha+(n-1)\beta)$ 的三角式求值,我们可以先乘以 $\dfrac{\sin\dfrac{\beta}{2}}{\sin\dfrac{\beta}{2}}$,然后利用积化和

差公式,依次将各项一分为二,从而达到相消的目的,其实质属于"裂项相消法". 我们以 $\sin\alpha+$ $\sin(\alpha+\beta)+\sin(\alpha+2\beta)+\cdots+\sin(\alpha+(n-1)\beta)$ 的求和为例加以说明:

例 9 当 $\beta\neq 2k\pi$ 时,求和 $\sin\alpha+\sin(\alpha+\beta)+\sin(\alpha+2\beta)+\cdots+\sin(\alpha+(n-1)\beta)$.

例 10 满足 $\sin\sqrt{2}+\sin2\sqrt{2}+\cdots+\sin n\sqrt{2}>2$ 的正整数 n 的个数是(　　)

A. 0　　　　　　B. 1　　　　　　C. 无穷多个　　D. 前三个答案都不对

(2018 年北京大学博雅计划)

§6.4　正弦定理与余弦定理

三角学起源于古希腊. 为了预报天体运行的路线、计算日历、航海等需要,古希腊人研究了

球面三角形的边角关系. 在 15 世纪、16 世纪,三角形的研究从球面三角形转入平面三角形,以达到测量的目的. 16 世纪时,法国数学家 F. 韦达系统地研究了平面三角形. 此后,平面三角形从天文学中分离出来,成了一个独立的数学分支. 本节,我们主要研究正弦定理、余弦定理与解斜三角形的问题.

❶正弦定理

建立以 △ABC 的顶点 A 为坐标原点,AB 所在直线为 x 轴的直角坐标系. 设 a,b,c 分别为角 A,B,C 所对的边长,CD 为 AB 上的高,则点 B,C 的坐标分别为 $(c,0),(b\cos A,b\sin A)$,且 $CD=b\sin A$,所以 $S_{\triangle ABC}=\dfrac{1}{2}AB\cdot CD=\dfrac{1}{2}bc\sin A$.

同理,$S_{\triangle ABC}=\dfrac{1}{2}ac\sin B=\dfrac{1}{2}ab\sin C$.

即三角形的面积等于任意两边与它的夹角正弦值乘积的一半. 因此,有 $\dfrac{1}{2}ab\sin C=\dfrac{1}{2}ac\sin B=\dfrac{1}{2}bc\sin A$,进而有 $\dfrac{\sin A}{a}=\dfrac{\sin B}{b}=\dfrac{\sin C}{c}$,从而有 $\dfrac{a}{\sin A}=\dfrac{b}{\sin B}=\dfrac{c}{\sin C}$.

这表明:在三角形中,各边与它所对角的正弦的比相等. 此结论叫作**正弦定理**.

例 1 在 △ABC 中,若 $\sin A=\dfrac{4}{5}$,$\cos B=\dfrac{4}{13}$,则该三角形是(　　　　)

    A. 锐角三角形　　　　　　　B. 钝角三角形

    C. 无法确定　　　　　　　　D. 前三个答案都不对

(2017 年北京大学)

例 2 在 Rt△ABC 中,角 A,B,C 所对的边分别为 a,b,c,且 $\angle ACB=90°$,$a=4$,$b=3$,D 为边 AB 的中点,则 $\sin\angle ADC=$_____.

(2019 年北京大学博雅闻道)

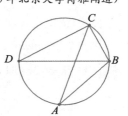

若 △ABC 的外接圆的直径为 $2R$,因为三角形的内角和等于 $180°$,三角形内角一定存在两个锐角,不妨设 A 为锐角.

如图,过点 B 作直径 BD,联结 CD,可知 △BCD 为直角三角形,且 $\angle D=\angle A$,$BD=2R$,$BC=a$,于是 $a=BC=BD\sin A=2R\sin A$,即 $\dfrac{a}{\sin A}=2R$.

由正弦定理,得 $\dfrac{a}{\sin A}=\dfrac{b}{\sin B}=\dfrac{c}{\sin C}=2R$. 此结论称为**扩充了的正弦定理**.

❷余弦定理

同样,在以上直角坐标系中,由两点间的距离公式,得

$a^2=(b\cos A-c)^2+b^2\sin^2 A$

$=b^2\cos^2 A-2bc\cos A+c^2+b^2\sin^2 A$

$=b^2-2bc\cos A+c^2$,即 $a^2=b^2+c^2-2bc\cos A$.

同理可得:

$$b^2 = a^2 + c^2 - 2ac\cos B,$$

$$c^2 = a^2 + b^2 - 2ab\cos C.$$

即三角形的一边的平方等于其他两边的平方和减去这两边与它夹角的余弦值乘积的两倍. 此结论称为**余弦定理**.

余弦定理也可以写成下面的形式：

$$\cos A = \frac{b^2 + c^2 - a^2}{2bc}; \cos B = \frac{c^2 + a^2 - b^2}{2ca}; \cos C = \frac{a^2 + b^2 - c^2}{2ab}.$$

例 3 在 $\triangle ABC$ 中，角 A, B, C 所对的边分别为 $a, b, c, a = 3, \cos C = -\dfrac{1}{15}, 5\sin(B + C) = 3\sin(A + C)$.

(1) 求边 c 的长；

(2) 求 $\sin\left(B - \dfrac{\pi}{3}\right)$ 的值.

(2019 年清华大学 THUSSAT)

例 4 在 $\triangle ABC$ 中，D 为 BC 边上一点，$AB = c, AC = b, AD = h, BD = x, CD = y$，则 $x^2 + y^2 + 2h^2 = b^2 + c^2$ 是 AD 为中线的什么条件？

(2018 年复旦大学)

❸ 正弦定理与余弦定理的应用

如果我们将正弦定理和余弦定理结合起来使用，就可很好地解决三角形问题. 下面举例说明之.

例 5 在 $\triangle ABC$ 中，角 A, B, C 所对的边分别为 a, b, c，满足 $a\cos C + \dfrac{1}{2}c = b$.

(1) 求角 A；

(2) 若 $a = 1$，求 $\triangle ABC$ 内切圆半径 r 的最大值.

(2017 年山东大学)

例 6 如图所示，$\triangle ABC$ 是等边三角形，点 D 在 BC 的延长线上，且 $BC = 2CD, AD = \sqrt{7}$.

(1) 求 $\dfrac{\sin\angle CAD}{\sin\angle D}$ 的值；

(2) 求 CD 的长.

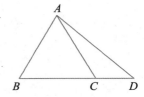

(2018 年浙江大学)

例 7 设 $\triangle ABC$ 的外接圆半径为 1，角 A, B, C 所对的边分别为 a, b, c，满足 $b = \dfrac{a}{2} + c\cos A$.

(1) 证明：角 C 为常值，并求其值；

(2) 求 $a^2 + b^2$ 的取值范围.

(2017 年中国科学技术大学创新科技班)

例 8 勘察队为了测量远处一座山峰相对于水平地面的高度 h，测量者选取了水平地面上的

点 A,B,C 分别测量了直线 PA,PB,PC 与水平面的夹角为 $\theta_1,\theta_2,\theta_3$,其中 P 是山峰的顶点.已知 B 是 AC 的中点, $AC=a$,求 h (用 $\theta_1,\theta_2,\theta_3$ 表示).

(2015 年中国科学技术大学创新科技班)

§6.5　三角恒等式与三角不等式

在三角形内有许多著名的恒等式与不等式,掌握一定的三角恒等式与不等式,对我们解题思路的开拓起到十分重要的作用.本节,我们介绍一些三角形中的著名的恒等式与不等式以及研究三角最值的一些求法.

❶ 三角恒等式

在 $\triangle ABC$ 中,存在着大量的恒等式,其中最为著名的恒等式主要有以下十个:

(1) $\sin A+\sin B+\sin C=4\cos\dfrac{A}{2}\cos\dfrac{B}{2}\cos\dfrac{C}{2}$.

(2) $\cos A+\cos B+\cos C=1+4\sin\dfrac{A}{2}\sin\dfrac{B}{2}\sin\dfrac{C}{2}$.

(3) $\sin^2 A+\sin^2 B+\sin^2 C=2+2\cos A\cos B\cos C$.

(4) $\cos^2 A+\cos^2 B+\cos^2 C=1-2\cos A\cos B\cos C$.

(5) $\sin^2\dfrac{A}{2}+\sin^2\dfrac{B}{2}+\sin^2\dfrac{C}{2}=1-2\sin\dfrac{A}{2}\sin\dfrac{B}{2}\sin\dfrac{C}{2}$.

(6) $\cos^2\dfrac{A}{2}+\cos^2\dfrac{B}{2}+\cos^2\dfrac{C}{2}=2+2\sin\dfrac{A}{2}\sin\dfrac{B}{2}\sin\dfrac{C}{2}$.

(7) $\tan A+\tan B+\tan C=\tan A\tan B\tan C$.

(8) $\cot A\cot B+\cot B\cot C+\cot C\cot A=1$.

(9) $\cot\dfrac{A}{2}+\cot\dfrac{B}{2}+\cot\dfrac{C}{2}=\cot\dfrac{A}{2}\cot\dfrac{B}{2}\cot\dfrac{C}{2}$.

(10) $\tan\dfrac{A}{2}\tan\dfrac{B}{2}+\tan\dfrac{B}{2}\tan\dfrac{C}{2}+\tan\dfrac{C}{2}\tan\dfrac{A}{2}=1$.

由于 A,B,C 是三角形的内角,故 $A+B+C=\pi$, $\sin C=\sin(A+B)$, $\cos C=-\cos(A+B)$,这就提示我们上述公式均可利用三角公式中的倍、半及和差化积与积化和差公式加以证明.限于篇幅,在这里我们选取几个公式进行证明,剩余的公式请有兴趣的读者自行完成.

证明:(1) $\sin A+\sin B+\sin C=2\sin\dfrac{A+B}{2}\cos\dfrac{A-B}{2}+\sin(A+B)$

$$=2\sin\dfrac{A+B}{2}\left(\cos\dfrac{A-B}{2}+\cos\dfrac{A+B}{2}\right)$$

$$=4\cos\dfrac{A}{2}\cos\dfrac{B}{2}\sin\dfrac{A+B}{2}=4\cos\dfrac{A}{2}\cos\dfrac{B}{2}\cos\dfrac{C}{2}.$$

(2) $\cos A + \cos B + \cos C = 2\cos\dfrac{A+B}{2}\cos\dfrac{A-B}{2} - \cos(A+B)$

$= 2\cos\dfrac{A+B}{2}\cos\dfrac{A-B}{2} - 2\cos^2\dfrac{A+B}{2} + 1$

$= 2\cos\dfrac{A+B}{2}\left(\cos\dfrac{A-B}{2} - \cos\dfrac{A+B}{2}\right) + 1$

$= 2\sin\dfrac{A}{2}\cdot 2\sin\dfrac{B}{2}\cdot\sin\dfrac{C}{2} + 1$

$= 4\sin\dfrac{A}{2}\sin\dfrac{B}{2}\sin\dfrac{C}{2} + 1.$

(4) 要证 $\cos^2 A + \cos^2 B + \cos^2 C = 1 - 2\cos A\cos B\cos C$ 成立,

即证 $\dfrac{\cos 2A + 1}{2} + \dfrac{\cos 2B + 1}{2} + \dfrac{\cos 2C + 1}{2} = 1 - 2\cos A\cos B\cos C$ 成立,

即证 $\cos 2A + \cos 2B + \cos 2C + 1 = -4\cos A\cos B\cos C$ 成立.

而 $\cos 2A + \cos 2B + \cos 2C + 1 = 2\cos(A+B)\cos(A-B) + \cos(2A+2B) + 1$

$= 2\cos(A+B)[\cos(A-B) + \cos(A+B)]$

$= -4\cos A\cos B\cos C.$

从而,原等式得证.

(7) 由 $\tan(A+B) = \dfrac{\tan A + \tan B}{1 - \tan A\tan B}$,得 $\tan A + \tan B = \tan(A+B)(1 - \tan A\tan B)$,

从而 $\tan A + \tan B + \tan C = \tan(A+B)(1 - \tan A\tan B) + \tan C$

$= -\tan C(1 - \tan A\tan B) + \tan C$

$= \tan A\tan B\tan C.$

例 1 (多选)在非直角三角形 ABC 中,若 $\tan A$,$\tan B$,$\tan C$ 都是整数,则 $\tan A$ 可能等于
( )

A. 1   B. 2   C. 3   D. 4

(2018 年清华大学领军计划)

例 2 在 $\triangle ABC$ 中,求证:$\cos A + \cos B + \cos C > 1$.

(2017 年北京大学优秀中学生体验营)

❷ 三角方程

含有未知三角比的方程叫作三角方程. 三角方程是在三角学中的重要内容,在解三角方程时,所需用到的知识十分广泛,不仅需要用到三角比中的许多定理,有时还会涉及三角代数式变形与代数方程等知识. 最简单的三角方程实际上是由某角的三角比求值、求角的延伸.

例 3 已知 $a_1 = \sin x$,$a_2 = \dfrac{1}{2}\sin 2x$,$a_3 = \sin 3x$ 形成公差不为零的等差数列,求 x 的值.

(2018 年深圳北理莫斯科大学)

例 4 设 α,β 均为锐角,满足 $\sin^2\alpha+\sin^2\beta=\sin(\alpha+\beta)$,求 $\alpha+\beta$ 的值.

（2016 年北京大学全国优秀中学生暑期夏令营）

❸ 三角不等式关系与三角最值

三角不等关系与三角最值是另一个与三角恒等变换密切相关的问题,主要包括了两个方面:三角不等式与三角最值.这两个方面在处理方法上大同小异,并互为所用.

三角不等关系的问题既有求解题也有证明题.这里,有以下三点需要加以说明:

(1)三角不等关系是不等关系中的一种.许多不等式的性质和解决方法在这里仍然用得上,比如配方法、比较法、放缩法等技巧.

(2)三角不等关系有自己的特点.

(3)三角形内的不等关系是一类比较特殊的三角不等关系.无论是在结构上,还是在处理方法上,都需要特别重视.

例 5 已知某个三角形的两条高的长度分别为 10 和 20,则它的第三条高的长度的取值范围是 (　　)

A. $\left(\dfrac{10}{3},5\right)$　　　　B. $\left(5,\dfrac{20}{3}\right)$　　　　C. $\left(\dfrac{20}{3},20\right)$　　　　D. 前三个答案都不对

（2017 年北京大学）

例 6 不等式 $\arcsin\dfrac{2x}{1+x^2}<\arccos\dfrac{2x}{1+x^2}$ 的解集是 _____.

（2016 年中国科学技术大学）

例 7 若锐角 $\angle 1,\angle 2,\angle 3,\cdots,\angle n$ 为 n 边形的 n 个外角.

求证:$\sin\angle 1+\sin\angle 2+\sin\angle 3+\cdots+\sin\angle n>4.$

（2018 年北京大学寒假课堂）

例 8 已知 $\cos(\alpha+\beta)=\cos\alpha+\cos\beta$,试求 $\cos\alpha$ 的最大值.

（2018 年河南省预赛）

例 9 (多选)如图,在扇形 AOB 中,$\angle AOB=\dfrac{\pi}{2}$,$OA=1$,点 C 为 $\overset{\frown}{AB}$ 上的动点,且不与 A,B 重合,$OD\perp BC$ 于点 D,$OE\perp AC$ 于点 E,则 (　　)

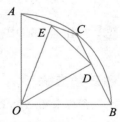

A. DE 的长为定值

B. $\angle DOE$ 的大小为定值

C. $\triangle ODE$ 面积的最大值为 $\dfrac{1}{8}\tan\dfrac{3\pi}{8}$

D. 四边形 $ODCE$ 面积的最大值为 $\dfrac{\sqrt{2}}{4}$

（2017 年清华大学领军计划）

例 10　在 $\triangle ABC$ 中，$\angle B=90°$，D,E 分别是 AC,BC 边上的点，满足 $AD=AB$，$\angle BAD=$
　　　$\angle BDE=\theta$，则 $\lim\limits_{\theta\to 0}\dfrac{BE}{BC}=$（　　）

　　A. $\dfrac{4}{5}$　　　　　　B. $\dfrac{3}{4}$　　　　　　C. $\dfrac{2}{3}$　　　　　　D. $\dfrac{1}{2}$

（2018 年清华大学领军计划）

§6.6　三角函数

　　三角函数问题一直都是高考与自主招生的重点内容之一，但试题的难度不大，多以基础题或中档题为主. 本节，我们主要来研究有关三角函数的问题.

一、三角函数的性质

　　三角函数的性质主要包括定义域、值域、对称性、有界性、周期性、单调性以及最大值与最小值等问题.

例 1　令 $f(x)=\dfrac{\sin nx}{\sin x}(n\in\mathbf{N}^*)$，下列结论正确的是＿＿＿＿＿＿.

　　(1) $f(x)$ 是周期函数；

　　(2) $f(x)$ 是轴对称函数；

　　(3) $f(x)$ 的图象关于点 $\left(\dfrac{\pi}{2},0\right)$ 对称；

　　(4) $|f(x)|\leqslant n$.

（2018 年复旦大学）

例 2　求所有的实数 a,b，使得 $\left|\sqrt{1-x^2}-ax-b\right|\leqslant\dfrac{\sqrt{2}-1}{2}(0\leqslant x\leqslant 1)$ 恒成立.

（2015 年华中科技大学理科试验班）

二、三角函数的最值

　　这里所指的三角函数的最值是三角函数最大值与最小值的统称. 它是指以三角函数的值域为基础，并大量使用三角恒等式、三角不等式及三角恒等变换等手段求最值.

例 3　在 $\triangle ABC$ 中，$\cos A+\sqrt{2}\cos B+\sqrt{2}\cos C$ 的最大值是（　　）

　　A. $\sqrt{2}+\dfrac{1}{2}$　　　　B. $2\sqrt{2}-1$　　　　C. 2　　　　D. $2\sqrt{2}$

（2017 年北京大学 U-Test）

例 4　已知 $\triangle ABC$ 的三边长分别为 a,b,c，面积为 $S=\dfrac{\sqrt{3}}{12}(a^2+b^2-c^2)$，$c=1$. 求 $\sqrt{3}b-a$ 的最大值.

（2017 年清华大学暑期学校测试）

例 5 在 $\triangle ABC$ 中，内角 A,B,C 的对边分别是 a,b,c，且 $\dfrac{\sin C}{\sin A-\sin B}=\dfrac{a+b}{a-b}$，点 D 满足 $\overrightarrow{BD}=2\overrightarrow{BC}$，且 $AD=3$，则 $2a+c$ 的最大值为 _____.

（2018 年清华大学 THUSSAT）

例 6 若 $a,b,c,d\in[2,4]$，则 $\dfrac{(ab+cd)^2}{(a^2+d^2)(b^2+c^2)}$ 的最大值与最小值的和为 _____.

（2015 年北京大学）

三、$f(x)=A\sin(\omega x+\varphi)+B$ 的图象与性质

三角函数是基本初等函数之一，其图象与性质是我们运用数形结合解决三角问题的主要依据. 在研究三角问题时，函数 $f(x)=A\sin(\omega x+\varphi)+B$ 的图象和性质是一个重点.

例 7 已知函数 $f(x)=2\sin(\omega x+\varphi)\left(\omega>0,|\varphi|<\dfrac{\pi}{2}\right)$ 的最小正周期为 π，将函数 $f(x)$ 的图象向右平移 $\dfrac{\pi}{6}$ 个单位得到函数 $g(x)$ 的图象，且 $g\left(x+\dfrac{\pi}{3}\right)=g\left(\dfrac{\pi}{3}-x\right)$，则 φ 的取值为（　　）

A. $\dfrac{5\pi}{12}$ 　　　　　B. $\dfrac{\pi}{3}$ 　　　　　C. $\dfrac{\pi}{6}$ 　　　　　D. $\dfrac{\pi}{12}$

（2019 年北京大学博雅闻道）

例 8 （多选）设函数 $f(x)=\cos(\omega x+\varphi)(\omega>0,0\leqslant\varphi\leqslant\pi)$ 是 **R** 上是奇函数. 若函数 $y=f(x)$ 的图象关于 $x=\dfrac{\pi}{4}$ 对称，且 $f(x)$ 在区间 $\left[0,\dfrac{\pi}{12}\right]$ 上是单调函数，则（　　）

A. φ 的值不唯一 　　　　　　　B. φ 的值唯一

C. ω 的值不唯一 　　　　　　　D. ω 的值唯一

（2017 年清华大学领军计划）

例 9 已知 $f(x)=A\sin(\omega x+\varphi)+B$，自变量、相位、函数值的部分取值如下表：

x				$\dfrac{\pi}{3}$	$\dfrac{7\pi}{12}$
$\omega x+\varphi$		0	$\dfrac{\pi}{2}$	$\dfrac{\pi}{3}$	$\dfrac{\pi}{6}$
$f(x)$		1	3		

（1）求 $f(x)$ 的解析式；

（2）求 $f(x)$ 的递增区间；

（3）求 $f(x)$ 在 $[0,2\pi)$ 内的所有零点.

（2016 年清华大学夏令营）

例 10 已知函数 $f(x)=4\sin x\cos^3 x-2\sin x\cos x-\dfrac{1}{2}\cos 4x$.

（1）求 $f(x)$ 的最小正周期及最大值；

（2）求 $f(x)$ 的单调区间.

（2015 年清华大学金秋营）

§6.7　三角比在代数中的应用

三角函数是初等数学的一个重要知识点,它在几何与代数中有着广泛的应用.其应用主要体现在代数、平面几何、复数、立体几何及实际应用等诸多方面.本节,我们主要从三角函数在代数中的应用进行论述.三角函数在代数方面的应用方要集中在利用三角函数求最值、证明恒等式及不等式方面.

❶求最值

例 1　若实数 x,y 满足 $5x^2-y^2-4xy=5$,则 $2x^2+y^2$ 的最小值是（　　　）

A. $\dfrac{5}{3}$　　　　　　B. $\dfrac{5}{6}$　　　　　　C. $\dfrac{5}{9}$　　　　　　D. 2

（2017 年清华大学能力测试）

例 2　已知非负实数 x,y,z 满足 $4x^2+4y^2+z^2+2z=3$,则 $5x+4y+3z$ 的最小值为（　　　）

A. 1　　　　　　B. 2　　　　　　C. 3　　　　　　D. 4

（2015 年清华大学领军计划）

❷证明恒等式

例 3　已知实数 x,y,z 满足:$x+y+z=xyz$.

求证:$\dfrac{x}{1-x^2}+\dfrac{y}{1-y^2}+\dfrac{z}{1-z^2}=\dfrac{4xyz}{(1-x^2)(1-y^2)(1-z^2)}$.

例 4　已知 $a^2+b^2=1,c^2+d^2=1$,且 $ac+bd=0$.

求证:$a^2+c^2=1,b^2+d^2=1$,且 $ab+cd=0$.

❸解方程(组)

例 5　在实数范围内解方程:$35\sqrt{x^2-1}-12x=12x\sqrt{x^2-1}$.

例 6　解方程组 $\begin{cases}\dfrac{2x_1^2}{1+x_1^2}=x_2,\\[2mm]\dfrac{2x_2^2}{1+x_2^2}=x_3,\\[2mm]\dfrac{2x_3^2}{1+x_3^2}=x_1.\end{cases}$

❹证明不等式

例 7 已知 x,y,z 为正实数,且满足 $xy+yz+zx=1$.

求证:$xyz(x+y)(y+z)(z+x) \geqslant (1-x^2)(1-y^2)(1-z^2)$.

例 8 已知 x,y,z 为正实数,且满足 $x^2+y^2+z^2+2xyz=1$,证明:$x+y+z \leqslant \dfrac{3}{2}$.

❺研究数列

例 9 已知数列 $\{a_n\}$ 满足:$a_1=\sqrt{2}$,$a_n=\sqrt{2-\sqrt{4-a_{n-1}^2}}$ $(n=2,3,\cdots)$. 求:

(1)求数列 $\{a_n\}$ 的通项公式;

(2)设 $b_n=2^n a_n$ $(n=1,2,\cdots)$,求证:$b_n<4$.

例 10 已知 $a_0=1$,$a_n=\dfrac{\sqrt{1+a_{n-1}^2}-1}{a_{n-1}}$ $(n\in \mathbf{N}^*)$,求证:$a_n>\dfrac{\pi}{2^{n+2}}$.

§6.8 三角比在几何中的应用

三角比的理论来源于几何,用几何定义了三角比,并用代数方法研究函数,建立了三角形中各元素之间的关系. 它不仅能解决由已知元素求未知元素的问题,也为用三角方法证明几何问题奠定了基础. 本节,我们来探讨三角比在几何中的应用以及在实际生活的简单应用.

一、三角比在几何中的应用

平面几何问题能够转化为三角问题的题目大约可以归纳为六类:

❶用三角方法研究线段长度

例 1 假设三形的三边长是连续的三个正整数,且该三角形的最大角是最小角的两倍,则这个三角形的三边长为(   )

A. 4,5,6　　　　　　　　　　　B. 5,6,7

C. 6,7,8　　　　　　　　　　　D. 前三个答案都不对

(2017 年北京大学博雅计划)

❷用三角方法研究线段的平方和、平方差或定值

例 2 单位圆的内接五边形的所有边及所有对角线的长度的平方和的最大值为(   )

A. 15　　　　　　B. 20　　　　　　C. 25　　　　　　D. 前三个答案都不对

(2017 年北京大学博雅计划)

❸用三角方法研究线段比例关系

例 3 在 $\triangle ABC$ 中,角 A,B,C 所对的边分别为 a,b,c,且 $\triangle ABC$ 的面积 $S_{\triangle ABC}=\frac{\sqrt{3}}{6}a^2$,则 $\frac{b}{c}+$

$\frac{c}{b}$ 的最大值是( )

A. 2   B. 4   C. $\sqrt{7}$ D. $\sqrt{13}$

(2017 年北京大学高中生发展与核心能力测试)

❹用三角方法研究角度和圆的问题

例 4 在圆周上按逆时针摆放了 A,B,C,D 四个点,已知 $AB=1,BC=2,BD=3,\angle ABD=$ $\angle DBC$,则该圆的直径为( )

A. $2\sqrt{5}$ B. $2\sqrt{6}$ C. $2\sqrt{7}$ D. 前三个答案都不对

(2017 年北京大学)

例 5 在 $\triangle ABC$ 中,$AB=13,AC=15,BC=14,AD$ 为边 BC 上的高,则 $\triangle ABD$ 与 $\triangle ACD$ 的内切圆圆心之间的距离为( )

A. 2   B. 3

C. 5   D. 前三个答案都不对

(2018 年北京大学)

❺用三角方法研究两直线的垂直关系

例 6 已知正方形 $ABCD$ 的边长为 $1,P_1,P_2,P_3,P_4$ 是正方形内的四个点,使得 $\triangle ABP_1$, $\triangle BCP_2$,$\triangle CDP_3$,$\triangle DAP_4$ 均为正三角形,则四边形 $P_1P_2P_3P_4$ 的面积等于( )

A. $2-\sqrt{3}$ B. $\frac{\sqrt{6}-\sqrt{2}}{4}$

C. $\frac{1+\sqrt{3}}{8}$ D. 前三个答案都不对

(2017 年北京大学)

❻用三角方法研究面积问题

例 7 如图,已知 AB 是圆 O 的直径,$AB=2a(a>0)$,点 C 在直径 AB 上的延长线上,$BC=a$, P 是半圆 O 上的动点,以 PC 为边作等边 $\triangle PCD$,且点 D 与圆心分别在 PC 的两侧,记 $\angle POB=x$. 将 $\triangle OPC$ 与 $\triangle PCD$ 的面积之和表示为 x 的函数 $f(x)$,则 $f(x)$ 取最大值时, x 的值为( )

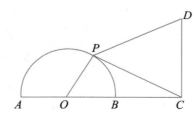

A. $\dfrac{5\pi}{6}$ B. $\dfrac{2\pi}{3}$ C. $\dfrac{\pi}{2}$ D. π

(2018 年清华大学 THUSSAT)

例 8 已知三角形的三条中线长分别为 $9,12,15$,则该三角形的面积为( )

A. 64   B. 72

C. 90   D. 前三个答案都不对

(2017 年北京大学)

二、三角比在生活的中应用

例 9 距离 O 点 10m 处有一堵 2m 高的墙,同方向 11m 处有一堵 3m 高的墙. 今将一小球(可以看作是质点)从 O 点斜抛,正好落在两墙之间,求斜抛速度的可能值.

(2017 年清华大学领军计划)

例 10 如图所示,铁路线上 AB 段长为 100 千米,工厂 C 到铁路的距离 CA 为 20 千米. 现要在 AB 上的某点 D 处,向 C 修建一条铁路.已知铁路每吨千米和公路每吨千米的运费之比为 3∶5,为了使原料从供应站 B 运到工厂 C 的运费最省,D 点应选在何处?

习题六

一、选择题

1. $9\tan 10°+2\tan 20°+4\tan 40°-\tan 80°$ 等于（　　）

A. 0　　　　　　　　B. $\dfrac{\sqrt{3}}{3}$　　　　　　　　C. 1　　　　　　　　D. $\sqrt{3}$

（2017 年北京大学 U-Test）

2. 下列函数中,周期是 $\dfrac{\pi}{2}$ 的奇函数为（　　）

A. $y=\sin\left(2x+\dfrac{\pi}{3}\right)$　　　　　　　　　B. $y=\cos\left(\dfrac{3}{2}\pi-4x\right)$

C. $y=\sin\left(4x-\dfrac{\pi}{2}\right)$　　　　　　　　　D. $y=\tan x$

（2019 年清华大学 THUSSAT）

3. 设 $\dfrac{3\pi}{2}<\alpha<\pi$,则 $\sqrt{\dfrac{1}{2}+\dfrac{1}{2}\sqrt{\dfrac{1}{2}+\dfrac{1}{2}\cos 2\alpha}}$ 等于（　　）

A. $\cos\dfrac{\alpha}{2}$　　　　　B. $\sin\dfrac{\alpha}{2}$　　　　　C. $-\cos\dfrac{\alpha}{2}$　　　　　D. $-\sin\dfrac{\alpha}{2}$

（2016 年北京大学冬令营）

4. 已知 $\alpha,\beta\in\left(0,\dfrac{\pi}{2}\right)$,且 $\sin\beta=2\cos(\alpha+\beta)\sin\alpha$,则 $\tan\beta$ 具有（　　）

A. 最大值 $\sqrt{3}$　　　　　　　　　B. 最小值 $\sqrt{3}$

C. 取不到最大值或最小值　　　　　　D. 前三个答案都不对

（2016 年北京大学生命科学冬令营）

5. 在 $\triangle ABC$ 中,角 A,B,C 所对的边分别为 a,b,c,满足 $a\cos B-b\cos A=\dfrac{c}{3}$,则 $\dfrac{\tan A}{\tan B}=$（　　）

A. 2　　　　　　　　B. 1　　　　　　　　C. $\dfrac{1}{2}$　　　　　　　　D. 前三个答案都不对

（2018 年北京大学）

6. 已知函数 $f(x)=\sin(\omega x+\varphi)(\omega>0,-\pi<\varphi<0)$ 的最小正周期为 π,将函数 $f(x)$ 的图象向左平移 $\dfrac{\pi}{3}$ 个单位长度后所得的图象过点 $A\left(0,\dfrac{\sqrt{3}}{2}\right)$,则函数 $g(x)=\cos(\omega x+\varphi)$（　　）

A. 在区间 $\left[-\dfrac{\pi}{6},\dfrac{\pi}{3}\right]$ 上单调递减　　　　　　B. 在区间 $\left[-\dfrac{\pi}{6},\dfrac{\pi}{3}\right]$ 上单调递增

C. 在区间 $\left[-\dfrac{\pi}{3},\dfrac{\pi}{6}\right]$ 上单调递减　　　　　　D. 在区间 $\left[-\dfrac{\pi}{3},\dfrac{\pi}{6}\right]$ 上单调递增

（2019 年清华大学 THUSSAT）

7. 若函数 $f(x) = \sin\left(\omega x + \dfrac{\pi}{3}\right)$ 的最小正周期为 π，若将函数图象 $y = f(x)$ 向左平移 $\dfrac{\pi}{12}$ 个单位，得到函数 $g(x)$ 的图象，则函数 $g(x)$ 的解析式为（　　）

A. $g(x) = \sin\left(\dfrac{1}{2}x + \dfrac{\pi}{6}\right)$

B. $g(x) = \sin\left(\dfrac{1}{2}x - \dfrac{\pi}{3}\right)$

C. $g(x) = \sin\left(2x + \dfrac{\pi}{6}\right)$

D. $g(x) = \cos 2x$

（2019 年清华大学 THUSSAT）

8. 已知圆内接四边形 $ABCD$ 满足 $AB = 136, BC = 80, CD = 150, DA = 102$，则圆的直径是（　　）

A. 170　　　　　B. 180　　　　　C. $8\sqrt{605}$　　　　　D. 前三个答案都不对

（2016 年北京大学）

9. 满足 $\sin A = \cos B = \tan C$ 的互不相似的 $\triangle ABC$ 一共有（　　）个.

A. 0 个　　　　　B. 1 个　　　　　C. 2 个　　　　　D. 前三个答案都不对

（2017 年北京大学博雅计划）

10.（多选）在 $\triangle ABC$ 中，$\angle A = 60°$，$\angle B = 45°$，$\angle A$ 的平分线 $AD = 2$，$CH \perp AB$ 于点 H，则下列结论正确的是（　　）

A. $CH = \sqrt{3}$

B. $AB = \sqrt{3} + 1$

C. $BC = \sqrt{6}$

D. $S_{\triangle ABC} = 3$

（2017 年清华大学 429 测试）

11.（多选）已知 $\triangle ABC$ 的三个内角 A, B, C 所对的边为 a, b, c. 下列条件中，能使得 $\triangle ABC$ 的形状唯一确定的有（　　）

A. $a = 1, b = 2, c \in \mathbf{Z}$

B. $a = 1, b = \sqrt{3}, \angle A + \angle C = 2\angle B$

C. $a\sin A + c\sin C - \sqrt{2}a\sin C = b\sin B, \angle A = 150°, b = 2$

D. $\cos A\sin B\cos C + \cos(B+C)\cos B\sin C = 0, \angle C = 60°, c = 2$

（2016 年清华大学领军计划）

12.（多选）如果函数 $f(x)$ 满足：当 a, b, c 是一个三角形的三边长，且 $f(a), f(b), f(c)$ 都存在时，$f(a), f(b), f(c)$ 也是某个三角形的三边长，那么函数 $f(x)$ 具有性质 P，则（　　）

A. 函数 $f(x) = \sqrt{x}$ 具有性质 P

B. $f(x) = x^2$ 不具有性质 P

C. 当函数 $f(x) = \ln x (x \geqslant M)$ 具有性质 P 时，M 的最大值为 2

D. 当函数 $f(x) = \sin x (0 < x < M)$ 具有性质 P 时，$0 < M \leqslant \dfrac{5\pi}{6}$

（2018 年清华大学领军计划）

二、填空题

13. 设函数 $f(x) = \sin(\omega x + \varphi)$ 的图象关于直线 $x = -1$ 与 $x = 2$ 均对称,则 $f(0)$ 所有可能的取值为_____.

(2016 年中国科学技术大学)

14. 已知 $\alpha \in \left(0, \dfrac{\pi}{2}\right)$,$\beta \in \left(0, \dfrac{\pi}{2}\right)$,且 $\sin(2\alpha + \beta) = \dfrac{3}{2}\sin\beta$,则 $\dfrac{\tan(\alpha + \beta)}{\tan\alpha} = $_____.

(2019 年北京大学博雅闻道)

15. 不等式 $\arccos 3x + \arcsin(x+1) \leqslant \dfrac{7\pi}{6}$ 为_____.

(2018 年深圳北理莫斯科大学)

16. 在 $\triangle ABC$ 中,角 A, B, C 所对的边分别为 a, b, c,若 $C = \dfrac{\pi}{3}$,$b = \sqrt{2}$,$c = \sqrt{3}$,则 $A = $_____.

(2019 年北京大学博雅闻道)

三、解答题

17. 在 $\triangle ABC$ 中,角 A, B, C 所对的边分别为 a, b, c. 若 $a = 3$,$\cos C = -\dfrac{1}{15}$,$5\sin(B+C) = 3\sin(A+C)$.

(1) 求边 c 的长;

(2) 求 $\sin\left(b - \dfrac{\pi}{3}\right)$ 的值.

(2019 年清华大学 THUSSAT)

18. 已知函数 $f(x) = \sin^2\dfrac{x}{2} + \dfrac{1}{2}\sin x - \dfrac{1}{2}$,$\triangle ABC$ 的内角 A, B, C 所对的边分别为 a, b, c.

(1) 求 $f(A)$ 的取值范围;

(2) 若 $C > A$,$f(A) = 0$,且 $2\sin A = \sin B + \dfrac{\sqrt{2}\sin C}{2}$,$\triangle ABC$ 的面积为 2,求 b 的值.

(2019 年北京大学博雅闻道)

19. 已知将函数 $g(x) = \cos x$ 图象上所有点的纵坐标伸长到原来的 2 倍(横坐标不变),再将所得图象向右平移 $\dfrac{\pi}{2}$ 个单位长度,得到函数 $y = f(x)$ 的图象,且关于 x 的方程 $f(x) + g(x) = m$ 在 $[0, 2\pi)$ 内有两个不同的解 α, β.

(1) 求满足题意的实数 m 的取值范围;

(2)求 $\cos(\alpha-\beta)$（用含 m 的式子表示）.

（2018 年河北省预赛）

20. 在 $\triangle ABC$ 中，角 A,B,C 所对的边分别为 a,b,c，已知 $c=2,b=1$，且 $\sin^2 A=\sin^2\dfrac{B+C}{2}$.

(1)求角 A 的大小及边 BC 的长；

(2)若点 P 在 $\triangle ABC$ 内运动（包括边界），且点 P 到三边的距离之和为 d. 设点 P 到 BC 的距离分别为 x,y，试用 x,y 表示 d，并求 d 的最大值与最小值.

（2018 年清华大学 THUSSAT）

21. 已知 $\triangle ABC$ 的面积为 S，其外接圆半径为 R，三个内角 A,B,C 所对的边分别为 a,b,c，且 $2R(\sin^2 A-\sin^2 C)=(\sqrt{3}a-b)\sin B$.

(1)求角 C；

(2)若 $\left(\dfrac{\sqrt{S}}{2R}\right)^2=\sin^2 A-(\sin B-\sin C)^2$，$a=4$，求边 c 及 $\triangle ABC$ 的面积.

（2017 年清华大学 THUSSAT）

22. 在 $\triangle ABC$ 中，角 A,B,C 的对边分别为 a,b,c，且 $a=\dfrac{3\sqrt{6}}{2}$，$A=60°$，$C=45°$.

(1)求 c 的值；

(2)以 AB 为一边向外（与点 C 不在 AB 同侧）作一新的 $\triangle ABP$，使得 $\angle APB=30°$，求 $\triangle ABP$ 面积的最大值.

（2018 年北京大学博雅闻道）

▷ ▷ ▷ **第七章**

平面向量与复数

　　平面向量与复数是高中数学的重要内容,它们之间的联系是在复平面内进行的.随着现代数学的发展,平面向量与复数成了相互对应、相互促进知识模块的代表.复数中的概念、运算等在向量中作出了几何解释,向量的运算也可以对应相关的复数的运算.向量与复数的这种联系,只要人们需要就可将两者结合来,在计算与推理的过程中发挥它们的关联作用.本章,我们来介绍向量与复数的相关知识.

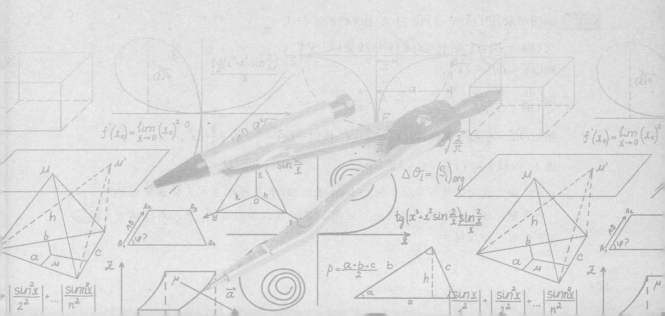

§7.1 平面向量的概念与运算

一、平面向量的基本概念

我们称既有大小又有方向的量为向量. 向量的大小称为向量的模,记作 $|a|$.

例 1 如图所示,A_1,A_2,$\cdots$,A_8 是 $\odot O$ 上的八等分点,则在以 A_1,A_2,$\cdots$,A_8 及圆心 O 九个点中任意两点为起点与终点的向量中,模等于半径的向量有多少个? 模等于半径的 $\sqrt{2}$ 倍的向量有多少个?

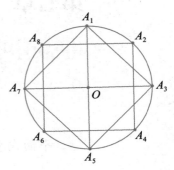

二、平面向量的线性运算

❶ 向量的加法、减法与数乘运算

例 2 已知 O 为 $\triangle ABC$ 内一点,满足 $S_{\triangle AOB} : S_{\triangle BOC} : S_{\triangle COA} = 4 : 3 : 2$. 设 $\overrightarrow{AO} = \lambda \overrightarrow{AB} + \mu \overrightarrow{AC}$,则实数 λ 和 μ 的值分别为(　　)

A. $\dfrac{2}{9}$,$\dfrac{4}{9}$　　　　B. $\dfrac{4}{9}$,$\dfrac{2}{9}$　　　　C. $\dfrac{1}{9}$,$\dfrac{2}{9}$　　　　D. $\dfrac{2}{9}$,$\dfrac{1}{9}$

(2016 年清华大学领军计划)

❷ 两个定理

定理 1 如图所示,已知 O 为 $\triangle ABC$ 内一点,且 $S_{\triangle BOC} : S_{\triangle AOC} : S_{\triangle AOB} = k_1 : k_2 : k_3$,则有 $k_1 \cdot \overrightarrow{OA} + k_2 \cdot \overrightarrow{OB} + k_3 \cdot \overrightarrow{OC} = \mathbf{0}$.

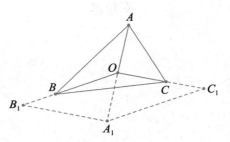

证明 如图所示,设 $\overrightarrow{OA} = -\overrightarrow{OA_1}$. 过 A_1 作 OC 的平行线交 OB 于 B_1,过 A_1 作 OB 的平行线交 OC 于 C_1,则 $\overrightarrow{OA_1} = \overrightarrow{OB_1} + \overrightarrow{OC_1}$,

则 $\dfrac{OB_1}{OB} = \dfrac{S_{\triangle B_1 OC}}{S_{\triangle BOC}} = \dfrac{S_{\triangle A_1 OC}}{S_{\triangle BOC}} = \dfrac{S_{\triangle AOC}}{S_{\triangle BOC}} = \dfrac{k_2}{k_1}$,

所以 $\overrightarrow{OB_1} = \dfrac{k_2}{k_1} \overrightarrow{OB}$. 同理,得 $\overrightarrow{OC_1} = \dfrac{k_3}{k_1} \overrightarrow{OC}$,所以 $-\overrightarrow{OA} = \dfrac{k_2}{k_1} \overrightarrow{OB} + \dfrac{k_3}{k_1} \overrightarrow{OC}$,

即 $k_1 \cdot \overrightarrow{OA} + k_2 \cdot \overrightarrow{OB} + k_3 \cdot \overrightarrow{OC} = \mathbf{0}$.

由于这个定理与奔驰公司的 logo 很相似,于是网络上有人将该定理称为奔驰定理. 当然,这个定理也可以用三角恒等式加以证明. 有兴趣的读者可以自行加以解决.

定理 2 设 O 是 $\triangle ABC$ 外的一点,不妨设 A 与点 O 位于直线 BC 的两侧,且 $S_{\triangle BOC}:S_{\triangle AOC}:$ $S_{\triangle AOB}=k_1:k_2:k_3$,则 $-k_1\cdot\overrightarrow{OA}+k_2\cdot\overrightarrow{OB}+k_3\cdot\overrightarrow{OC}=\mathbf{0}$.

证明 如图,过点 A 作 OC 的平行线交 OB 于点 B_1,过点 A 作 OB 的平行线交 OC 于 C_1,则 $\overrightarrow{OA}=\overrightarrow{OB_1}+\overrightarrow{OC_1}$.

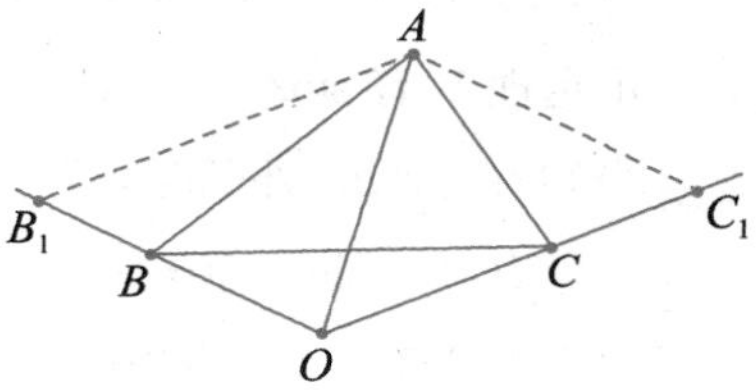

从而 $\dfrac{OB_1}{OB}=\dfrac{S_{\triangle B_1 OC}}{S_{\triangle BOC}}=\dfrac{S_{\triangle AOC}}{S_{\triangle BOC}}=\dfrac{k_2}{k_1}$,

所以 $\overrightarrow{OB_1}=\dfrac{k_2}{k_1}\overrightarrow{OB}$. 同理,得 $\overrightarrow{OC_1}=\dfrac{k_3}{k_1}\overrightarrow{OC}$,所以 $\overrightarrow{OA}=$

$\dfrac{k_2}{k_1}\overrightarrow{OB}+\dfrac{k_3}{k_1}\overrightarrow{OC}$,

即 $-k_1\cdot\overrightarrow{OA}+k_2\cdot\overrightarrow{OB}+k_3\cdot\overrightarrow{OC}=\mathbf{0}$.

> 当点 O 在 $\triangle ABC$ 的某一边上,不妨设 O 在 BC 边上(不与 B,C 重合),则相当于 $k_1=0$,上面的定理仍然成立.

❸ 三角形的五心

向量兼具几何特征与代数特征,成为沟通代数、三角和几何的重要工具,在数学、物理以及实际生活中都有着十分重要的应用.

(1)三角形的重心

三角形的三条边上的中线的交点称为该三角形的重心.

设 O 是 $\triangle ABC$ 的重心,则有下列性质:

①设 D,E,F 分别是 BC,AC,AB 的中点,则

$AO:OD=BO:OE=CO:OF=2:1$.

②$\overrightarrow{OA}+\overrightarrow{OB}+\overrightarrow{OC}=\mathbf{0}$.

证明:由于重心必在三角形内,则 $S_{\triangle BOC}=S_{\triangle AOC}=S_{\triangle AOB}=\dfrac{1}{3}S_{\triangle ABC}$,从而推出 $S_{\triangle BOC}:S_{\triangle AOC}:$ $S_{\triangle AOB}=1:1:1$,结合定理 1 即可得结论.

当然,性质②还有其余的证明方法,这里不再赘述.

③$\triangle ABC$ 的三个顶点坐标分别为 $A(x_1,y_1),B(x_2,y_2),C(x_3,y_3)$,则 $\triangle ABC$ 的重心 $O\left(\dfrac{x_1+x_2+x_3}{3},\dfrac{y_1+y_2+y_3}{3}\right)$.

推论 1 设 D,E,F 分别是 BC,AC,AB 的中点,则 $\overrightarrow{AD}+\overrightarrow{BE}+\overrightarrow{CF}=\mathbf{0}$.

推论 2 若 P 是 $\triangle ABC$ 内的任一点,则 O 是 $\triangle ABC$ 重心的充要条件是 $\overrightarrow{PO}=\dfrac{1}{3}(\overrightarrow{PA}+\overrightarrow{PB}+\overrightarrow{PC})$.

(2)三角形的外心

三角形三条边的中垂线的交点,称为该三角形的外心. 三角形的外心具有以下性质:

①O 是 $\triangle ABC$ 的外心 $\Leftrightarrow |\overrightarrow{OA}| = |\overrightarrow{OB}| = |\overrightarrow{OC}|$（或 $\overrightarrow{OA}^2 = \overrightarrow{OB}^2 = \overrightarrow{OC}^2$）.

②O 是 $\triangle ABC$ 的外心，则 $\sin 2A \cdot \overrightarrow{OA} + \sin 2B \cdot \overrightarrow{OB} + \sin 2C \cdot \overrightarrow{OC} = \mathbf{0}$.

证明：$S_{\triangle BOC} : S_{\triangle AOC} : S_{\triangle AOB} = \sin\angle BOC : \sin\angle AOC : \sin\angle AOB$.

当 O 在 $\triangle ABC$ 内部时，

有 $\sin\angle BOC : \sin\angle AOC : \sin\angle AOB = \sin 2A : \sin 2B : \sin 2C$.

由定理 1，有 $\sin 2A \cdot \overrightarrow{OA} + \sin 2B \cdot \overrightarrow{OB} + \sin 2C \cdot \overrightarrow{OC} = \mathbf{0}$；

当 O 在 $\triangle ABC$ 外部时，不妨设点 A 与点 O 位于直线 BC 的两侧，此时有

$\sin\angle BOC : \sin\angle AOC : \sin\angle AOB = -\sin 2A : \sin 2B : \sin 2C$.

由定理 2，有 $-(-\sin 2A) \cdot \overrightarrow{OA} + \sin 2B \cdot \overrightarrow{OB} + \sin 2C \cdot \overrightarrow{OC} = \mathbf{0}$，

即 $\sin 2A \cdot \overrightarrow{OA} + \sin 2B \cdot \overrightarrow{OB} + \sin 2C \cdot \overrightarrow{OC} = \mathbf{0}$.

（3）三角形的内心

三角形的三个内角平分线的交点，称为该三角形的内心.

若 O 为 $\triangle ABC$ 的内心，a, b, c 分别为顶点 A, B, C 所对边长，则 $a \cdot \overrightarrow{OA} + b \cdot \overrightarrow{OB} + c \cdot \overrightarrow{OC} = \mathbf{0}$.

证明：内心 O 一定在 $\triangle ABC$ 的内部，设内切圆半径为 r，则

$$S_{\triangle BOC} : S_{\triangle AOC} : S_{\triangle AOB} = \frac{1}{2}ar : \frac{1}{2}br : \frac{1}{2}cr = a : b : c,$$

由定理 1 即得结论.

（4）三角形的垂心

三角形的三条高线的交点，称为该三角形的垂心.

如图，若 O 是 $\triangle ABC$（非直角三角形）的垂心，则 $\tan A \cdot \overrightarrow{OA} + \tan B \cdot \overrightarrow{OB} + \tan C \cdot \overrightarrow{OC} = \mathbf{0}$.

证明：当 $\triangle ABC$ 为锐角三角形，即 O 在 $\triangle ABC$ 的内部时，我们先证：

$S_{\triangle BOC} : S_{\triangle AOC} : S_{\triangle AOB} = \tan A : \tan B : \tan C$.

因为 $\angle BOD = \angle AOE$，$\angle AOE + \angle OAE = 90°$，

所以 $\angle BOD + \angle OAE = 90°$.

同理，$\angle COD + \angle OAF = 90°$，

所以 $\angle BOC + \angle A = 180°$，

所以 $\sin\angle BOC = \sin A$.

同理，$\sin\angle AOC = \sin B$，$\sin\angle AOB = \sin C$.

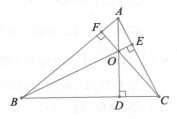

所以 $\dfrac{S_{\triangle BOC}}{S_{AOC}} = \dfrac{\frac{1}{2}OB \cdot OC\sin\angle BOC}{\frac{1}{2}OA \cdot OC\sin\angle AOC} = \dfrac{OB\sin A}{OA\sin B} = \dfrac{OB\cos A \cdot \tan A}{OA\cos B \cdot \tan B} = \dfrac{OB\cos\angle BOF \cdot \tan A}{OA\cos\angle AOF \cdot \tan B} =$

$\dfrac{OF\tan A}{OF\tan B} = \dfrac{\tan A}{\tan B}$.

同理，$\dfrac{S_{\triangle BOC}}{S_{\triangle AOB}}=\dfrac{\tan A}{\tan C}$. 所以 $S_{\triangle BOC}：S_{\triangle AOC}：S_{\triangle AOB}=\tan A：\tan B：\tan C$.

由定理 1，有 $\tan A\cdot\overrightarrow{OA}+\tan B\cdot\overrightarrow{OB}+\tan C\cdot\overrightarrow{OC}=\mathbf{0}$.

当 $\triangle ABC$ 为钝角三角形，即 O 在 $\triangle ABC$ 外部时，结合定理 2，可得结论.

（5）三角形的旁心

三角形旁切圆的圆心，简称为三角形的旁心，它是三角形一个内角平分线与其他两个内角的外角平分线的交点. 显然，任何一个三角形都存在三个旁切圆，具有三个旁心.

我们设 O_1 是三角形的一个旁心，则有 $-\sin A\cdot\overrightarrow{O_1A}+\sin B\cdot\overrightarrow{O_1B}+\sin C\cdot\overrightarrow{O_1C}=\mathbf{0}$.

证明略去.

三角形的五心的向量表达是用向量方法解决平面几何问题的重要理论基础.

例 3 已知 $\triangle ABC$ 的内心为点 O，且 $AB=2$，$AC=3$，$BC=4$. 若 $\overrightarrow{AO}=\lambda\overrightarrow{AB}+\mu\overrightarrow{BC}$，则 $3\lambda+6\mu=$（　　）

A. 1　　　　　　　　B. 2　　　　　　　　C. 3　　　　　　　　D. 4

（2017 年清华大学 THUSSAT）

例 4 已知 $\triangle ABC$ 三边长分别为 $2,3,4$，其外心为 O，则 $\overrightarrow{OA}\cdot\overrightarrow{AB}+\overrightarrow{OB}\cdot\overrightarrow{BC}+\overrightarrow{OC}\cdot\overrightarrow{CA}$ 等于（　　）

A. 0　　　　　　　　B. -15　　　　　　　C. $-\dfrac{21}{2}$　　　　　　　D. $-\dfrac{29}{2}$

（2015 年清华大学领军计划）

例 5 设 $\triangle ABC$ 的外心为 O，垂心为 H，重心为 G. 求证：O,G,H 三点共线，且 $OG：GH=1：2$.

三、平面向量的数量积

一般地，设两个非零向量 $\mathbf{a}$ 与 $\mathbf{b}$ 的夹角为 θ，我们把 $|\mathbf{a}||\mathbf{b}|\cos\theta$ 叫作向量 $\mathbf{a}$ 与向量 $\mathbf{b}$ 的数量积（或内积），记作 $\mathbf{a}\cdot\mathbf{b}$，即 $\mathbf{a}\cdot\mathbf{b}=|\mathbf{a}||\mathbf{b}|\cos\theta$. 规定：$\mathbf{0}$ 与任何向量的数量积为 $\mathbf{0}$. 非零向量夹角的取值范围是 $[0,\pi]$. 并称 $|\mathbf{b}|\cos\theta=\dfrac{\mathbf{a}\cdot\mathbf{b}}{|\mathbf{a}|}$ 为向量 $\mathbf{b}$ 在向量 $\mathbf{a}$ 方向上的投影，值得注意的是投影是一个数量.

向量的数量积满足以下运算律：

（1）$\mathbf{a}\cdot\mathbf{b}=\mathbf{b}\cdot\mathbf{a}$.

（2）$(\lambda\mathbf{a})\cdot\mathbf{b}=\mathbf{a}\cdot(\lambda\mathbf{b})=\lambda(\mathbf{a}\cdot\mathbf{b})$（$\lambda$ 为实数）.

（3）$(\mathbf{a}+\mathbf{b})\cdot\mathbf{c}=\mathbf{a}\cdot\mathbf{c}+\mathbf{b}\cdot\mathbf{c}$.

例 6 若半径为 3 的圆 O 的一条弦 AB 长为 4，P 为圆 O 上任意一点，则 $\overrightarrow{AB}\cdot\overrightarrow{BP}$ 的取值范围是（　　）

A. $[-16,0]$　　　　B. $[0,16]$　　　　C. $[-4,20]$　　　　D. $[-20,4]$

（2017 年清华大学 THUSSAT）

例 7 设 a,b 为非零向量,则 $|b|=2|a|$,且 b 与 $b-a$ 的夹角的最大值为( )

A. $\dfrac{\pi}{12}$ B. $\dfrac{\pi}{6}$ C. $\dfrac{\pi}{4}$ D. $\dfrac{\pi}{3}$

(2017 年清华大学领军计划)

例 8 已知点 O 是坐标原点,点 $A(1,-2)$,若 $M(x,y)$ 是平面区域 $\begin{cases} x-y+1\geq 0, \\ x+y-3\geq 0, \\ x-3\leq 0 \end{cases}$ 内的一个动

点,则 $\overrightarrow{OM}$ 在 $\overrightarrow{OA}$ 方向上的投影的最小值为( )

A. -5 B. $\sqrt{5}$ C. 5 D. $-\sqrt{5}$

(2017 年北京大学中学生发展与核心能力测试)

例 9 (多选)设 e_1,e_2 是两个单位向量,x,y 是实数. 若 e_1 与 e_2 的夹角是 $\dfrac{\pi}{3}$,$|xe_1+ye_2|=1$,则

( )

A. x 的最大值为 1 B. x 的最大值为 $\dfrac{2\sqrt{3}}{3}$

C. $x+y$ 的最大值为 $\sqrt{3}$ D. $x+y$ 的最大值为 $\dfrac{2\sqrt{3}}{3}$

(2017 年清华大学领军计划)

例 10 已知向量 a,b 是互相垂直的单位向量,向量 $\lambda a+b$ 与 $a+2b$ 垂直,则实数 $\lambda=$ _____.

(2018 年清华大学 THUSSAT)

四、平面向量的坐标表示

我们知道,平面直角坐标系中,每一个点都可以用一对实数 (x,y) 来表示. 在向量中,每一个向量也可以用一对实数来表示,只要选定一组基底,就会有唯一确定的有序实数与之一一对应.

例 11 已知向量 a,b 满足 $-a+2b=(1,-3)$,$2a-b=(1,9)$,则 $a\cdot b=$ _____.

(2018 年清华大学 THUSSAT)

例 12 已知 O 为 $\triangle ABC$ 的外心,$\angle ABC=60°$,$\overrightarrow{BO}=\lambda\overrightarrow{BA}+\mu\overrightarrow{BC}$,则( )

A. $\lambda+\mu$ 的最小值为 $\dfrac{1}{2}$,此时 $\triangle ABC$ 为直角三角形

B. $\lambda+\mu$ 的最大值为 $\dfrac{1}{2}$,此时 $\triangle ABC$ 为直角三角形

C. $\lambda+\mu$ 的最小值为 $\dfrac{2}{3}$,此时 $\triangle ABC$ 为等边三角形

D. $\lambda+\mu$ 的最大值为 $\dfrac{2}{3}$,此时 $\triangle ABC$ 为等边三角形

(2017 年清华大学 THUSSAT)

§7.2　平面向量的应用

平面向量与代数、几何融合考查的题目,往往综合性强,难度大,要求高.平面向量在实际生活中也有着较为重要的应用.本节我们来探究平面向量的应用.

一、线段的定比分点

设点 P 是直线 P_1P_2 上异于 P_1,P_2 的任意一点.若存在一个实数 $\lambda(\lambda\neq-1)$,使 $\overrightarrow{P_1P}=\lambda\overrightarrow{PP_2}$,则 λ 叫作点 P 分有向线段 $\overrightarrow{P_1P_2}$ 所成的比,P 点叫作有向线段 $\overrightarrow{P_1P_2}$ 的定比分点.

点 P 在线段 P_1P_2 上 $\Leftrightarrow\lambda\geq0$;

P 在线段 P_1P_2 的延长线上 $\Leftrightarrow\lambda<-1$;

P 在线段 P_1P_2 的反向延长线上 $\Leftrightarrow-1<\lambda<0$.

设 $P(x_1,y_1),P(x_2,y_2),Q(x,y)$ 是线段 P_1P_2 的分点,$\lambda(\lambda\neq-1)$ 是实数,且满足 $\overrightarrow{P_1P}=\lambda\overrightarrow{PP_2}$,则 $\begin{cases}x=\dfrac{x_1+\lambda x_2}{1+\lambda},\\ y=\dfrac{y_1+\lambda y_2}{1+\lambda}\end{cases}\Leftrightarrow\overrightarrow{OP}=\dfrac{\overrightarrow{OP_1}+\lambda\overrightarrow{OP_2}}{1+\lambda}\Leftrightarrow\overrightarrow{OP}=t\overrightarrow{OP_1}+(1-t)\overrightarrow{OP_2}$(其中,$t=\dfrac{1}{1+\lambda},\lambda\neq-1$).

例 1 设 $O(0,0),A(1,0),B(0,1)$,点 P 是线段 AB 上的一个动点,$\overrightarrow{AP}=\lambda\overrightarrow{AB}$.若 $\overrightarrow{OP}\cdot\overrightarrow{AB}\geq\overrightarrow{PA}\cdot\overrightarrow{PB}$,则实数 λ 的取值范围是_____.

(2018 年重庆市预赛)

例 2 已知点 O 为 $\triangle ABC$ 所在平面上的一个定点,动点 P 满足 $\overrightarrow{OP}=\overrightarrow{OA}+\lambda\left(\dfrac{\overrightarrow{AB}}{|\overrightarrow{AB}|}+\dfrac{\overrightarrow{AC}}{|\overrightarrow{AC}|}\right)$,其中 $\lambda\in[0,+\infty)$,则点 P 的轨迹是_____.

(2018 年贵州省预赛)

二、平面向量基本定理

如果 e_1,e_2 是同一平面内的两个不共线的向量,那么对这个平面内的任一向量 $\boldsymbol{a}$,有且只有一对实数 λ_1,λ_2,使得 $\boldsymbol{a}=\lambda_1\boldsymbol{e}_1+\lambda_2\boldsymbol{e}_2$,其中 e_1,e_2 叫作所有向量的一组基底.我们称这一事实为平面向量基本定理.

例 3 如图所示,在边长为 2 的正方形 $ABCD$ 中,E 为 BC 边的中点,点 P 在对角线 BD 上运动,过点 P 作 AE 的垂线,垂足为 F,当 $\overrightarrow{AE}\cdot\overrightarrow{EP}$ 最小值时,$\overrightarrow{FC}=(\quad)$

A. $\dfrac{2}{3}\overrightarrow{AB}+\dfrac{3}{4}\overrightarrow{AD}$

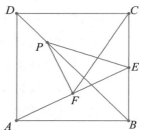

B. $\dfrac{3}{4}\overrightarrow{AB}+\dfrac{2}{3}\overrightarrow{AD}$

C. $\dfrac{4}{5}\overrightarrow{AB}+\dfrac{3}{5}\overrightarrow{AD}$

D. $\dfrac{3}{5}\overrightarrow{AB}+\dfrac{4}{5}\overrightarrow{AD}$

（2019 年北京大学博雅闻道）

例 4 在 $\triangle ABC$ 中，$\overrightarrow{AD}=2\overrightarrow{DB}$，$\overrightarrow{BE}=2\overrightarrow{EC}$，设直线 CD 与 AE 交于点 P，若 $\overrightarrow{AP}=m\overrightarrow{AB}+n\overrightarrow{AC}$，则 $(m,n)=$ _____.

（2018 年复旦大学）

例 5 已知 O 是 $\triangle ABC$ 的外心，且 $3\overrightarrow{OA}+4\overrightarrow{OB}+5\overrightarrow{OC}=\mathbf{0}$，求 $\cos\angle BAC$ 的值.

（2018 年河北省预赛）

例 6 如图，在直角三角形 ABC 中，$\angle ACB=\dfrac{\pi}{2}$，$AC=BC=2$，点 P 是斜边 AB 上的一点，且 $BP=2PA$，则 $\overrightarrow{CP}\cdot\overrightarrow{CA}+\overrightarrow{CP}\cdot\overrightarrow{CB}=$ _____.

（2018 年吉林省预赛）

例 7 在 $\triangle ABC$ 中，$AB=5$，$AC=4$，$\overrightarrow{AB}\cdot\overrightarrow{AC}=12$，设 P 是平面 ABC 上一点，则 $\overrightarrow{PA}\cdot(\overrightarrow{PB}+\overrightarrow{PC})$ 的最小值为 _____.

（2018 年江苏省预赛）

例 8 设向量 a,b,c，满足 $|a|=|b|=1$，$a\cdot b=\dfrac{1}{2}$，向量 $a-c$ 与 $c-b$ 的夹角为 $\dfrac{\pi}{3}$，则 $|c|$ 的最大值为 _____.

（2018 年中国数学奥林匹克联盟夏令营）

三、等和线定理

平面内一组基底 $\overrightarrow{OA}$，$\overrightarrow{OB}$ 及任一向量 $\overrightarrow{OC}$，由平面向量基本定理，知存在 $\lambda,\mu\in\mathbf{R}$，使得 $\overrightarrow{OC}=\lambda\overrightarrow{OA}+\mu\overrightarrow{OB}$. 如果点 C 在直线 AB 上，或在平行于 AB 的直线上，则 $\lambda+\mu=k$（定值），反之也成立. 我们把直线 AB 以及与直线 AB 平行的直线称为"等和线".

对于等和线，有如下结论：

(1) 当等和线恰为直线 AB 时，$k=1$.

(2) 当等和线在 O 点和直线 AB 之间时，$k\in(0,1)$.

(3) 当直线 AB 在点 O 与等和线之间时，$k\in(1,+\infty)$.

(4) 当等和线过点 O 时，$k=0$.

(5) 若两等和线关于点 O 对称，则定值 k_1 与 k_2 互为相反数.

(6) 定值 k 的变化与等和线到点 O 的距离成正比.

简证：如右图所示，

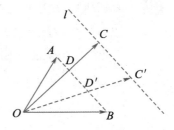

若 $\overrightarrow{OC}=\lambda\overrightarrow{OD}$，那么 $\overrightarrow{OC}=x\overrightarrow{OA}+y\overrightarrow{OB}=\lambda\left(\dfrac{x}{\lambda}\overrightarrow{OA}+\dfrac{y}{\lambda}\overrightarrow{OB}\right)=\lambda\overrightarrow{OD}$，从而有 $\dfrac{x}{\lambda}+\dfrac{y}{\lambda}=1$，即 $x+y$ $=\lambda$.

另一方面，过点 C 作直线 $l//AB$，在 l 上任取一点 C'，连接 OC' 交 AB 于点 D'.

同理可得以 $\overrightarrow{OA}$，$\overrightarrow{OB}$ 为基底时，$\overrightarrow{OC'}$ 对应的系数和依然是 λ.

❶基底的起点相同

例 9　如图所示，$OM//AB$，点 P 在由射线 OM、线段 OB 及 AB 的延长线围成的阴影区域内（不含边界）运动，且 $\overrightarrow{OP}=x\overrightarrow{OA}+y\overrightarrow{OB}$.

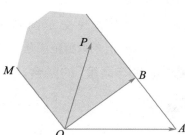

(1) x 的取值范围是＿＿＿＿＿＿＿；

(2) 当 $x=-\dfrac{1}{2}$ 时，y 的取值范围是＿＿＿＿＿＿.

例 10　如图所示，在边长为 2 的正六边形 $ABCDEF$ 中，动圆 Q 的半径为 1，圆心在线段 CD（含短点）上运动，P 是圆 Q 上及其内部的动点. 设向量 $\overrightarrow{AP}=m\overrightarrow{AB}+n\overrightarrow{AF}$（$m,n\in\mathbf{R}$），则 $m+n$ 的取值范围是（　　）

A.$(1,2]$　　　　　　　　　　B.$[5,6]$

C.$[2,5]$　　　　　　　　　　D.$[3,5]$

❷基底起点不同

例 11　如图，设 D,E 分别是 $\triangle ABC$ 的边 AB，BC 上的点，且有 $AD=\dfrac{1}{2}AB$，$BE=\dfrac{2}{3}BC$. 若 $\overrightarrow{DE}=\lambda_1\overrightarrow{AB}+\lambda_2\overrightarrow{AC}$（$\lambda_1,\lambda_2\in\mathbf{R}$），则 $\lambda_1+\lambda_2$ 的值为＿＿＿＿＿＿.

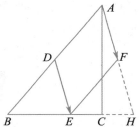

例 12　如下图所示，在平行四边形 $ABCD$ 中，M,N 分别是 CD 的三等分点，S 为 AM 与 BN 的交点，P 为边 AB 上一动点，Q 为 $\triangle SMN$ 内一点（含边界）. 若 $\overrightarrow{PQ}=x\overrightarrow{AM}+y\overrightarrow{BN}$，则 $x+y$ 的取值范围是＿＿＿＿＿＿.

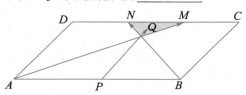

❸基底一方可变

例 13　正方形 $ABCD$ 中，E 为 AB 的中点，P 是以 A 为圆心，AB 为半径的圆弧上任意一点（如图所示）. 设 $\overrightarrow{AC}=x\overrightarrow{DE}+y\overrightarrow{AP}$，则 $x+y$ 的最小值为＿＿＿＿＿＿.

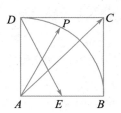

例 14 在平面直角坐标系 xOy 中,已知点 P 在曲线 $\Gamma : y = \sqrt{1 - \dfrac{x^2}{4}}(x \geqslant 0)$ 上,曲线 Γ 与 x 轴相交于点 B,与 y 轴相交于点 C,点 $D(2,1)$ 和 $E(1,0)$ 满足 $\overrightarrow{OD} = \lambda \overrightarrow{CE} + \mu \overrightarrow{OP}(\lambda, \mu \in \mathbf{R})$,则 $\lambda + \mu$ 的最小值为_____.

❹基底的合理调节

例 15 如右图所示,A,B,C 是圆 O 上的三点,CO 的延长线与线段 BA 的延长线交于圆 O 外一点 D. 若 $\overrightarrow{OC} = m\overrightarrow{OA} + n\overrightarrow{OB}$,则 $m+n$ 的取值范围是_____.

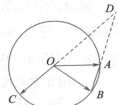

❺"基底与高度"的融合

例 16 已知 $\triangle ABC$ 中,$BC = 6$,$AC = 2AB$,点 D 满足 $\overrightarrow{AD} = \dfrac{2x}{x+y}\overrightarrow{AB} + \dfrac{y}{2(x+y)}\overrightarrow{AC}$. 设 $f(x,y) = |\overrightarrow{AD}|$,且 $f(x,y) \geqslant f(x_0, y_0)$ 恒成立,则 $f(x_0, y_0)$ 的最大值为_____.

从以上的试题分析,我们可以看出:与等和线有关的问题,我们需要确定以下三个方面:

(1)确定等值线为 1 的直线.

(2)通过平移(旋转或伸缩)该直线,结合动点的可行域,分析何处取得最大值与最小值.

(3)从长度比或点的位置两个角度,计算最大值或最小值.

等和线定理巧妙地将代数问题转化为图形关系,将具体的代数式运算转化为距离的长短比例关系问题,这是数形结合思想的非常直接的体现.运用等和线定理解题,过程方便、准确率高,需重点掌握.

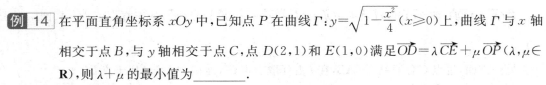

§7.3 复数的概念与运算

复数的产生与发展历经了漫长而又艰难的岁月.早在 16 世纪,意大利数学家 H. Cardan(卡丹)研究了方程 $x(10-x) = 40$ 的根,他根据求根公式,得出两根的形式为 $5 \pm \sqrt{-15}$.但由于这只是单纯从形式上推广而来,并且人们原先就断言负数开平方没有意义,因此复数在历史上长期不被人们所接受."虚数"这一词就恰好反映了这一点.直到 18 世纪,D. Alembert(达郎贝尔)、L. Euler(欧拉)等人逐步阐明了复数的几何意义和物理意义,建立了系统的复数理论,从而使人们逐步接受并理解了复数.

❶复数的概念

为了解决负数的开平方问题,人们引进了一个新的数 i,叫作**虚数单位**,并作出规定:$i^2 = -1$,也就是说,i 是 -1 的一个平方根,并且把形如 $a+bi(a, b \in \mathbf{R})$ 的数叫作**复数**.复数通常用字母 z 表示,即 $z = a+bi(a, b \in \mathbf{R})$,其中 a 叫作复数 z 的实部,记作 $a = \text{Re}(z)$;b 叫作复数 z 的虚部,记作 $b = \text{Im}(z)$.我们把复数 $z = a+bi(a, b \in \mathbf{R})$ 的这种表现形式,叫作**复数的代数形式**.

复数的全体所组成的集合称为复数集，一般用字母 **C** 表示．定义了复数运算后的复数集叫作复数系（域）．复数可以分为以下两类：

当 $\text{Im}(z)=0$ 时，复数 $z=a+bi$ 是实数；当 $\text{Im}(z)\neq0$ 时，复数 $z=a+bi$ 是虚数．特别地，当 $\text{Re}(z)=0$，且 $\text{Im}(z)\neq0$ 时，复数 $z=a+bi$ 是纯虚数．

由此可以看出，实数集 **R** 是复数集 **C** 的真子集，即 **R**⊊**C**．

如果两个复数 $z_1=a_1+b_1i,z_2=a_2+b_2i(a_1,a_2,b_1,b_2\in\mathbf{R})$ 的实部与虚部都相等，即 $a_1=a_2$，且 $b_1=b_2$，那么我们就说复数 z_1 与 z_2 相等，即 $a_1+b_1i=a_2+b_2i$．这里有一点需要特别地指出：如果两个复数都是实数，那么这两个复数间存在大小关系；如果两个复数不都是实数，那么这两个复数之间只有相等与不相等的关系，而不能比较大小．

例 1 已知复数 z 满足 $z+\dfrac{1}{z}\in[1,2]$，则复数 z 的实部的最小值为_____．

（2017 年中国科学技术大学）

例 2 设 α 为复数，i 为虚数单位，关于 x 的方程 $x^2+\alpha x+i=0$ 有实数根，则 $|\alpha|$ 的取值范围是_____．

（2018 年中国科学技术大学）

实部相等而虚部互为相反数的两个复数，叫作**共轭复数**，也称这两个复数共轭．复数 $z=a+bi(a,b\in\mathbf{R})$ 的共轭复数记作 $\bar{z}=a-bi(a,b\in\mathbf{R})$．

对于复数 $z=a+bi(a,b\in\mathbf{R})$，我们把 $\sqrt{a^2+b^2}$ 称为该复数的**模**，记作 $|z|$，即 $|z|=|a+bi|=\sqrt{a^2+b^2}$．由复数模的概念可知 $|z|=|\bar{z}|$．

❷复数的代数运算

我们知道，实数之间可以进行加、减、乘、除等运算．同样，复数之间也可以进行加、减、乘、除的运算．

对于两个复数 $z_1=a+bi,z_2=c+di(a,b,c,d\in\mathbf{R})$，我们规定其四则运算法则如下：

(1)加法：$z_1+z_2=(a+bi)+(c+di)=(a+c)+(b+d)i$．

(2)减法：$z_1-z_2=(a+bi)-(c+di)=(a-c)+(b-d)i$．

(3)乘法：$z_1\cdot z_2=(a+bi)\cdot(c+di)=(ac-bd)+(ad+bc)i$．

(4)除法：$\dfrac{z_1}{z_2}=\dfrac{a+bi}{c+di}=\dfrac{(a+bi)(c-di)}{(c+di)(c-di)}=\dfrac{ac+bd+(bc-ad)i}{c^2+d^2}(c+di\neq0)$．

例 3 $\bar{z}$ 是 $z=\dfrac{1+2i}{1-i}$ 的共轭复数，则 $\bar{z}$ 的虚部为（　　　）

A. $-\dfrac{1}{2}$ 　　　　B. $\dfrac{1}{2}$ 　　　　C. $-\dfrac{3}{2}$ 　　　　D. $\dfrac{3}{2}$

（2018 年清华大学 THUSSAT）

例 4 已知虚数 z 使得 $z_1=\dfrac{z}{1+z^2}$ 和 $z_2=\dfrac{z^2}{1+z}$（其中 z^2 表示 $z\cdot z$，下同）都是实数，求复数 z．

❸ 复数的模与共轭复数

我们在计算几个复数积的模或两个复数商的模,可以先求其积或商的实部和虚部,再用模的计算公式进行计算. 然而,有时求多个复数的积或两个复数的商的实部和虚部却相当麻烦. 事实上,求几个复数积的模或两个复数商的模,可以先分别计算这几个复数的模,然后把各个复数的模相乘或相除. 一般来说,对任意复数 z_1,z_2,复数模的运算有以下性质:

(1) $|z_1 \cdot z_2| = |z_1| \cdot |z_2|$.

(2) $\left|\dfrac{z_1}{z_2}\right| = \dfrac{|z_1|}{|z_2|} (|z_2| \neq 0)$.

(3) $|z^n| = |z|^n (n \in \mathbf{N}^*)$.

(4) $||z_1| - |z_2|| \leqslant |z_1 \pm z_2| \leqslant |z_1| + |z_2|$.

下面我们来证明第一条性质:

设 $z_1 = a + bi, z_2 = c + di(a,b,c,d \in \mathbf{R})$,则

$$|z_1 \cdot z_2| = |(a+bi) \cdot (c+di)| = |(ac-bd)+(bc+ad)i| = \sqrt{(ac-bd)^2+(bc+ad)^2}$$
$$= \sqrt{a^2c^2-2acbd+b^2d^2+b^2c^2+2bcad+a^2d^2} = \sqrt{a^2c^2+b^2d^2+b^2c^2+a^2d^2}$$
$$= \sqrt{(a^2+b^2)(c^2+d^2)} = \sqrt{a^2+b^2} \cdot \sqrt{c^2+d^2} = |z_1| \cdot |z_2|.$$

其余性质可也类似可证.

关于共轭复数,由于复数 $z = a + bi(a,b \in \mathbf{R})$,则 $\bar{z} = a - bi$.

因为 $z \cdot \bar{z} = (a+bi)(a-bi) = a^2 - (bi)^2 = a^2+b^2$,又 $|z| = \sqrt{a^2+b^2}$,所以 $z \cdot \bar{z} = |z|^2$.

类似地,我们可以推导出下列结论:

(1) $\overline{z_1+z_2} = \bar{z}_1 + \bar{z}_2, \overline{z_1-z_2} = \bar{z}_1 - \bar{z}_2$.

(2) $\overline{z_1 \cdot z_2} = \bar{z}_1 \cdot \bar{z}_2, \overline{z^n} = \bar{z}^n$.

(3) $\overline{\left(\dfrac{z_1}{z_2}\right)} = \dfrac{\bar{z}_1}{\bar{z}_2} (z_2 \neq 0)$.

例 5 (1) 复数 z_1,z_2 满足 $|z_1| = 2, |z_2| = 3, |z_1+z_2| = 4$,则 $\dfrac{z_1}{z_2} = $ _____.

(2016 年中国科学技术大学)

(2) 已知复数 z_1,z_2 满足 $|z_1| = 3, |z_2| = 5, |z_1-z_2| = 7$,求 $\dfrac{z_1}{z_2}$.

例 6 已知复数 z_1,z_2 满足 z_1 与 z_1+z_2 有相同的模,且 $\bar{z}_1 \cdot z_2 = a(1-i)$,其中 a 为非零实数,求 $\dfrac{z_2}{z_1}$ 的值.

(2016 年北京大学全国优秀中学生暑假夏令营)

例 7 复数 z 满足 $\dfrac{z-1}{z+1}$ 是纯虚数,则 $|z^2+z+3|$ 的最小值为 _____.

(2019 年中国科学技术大学)

例 8 设复数 z_1,z_2 满足 $z_1 \cdot z_2 + 2\mathrm{i} \cdot z_1 - 2\mathrm{i} \cdot z_2 + 1 = 0$.

(1)若 z_1,z_2 满足 $\overline{z_2} - z_1 = 2\mathrm{i}$,求 z_1,z_2;

(2)若 $|z_1| = \sqrt{3}$,是否存在常数 k,使得 $|z_2 - 4\mathrm{i}| = k$ 恒成立?若存在,试求出 k 的值;若不存在,说明理由.

例 9 若 $a,b \in \mathbf{R}^+$,求满足不等式 $\sqrt{x^2 - \sqrt{2}ax + a^2} + \sqrt{x^2 - \sqrt{2}bx + b^2} \leqslant \sqrt{a^2 + b^2}$ 的 x 的取值范围.

(2019 年北京大学)

§7.4　复数的几何意义

我们知道实数与数轴上的点一一对应,从而实数可以用数轴上的点来表示,这是实数的几何意义.类比而知,复数也应该有它的几何意义.本节,我们来探究复数的几何意义,在探究过程中提出复数的三角形式,并对复数的加、减、乘、除运算给出几何解释.

❶复数的几何意义

由复数相等的定义可知,复数 $z = a + b\mathrm{i}\,(a,b \in \mathbf{R})$ 与有序实数对 (a,b) 是一一对应关系.而有序实数对 (a,b) 与平面直角坐标系内的点 $Z(a,b)$ 也是一一对应的.因此,可以用平面直角坐标系内的点 $Z(a,b)$ 来表示复数 $z = a + b\mathrm{i}\,(a,b \in \mathbf{R})$,反之,也可以用复数 $z = a + b\mathrm{i}\,(a,b \in \mathbf{R})$ 来描述平面直角坐标系的内点 $Z(a,b)$.如图所示,点 Z 的横坐标为 a,纵坐标为 b,它表示的复数 $z = a + b\mathrm{i}$.建立了直角坐标系来表示复数的平面叫作**复平面**,这里 x 轴称为**实轴**,y 轴叫作

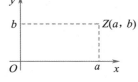

虚轴.表示实数的点都在实轴上,表示纯虚数的点都在虚轴上,原点表示实数 0.

按照这种表示方法,每一个复数都有平面内的一个点与之对应;反之,复平面内的每一个点也有唯一的一个复数与之对应,所以复数集 $\mathbf{C}$ 和复平面内的点组成的集合元素之间是一一对应的.为了方便起见,我们常把复数 $z = a + b\mathrm{i}\,(a,b \in \mathbf{R})$ 看作是点 (a,b),或看作向量 $\overrightarrow{OZ} = (a,b)$.我们规定:相等的向量表示同一个复数.

例 1 若 z 为复数,且 $z = x + y\mathrm{i}$,满足 $|x| + |y| \leqslant 1$,求 $|z - 1 - \mathrm{i}|$ 的最大值.

(2019 年北京大学寒假课堂)

例 2 复数 z_1,z_2 满足 $|z_1| = |z_2| = 1\,(z_1 \neq z_2)$,且 $|z_k + 1 + \mathrm{i}| + |z_k - 1 - \mathrm{i}| = 2\sqrt{3}\,(k = 1,2)$,求

$z_1 \cdot z_2$ 的值.

（2019 年浙江大学）

例 3 复数 z_1, z_2 所对应的点分别为 A, B，若 $|z_1| = 4$，且满足 $4z_1^2 - 2z_1 \cdot z_2 + z_2^2 = 0$，求 $\triangle AOB$ 的面积.

（2019 年上海交通大学）

例 4 复数 z_1, z_2 满足 $|z_1 - 3i| = 2, |z_2 - 8| = 1$，则由复数 $z_1 - z_2$ 所围成的图形面积是（　　　）

A. 4π B. 8π

C. 10π D. 前三个答案都不对

（2019 年北京大学）

❷ 复数的三角形形式

从上面的分析可以看出，复数 $z = a + bi (a, b \in \mathbf{R})$ 与有序实数对 (a, b) 具有一一对应关系，而点 $Z(a, b)$ 所对应的向量是 $\overrightarrow{OZ} = (a, b)$. 我们以实轴的正半轴为始边，向量 $\overrightarrow{OZ}$ 所在的射线为终边的角 θ 叫作**复数 z 的辐角**，记作 Arg(z)（如图所示）.

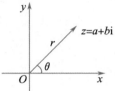

非零复数 z 的辐角有无限多个值，这些值中的任意两个都相差 2π 的整数倍. 我们把适合 $\theta \in [0, 2\pi)$ 的辐角 θ 的值叫作复数 z 的辐角主值，记作 arg$z$，易知复数 z 的辐角与辐角主值满足关系式 Arg$z = $ arg$z + 2k\pi (k \in \mathbf{Z})$.

记 $|z| = r (r > 0)$，类比三角比的定义，我们不难得到 $\cos\theta = \dfrac{a}{r}$，$\sin\theta = \dfrac{b}{r}$，从而可得 $z = a + bi = r(\cos\theta + i\sin\theta)$. 这里，$r = \sqrt{a^2 + b^2}$，$\theta$ 是复数 z 的一个辐角. 特别地，复数 0 也可以表示成 $0 = 0(\cos\theta + i\sin\theta)$，由此可见，任何一个复数 $z = a + bi$ 都可以表示成 $r(\cos\theta + i\sin\theta)(r \geqslant 0)$ 的形式.

我们把 $r(\cos\theta + i\sin\theta)$ 叫作复数 $z = a + bi$ 的**三角形式**，其中 $r = |z|$，θ 为复数 z 的一个辐角. 下面我们来探究复数在三角形式下的运算：

如果设 $z_1 = r_1(\cos\alpha + i\sin\alpha)$，$z_2 = r_2(\cos\beta + i\sin\beta)$，则按照复数的乘法法则，得

$$z_1 z_2 = r_1 \cdot r_2 (\cos\alpha + i\sin\alpha) \cdot (\cos\beta + i\sin\beta)$$

$$= r_1 \cdot r_2 [(\cos\alpha\cos\beta - \sin\alpha\sin\beta) + i(\cos\alpha\sin\beta + \sin\alpha\cos\beta)]$$

$$= r_1 \cdot r_2 [\cos(\alpha + \beta) + i\sin(\alpha + \beta)],$$

即 $r_1(\cos\alpha + i\sin\alpha) \cdot r_2(\cos\beta + i\sin\beta) = r_1 \cdot r_2[\cos(\alpha + \beta) + i\sin(\alpha + \beta)]$.

即两个复数相乘，积的模等于模的积，积的辐角等于两个辐角之和.

除法是乘法的逆运算，即当 $z_2 \neq 0$ 时，商 $\dfrac{z_1}{z_2}$ 是指满足 $z_1 = z_2 \cdot z$ 的复数 z.

因为 $r_2(\cos\beta + i\sin\beta) \cdot \dfrac{r_1}{r_2}[\cos(\alpha - \beta) + i\sin(\alpha - \beta)] = r_1(\cos\alpha + i\sin\alpha)$，

所以 $\dfrac{z_1}{z_2} = \dfrac{r_1(\cos\alpha + i\sin\alpha)}{r_2(\cos\beta + i\sin\beta)} = \dfrac{r_1}{r_2}[\cos(\alpha - \beta) + i\sin(\alpha - \beta)]$.

即两个复数相除,商的模等于被除数的模除以除数的模所得的商,商的辐角等于被除数的辐角减去除数的辐角所得的差.

复数的三角形式的乘法可以推广到 n 个复数的情况:

$r_1(\cos\theta_1+\mathrm{i}\sin\theta_1)\cdot r_2(\cos\theta_n+\mathrm{i}\sin\theta_2)\cdot\cdots\cdot r_n(\cos\theta_n+\mathrm{i}\sin\theta_n)$

$=r_1r_2\cdots r_n[\cos(\theta_1+\theta_2+\cdots+\theta_n)+\mathrm{i}\sin(\theta_1+\theta_2+\cdots+\theta_n)].$

如果在上式中,令 $r_1=r_2=\cdots=r_n=r,\theta_1=\theta_2=\cdots=\theta_n=\theta,$

则可以得到 $[r(\cos\theta+\mathrm{i}\sin\theta)]^n=r^n(\cos n\theta+\mathrm{i}\sin n\theta)(n\in\mathbf{N}).$

即复数的 $n(n\in\mathbf{N})$ 次幂的模等于这个复数的模的 n 次方,它的辐角等于这个复数辐角的 n 倍. 这个定理叫作**棣莫弗定理**.

如果设复数 $z_0=r(\cos\theta+\mathrm{i}\sin\theta)$ 的 n 次方根 $(n\geqslant2,n\in\mathbf{N})$ 为 $z=\rho(\cos\varphi+\mathrm{i}\sin\varphi)$,则 $z^n=z_0$,从而 $[\rho(\cos\varphi+\mathrm{i}\sin\varphi)]^n=\rho^n(\cos n\varphi+\mathrm{i}\sin n\varphi)=r(\cos\theta+\mathrm{i}\sin\theta).$

于是 $\begin{cases}\rho^n=r,\\ n\varphi=\theta+2k\pi,\end{cases}$ 从而 $\begin{cases}\rho=\sqrt[n]{r},\\ \varphi=\dfrac{\theta+2k\pi}{n},\end{cases}(k\in\mathbf{Z}).$

因此,复数 z 的 n 次方根为 $\sqrt[n]{r}\left(\cos\dfrac{\theta+2k\pi}{n}+\mathrm{i}\sin\dfrac{\theta+2k\pi}{n}\right)(k\in\mathbf{Z}).$

例 5 $(\sqrt{3}\mathrm{i}-1)^{2018}=$ ＿＿＿＿＿＿.

（2018 年中国科学技术大学）

例 6 设复数 z 满足 $|z|=2,z^3=a+b\mathrm{i}$,其中 $a,b\in\mathbf{R}$,则 $a+b$ 的最大值是（　　）

A. $8\sqrt{2}$ 　　　　　 B. $\sqrt{2}$ 　　　　　 C. $2\sqrt{2}$ 　　　　　 D. 4

（2017 年北京大学高中生发展与核心能力测试）

例 7 已知复数 $z=\cos\dfrac{2\pi}{3}+\mathrm{i}\cdot\sin\dfrac{2\pi}{3}$,则 $z^3+\dfrac{z^2}{z^2+z+2}$ 等于（　　）

A. $-\dfrac{1}{2}+\dfrac{\sqrt{3}}{2}\mathrm{i}$ 　　　　　　　　　　 B. $\dfrac{\sqrt{3}}{2}-\dfrac{1}{2}\mathrm{i}$

C. $\dfrac{1}{2}-\dfrac{\sqrt{3}}{2}\mathrm{i}$ 　　　　　　　　　　 D. $-\dfrac{\sqrt{3}}{2}+\dfrac{1}{2}\mathrm{i}$

（2016 年清华大学领军计划）

例 8 (1) 已知 $z_1=\sin\alpha+2\mathrm{i},z_2=1+\mathrm{i}\cdot\cos\alpha$,则 $\dfrac{13-|z_1+\mathrm{i}\cdot z_2|^2}{|z_1-\mathrm{i}\cdot z_2|}$ 的最小值是（　　）

A. $\dfrac{1}{2}$ 　　　　　 B. 2 　　　　　 C. $\dfrac{4}{3}$ 　　　　　 D. $\dfrac{3}{2}$

（2017 年清华大学 429 学术能力测试）

(2) 已知复数 $z_1=\sin\theta+2\mathrm{i},z_2=1+\mathrm{i}\cos\theta$,则 $\dfrac{14-|z_1+\mathrm{i}\cdot z_2|^2}{|z_1-\mathrm{i}\cdot z_2|}$ 的最小值是（　　）

A. 2 　　　　　　　　　　　　 B. $2\sqrt{2}$

C. $2\sqrt{3}$ D. 前三个答案都不对

(2018 年北京大学博雅计划)

❸ 复数乘除法的几何意义

设复数 $z_1 = r_1(\cos\alpha + i\sin\alpha)$ 对应的向量 $\overrightarrow{OZ_1}$，$z_2 = r_2(\cos\beta + i\sin\beta)$.

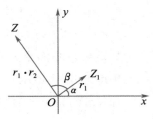

由 $z_1 \cdot z_2 = r_1(\cos\alpha + i\sin\alpha) \cdot r_2(\cos\beta + i\sin\beta) = r_1 r_2[\cos(\alpha+\beta) + i\sin(\alpha+\beta)]$ 可知，把向量 $\overrightarrow{OZ_1}$ 绕点 O 逆时针方向旋转角 β（当 $\beta < 0$ 时，实际上是顺时针旋转 $-\beta$）；再把 $\overrightarrow{OZ_1}$ 的模换成 $r_2 \cdot |\overrightarrow{OZ_1}|$，即得积 $z_1 \cdot z_2$ 对应的向量为 $\overrightarrow{OZ}$（如图所示）.

由复数的三角形式，则 $\dfrac{z_1}{z_2} = \dfrac{r_1(\cos\alpha + i\sin\alpha)}{r_2(\cos\beta + i\sin\beta)} = \dfrac{r_1}{r_2}[\cos(\alpha-\beta) + i\sin(\alpha-\beta)]$ 知，把向量 $\overrightarrow{OZ_1}$ 绕点 O 顺时针方向旋转角 β（当 $\beta < 0$ 时，实际上是逆时针旋转 $-\beta$）；再把 $\overrightarrow{OZ_1}$ 的模换成 $\dfrac{1}{r_2} \cdot |\overrightarrow{OZ_1}|$，即得商 $\dfrac{z_1}{z_2}$ 对应的向量为 $\overrightarrow{OZ}$.

例 9 给定平面向量 $(1,1)$，那么平面向量 $\left(\dfrac{1-\sqrt{3}}{2}, \dfrac{1+\sqrt{3}}{2}\right)$ 是将向量 $(1,1)$（   ）

A. 顺时针方向旋转60°得到   B. 顺时针方向旋转120°得到

C. 逆时针方向旋转60°得到   D. 逆时针方向旋转120°得到

例 10 设点 $P_0(1,0)$，$\overrightarrow{OP_i}$ 顺时针方向旋转 θ 得到向量 $\overrightarrow{OQ_i}$，Q_i 关于 y 轴的对称点为 P_{i+1}，则 P_{2019} 的坐标为_____.

(2019 年中国科学技术大学)

§7.5 复数方程及单位根

在前面我们学习了复数的代数形式与三角形式，本节我们在前面学习的基础上，来进一步研究有关复数方程的问题.

❶ 复数集的方程

我们知道，在实数集中解一元二次方程 $ax^2 + bx + c = 0(a,b,c \in \mathbf{R}$，且 $a \neq 0)$ 时，如果判别式 $\Delta = b^2 - 4ac < 0$，那么这个一元二次方程没有实数根. 现在，我们来讨论一元二次方程在复数集 $\mathbf{C}$ 中解的问题.

对于一元二次方程 $ax^2 + bx + c = 0(a,b,c \in \mathbf{R}$，且 $a \neq 0)$，这里我们只研究 $a > 0$ 的情形：

两边可同时除以 a，从而一元二次方程可变形为 $x^2 + \dfrac{b}{a}x + \dfrac{c}{a} = 0$，配方，得

$$\left(x+\frac{b}{2a}\right)^2=\left(\frac{b}{2a}\right)^2-\frac{c}{a},\ \text{即}\ \left(x+\frac{b}{2a}\right)^2=\frac{b^2-4ac}{4a^2}.\ \text{从而知}$$

当 $\Delta=b^2-4ac>0$ 时,方程有两个不相等的实数根 $x=-\frac{b}{2a}\pm\frac{\sqrt{b^2-4ac}}{2a}$;

当 $\Delta=b^2-4ac=0$ 时,方程有两个相等的实数根 $x=-\frac{b}{2a}$;

当 $\Delta=b^2-4ac<0$ 时,$\left(x+\frac{b}{2a}\right)^2=\frac{b^2-4ac}{4a^2}$ 变形为 $\left(x+\frac{b}{2a}\right)^2=-\frac{4ac-b^2}{4a^2}$.

因为 $-\frac{4ac-b^2}{4a^2}=0$ 的平方根为 $\pm\frac{\sqrt{4ac-b^2}}{2a}\mathrm{i}$,所以方程 $ax^2+bx+c=0$ 有两个虚数根 $x=-\frac{b}{2a}\pm\frac{\sqrt{4ac-b^2}}{2a}\mathrm{i}$.

由上面的分析可以看出,任何实系数一元二次方程 $ax^2+bx+c=0(a,b,c\in\mathbf{R},$ 且 $a\ne0)$ 在复数集中一定有解,且当判别式 $\Delta>0$ 时,有两个不同的实数根;当判别式 $\Delta=0$ 时,有两个相等的实数根;当判别式 $\Delta<0$ 时,则在复数集中有一对互相共轭的虚数根 $x=-\frac{b}{2a}\pm\frac{\sqrt{4ac-b^2}}{2a}\mathrm{i}$.

容易验证,实系数一元二次方程 $ax^2+bx+c=0(a,b,c\in\mathbf{R},$ 且 $a\ne0)$ 的两个虚数根仍然满足一元二次方程的根与系数的关系,即 $\begin{cases}x_1+x_2=-\dfrac{b}{a},\\ x_1\cdot x_2=\dfrac{c}{a}.\end{cases}$

例 1 设 a,b,c 为实数,$a,c\ne0$,方程 $ax^2+bx+c=0$ 的两个虚数根 x_1,x_2 满足 $\dfrac{x_1^2}{x_2}$ 为实数,则 $\displaystyle\sum_{k=0}^{2015}\left(\frac{x_1}{x_2}\right)^k$ 等于(　　)

A. 1

B. 0

C. $\sqrt{3}\mathrm{i}$

D. 前三个答案都不对

(2016 年北京大学博雅计划)

例 2 若复数 z 满足 $|z|=1$,且 $z^2-2az+a^2-a=0$,求负实数 a 的值.

(2019 年上海交通大学)

❷ 单位根

我们把 1 的 n 次方根,称为 n 次单位根,或者说,一个复数 ε 的 n 次幂等于 1,即 $\varepsilon^n=1$,那么这个复数 ε 就叫作 1 的一个 n 次单位根. 1 的 n 次单位根具有很好的性质,运用这些处理某些数学问题是非常方便的,下面我们来对 1 的 n 次单位根作一些介绍.

性质 1　1 的 n 次方根有 n 个,它们分别是 $\varepsilon_k=\cos\dfrac{2k\pi}{n}+\mathrm{i}\sin\dfrac{2k\pi}{n}(k=0,1,2,\cdots,n-1)$.

性质 2　$(\varepsilon_k)^n=1$;$\varepsilon_k=(\varepsilon_1)^k$,$|\varepsilon_k|=1(k=0,1,2,\cdots,n-1)$.

性质 3 当 n 为奇数时，$\varepsilon_0 = 1$ 是其唯一实数根；当 n 偶数时，$\varepsilon_0 = 1$，$\varepsilon_+ = -1$ 是其两个实根．其余的各个虚根成对共轭，即 ε_k 与 ε_{n-k} 互为共轭虚根，且 $\varepsilon_k \varepsilon_{n-k} = 1(k = 0, 1, 2, \cdots, n-1)$．

性质 4 $\{\varepsilon_k\}$ 对于乘法、除法是封闭的，或者说，方程 $x^n - 1 = 0$ 的若干个根的乘积也是这个方程的根；这个方程的两个根的商也是这个方程的根．

性质 5 $\quad 1 + \varepsilon_k^p + \varepsilon_k^{2p} + \cdots + \varepsilon_k^{(n-1)p} = \begin{cases} n, & \text{当 } p \text{ 是 } n \text{ 的整数倍或 } k = 0 \text{ 时}, \\ 0, & \text{当 } p \text{ 不是 } n \text{ 的整数倍且 } k \neq 0 \text{ 时}. \end{cases}$

特别地，$1 + \varepsilon_1 + \varepsilon_2 + \cdots + \varepsilon_{n-1} = 0$，或 $k \neq 0$ 时，$1 + \varepsilon_k + \varepsilon_k^2 + \cdots + \varepsilon_k^{n-1} = 0$．

性质 6 若 $P_1, P_2, \cdots, P_m$ 是两两互素的正整数，且 $n = P_1 P_2 \cdots P_m$，则 1 的 n 个 n 次单位根可由 1 的 P_1 个 P_1 次单位根分别乘以 1 的 P_2 个 P_2 次单位根，……，再分别乘以 1 的 P_m 个 P_m 次单位根而得到．

性质 7 $\quad \sum\limits_{k=0}^{n-1} x^k = \prod\limits_{k=1}^{n-1} (x - \varepsilon_k)$，特别地，当 $x = 1$ 时，$n = \prod\limits_{k=1}^{n-1} (1 - \varepsilon_k)$．

性质 8 ε_k 表示复平面上单位圆周的 n 等分点（或单位圆的内接正 n 边形的顶点），其中 $\varepsilon_0 = 1$ 是单位圆与正实轴的交点．

我们称 1 的某个 n 次单位根，叫作 1 的 n 单位原根（简称原根），当且仅当 $m < n$ 时，不是 1 的 m 次单位根．例如 1 的 3 次单位原根是 $-\dfrac{1}{2} + \dfrac{\sqrt{3}}{2}\mathrm{i}$ 和 $-\dfrac{1}{2} - \dfrac{\sqrt{3}}{2}\mathrm{i}$；$1$ 的 4 次单位原根是 i 和 $-\mathrm{i}$ 等．

性质 9 1 的一切 n 次单位原根，可以在所有单位根 $\varepsilon_k(k = 0, 1, 2, \cdots, n-1)$ 中赋予 k 以小于 n 且与 n 互质的一切正整数的值而得到；且 1 的 n 次单位原根的个数，等于小于 n 而与 n 互质的那些数的个数，记作 $\varphi(n)$．当 p, q 互质时，有 $\varphi(p \cdot q) = \varphi(p) \cdot \varphi(q)$．

性质 10 1 的所有 n 次单位根，由它的任何一个原根的 n 个连续整数次幂构成；若 $n = p_1 p_2 \cdots p_m$，且 $p_1, p_2, \cdots, p_m$ 两两互质，则 1 的一切原根可由 1 的 p_1 次原根乘以 p_2 次原根，$\cdots$，乘以 p_m 次原根而得到．例如 1 的 4 个 4 次单位根可由 i 的 $k, k+1, k+2, k+3$ 次幂得到；1 的 12 次原根可由 1 的 3 次原根乘以 1 的 4 次原根而得到，即 $\pm\dfrac{\sqrt{3}}{2} \pm \dfrac{1}{2}\mathrm{i}$ 等 4 个．

以上性质的证明不难，留给读者作为练习．

例 3 记 $(1 + x + x^2)^{10} = a_0 + a_1 x + a_2 x^2 + \cdots + a_{20} x^{20}$，求 $\sum\limits_{k=0}^{6} a_{3k} = (\quad\quad)$

A. 2^9 $\qquad\qquad$ B. 2^{19} $\qquad\qquad$ C. 3^9 $\qquad\qquad$ D. 3^{19}

（2018 年清华大学领军计划）

例 4 （多选）已知复数 $z_k = \cos\dfrac{2k-2}{5}\pi + \mathrm{i}\sin\dfrac{2k-2}{5}\pi (k = 1, 2, 3, 4, 5)$，记 $a_i = \prod\limits_{i \neq j}(z_i - z_j)$，则 $(\quad\quad)$

A. $a_1 a_3 a_4 = 125$ $\qquad\qquad\qquad$ B. $a_1 a_2 a_3 a_4 a_5 = 5^5$

C. $a_2 a_4^2 = 125$ $\qquad\qquad\qquad$ D. $a_1 = 5$

（2019 年清华大学领军计划）

例 5 $\left(1+\cos\dfrac{\pi}{7}\right)\left(1+\cos\dfrac{3\pi}{7}\right)\left(1+\cos\dfrac{5\pi}{7}\right)$ 的值为(　　)

A. $\dfrac{9}{8}$ B. $\dfrac{7}{8}$

C. $\dfrac{3}{4}$ D. 前三个答案都不对

例 6 (多选)已知复数 x,y,z,w 满足：$|x|^2+|y|^2=1$，$|z|^2+|w|^2=1$，且 $x\bar{z}+y\bar{w}=0$. 则下列选项中正确的是(　　)

A. $|x|=|w|$ B. $|y|=|z|$

C. $\overline{x}w-\overline{y}z=0$ D. $|xw-yz|=1$

§7.6　复数的指数形式及其应用

我们在前面的讨论过程中,我们发现复数具有代数形式与三角形式两种情形,为了使复数知识更加完备,我们这里再来介绍复数的另外一种形式——指数形式.

一、复数的指数形式

在复数的三角形式的乘法规则讨论中,复数的三角形式将复数的乘法"部分地"转化成为加法(模相乘,幅角相加等),这种改变运算等级的现象在初等数学中的很多地方有过体现,比如指数函数与对数函数的运算：

$$a^x a^y=a^{x+y},\ \log_a(xy)=\log_a x+\log_a y.$$

前者是将两个同底幂的乘积变成同底的指数相加;后者将两个真数积的对数变成两个同底对数的和. 从形式上来看,复数的乘法与指数函数的关系更为密切些：

$$z_1 z_2=r_1 r_2[\cos(\theta_1+\theta_2)+\mathrm{i}\sin(\theta_1+\theta_2)]\ \leftrightarrow\ (b_1 a^x)\cdot(b_2 a^y)=(b_1 b_2)\cdot a^{x+y}.$$

由此,我们可以猜想,复数 $z=r(\cos\theta+\mathrm{i}\sin\theta)$ 应该可以表示成某种指数的形式.

这里有三个问题需要解决：

1. 反映复数本质特征的三个因素：模 r、幅角 θ、虚数单位 i 应该分别摆放在什么位置?

2. 三个因素在其各自的摆放位置上呈现什么样的形态?

3. 作为指数形式的底应该用什么常数?

我们先来研究第一个问题.

通过观察 $z_1 z_2=r_1 r_2[\cos(\theta_1+\theta_2)+\mathrm{i}\sin(\theta_1+\theta_2)]\ \leftrightarrow\ (b_1 a^x)\cdot(b_2 a^y)=(b_1 b_2)\cdot a^{x+y}$ 这两个等式,我们发现：首先,模 r 应该占据 ba^x 中系数 b 的位置,其次幅角应该占据 ba^x 中指数 x 的位置,而虚数单位 i,如果放在系数 y 的位置,则 $(\mathrm{i}ra^x)^2=-r^2 a^x$,等式的右侧为实数,这对于任意

虚数而言,是不可能的.由此可见,幅角 θ 也应该出现在指数位置上.

那么就出现了第二个问题:虚数单位在指数位置上呈现什么性态? 与幅角 θ 是相加还是相乘?

如果幅角 θ 与虚数单位 i 相加,我们以单位复数 $\cos\theta+i\sin\theta$ 为例:

如果复数 $\cos\theta+i\sin\theta$ 写成 $a^{i+\theta}$ 的形式,一方面 $a^{i+\theta}=a^i \cdot a^\theta$ 与 $(ir)a^\theta$ 的形式差别不大,另一方面,$(a^{i+\theta})^n=a^{ni+n\theta}$ 在复数的乘法法则中,应该仅是幅角的 n 倍,而不应该出现虚数单位也 n 倍.由此可以看出,虚数单位 i 与幅角 θ 不应该是相加关系,而应该是相乘关系 $z=a^{i\theta}$.下面我们来验证乘法、除法与乘方法则是否吻合:

$$z_1 z_2=(r_1 a^{i\theta_1})(r_2 a^{i\theta_2})=(r_1 r_2)a^{i(\theta_1+\theta_2)} ; \frac{z_1}{z_2}=\frac{r_1 a^{i\theta_1}}{r_2 a^{i\theta_2}}=\frac{r_1}{r_2}a^{i(\theta_1-\theta_2)} ; z^n=(ra^{i\theta})^n=r^n a^{i(n\theta)}.$$

由此可以看出,乘、除法保持"模相乘除,幅角相加减",乘方保持"模的 n 次方,幅角的 n 倍"的本质特征.

下面我们来解决最后一个问题:作为指数形式的底应该用什么常数?

我们暂时将复数 $z=r(\cos\theta+i\sin\theta)$ 形式化地看作是 r 与 θ 的"二元函数".由于数学本身就是形式化的科学,因此,一些形式化的性质应该"形式化"地保持不变.下面,我们对 $r(\cos\theta+i\sin\theta)=ra^{i\theta}$ 的两边关于 θ 求导,得

$[r(\cos\theta+i\sin\theta)]'=(ra^{i\theta})'$,得 $r(-\sin\theta+i\cos\theta)=[r(\cos\theta+i\sin\theta)]\cdot i=z\cdot i$,

$(ra^{i\theta})'=ra^{i\theta}\ln a=z\cdot i\ln a$,从而 $i\cdot z=i\cdot z\ln a$,从而 $\ln a=1$,进而得 $a=e$.

这样,我们利用不太严格的推理得到了复数的第三种形式——**指数形式**:

$$z=a+bi=r(\cos\theta+i\sin\theta)=re^{i\theta}.$$

从复数的模与幅角的角度来看,复数的指数形式其实是三角形式的简略化.

下面我们给出 $e^{i\theta}=\cos\theta+i\sin\theta$ 的两种证明方法,仅供参考.

证法一(泰勒级数法):将函数 $e^x,\cos x,\sin x$ 写成泰勒级数形式,

$$e^x=1+\frac{x}{1!}+\frac{x^2}{2!}+\cdots+\frac{x^n}{n!}+\cdots$$

$$\cos x=1-\frac{x^2}{2!}+\frac{x^4}{4!}-\frac{x^6}{6!}+\cdots+\frac{x^{4n-4}}{(4n-4)!}-\frac{x^{4n-2}}{(4n-2)!}+\cdots$$

$$\sin x=x-\frac{x^3}{3!}+\frac{x^5}{5!}-\frac{x^7}{7!}+\cdots+\frac{x^{4n-3}}{(4n-3)!}-\frac{x^{4n-1}}{(4n-1)!}+\cdots$$

将 $x=i\theta$ 代入,可得:$e^{i\theta}=1+i\theta+\frac{(i\theta)^2}{2!}+\frac{(i\theta)^3}{3!}+\cdots+\frac{(i\theta)^n}{n!}+\cdots$

$$=1+i\theta-\frac{\theta^2}{2!}-\frac{\theta^3 i}{3!}+\frac{\theta^4}{4!}+\frac{\theta^5 i}{5!}-\frac{\theta^6}{6!}-\frac{\theta^7 i}{7!}+\cdots$$

$$=\left(1-\frac{\theta^2}{2!}+\frac{\theta^4}{4!}-\frac{\theta^6}{6!}+\cdots\right)+\left(\theta-\frac{\theta^3}{3!}+\frac{\theta^5}{5!}-\frac{\theta^7}{7!}+\cdots\right)i$$

$$=\cos\theta+i\sin\theta.$$

证法二：微积分法

定义函数 $f(\theta)=\dfrac{\cos\theta+\mathrm{i}\sin\theta}{\mathrm{e}^{\mathrm{i}\theta}}$，由于 $\mathrm{e}^{\mathrm{i}\theta}\cdot\mathrm{e}^{-\mathrm{i}\theta}=\mathrm{e}^{0}=1$，可知分母不可能为 0，因此以上定义成立.

对 $f(\theta)$ 关于 θ 求导，得 $f'(\theta)=\dfrac{(-\sin\theta+\mathrm{i}\cos\theta)\mathrm{e}^{\mathrm{i}\theta}-(\cos\theta+\mathrm{i}\sin\theta)\mathrm{i}\mathrm{e}^{\mathrm{i}\theta}}{\mathrm{e}^{2\mathrm{i}\theta}}$

$$=\dfrac{-\sin\theta\cdot\mathrm{e}^{\mathrm{i}\theta}-\mathrm{i}^{2}\sin\theta\mathrm{e}^{\mathrm{i}\theta}}{\mathrm{e}^{2\mathrm{i}\theta}}$$

$$=\dfrac{-\sin\theta\cdot\mathrm{e}^{\mathrm{i}\theta}+\sin\theta\cdot\mathrm{e}^{\mathrm{i}\theta}}{\mathrm{e}^{2\mathrm{i}\theta}}$$

$$=0,$$

因此 $f(\theta)$ 必为常函数.

所以 $f(\theta)=\dfrac{\cos\theta+\mathrm{i}\sin\theta}{\mathrm{e}^{\mathrm{i}\theta}}=f(0)=1$，从而 $\mathrm{e}^{\mathrm{i}\theta}=\cos\theta+\mathrm{i}\sin\theta$.

由复数的三角形式与指数形式，我们很容易得到下面的两个公式：

$\begin{cases}\cos\theta+\mathrm{i}\sin\theta=\mathrm{e}^{\mathrm{i}\theta},\\\cos\theta-\mathrm{i}\sin\theta=\mathrm{e}^{-\mathrm{i}\theta},\end{cases}$ 进而得到 $\cos\theta=\dfrac{\mathrm{e}^{\mathrm{i}\theta}+\mathrm{e}^{-\mathrm{i}\theta}}{2}$，$\sin\theta=\dfrac{\mathrm{e}^{\mathrm{i}\theta}-\mathrm{e}^{-\mathrm{i}\theta}}{2}$，这两个公式被统称为**欧拉公式**.

在复数的指数形式中，令 $r=1$，$\theta=\pi$，得 $\mathrm{e}^{\mathrm{i}\pi}+1=0$. 这是数学世界中非常令人着迷的一个公式，它将数学里最重要的五个数字神秘地联系在一起：两个超越数（自然对数的底 e、圆周率 π），三个单位（虚数单位 i、自然数的乘法单位 1 与加法单位 0）.

例 1 n 为自然数，解方程 $(x+\mathrm{i})^{n}+(x-\mathrm{i})^{n}=0$.

例 2 求证：$1+C_{n}^{3}+C_{n}^{6}+\cdots=\dfrac{1}{3}\left(2^{n}+2\cos\dfrac{n\pi}{3}\right)$.

二、复数的综合应用

根据复数的几何表示和复数运算的几何意义，平面上某些图形可以用复数的代数关系式来表达. 另外，由复数的三角形式及棣莫弗公式，我们发现复数与三角函数之间又有着十分密切的联系. 这样，复数就提供了解决解析几何和三角等问题的新方法. 事实上，复数已成为一种十分有力的数学工具，用这来解决某些初等数学问题，不仅有利于进一步加深对复数的理解，而且能使已学过的数学知识得到广泛的应用.

❶证明或求解三角式

例 3 已知 $\alpha=\dfrac{\pi}{7}$，求 $\cos\alpha-\cos2\alpha+\cos3\alpha$ 的值.

（2019 年浙江大学）

例 4 $\cos^{5}\dfrac{\pi}{9}+\cos^{5}\dfrac{5\pi}{9}+\cos^{5}\dfrac{7\pi}{9}$ 的值为（　　　）

A. $\dfrac{15}{32}$ B. $\dfrac{15}{16}$ C. $\dfrac{8}{15}$ D. $\dfrac{16}{15}$

（2017 年清华大学 THUSSAT）

例 5 若 $\sin A+\sin B+\sin C=0,\cos A+\cos B+\cos C=0$.

求证：$\sin 3A+\sin 3B+\sin 3C=3\sin(A+B+C)$；

$\cos 3A+\cos 3B+\cos 3C=3\cos(A+B+C)$.

❷ 轨迹问题

例 6 设 M 是单位圆周 $x^2+y^2=1$ 上一动点，点 N 与定点 $A(2,0)$ 和点 M 构成一个等边三角形的顶点，并且 $M\rightarrow N\rightarrow A\rightarrow M$ 成逆时针方向，当 M 点移动时，求 N 点的轨迹方程.

例 7 已知点 $A(-2,0)$ 为定点，B 是单位圆上的一个动点，$\triangle ABC$ 的顶点按逆时针方向排列，且 $|AB|:|BC|:|CA|=3:4:5$.

（1）求点 C 的轨迹方程；

（2）求 $|OC|$ 的最大值与最小值.

❸ 最值问题

例 8 设 $x_i(i=1,2,\cdots,2020)$ 为正实数，且 $\sqrt{x_1}+\sqrt{x_2}+\cdots+\sqrt{x_{2020}}=2020$，

试求 $y=\sqrt{x_1+x_2}+\sqrt{x_2+x_3}+\cdots+\sqrt{x_{2019}+x_{2020}}+\sqrt{x_{2020}+x_1}$ 的最小值.

例 9 $\sqrt{(x-9)^2+4}+\sqrt{x^2+y^2}+\sqrt{(y-3)^2+9}$ 的最小值所在的区间为（   ）

A. $[10,11]$ B. $(11,12]$

C. $(12,13]$ D. 前三个答案都不对

（2018 年北京大学博雅计划）

例 10 已知复数 z 满足 $|z|=1$，求 $|z^3-z+2|$ 的最大值与最小值.

（2021 年清华大学自强计划）

习题七

一、选择题

1. 已知复数 z 满足 $z(1+i)=2-i$，则复数 z 在复平面内对应的点所在的象限为（　　）

　　A. 第一象限　　　　　　　　　　　　B. 第二象限

　　C. 第三象限　　　　　　　　　　　　D. 第四象限

（2019 年北京大学博雅闻道）

2. 设 A,B,C,P 是平面上不同的点，则 $\overrightarrow{PA}+\overrightarrow{PB}+\overrightarrow{PC}=\mathbf{0}$ 是点 P 为 $\triangle ABC$ 重心的（　　）条件.

　　A. 充分不必要　　　　　　　　　　　B. 必要不充分

　　C. 充要　　　　　　　　　　　　　　D. 既不充分也不必要

3. O 为 $\triangle ABC$ 的外心，O 到三边 a,b,c 的距离分别是 k,m,n，则（　　）

　　A. $k:m:n=a:b:c$ 　　　　　　　　B. $k:m:n=\dfrac{1}{a}:\dfrac{1}{b}:\dfrac{1}{c}$

　　C. $k:m:n=\sin A:\sin B:\sin C$ 　　D. $k:m:n=\cos A:\cos B:\cos C$

（2019 年上海交通大学）

4. 已知复数 z 满足 $z+\dfrac{2}{z}$ 是实数，则 $|z+i|$ 的最小值等于（　　）

　　A. $\dfrac{\sqrt{3}}{3}$ 　　　　　　　　　　　B. $\dfrac{\sqrt{2}}{2}$

　　C. 1 　　　　　　　　　　　　　　　D. 前三个答案都不对

（2017 年北京大学）

5. 在平面直角坐标系中，O 是坐标原点，两定点 A,B 满足 $|\overrightarrow{OA}|=|\overrightarrow{OB}|=\overrightarrow{OA}\cdot\overrightarrow{OB}=2$，则点集 $\{P\,|\,OP=\lambda OA+u OB,\ |\lambda|+|u|\leqslant 1,\lambda,u\in\mathbf{R}\}$ 所表示的区域面积是（　　）

　　A. $2\sqrt{2}$ 　　　　　　　　　　　　B. $2\sqrt{3}$

　　C. $4\sqrt{2}$ 　　　　　　　　　　　　D. $4\sqrt{3}$

6. 设复数 z 使得 $\dfrac{z}{10}$ 和 $\dfrac{10}{z}$ 的实部和虚部都是不大于 1 的正数，记 z 在平面直角坐标系上对应的点构成的几何图形为 C，则 C 的面积是（　　）

　　A. $75-\dfrac{25\pi}{2}$ 　　　　　　　　　B. $70-\dfrac{25\pi}{2}$

　　C. $75-\dfrac{15\pi}{2}$ 　　　　　　　　　D. $70-\dfrac{15\pi}{2}$

（2016 年清华大学领军计划）

7. （多选）设虚数 z 满足 $z^3+z+1=0$，则下列选项正确的有（　　）

　　A. $|z|>1$ 　　　　　　　　　　　　B. $|z|<1$

C. $|z+\bar{z}|<1$ \qquad\qquad\qquad\qquad D. $|z+\bar{z}|>\dfrac{1}{2}$

（2018 年清华大学领军计划）

8. 设复数 $z=\cos\dfrac{2\pi}{3}+i\cdot\sin\dfrac{2\pi}{3}$，则 $\dfrac{1}{1-z}+\dfrac{1}{1-z^2}$ 等于（　　）

A. 0 \qquad\qquad B. 1 \qquad\qquad C. $\dfrac{1}{2}$ \qquad\qquad D. $\dfrac{3}{2}$

（2015 年清华大学领军计划）

9. 在矩形 $ABCD$ 中，$AB=1$，$AD=2$，动点 P 在以 C 为圆心，且与 BD 相切的圆上. 若 $\overrightarrow{AP}=\lambda\overrightarrow{AB}+\mu\overrightarrow{AD}$，则 $\lambda+\mu$ 的最大值是（　　）

A. 3 \qquad\qquad B. $2\sqrt{2}$ \qquad\qquad C. $\sqrt{5}$ \qquad\qquad D. 2

10. 已知 $|\boldsymbol{a}|=|\boldsymbol{b}|=1$，$\boldsymbol{a}\cdot\boldsymbol{b}=\dfrac{1}{2}$，$(\boldsymbol{c}-\boldsymbol{a})\cdot(\boldsymbol{c}-\boldsymbol{b})=0$. 若 $|\boldsymbol{d}-\boldsymbol{c}|=1$，则 $|\boldsymbol{d}|$ 的最大值为（　　）

A. $\dfrac{\sqrt{3}}{2}+1$ \qquad B. $\dfrac{\sqrt{3}+3}{2}$ \qquad C. $\dfrac{\sqrt{3}}{2}+2$ \qquad D. $\dfrac{\sqrt{3}+5}{2}$

（2019 年清华大学领军计划）

11. 在 $\triangle ABC$ 中，$AB=4$，$AC=6$，点 D 为 BC 边的中点，点 O 为 $\triangle ABC$ 的外心，则 $\overrightarrow{AO}\cdot\overrightarrow{AD}=$（　　）

A. 13 \qquad\qquad B. 24 \qquad\qquad C. 26 \qquad\qquad D. 52

（2017 年北京大学中学生发展与核心能力测试）

12. （多选）设复数 z,ω 满足：$|\omega+z|=1$，$|\omega^2+z^2|=4$，则 $|\omega z|$ 的（　　）

A. 最小值为 $\dfrac{5}{4}$ \qquad\qquad\qquad B. 最小值为 $\dfrac{3}{2}$

C. 最大值为 $\dfrac{5}{2}$ \qquad\qquad\qquad D. 最大值为 $\dfrac{11}{4}$

（2017 年清华大学领军计划）

二、填空题

13. 在平面直角坐标系中，$\triangle ABC$ 的三个顶点的坐标分别为 $A(3,2)$，$B(4,3)$，$C(6,7)$，则 $\triangle ABC$ 的面积是_____.

（2018 年复旦大学）

14. 已知向量 $\boldsymbol{a},\boldsymbol{b}$ 的夹角是 $\dfrac{\pi}{4}$，且 $|\boldsymbol{b}|=\sqrt{2}|\boldsymbol{a}|$，则 $2\boldsymbol{b}-\boldsymbol{a}$ 与 $\boldsymbol{a}$ 的夹角的正切值是_____.

（2017 年清华大学 THUSSAT）

15. 若对 n 个向量 $\boldsymbol{a}_1,\boldsymbol{a}_2,\cdots,\boldsymbol{a}_n$ 存在 n 个不全为零的实数 $k_1,k_2,\cdots,k_n$，使 $k_1\boldsymbol{a}_1+k_2\boldsymbol{a}_2+\cdots+k_n\boldsymbol{a}_n=\boldsymbol{0}$ 成立，则称 $\boldsymbol{a}_1,\boldsymbol{a}_2,\cdots,\boldsymbol{a}_n$ 为"线性相关". 依此规定，能说明 $\boldsymbol{a}_1=(1,0)$，$\boldsymbol{a}_2=(1,-1)$，$\boldsymbol{a}_3=(2,2)$ "线性相关"的实数 k_1,k_2,k_3 依次可以取_____（写出一组数据即可，不必考虑所有情况）.

16. 在平面直角坐标系中，$\triangle ABC$ 是边长为 1 的正三角形，动点 P 满足 $\overrightarrow{PA} \cdot \overrightarrow{PB} + \overrightarrow{PB} \cdot \overrightarrow{PC} + \overrightarrow{PC} \cdot \overrightarrow{PA} = 0$，则 P 点的轨迹所围成的平面区域的面积是_____.

（2016 年中国科学技术大学）

三、解答题

17. 如图所示，在平面直角坐标系 xOy 中，已知圆 O 的方程为 $x^2 + y^2 = 4$，过点 $P(0,1)$ 的直线 l 与圆 O 交于 A，B 两点，与 x 轴交于点 Q. 设 $\overrightarrow{QA} = \lambda \overrightarrow{PA}$，$\overrightarrow{QB} = \mu \overrightarrow{PB}$，求证：$\lambda + \mu$ 为定值.

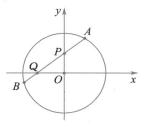

18. 点 P 在圆 $(x-2)^2 + (y-1)^2 = 1$ 上运动，向量 $\overrightarrow{PO}$（其中 O 为坐标原点）绕点 P 逆时针旋转 $90°$ 得 $\overrightarrow{PQ}$，求点 Q 的轨迹方程.

（2018 年中国科学技术大学）

19. 求证：(1) $\cos\dfrac{\pi}{11} + \cos\dfrac{3\pi}{11} + \cdots + \cos\dfrac{9\pi}{11} = \dfrac{1}{2}$；

(2) $\sin\dfrac{\pi}{11} + \sin\dfrac{3\pi}{11} + \cdots + \sin\dfrac{9\pi}{11} = \dfrac{1}{2}\cot\dfrac{\pi}{22}$.

20. 复数 $|z_1|=|z_2|=1(z_1\neq z_2)$,满足 $|z_k+1+\mathrm{i}|+|z_k-1-\mathrm{i}|=2\sqrt{3}(k=1,2)$,求 z_1z_2.

(2019 年浙江大学)

21. 对于 $m,n\in\mathbf{Z}^+$,若 $(\sqrt{3}+\mathrm{i})^m=(1-\mathrm{i})^n$,求 $|n-m|$ 的最小值.

(2019 年上海交通大学)

22. 已知 O 为坐标原点,$A_0=O$,且 $\overrightarrow{OA_n}=\overrightarrow{OA_{n-1}}+(x_n,y_n)$,其中 $x_n,y_n\in\mathbf{Z}$,且 $|x_n|+|y_n|=3$.

(1)求 $|\overrightarrow{OA_3}|$ 的最大值;

(2)求 $|\overrightarrow{OA_{2017}}|$ 的最小值.

(2017 年清华大学暑期学校)

第八章
立体几何

　　立体几何是高中数学中具有联结和支撑作用的主干知识,它既是中学数学的重要内容,又是学习高等数学的必要基础,因而是高考与自主招生命题的主要板块之一.立体几何问题大致可以分成两大方面:一是空间几何体的结构特征、简单几何体的表面积和体积,如旋转体的表面积和体积、割补定理等;二是从构成空间几何体的基本元素——点、线、面入手,研究它们的性质以及相互之间的位置关系等,如直线与平面、平面与平面之间的垂直与平行的判断与证明等.

§ 8.1   空间几何体

一、多面体

由若干个多边形围成的封闭几何体叫作**多面体**,构成多面体的各平面多边形叫作**多面体的面**,相邻多边形的公共边叫作**多面体的棱**,棱与棱的交点叫作**多面体的顶点**,联结不在同一平面内的两个顶点的线段,叫作**多面体的对角线**.

如果把多面体的任一个平面伸展为平面,而此多面体的所有其他各面都在这个平面的同一侧,则这样的多面体叫作**凸多面体**.多面体的面数至少是四个,多面体按照其面数分别叫作四面体、五面体等.

例 1 在四面体中,不同长度的棱至少有 _____ 条.

(2018 年上海交通大学)

如果一个凸多面体满足下列两条:

(1)每个面都是有相同边数的正多边形.

(2)每个顶点都有相同数目的棱数.

我们称这样的多面体为**正多面体**.

正多面体只有五种(如图所示):

正四面体   正六面体   正八面体   正十二面体   正二十面体

例 2 有多少个平面距离正四面体的 4 个顶点的距离都相等(　　)

　A. 4 　　　　　　　 B. 6 　　　　　　　 C. 8 　　　　　　　 D. 前三个答案都不对

(2017 年北京大学博雅计划)

著名的大数学家欧拉对正多面体进行了研究,发现正多面体的顶点数 V、面数 F、棱数 E 的关系:

正多面体	顶点数 V(Vertex)	面数 F(Face)	棱数 E(Edge)	$V+F-E$
正四面体	4	4	6	2
正六面体	8	6	12	2
正八面体	6	8	12	2
正十二面体	20	12	30	2
正二十面体	12	20	30	2

通过对正多面体的研究,欧拉发现满足关系:$V+F-E=2$. 由此,欧拉猜测对于简单多面体的正多面体的顶点数 V、面数 F、棱数 E 也一定满足 $V+F-E=2$. 这就是著名的**欧拉定理**:

简单多面体的顶点数 V、面数 F、棱数 E 满足:$V+F-E=2$.

公式描述了简单多面体中的顶点数 V、面数 F、棱数 E 之间特有的规律.

例 3 一个简单多面体的棱数可能是 6 吗?

例 4 有一个各面是三角形的正多面体,其顶点数为 V、面数为 F、棱数为 E.

(1)求证:$E=\dfrac{3}{2}F,V=\dfrac{F}{2}+2$;

(2)如果过各顶点的棱数都相等,则此多面体是几多面体?

二、旋转体

平面上一条封闭曲线所围成的区域绕着它所在平面上的一条定直线旋转而形成的几何体,叫作**旋转体**. 这条定直线叫作**旋转体的轴**. 简单的旋转体主要有圆柱、圆锥、圆台、球等.

例 5 点 A,B,C,D 在同一球面上,$AB=BC=\sqrt{2}$,$AC=2$. 若四面体 $ABCD$ 体积的最大值为 $\dfrac{4}{3}$,则这个球的表面积是(　　　)

A. $\dfrac{125}{16}\pi$　　　　B. 8π　　　　C. $\dfrac{25}{16}\pi$　　　　D. $\dfrac{289}{16}\pi$

（2018 年清华大学 THUSSAT）

例 6 如图所示,在棱长为 1 的正方体内有两个内接球相外切,且分别与正方体内切.

(1)求两球的半径之和;

(2)球的半径为多少时,两球的体积之和最小?

例 7 空间中四个球,它们的半径分别是 $2,2,3,3$,每个球都与其他三个球外切. 另有一个小球与这四个球都相切,求这个小球的半径.

例 8 一个四面体的棱长分别为 $6,6,6,6,6,9$,则该四面体外接球的半径是_____.

（2019 年清华大学领军计划）

例 9 设倒置圆锥形容器的轴截面是一个等腰直角三角形,在该容器内注入一定体积的水,再放入一个半径为 $r=1$cm 的实心球,水面上升,此时球与容器壁及水面恰好都相切,则取出球后水的体积 $V=(\quad\quad)$cm³.

A. $\left(1+\dfrac{5}{3}\sqrt{2}\right)\pi$　　　　　　　　B. π

C. $\left(1+\dfrac{7}{3}\sqrt{2}\right)\pi$ D. $\left(1+\sqrt{2}\right)\pi$

(2017 年北京大学高中生核心能力测试)

例 10 能放入一个半径为 r 的球的圆锥体积的最小值是_____.

(2018 年复旦大学)

三、几何体的表面积与体积

例 11 在已知的圆锥中,M 是顶点,O 是底面圆心,A 在底面圆周上,B 在底面圆内,$|MA|=6$,$|MO|=2\sqrt{3}$,$AO\perp OB$,$OH\perp MB$ 于 H,C 为 MA 的中点. 当四面体 $OCHM$ 的体积最大时,$|HB|=$(   )

A. $\dfrac{\sqrt{66}}{11}$ B. $\dfrac{\sqrt{66}}{22}$ C. $\sqrt{6}$ D. $\dfrac{\sqrt{6}}{2}$

(2017 年北京大学 514 优特测试)

例 12 (多选)一个三棱锥的三个侧面中有一个是边长为 2 的正三角形,另两个是等腰直角三角形,则该三棱锥的体积可能为(   )

A. $\dfrac{2\sqrt{3}}{3}$ B. $\dfrac{\sqrt{2}}{3}$ C. $\dfrac{2\sqrt{2}}{3}$ D. $\dfrac{\sqrt{3}}{3}$

(2018 年清华大学领军计划)

§8.2   空间直线与平面

几何里的平面与直线一样,是无限延伸的. 我们不能把一个无限延伸的平面在纸上表现出来,通常用平面的一部分来表示平面. 比如说,我们经常用平行四边形表示平面,但我们需要把它想象成无限延展的. 通常来说,我们用希腊字母 $\alpha,\beta,\gamma\cdots\cdots$ 来表示平面,也可以用平行四边形的对角顶点的字母来表示平面.

一、平面及其性质

平面的基本性质有以下三个常用的公理:

公理 1   如果一条直线上有两个点在同一个平面内,那么这条直线上的所有点都在这平面内(即直线在平面内).

公理 2   如果两个平面存在一个公共点,那么就具有无穷多个公共点,并且所有的公共点都在同一条直线上.

公理 3   经过不在同一条直线上的三点有且只有一个平面(即不共线的三点确定一个平面).

根据上述公理,我们可以得出以下三个推论:

推论 1　一条直线与该直线外一点确定一个平面.

推论 2　两条相交直线确定一个平面.

推论 3　两条平行直线确定一个平面.

例 1　如图所示,在正方体 $ABCD\text{-}A_1B_1C_1D_1$ 中,点 E,F 分别是棱 AA_1, CC_1 的中点,求证:D_1,E,F,B 四点共面.

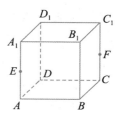

例 2　如图,平面 $ABEF\perp$ 平面 $ABCD$,四边形 $ABEF$ 与 $ABCD$ 都是直角梯形,$\angle BAD=\angle FAB=90°$,$BC\underline{\underline{\parallel}}\dfrac{1}{2}AD$,$BE\underline{\underline{\parallel}}\dfrac{1}{2}AF$,$G,H$ 分别是 FA,FD 的中点.

(1)证明:四边形 $BCHG$ 是平行四边形;

(2)C,D,F,E 四点是否共面? 为什么?

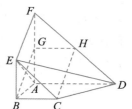

例 3　如图所示,正方体 $ABCD\text{-}A_1B_1C_1D_1$ 的棱长为 1,P 为 BC 的中点,Q 为线段 CC_1 上的动点,过点 A,P,Q 的平面截该正方体所得的截面记为 S. 则下列命题正确的是_____(写出所有正确命题的序号).

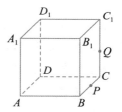

①当 $0<CQ<\dfrac{1}{2}$ 时,S 为四边形;

②当 $CQ=\dfrac{1}{2}$ 时,S 为等腰梯形;

③当 $CQ=\dfrac{3}{4}$ 时,S 与 C_1D_1 的交点 R 满足 $C_1R_1=\dfrac{1}{3}$;

④当 $\dfrac{3}{4}<CQ<1$ 时,S 为六边形;

⑤当 $CQ=1$ 时,S 的面积为 $\dfrac{\sqrt{6}}{2}$.

二、空间直线与直线间的位置关系

公理 4　平行于同一直线的两条直线平行(即平行的传递性).

例 4　在空间四边形 $ABCD$ 中,M,N,P,Q 分别是四边上的点,且满足 $\dfrac{AM}{MB}=\dfrac{CN}{NB}=\dfrac{AQ}{QD}=\dfrac{CP}{PD}=k$.

(1)求证:M,N,P,Q 四点共面;

(2)当对角线 $AC=a,BD=b$,且 $MNPQ$ 是正方形时,求 AC,BD 所成的角及 k 的值(用 a,b 表示).

等角定理 如果两条相交直线与另两条相交直线分别平行,那么这两组相交直线所成的锐角(或直角)相等.

等角定理对于两条异面直线所成角的定义、二面角的平面角的定义都起着重要的铺垫作用,并可用于一些证明题中,是立体几何中比较重要的定理之一.

在平面中两条直线的位置关系可以根据交点个数来判断:

当两条直线仅有一个公共点时,它们是相交的;当没有公共点时,它们是平行的.

但在空间,两条直线没有交点却并不意味着这两条直线平行.如图所示,直线 a 在平面 α 上,直线 b 与平面 α 交于点 P,且 P 点不在直线 a 上,那么此时直线 a 与直线 b 既不平行也不相交,我们称直线 a 与直线 b 是**异面直线**.

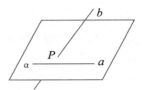

例 5 如图所示,在正方体 $ABCD\text{-}A_1B_1C_1D_1$ 中,M,N 分别是 A_1B_1,B_1C_1 的中点.

(1)AM 和 CN 是否是异面直线?说明理由;

(2)D_1B 和 CC_1 是否是异面直线?说明理由.

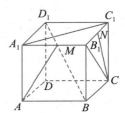

在空间中任取一点 O,过点 O 分别作异面直线 a,b 的平行线 a_1,b_1,我们把直线 a_1 与 b_1 所成的锐角或直角称为异面直线 a,b 所成的角.特别地,当所成角为90°时,我们称**异面直线 a 与 b 相互垂直**.

例 6 若两条异面直线所成的角为60°,则称这对异面直线为"黄金异面直线对". 在连接正方体各顶点的所有直线中,"黄金异面直线对"共有(　　　)

A. 12 对　　　　　　B. 18 对　　　　　　C. 24 对　　　　　　D. 30 对

例 7 在长方体 $ABCD\text{-}A_1B_1C_1D_1$ 中,$AB=AA_1=2\text{cm}$,$AD=1\text{cm}$,求异面直线 A_1C_1 与 BD_1 所成角的余弦值.

我们把与两异面直线都垂直且相交的直线叫作两异面直线的公垂线. 两条异面直线的公垂线在这两条异面直线间的线段长度,叫作这两条**异面直线的距离**.

例 8 在四面体 $ABCD$ 中,$\triangle ABC$ 是斜边 AB 为 2 的等腰直角三角形,$\triangle ABD$ 是以 AD 为斜边的等腰直角三角形,已知 $CD=\sqrt{6}$,点 P,Q 分别在线段 AB,CD 上,则 PQ 的最小值为_____.

(2018 年中国科学技术大学)

§8.3 空间中的位置关系

一、空间直线与平面的位置关系

空间中直线 l 与平面 α 的位置关系,按照它们交点的个数分为以下三种情况:

若直线 l 与平面 α 没有公共点,那么称直线 l 与平面 α 平行,记作 $l//\alpha$;

若直线 l 与平面 α 只有一个公共点,那么称直线 l 与平面 α 是相交的;

若直线 l 与平面 α 有 1 个以上的公共点,由公理 1 可知,直线 l 在平面 α 内,记作 $l \subset \alpha$.

我们将直线与平面平行和相交的情况统称为直线 l 在平面 α 外.

❶ 直线与平面平行

直线与平面平行的判定定理

如果平面外一条直线与这个平面内的一条直线平行,那么这条直线与这个平面平行.

例 1 如图,在四棱锥 $S\text{-}ABCD$ 中,底面 $ABCD$ 是梯形,侧棱 $SA \perp$ 底面 $ABCD$,AB 垂直于 AD 和 BC,M 为棱 SB 上的点,$SA = AB = \sqrt{3}$,$BC = 2$,$AD = 1$.若 M 为棱 SB 的中点,求证:$AM //$ 平面 SCD.

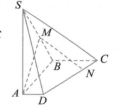

(2018 年清华大学 THUSSAT)

直线与平面平行的性质定理

如果一条直线与一个平面平行,经过这条直线的平面与这个平面相交,那么这条直线与交线平行.

例 2 如图,在多面体 $A\text{-}PCBE$ 中,四边形 $PCBE$ 是直角梯形,且 $PC \perp BC$,$PE // BC$,平面 $PCBE \perp$ 平面 ABC,$AC \perp BE$,M 是 AE 的中点,N 是 PA 上的点.若 $MN //$ 平面 ABC,求证:N 是 PA 的中点.

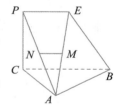

(2017 年清华大学 THUSSAT)

❷ 直线与平面垂直

直线 l 与平面 α 相交,且与平面内所有直线都垂直,则称直线 l 垂直于平面 α,记作 $l \perp \alpha$,直线 l 称为平面 α 的垂线,l 与平面 α 的交点称为垂足.

直线和平面垂直的判定定理

如果直线 l 与平面 α 内两条相交直线 a,b 都垂直,那么直线 l 与平面 α 垂直.

直线与平面垂直的性质定理

如果两条直线垂直于同一个平面,那么这两条直线平行.

例 3 已知长方形 $ABCD$ 中,$AB = 4$,$AD = 2$,M 为 DC 的中点,将 $\triangle ADM$ 沿 AM 折起,使得平面 $ADM \perp$ 平面 $ABCM$.求证:$AD \perp BM$.

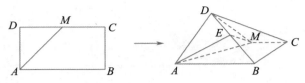

（2017 年清华大学 THUSSAT）

过空间一点 P 有且只有一条直线 l 和一个平面 α 垂直，反之，过一点 P 有且仅有一个平面 α 与直线 l 垂直．垂足 Q 称为点 P 在平面 α 内的射影，线段 PQ 的大小称为点 P 到平面 α 的距离．

若一条直线与一个平面平行，则这条直线上任意一点到平面的距离，叫作这条直线到平面的距离．

若一条直线与一个平面 α 相交且不垂直，则称直线 l 与平面 α 斜交，直线 l 为平面 α 的斜线，交点称为斜足．平面的斜线与其在平面内的射影所成的角，称为**直线与平面所成的角**．

例 4 如图，在四面体 $ABCD$ 中，$AB=CD=2$，$AD=AC=BD=BC=3$，点 M 为线段 CD 的中点．

(1)求证：$CD\perp$ 平面 ABM；

(2)若 P 是线段 CD 上的动点（包括 C，D 两个端点），设直线 AP 与平面 BCD 所成的角为 θ，求 $\sin\theta$ 的最大值．

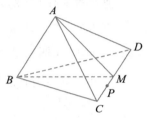

（2019 年清华大学 THUSSAT）

❸最小角定理及三垂线定理

最小角定理

斜线和平面所成的角是这条斜线和平面内经过斜足的直线所成的一切角中最小的角．

例 5 如图，在正方体 $ABCD$-$A_1B_1C_1D_1$ 中，点 M，N 分别是线段 CD，AB 上的动点，点 P 是 $\triangle A_1C_1D$ 内的动点（不包括边界）．记直线 D_1P 与 MN 所成的角为 θ，若 θ 的最小值为 $\dfrac{\pi}{3}$，则点 P 的轨迹是（　　）

A. 圆的一部分　　　　　　B. 椭圆的一部分

C. 抛物线的一部分　　　　D. 双曲线的一部分

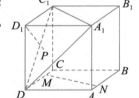

（2017 年北京大学高中生核心能力测试）

例 6 如图所示，在三棱锥 A-BCD 中，平面 $ABC\perp$ 平面 BCD，$\triangle BAC$ 与 $\triangle BCD$ 均为等腰直角三角形，且 $\angle BAC=\angle BCD=90°$，$BC=2$，点 P 是线段 AB 上的动点．若线段 CD 上存在点 Q，使得异面直线 PQ 与 AC 成30°的角，则线段 PA 长的取值范围是（　　）

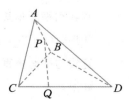

A. $\left(0,\dfrac{\sqrt{2}}{2}\right)$　　　B. $\left(0,\dfrac{\sqrt{6}}{3}\right)$　　　C. $\left(\dfrac{\sqrt{2}}{2},\sqrt{2}\right)$　　　D. $\left(\dfrac{\sqrt{6}}{3},\sqrt{2}\right)$

三垂线定理

在平面内的一条直线,如果和平面的一条斜线的射影垂直,那么它也和这条斜线垂直.

三垂线定理的逆定理

在平面内的一条直线,如果和平面的一条斜线垂直,那么它也和这条斜线的射影垂直.

例 7 如图所示,某人在垂直于水平地面 ABC 的墙面前的点 A 处进行射击训练.

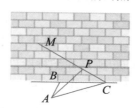

已知点 A 到墙的距离为 AB,某目标点 P 沿墙面上的射线 CM 移动,此人为了准确瞄准目标点 P,需计算由点 A 观察点的仰角 θ 的大小. 若 $AB=15\text{m}$,$AC=25\text{m}$,$\angle BCM=30°$,则 $\tan\theta$ 的最大值是_____(仰角 θ 为直线 AP 与平面 ABC 所成角).

二、空间平面与平面的位置关系

空间两个平面根据交点的个数可以分为:

若两个平面没有交点,则称两个平面互相平行;

若两个平面有交点,则称两个平面是相交的.

平行于同一个平面的两个平面互相平行,分别在两个平行平面内的直线是异面或平行的.

❶平面与平面平行

平面与平面平行的判定定理

如果一个平面内有两条相交直线都平行于另一个平面,那么这两个平面平行.

推论:如果一个平面内的两条相交直线分别平行于另一个平面内的两条相交直线,那么这两个平面平行.

两个平面平行的性质定理

如果两个平行平面同时与第三个平面相交,那么它们的交线平行.

❷平面与平面垂直

一般地,当两个平面相交时,它们的交线 l 将各个平面分割为两个半平面,由两个半平面 α,β 及其交线 l 组成的空间图形叫作二面角,记作 $\alpha\text{-}l\text{-}\beta$. 交线 l 称为二面角的棱,两个半平面叫作二面角的面. 如果 α,β 上分别有点 P,Q,那么二面角 $\alpha\text{-}l\text{-}\beta$ 也可以记作 $P\text{-}l\text{-}Q$. 为了刻画二面角的大小,我们在棱 l 上任取一点 O,在面 α,β 内分别作棱 l 的垂线 OM,ON,则 $\angle MON=\theta(\theta\in[0,\pi])$ 称为二面角 $\alpha\text{-}l\text{-}\beta$ 的平面角. 若 $\theta=\dfrac{\pi}{2}$ 时,则称平面 α 与平面 β 垂直.

平面与平面垂直的判定定理

如果一个平面经过另一个平面的一条垂线,那么这两个平面互相垂直.

平面与平面垂直的性质定理

如果两个平面垂直,那么在一个平面内垂直于它们交线的直线垂直于另一个平面.

例 8 如图,在四棱锥 $A\text{-}BCDE$ 中,平面 $ABC\perp$ 平面 $BCDE$,$\angle CDE=$

$\angle BED=90°$,$AB=CD=2$,$DE=BE=1$,$AC=\sqrt{2}$.

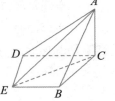

(1)证明:平面 $ACE\perp$ 平面 $BCDE$;

(2)求点 D 到面 AEB 的距离.

(2018 年清华大学 THUSSAT)

例 9 如图,在封闭多面体 $ABCDFE$、底面平行四边形 $ABCD$ 中,

AC 与 BD 相交于点 O,E 在平面 $ABCD$ 的射影为 O,EF∥平

面 $ABCD$,且 $EF=\dfrac{1}{2}BC$,其中 $AB=BC=AC=AE=a$.

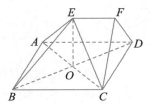

(1)求证:平面 $ABCD\perp$ 平面 CFD;

(2)求多面体 $ACDFE$ 的体积;

(3)求二面角 $A\text{-}CE\text{-}B$ 的余弦值.

(2019 年清华大学 THUSSAT)

§8.4 空间中的角度(一)

在立体几何中,空间角与距离的问题是常考的问题,其传统的解决方法是"三步曲"解法,即作图、证明、解三角形. 这种解法所需作的辅助线多、技巧性强,是学生学习的重点与难点. 本节,我们从几个方面来谈一谈空间中的角度问题的求法.

一、异面直线所成的角

直线 a,b 是异面直线,经过空间内一点 O 分别作 a,b 的平行直线 a',b',则相交直线 a',b' 所成的锐角或直角叫作异面直线 a,b 所成的角. 由定义可知,异面直线所成夹角的取值范围是 $\left(0,\dfrac{\pi}{2}\right]$.

求异面直线所成夹角的方法主要有平移法、向量法.

❶平移法

在题中所给的图象中选一个恰当的点(通常是线段的端点或中点),作 a,b 的平行线,构造一个三角形,然后解此三角形即可.

例 1 如图,在长方体 $ABCD\text{-}A_1B_1C_1D_1$ 中,若棱 $BB_1=BC=1$,

$AB=\sqrt{3}$,求异面直线 BD_1 和 AC 所成角的余弦值.

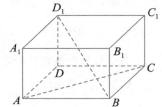

❷向量法

适当选取异面直线上的方向向量 $\boldsymbol{a},\boldsymbol{b}$,利用公式 $\cos\theta=|\cos\langle\boldsymbol{a},\boldsymbol{b}\rangle|=\left|\dfrac{\boldsymbol{a}\cdot\boldsymbol{b}}{|\boldsymbol{a}||\boldsymbol{b}|}\right|$ 进行求角.
(我们将在第 8.6 节重点探讨此方法)

二、直线与平面所成的角

若一条直线与一个平面 α 相交且不垂直,则称直线 l 与平面 α 斜交,直线 l 为平面 α 的斜线,交点称为斜足.平面的斜线与其在平面内的射影所成的角,称为**直线与平面所成的角**.直线与平面所成角的取值范围是 $\left[0,\dfrac{\pi}{2}\right]$.

❶三线角公式

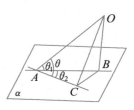

如图所示,已知 AO 是平面 α 的斜线,A 为斜足,OB 垂直于平面 α,B 为垂足,则直线 AB 是斜线 OA 在平面 α 内的射影.设 AC 是平面 α 内的任一条直线,且 $BC\perp AC$ 于 C,又设 AO 与 AB 所成的角为 θ_1,AB 与 AC 所成的角为 θ_2,AO 与 AC 所成的角为 θ,则有 $\cos\theta=\cos\theta_1\cdot\cos\theta_2$.

在该公式中,当 $\theta_2=90°$ 时,$AC\perp AB$ 时,$\cos\theta=\cos\theta_1\cdot\cos 90°=0$,所以 $\theta=90°$,即 $AC\perp AO$. 反之,当 $\theta=90°$,即 $AC\perp AO$ 时,$\cos 90°=\cos\theta_1\cdot\cos\theta_2=0(\theta_1\neq90°)$,所以有 $\cos\theta_2=0$,故 $\theta_2=90°$.

这就是著名的三垂线定理及其逆定理.这样,三垂线定理及其逆定理就是该公式的一种特殊情况,三线角公式是三垂线定理及其逆定理的一个推广.为了方便于学生记忆和灵活使用,我们不妨将此公式称为"三线三角余弦公式",简称为"三线角公式".在该公式的三个角中,角 θ 较大,θ_1,θ_2 较小,故我们可称 $\cos\theta$ 称为大余(鱼),$\cos\theta_1$,$\cos\theta_2$ 称为小余(鱼),由此我们可以将此公式形象地记为"大鱼吃小鱼".

 例 2 如图,已知三棱柱 $ABC\text{-}A_1B_1C_1$ 的侧棱与底面边长都相等,A_1 在底面 ABC 上的射影为 BC 的中点,则异面直线 AB 与 CC_1 所成角的余弦值为(　　　)

A. $\dfrac{\sqrt{3}}{4}$　　　　　　　　B. $\dfrac{\sqrt{5}}{4}$

C. $\dfrac{\sqrt{7}}{4}$　　　　　　　　D. $\dfrac{3}{4}$

 例 3 如图,在立体图形 $P\text{-}ABCD$ 中,底面 $ABCD$ 是一个直角梯形,$\angle BAD=90°$,$AD\ /\!/\ BC$,$AB=BC=a$,$AD=2a$,且 $PA\perp$ 底面 $ABCD$,PD 与底面成 $30°$,$AE\perp PD$ 于 D. 求异面直线 AE 与 CD 所成角的大小.

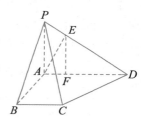

例 4 如图所示,在直三棱柱 $ABC\text{-}A_1B_1C_1$ 中,$\angle ACB = 90°$,$AA_1 = 2$,$AC = BC = 1$,则异面直线 A_1B 与 AC 所成角的大小是_____(结果用反三角函数表示).

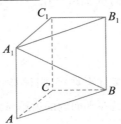

例 5 如图,如果线段 $AB /\!/$ 平面 α,$C,D \in \alpha$,且 $AC \perp BD$. 若 $AC = 2$,直线 AC 与平面 α 成 $30°$ 角,则线段 BD 长度的取值范围是(　　　)

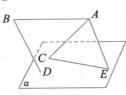

A. $[1, +\infty)$

B. $(1, \frac{2\sqrt{3}}{3})$

C. $\left[\frac{2\sqrt{3}}{3}, +\infty\right)$

D. $\left(\frac{2\sqrt{3}}{3}, \frac{4\sqrt{3}}{3}\right)$

例 6 正 n 棱锥的底面边长与棱长相等,则 n 的取值集合是_____.

例 7 正方形 $ABCD$ 与 $ABEF$ 构成的直二面角内接于球 O,即 A,B,C,D,E,F 各点都在同一球面上,过球心 O 作直线 m,使 m 与 AC,BF 都成 $60°$,则这样的直线 m 可作_____条.

例 8 已知平面 α 与 β 所成的二面角为 $80°$,P 为 α,β 外一定点,过点 P 的一条直线与 α,β 所成的角都是 $30°$,则这样的直线有且仅有_____条.

❷直线与平面所成角的求法

立体几何中的空间角问题,能比较集中地考查学生的空间想象能力,历来受到各级考试命题者的欢迎. 直线与平面所成的角的问题,常常可以通过坐标法、等积法与几何法等来处理,抓住直线与平面所成角的定义及范围,根据不同问题背景选择恰当的方法来解决. 下面我们以一道高考试题为例,来体现各种角度的思考过程.

例 9 如图,四边形 $ABCD$ 为正方形,E,F 分别为 AD,BC 边的中点,以 DF 这折痕把 $\triangle DFC$ 折起,使点 C 到达 P 点位置,且 $PF \perp BF$.

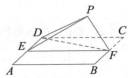

(1)证明:平面 $PEF \perp$ 平面 $ABFD$;

(2)求 DP 与平面 $ABFD$ 所成角的正弦值.

(2018 年高考数学全国 I 卷理科试题)

求解直线与平面所成角的问题解题思路是"从形到形",即根据题目条件,找到直线与平面所成的角,再由线面、线线或空间向量的数量积来计算结果. 在求解直线和平面所成的角时,除了以上比较常见的求解方法外,根据不同的题目条件,也会有其他相应的方法(一般比较少见或是特殊类型对应特殊方法). 掌握以上求解直线与平面所成角的常见求解方法,有助于提高综合处理问题的能力.

§8.5 空间中的角度(二)

在高中立体几何中,二面角问题是一个相当重要并且很棘手的问题. 本节我们通过研究一些关于二面角的不同题目,对不同已知条件的二面角问题采用最适合的方法加以解决,希望同学们能够掌握一些技巧.

一、二面角的基本概念

从一条直线出发的两个半平面所组成的图形叫作二面角,这条直线叫作二面角的棱,这两个半平面叫作二面角的面. 以二面角的棱上一点为端点,在两个半平面内分别作垂直于棱的两条射线,这两条射线所成的角就叫作该二面角的平面角. 我们用二面角的平面角的大小来刻画二面角的大小,其取值范围是 $[0, \pi]$.

二、二面角的求法

❶定义法

定义为构造二面角的平面角提供了添加辅助线的一种规律. 如右图,从二面角 α-a-β 中的一个半平面 α 点内任取一点 A,向棱 a 作垂线,得垂足 O;再在另一个半平面 β 内过垂足 O 过棱 a 的垂线 OB,这两条垂线 OA,OB 便形成该二面角的一个平面角,再在该平面 OAB 内建立一个可解三角形,然后借助直角三角形边角关系、正弦定理或余弦定理进行求解.

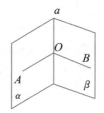

例 1 在四面体 $ABCD$ 中,$AD = BD = CD$,$AB = BC = CA = 1$. 若二面角 A-BC-D 为 $75°$,则二面角 A-BD-C 的余弦值为 _____.

(2016 年中国科学技术大学)

❷三垂线法

三垂线定理及其逆定理给我们提供了一种添加辅助线的一种规律:如右图所示,过二面角 α-a-β 中半平面 α 内一点 A 作另一半平面 β 的垂线 AB,垂足为 B,再过点 B 在平面 β 内作棱 a 和垂线 BO,得垂足 O,连接 AO,这便构成了三垂线定理的基本构图(斜线 AO、垂线 AB、射影 BO),再解直角三角形求二面角的度数即可.

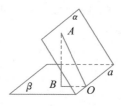

例 2 如图所示,在底面为直角梯形的四棱锥 $P\text{-}ABCD$ 中,
$AD/\!/BC,\angle ABC=90°,PA\perp$ 平面 $ABC,PA=4,AD=2,$
$AB=2\sqrt{3},BC=6.$

(1)求证:$BD\perp$ 平面 PAC;

(2)求二面角 $A\text{-}PC\text{-}D$ 的大小.

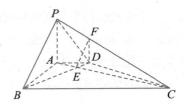

❸垂面法

由二面角的平面角的定义可知,两个半平面的公垂面与棱垂直,因此公垂面与两个半平面的交线所成的角,就是二面角的平面角. 如右图所示,过二面角 $\alpha\text{-}a\text{-}\beta$ 内一点 A 作 $AB\perp\alpha$ 于点 B,作 $AC\perp\beta$ 于点 C,平面 ABC 与二面角的棱 a 交于点 O,则 $\angle BOC$ 就是二面角 $\alpha\text{-}a\text{-}\beta$ 的平面角.

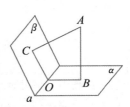

例 3 如图所示,P 是边长为 1 的正六边形 $ABCDEF$ 所在平面外一点,$PA=1,P$ 在平面 ABC 内的射影为 BF 的中心 O.

(1)证明:$PA\perp BF$;

(2)求面 APB 与面 DPB 所成二面角的大小.

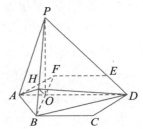

❹补形法

本方法针对的是在构成的两个半平面没有明确交线的二面角题目中,要将两平面的图形补充完整,使之有明确的交线(称为补形法,也称补棱法),然后借助定义法与三垂线法解题,即当两个平面没有明确的交线时,一般使用补形法解决.

例 4 如图所示,四棱锥 $P\text{-}ABCD$ 的底面 $ABCD$ 是边长为 1 的菱形,$\angle BCD=60°,E$ 是 CD 的中点,$PA\perp$ 底面 $ABCD,PA=2.$

(1)证明:平面 $PBE\perp$ 平面 PAB;

(2)求平面 PAD 和平面 PBE 所成二面角(锐角)的大小.

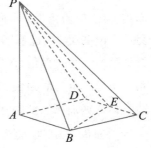

❺等体积法

如下图所示,设二面角 $\alpha\text{-}l\text{-}\beta$ 的大小为 θ,OP 在 α 内且垂直于棱 l. 若点 P 到 β 的距离为 d,则 $\sin\theta=\dfrac{d}{|OP|}$. 在具体问题中,再根据图形,判定 θ 是锐角还是钝角,以取舍 θ 的值.

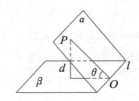

例 5 如图,已知四棱锥 $P\text{-}ABCD$,$PB \perp AD$,侧面 PAD 边长等于 2 的正三角形,底面 $ABCD$ 为菱形,侧面 PAD 与底面 $ABCD$ 所成的二面角为120°.

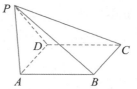

(1)求点 P 到平面 $ABCD$ 的距离;

(2)求平面 APB 与平面 CPB 所成二面角的大小.

如右图所示,在二面角 $\alpha\text{-}l\text{-}\beta$ 上,C,D 是棱 l 上的两个点,A,B 分别在半平面 α,β 内,二面角 $\alpha\text{-}l\text{-}\beta$ 的大小为 θ,那么 $V_{A\text{-}BCD} = \dfrac{2S_{\triangle ACD} \cdot S_{\triangle BCD}\sin\theta}{3|CD|}$.

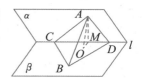

证明:过点 A 作平面 β 的垂线,垂足为 O,过点 O 在平面 β 内作 $OM \perp CD$,垂足为 M,再连接 AM,由三垂线定理及其逆定理,易知 $\angle AMO$ 是二面角 $\alpha\text{-}l\text{-}\beta$ 的平面角,所以在 $\text{Rt}\triangle AMO$ 中,$|AO| = |AM|\sin\theta$. 而

$$V_{A\text{-}BCD} = \frac{1}{3}\,S_{\triangle BCD} \cdot |AO| = \frac{1}{3} \cdot S_{\triangle BCD} \cdot 2\left(\frac{1}{2}|CD| \cdot |AM|\right) \cdot \frac{|AO|}{|CD| \cdot |AM|} =$$

$\dfrac{2S_{\triangle ACD} \cdot S_{\triangle BCD}\sin\theta}{3|CD|}$. 故命题得证.

我们在解决二面角的大小问题时,会遇到特殊的情况,我们可用上面的命题所给出的方法来解决二面角问题. 首先,在二面角的棱上取两个特殊点 C,D,然后分别在两个半平面内各取一点 A,B(同样是特殊点),再分别求出四面体的体积及以上两个三角形的面积,即可利用上述公式快速地求出二面角平面角的大小. 下面给出一例:

例 6 如图所示,在三棱锥 $P\text{-}ABC$ 中,$\angle BPC = \angle CPA = \angle APB = 60°$,$|PA| = |PC|$,且 $\dfrac{|PB|}{|PC|} = \dfrac{3}{2}$,求证:平面 $PAC \perp$ 平面 ABC.

❻射影法

如图,二面角 $\alpha\text{-}l\text{-}\beta$ 为锐二面角,$\triangle ABC$ 在半平面 α 内,$\triangle ABC$ 在平面 β 内的射影 $\triangle A_1B_1C_1$,那么二面角 $\alpha\text{-}l\text{-}\beta$ 的大小 θ 应满足 $\cos\theta = \dfrac{S_{\triangle A_1B_1C_1}}{S_{\triangle ABC}}$.

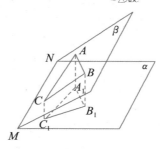

例 7 如图所示,在矩形 $ABCD$ 中,$AB=6$,$BC=2\sqrt{3}$,沿对角线 BD 将 $\triangle ABC$ 折起,使点 A 移到 P 处,P 在平面 BCD 内的射影为 O,且 O 在 DC 上.

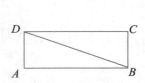 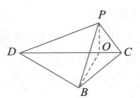

(1)求证:$PD \perp PC$;

(2)求二面角 $P\text{-}DB\text{-}C$ 的平面角的余弦值.

❼公式法

如图所示,以 O 为顶点的三条射线分别为 OA,OB,OC,其中射线 OA 与 OC 的夹角为 α,射线 OB 与 OC 的夹角为 β,射线 OA,OB 的夹角为 γ,记二面角 $B\text{-}OC\text{-}A$ 的平面角为 θ,则 $\cos\theta=\dfrac{\cos\gamma-\cos\alpha\cos\beta}{\sin\alpha\sin\beta}$.

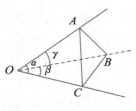

本定理称为三面角公式,也称为空间余弦定理.

分析: 由于 OA,OB,OC 三条射线的长度未知,故无法采用常规方法证明,那么,我们不妨令 $OC \perp BC$,且 $AC \perp OC$,即 $\angle ACB$ 为所求二面角.

由已知条件,可得 $|AC|=|OC|\tan\alpha$,$|OA|=\dfrac{|OC|}{\cos\alpha}$,$|BC|=|OC|\tan\beta$,$|OB|=\dfrac{|OC|}{\cos\beta}$.

又由余弦定理,有 $|AB|^2=|OB|^2+|OA|^2-2|OB||OA|\cos\gamma$.

将 $|OA|=\dfrac{|OC|}{\cos\alpha}$,$|OB|=\dfrac{|OC|}{\cos\beta}$ 代入,则 $|AB|^2=|OC|^2\left(\dfrac{1}{\cos^2\alpha}+\dfrac{1}{\cos^2\beta}-\dfrac{2\cos\gamma}{\cos\alpha\cos\beta}\right)$.

在 $\triangle ABC$ 中,

$$\cos\angle ACB=\dfrac{|BC|^2+|AC|^2-|AB|^2}{2|BC||AC|}$$

$$=\dfrac{|OC|^2\tan^2\alpha+|OC|^2\tan^2\beta-|OC|^2\left(\dfrac{1}{\cos^2\alpha}+\dfrac{1}{\cos^2\beta}-\dfrac{2\cos\gamma}{\cos\alpha\cos\beta}\right)}{2|OC|^2\tan\alpha\tan\beta}$$

$$=\dfrac{\left(\tan^2\alpha-\dfrac{1}{\cos^2\alpha}\right)+\left(\tan^2\beta-\dfrac{1}{\cos^2\beta}\right)+\dfrac{2\cos\gamma}{\cos\alpha\cos\beta}}{2\tan\alpha\tan\beta}$$

$$=\dfrac{\cos\gamma-\cos\alpha\cos\beta}{\sin\alpha\sin\beta},$$

即 $\cos\theta=\dfrac{\cos\gamma-\cos\alpha\cos\beta}{\sin\alpha\sin\beta}$.

例 8 如图所示,已知在四棱锥 $P\text{-}ABCD$ 中,底面 $ABCD$ 为平行四边形,且 $AB=1$,$BC=2$,$\angle ABC=60°$,$\triangle PAB$ 为等边

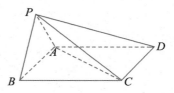

三角形，平面 $PAB \perp$ 平面 $ABCD$.

（1）证明：$AC \perp PB$；

（2）求二面角 B-PC-D 的余弦值.

除三面角公式外，我们还需要对三余弦定理（最小角定理）、三正弦定理进行了解：

三余弦定理： 如图所示，设 A 为平面 α 上一点，过点 A 的斜线 AO 在平面 α 上的射影为 AB，AC 为平面 α 内的一条直线，$\angle OAC = \theta$，$\angle OAB = \theta_1$，$\angle BAC = \theta_2$，那么 $\cos\theta = \cos\theta_1 \cdot \cos\theta_2$.

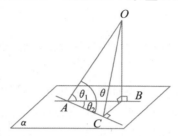

三正弦定理： 如图所示，设二面角 M-AB-N 的大小为 α，在半平面 M 上有一射线 AC，它与棱 AB 所成的角为 β，与平面 N 所成的角为 γ，则 $\sin\gamma = \sin\alpha \cdot \sin\beta$.

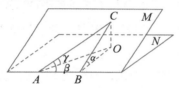

§8.6 空间中的距离

三维空间中的点线面之间的距离问题是立体几何中的重点和难点，求解距离问题往往通过各种手段进行转化，具有很强的灵活性. 本节，我们结合七种空间的距离，给出一些求解空间距离的常用方法.

一、七种空间中的距离

❶两点间的距离

连接空间中两点的线段的长度，称为空间中两点间的距离.

❷点到直线的距离

从直线外一点向直线引垂线，点到垂足之间线段的长度，称为点到直线的距离.

❸点到平面的距离

从平面外一点向平面引垂线，点到垂足之间线段的长度，称为点到平面的距离.

❹平行线间的距离

从两条平行线中一条上任意一点向另一条直线引垂线，这点到垂足之间线段的长度，称为平行线间的距离.

❺异面直线间的距离

两条异面直线的公垂线夹在这两条异面直线之间的线段的长度,称为这两异面直线间的距离.

❻直线与平面间的距离

如果一条直线和一个平面平行,从直线上任意一点向平面引垂线,这点到垂足之间线段的长度,称为直线与平面间的距离.

❼两平行平面间的距离

夹在两平行平面之间的公垂线段的长度,称为两平行平面间的距离.

二、求空间距离的方法

从空间中各种距离的定义来看,基本都是转化为两点之间的距离来计算.因此,求空间中两点的距离是基础,求点到直线和点到平面的距离是重点,求异面直线间的距离是难点.具体来说,求解距离问题要注意运用转化与化归思想:

$$面面距离 \rightarrow 线面距离 \rightarrow 点面距离 \rightarrow 点点距离.$$

例 1 在单位正方体 $ABCD\text{-}EFGH$ 中,M,N 分别是棱 CG,AE 的中点,动点 P 在侧面 $BFGC$ 上,且满足 $EP /\!/$ 平面 BMN,求线段 EP 长度的取值范围.

(2018 年复旦大学)

例 2 在四面体 $ABCD$ 中,$\triangle ABC$ 是斜边 AB 长为 2 的等腰直角三角形,$\triangle ABD$ 是以 AD 为斜边的等腰直角三角形.已知 $CD=\sqrt{6}$,点 P,Q 分别在线段 AB,CD 上,则 PQ 的最小值为_____.

(2018 年中国科学技术大学)

例 3 设正三棱锥 $P\text{-}ABC$ 的高为 h,底面三角形的边长为 1.异面直线 AB 与 CP 的距离为 $d(h)$,则 $\lim\limits_{h \to +\infty} d(h)=($)

A. 1

B. $\dfrac{1}{2}$

C. $\dfrac{\sqrt{3}}{2}$

D. $\dfrac{\sqrt{3}}{6}$

(2016 年清华大学领军计划)

例 4 把半径为 1 的四个小球垒放在桌面上,下层放三个,上层放一个,两两相切,则最上层小球最高点距离桌面的距离是_____.

(2017 年上海交通大学)

例 5 如图所示,在长方体 $ABCD\text{-}A_1B_1C_1D_1$ 中,$AB=2,AD=1,AA_1=1$,求直线 BC_1 到平面 D_1AC 的距离.

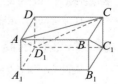

例 6 求边长为 a 的正方体 $ABCD\text{-}A_1B_1C_1D_1$ 的面对角线 A_1B 与 CB_1 的距离,并给出公垂线段的位置.

例 7 在正三角形 ABC 中,D,E 分别是边 AB,AC 的中点,沿 DE 将 $\triangle ABC$ 折成二面角 A-DE-BC 为 $60°$. 若 $BC=10\sqrt{13}$,求异面直线 AE 和 BD 的距离.

例 8 已知圆锥的轴截面为等边三角形,底面半径为 R,轴截面 SAB 的底角 A 的角平分线为 AC,又 BD 为底面的一条弦,求 AC 和 BD 的距离.

例 9 如图所示,在底面半径 $r=4$,轴截面顶角 $\theta=\arccos\dfrac{71}{72}$ 的圆锥中,A_0 是底面圆周上一点,A_n 是母线 PA_0 上的点(n 是正整数). 一小绳逐次由 A_{n-1} 按最短的侧面距离绕至 A_n,无限逼近顶点 P,求小绳的长度.

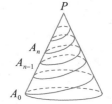

$$\S 8.7 \quad \textbf{空间向量}$$

在高中引入空间向量,为解决立体几何问题提供了一种新的解题方法,有时能够降低解题的难度.下面我们介绍空间向量的有关知识.

一、空间向量及其坐标表示

与平面向量类似,在空间中我们把具有大小和方向的量叫作向量,同向且大小相等的向量是同一个向量或相等向量,大小相等且方向相反的向量互为相反向量,大小为 0 的向量称为零向量.两个向量的方向相同或相反,则称它们为共线向量或平行向量,共线向量所在的直线平行或重合.

类似平面向量,我们可以验证空间向量的加法与数乘运算满足如下规律:

(1)加法交换律:$a+b=b+a$.

(2)加法结合律:$(a+b)+c=a+(b+c)$.

(3)数乘分配律:$\lambda(a+b)=\lambda a+\lambda b$.

类似地,我们也可以定义两个向量的夹角和向量的数量积:

$a \cdot b=|a||b|\cos\theta$,其中 θ 是向量 a 与向量 b 的夹角,$\theta\in[0,\pi]$,$|a|$,$|b|$ 表示 a,b 的大小(模).

与平面向量类似,空间向量具有以下性质:

(1)$a\perp b\Leftrightarrow a \cdot b=0$. (2)$|a|^2=a \cdot a$. (3)$(\lambda a) \cdot b=\lambda(a \cdot b)$.

(4)$a \cdot b = b \cdot a$. (5)$a \cdot (b+c) = a \cdot b + a \cdot c$.

通常我们将可以平移到同一个平面的向量,叫作共面向量. 对空间中的任意两个向量,它们总是共面的,但空间中的任意三个向量就不一定是共面的. 空间向量 a, b, c 共面的充要条件是:存在实数对 (λ, μ),使得 $c = \lambda a + \mu b$.

例 1 求证:任意三点不共线的四点 A, B, C, D 共面的充要条件是:对空间中任意一点 O,有 $\overrightarrow{OD} = x\overrightarrow{OA} + y\overrightarrow{OB} + z\overrightarrow{OC}$(其中 $x + y + z = 1$).

例 2 (多选)已知正三棱锥 $P\text{-}ABC$ 的侧棱长为 l,过其底面中心 O 作动平面 α,交线段 PC 于点 S,交 PA, PB 的延长线于 M, N 两点. 则下列说法正确的是(　　　　)

A. $\dfrac{1}{PS} + \dfrac{1}{PM} + \dfrac{1}{PN}$ 是定值　　　　B. $\dfrac{1}{PS} + \dfrac{1}{PM} + \dfrac{1}{PN}$ 不是定值

C. $\dfrac{1}{PS} + \dfrac{1}{PM} + \dfrac{1}{PN} = \dfrac{2}{l}$　　　　D. $\dfrac{1}{PS} + \dfrac{1}{PM} + \dfrac{1}{PN} = \dfrac{3}{l}$

（2017 年清华大学 THUSSAT）

我们也可以得到如下的定理:

定理　如果三个向量 a, b, c 不共面,那么对于空间中的任意向量 p,存在唯一的实数对 (x, y, z) 满足 $p = xa + yb + zc$.

由此定理可知,如果三个向量 a, b, c 不共面,那么空间的中的所有向量均可以由 a, b, c 唯一地表示出来,此时我们称 (a, b, c) 为空间向量的一个基底,a, b, c 都叫作基本向量. 如果空间的一个基底的三个基本向量两两垂直,且大小均为 1,则称这个基底为单位正交基底,常用 $\{i, j, k\}$ 表示. 在空间中选定一个点 O 和一个单位正交基底 $\{i, j, k\}$,以 O 为坐标原点,分别以 i, j, k 的方向为正方向建立三条数轴:x 轴、y 轴、z 轴,它们都称为坐标轴. 这样,我们就建立了一个空间直角坐标系 $O\text{-}xyz$. 对于空间中的任一向量 p,存在唯一的实数对 (x, y, z),满足 $p = \overrightarrow{OP} = xi + yj + zk$,简记为 $p = (x, y, z)$,此时称点 P 的坐标为 (x, y, z).

若 $\overrightarrow{OA} = a = (x_1, y_1, z_1)$,$\overrightarrow{OB} = b = (x_2, y_2, z_2)$,则

$a + b = (x_1 + x_2, y_1 + y_2, z_1 + z_2)$,

$\overrightarrow{BA} = \overrightarrow{OA} - \overrightarrow{OB} = a - b = (x_1 - x_2, y_1 - y_2, z_1 - z_2)$,

$\lambda a = (\lambda x_1, \lambda y_1, \lambda z_1)$.

例 3 在直三棱柱 $ABC\text{-}A_1B_1C_1$ 中,$\angle BAC = \dfrac{\pi}{2}$,$AB = AC = AA_1 = 1$. 已知点 G 与点 E 分别为 A_1B_1 和 CC_1 的中点,D, F 分别为线段 AC 与 AB 上的动点(不包括端点). 若 $GD \perp EF$,求线段 DF 长度的取值范围.

例 4 在四面体 $P\text{-}ABC$ 中,若 $\triangle ABC$ 是边长为 3 的正三角形,且 $PA = 3, PB = 4, PC = 5$,则该四面体的体积是(　　　　)

A. 3 B. $2\sqrt{3}$ C. $\sqrt{11}$ D. $\sqrt{10}$

（2017 年清华大学领军计划）

二、空间直线的方向向量与法向量

与平面直线的方向向量类似，若对于直线 l 上的任意两点 P,Q 满足 $\overrightarrow{PQ}\,/\!/\,\boldsymbol{d}$，则称 $\boldsymbol{d}$ 是直线 l 的方向向量. 对于直线 l_1 与 l_2 的方向向量为 $\boldsymbol{d}_1$ 与 $\boldsymbol{d}_2$，直线 l_1 与 l_2 的夹角为 α，$\boldsymbol{d}_1$ 与 $\boldsymbol{d}_2$ 的夹角为 β，那么有 $\alpha=\beta$ 或 $\alpha=\pi-\beta$，即 $\cos\alpha=|\cos\beta|=\left|\dfrac{\boldsymbol{d}_1\cdot\boldsymbol{d}_2}{|\boldsymbol{d}_1||\boldsymbol{d}_2|}\right|$. 特别地，$l_1\perp l_2\Leftrightarrow\boldsymbol{d}_1\cdot\boldsymbol{d}_2=0$.

例 5 在正方体 $ABCD$-$A_1B_1C_1D_1$ 中，E 为 AB 中点，F 为 CC_1 中点，异面直线 EF 与 AC_1 所成角的余弦值是＿＿＿＿＿＿.

（2018 年湖南省预赛）

例 6 如果两条直线都垂直于一个平面，则这两条直线平行.

已知 a,b 都垂直于平面 α，求证：$a/\!/b$.

此时，我们称向量 $\boldsymbol{a},\boldsymbol{b}$ 为平面 α 的法向量. 易知，同一平面的法向量都共线.

两个半平面构成的二面角的平面角为 θ，与它们的法向量的夹角 β 之间满足：$\theta=\beta$ 或 $\theta=\pi-\beta$.

例 7 如图，在四棱锥 P-$ABCD$ 的底面 $ABCD$ 中，$BC/\!/AD$，$CD\perp AD$，P 在底面的射影 O 在 AD 上，$PA=PD$，O,E 分别为 AD,PD 的中点，且 $PO=AD=2BC=2CD$.

(1) 求证：$AB\perp DE$；

(2) 求二面角 A-PE-O 的余弦值.

（2018 年清华大学 THUSSAT）

例 8 如图所示，在四棱锥 S-$ABCD$ 中，底面 $ABCD$ 是直角梯形，侧棱 $SA\perp$ 底面 $ABCD$，AB 垂直于 AD 和 BC，M 为棱 SB 上的点，$SA=AB=BC=2$，$AD=1$.

(1) 若 M 为棱 SB 的中点，求证：$AM/\!/$ 平面 SCD；

(2) 当 $SM=2MB$ 时，求平面 AMC 与平面 SAB 所成锐二面角的余弦值；

(3) 在第 (2) 问条件下，设点 N 是线段 CD 上的动点，MN 与平面 SAB 所成的角为 θ，求当 $\sin\theta$ 取最大值时点 N 的位置.

（2018 年清华大学 THUSSAT）

三、空间向量在度量问题中的应用

例 9 若正方体 $ABCD$-$A_1B_1C_1D_1$ 的棱长为 1，底面 $ABCD$ 的中心为 O，棱 A_1D_1，CC_1 的中点分别为 M,N，则三棱锥 O-MB_1N 的体积为（　　　）

A. $\dfrac{7}{24}$ 　　　 B. $\dfrac{7}{48}$ 　　　 C. $\dfrac{5}{24}$ 　　　 D. $\dfrac{5}{48}$

（2017 年清华大学 THUSSAT）

例 10 如图，在三棱柱 $ABC\text{-}A_1B_1C_1$ 中，侧棱 $AA_1\perp$ 底面 ABC，$AB=AC=2AA_1$，$\angle BAC=120°$，D,D_1 分别是线段 BC，B_1C_1 的中点，过线段 AD 的中点 F 作 BC 的平行线，分别交 AB,AC 于点 M,N.

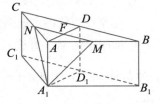

(1) 证明：$MN\perp$ 平面 ADD_1A_1；

(2) 求锐二面角 $A\text{-}A_1M\text{-}N$ 的余弦值.

（2018 年清华大学 THUSSAT）

习题八

一、选择题

1. 若 $V=\{(x,y,z)\,|\,x+2y+3z\leqslant1,x,y,z\geqslant0\}$，则 V 的体积为（　　）

　A. $\dfrac{1}{36}$　　　　　B. $\dfrac{1}{18}$　　　　　C. $\dfrac{1}{12}$　　　　　D. $\dfrac{1}{6}$

（2017 年清华大学领军计划）

2. 四个半径为 1 的小球两两相切，则它们外切正四面体的棱长为（　　）

　A. $2(1+\sqrt{3})$　　　　　　　　　　B. $2(1+\sqrt{6})$

　C. $2(2+\sqrt{3})$　　　　　　　　　　D. 前三个答案都不对

（2016 年北京大学）

3. 在如图所示的正方体或四面体中，P,Q,R,S 分别是所在棱的中点，则这四个点不共面的一个图是（　　）

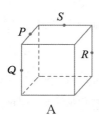 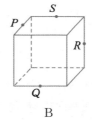

　　　　A　　　　　　　　　B　　　　　　　　　C　　　　　　　　　D

4. 如图所示，某空间几何体的正视图与侧视图相同，则此几何体的表面积为（　　）

　A. $\dfrac{\sqrt{3}}{3}\pi$

　B. 2π

　C. $(\sqrt{3}+1)\pi$

　D. 3π

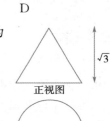

（2019 年清华大学 THUSSAT）

5. 在《九章算术》中，将四个面都为直角三角形的四面体称之为鳖臑. 若一个鳖臑的正视图、侧视图、俯视图均为直角边长为 2 的等腰直角三角形（如图所示），则该鳖臑的体积为（　　）

　A. $\dfrac{4}{3}$　　　　　　　　　　　　B. $\dfrac{4\sqrt{2}}{3}$

　C. $\dfrac{8}{3}$　　　　　　　　　　　　D. 4

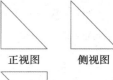

（2019 年北京大学博雅闻道）

6. 点 P 在正方体 $ABCD$-$A_1B_1C_1D_1$ 内部,若点 P 到直线 A_1B_1 的距离等于点 P 到直线 BC 的距离,则下列说法正确的是(　　)

    A. 点 P 在平面 BCC_1B_1 内的轨迹是直线

    B. 点 P 在平面 $A_1C_1B_1D_1$ 内的轨迹是抛物线

    C. 点 P 在平面 ADD_1A_1 内的轨迹是椭圆

    D. 点 P 在平面 $ABCD$ 内的轨迹是双曲线

(2017 年北京大学高中生能力测评)

7. 在正方体 $ABCD$-$A_1B_1C_1D_1$ 中,动点 M 在底面 $ABCD$ 内运动,且满足 $\angle DD_1A = \angle DD_1M$,则动点 M 在底面 $ABCD$ 内的轨迹是(　　)

    A. 圆的一部分   B. 椭圆的一部分

    C. 双曲线一支的一部分   D. 前三个答案都不对

(2018 年北京大学)

8. 在正方体 $ABCD$-$A_1B_1C_1D_1$ 中,M 为 AD_1 的中点,N 为 B_1C 的中点,则异面直线 CM 与 D_1N 的夹角余弦值是(　　)

    A. $\dfrac{1}{2}$ B. $\dfrac{2}{3}$ C. $\dfrac{3}{4}$ D. 前三个答案都不对

(2018 年北京大学博雅计划)

9. 在圆锥中,M 是顶点,O 是底面圆心,A 在底面圆周上,B 在底面内,$|MA| = 6$,$|MO| = 2\sqrt{3}$,$AO \perp OB$,$OH \perp MB$ 于 H,C 为 MA 的中点.当四面体 $OCHM$ 的体积最大时,$|HB| = ($　　$)$

    A. $\dfrac{\sqrt{66}}{11}$ B. $\dfrac{\sqrt{66}}{22}$ C. $\sqrt{6}$ D. $\dfrac{\sqrt{6}}{2}$

(2017 年北京大学 514 优特测试)

10. 桌面上有三个半径为 2017 的球两两相切,在其上方空隙里放一个小球,使其顶点(最高点)与 3 个球的顶点在同一个平面内,则该球的半径是(　　)

    A. $\dfrac{2017}{6}$ B. $\dfrac{2017}{4}$ C. $\dfrac{2017}{3}$ D. $\dfrac{2017}{2}$

(2017 年北京大学 514 优特测试)

11. 在三棱锥 P-ABC 中,底面 ABC 是以 $\angle A$ 为直角的三角形,PA 垂直于底面 ABC,且 $PA = AB + AC$,则三个角 $\angle APB$,$\angle BPC$ 与 $\angle CPA$ 的和是(　　)

    A. $60°$ B. $75°$ C. $90°$ D. 前三个答案都不对

(2018 年北京大学)

12. 在直三棱柱 ABC-$A_1B_1C_1$ 中,已知 $\angle ABC = 90°$,$AB = 6$,$BC = B_1B = 3\sqrt{2}$,动点 P 在线段 B_1C 上,则 $A_1P + BP$ 的最小值为(　　)

    A. $4\sqrt{10}$ B. $3\sqrt{10}$ C. $2\sqrt{10}$ D. $\sqrt{10}$

二、填空题

13. 已知某几何体的三视图如图所示,其中俯视图为半径为 1 的半圆,则该几何体的表面积为
_____,体积为_____.

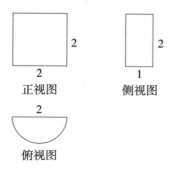

正视图　　　侧视图

俯视图

（2019 年清华大学 THUSSAT）

14. 要设计一容积为 π 的下端为圆柱形、上端为半球形的密闭储油罐. 已知圆柱侧面的单位面积造价是下底面的单位面积造价的一半,而顶部半球面的单位面积造价又是圆柱侧面的单位面积造价的一半. 储油罐的下部圆柱的底面半径 $R=$ _____时,造价最低.

（2019 年清华大学 THUSSAT）

15. 在正方体的十二条棱中,取四条两两不相交的棱,有_____种取法.

（2017 年中国科学技术大学）

16. 设 A,B,C,D 是空间中四个不同的点,在下列命题中,不正确的是_____（填序号）.
　①若 AC 与 BD 共面,则 AD 与 BC 共面;
　②若 AC 与 BD 是异面直线,则 AD 与 BC 是异面直线;
　③若 $AB=AC,DB=DC$,则 $AD=BC$;
　④若 $AB=AC,DB=DC$,则 $AD\perp BC$.

三、解答题

17. 如图所示,已知 $SA\perp$ 平面 $ABC,AB\perp BC,SA=AB,SB=BC,E$ 是 SC 的中点,$DE\perp SC$ 交 AC 于点 D,求二面角 E-BD-C 的大小.

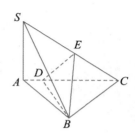

18. 如图所示，在底面为正方形的四棱锥 $P\text{-}ABCD$ 中，$AB=2$，$PA=4$，$PB=PD=2\sqrt{5}$，AC 与 BD 相交于点 O，E，G 分别为 PD，CD 的中点.

(1) 求证：EO∥平面 PBC；

(2) 设线段 BC 上点 F 满足 $BC=3BF$，求三棱锥 $E\text{-}OFG$ 的体积.

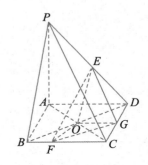

（2019 年北京大学博雅闻道）

19. 如图，在平面四边形 $ABCD$ 中，$\triangle ABD$ 为等边三角形，$BD=2$，$BC=CD=\sqrt{2}$，沿直线 BD 将 $\triangle ABD$ 折成 $\triangle A'BD$.

(1) 当 $A'C=2$ 时，求证：平面 $A'BD\perp$ 平面 BCD；

(2) 当 $A'C=\sqrt{3}$ 时，求三棱锥 $A'\text{-}BCD$ 的体积.

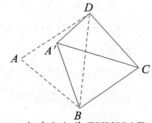

（2019 年清华大学 THUSSAT）

20. 如图,在四棱锥 $P\text{-}ABCD$ 中,$BC\perp$ 平面 $PCD,CD/\!/AB,AB=2CD=2,BC=PC=\sqrt{2},PD$
$\perp AB$.

(1)求 PD 的长;

(2)求直线 AD 与平面 PAB 所成角的正弦值.

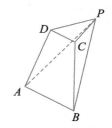

21. 如图,在四棱锥 $S\text{-}ABCD$ 中,$SA\perp$ 底面 $ABCD$,四边形 $ABCD$ 是边长为 1 的正方形,且 $SA=$
1,点 M 为 SD 的中点.

(1)求证:$SC\perp AM$;

(2)求平面 SAB 与平面 SCD 所成锐二面角的大小.

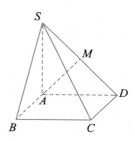

▷ ▷ ▷ **第九章**

直线与圆

　　由于直线与圆及其性质被广泛地应用于工业生产、交通运输等社会生活的各个方面,其涉及数学知识及变换技巧较多,因而在历年的高校强基计划招生的考试中占据一席之地. 由于在初中阶段考生已接触过直线和圆的相关知识,本章主要介绍用代数方法研究图形的几何性质,体现数形结合的数学思想.

　　本章的学习重点包括:直线的斜率、直线的方程、直线与直线的位置关系、圆的方程、圆与圆的位置关系、直线与圆的位置关系、直线与圆中的距离问题等,其中直线与圆的位置关系是各级考试的重点.

§9.1 坐标平面上的直线

我们在初中阶段学习一次函数的图象与性质时,知道了一次函数的图象是一条直线,并且具有如下的一些结论:

1. 两点 $P(x_1,y_1)$,$P_2(x_2,y_2)$ 间的距离公式: $|P_1P_2| = \sqrt{(x_1-x_2)^2+(y_1-y_2)^2}$;

2. 两点 $P(x_1,y_1)$,$P_2(x_2,y_2)$ 的中点 M 的坐标公式: $M\left(\dfrac{x_1+x_2}{2},\dfrac{y_1+y_2}{2}\right)$;

3. $\triangle ABC$ 的三个顶点坐标 $A(x_1,y_1)$,$B(x_2,y_2)$,$C(x_3,y_3)$,则 $\triangle ABC$ 的重心 G 的坐标公式为 $G\left(\dfrac{x_1+x_2+x_3}{3},\dfrac{y_1+y_2+y_3}{3}\right)$.

例 1 若 $a,b\in\mathbf{R}^+$,求满足不等式 $\sqrt{x^2-\sqrt{2}ax+a^2}+\sqrt{x^2-\sqrt{2}bx+b^2}\leqslant\sqrt{a^2+b^2}$ 的 x 的取值范围.

(2019 年北京大学)

一般地,如果以二元一次方程 $f(x,y)=0$ 的所有解为坐标的点 (x,y) 都在直线 l 上,且直线 l 上所有点的坐标 (x,y) 都满足方程 $f(x,y)=0$,我们就把方程 $f(x,y)=0$ 叫作直线 l 的方程,直线 l 叫作方程 $f(x,y)=0$ 的直线.这样代数中的方程就与几何中的直线建立了一一对应关系.下面我们主要介绍直线方程的几种建立方法.

一、直线的方程

❶直线的倾斜角与斜率

假设直线 l 与 x 轴交于点 M,将 x 轴绕点 M 按逆时针方向旋转至与 l 重合时所形成的最小正角 α 叫作直线 l 的倾斜角,当直线 l 与 x 轴平行或重合时,规定其倾斜角 $\alpha=0$,因此直线 l 的倾斜角 α 范围是 $[0,\pi)$.

当直线 l 的倾斜角 $\alpha\neq\dfrac{\pi}{2}$ 时,我们把 α 的正切值 $\tan\alpha$ 叫作直线 l 的斜率,记作 $k=\tan\alpha$.

当 $\alpha=\dfrac{\pi}{2}$ 时,直线 l 的斜率不存在(或称趋向于无穷大).

例 2 已知点 P 在曲线 $y=\dfrac{4}{e^x+\sqrt{3}}$ 上,α 为曲线在点 P 处切线的倾斜角,则 α 的取值范围是(　　)

A. $\left[\dfrac{\pi}{6},\dfrac{\pi}{2}\right)$ 　　　B. $\left[\dfrac{\pi}{3},\dfrac{\pi}{2}\right)$ 　　　C. $\left[\dfrac{5\pi}{6},\pi\right)$ 　　　D. $\left[\dfrac{2\pi}{3},\pi\right)$

(2019 年清华大学 THUSSAT)

❷直线的方程

（1）点斜式

若直线 l 经过点 $P(x_0,y_0)$,斜率为 k,则直线方程为 $y-y_0=k(x-x_0)$ 　　　　　①

我们把①式称为直线 l 的**点斜式方程**.

（2）截距式

若直线 l 与 x 轴、y 轴分别交于 $A(a,0)$，$B(0,b)$，我们分别把 a,b 称为直线 l 在 x 轴、y 轴上的截距. 当 $ab\neq0$ 时，直线 l 的方程为 $\dfrac{x}{a}+\dfrac{y}{b}=1$ ②

我们把②式称为直线 l 的**截距式方程**. 这里需要注意的是，当直线 l 在坐标轴上的横截距或纵截距为 0 时，可以用其他形式的方程表示.

（3）斜截式

若直线 l 经过 y 轴上的点 $B(0,b)$，且其斜率为 k，则由直线的点斜式方程，可得直线 l 的方程为 $y=kx+b$ ③

我们把③式称为直线 l 的斜截式方程.

（4）两点式

若直线 l 经过两点 $A(x_1,y_1)$，$B(x_2,y_2)(x_1\neq x_2)$，则直线 l 的方程为

$$\frac{x-x_1}{x_2-x_1}=\frac{y-y_1}{y_2-y_1}$$ ④

我们把④式称为直线 l 的两点式方程.

（5）一般式

在平面直角坐标系中，任何一个关于 x,y 的二元一次方程 $Ax+By+C=0(A,B$ 不全为 0）都表示一条直线，我们把方程 $Ax+By+C=0(A,B$ 不全为 0）叫作直线方程的一般式.

例 3 已知 $a,b,c>0$，直线 $y=x\lg(ac)+m$ 与 $y=x\lg(bc)+n$ 相互垂直，求 $\dfrac{a}{b}$ 的取值范围.

例 4 一条过点 $P(8,1)$ 的直线交 x 轴的正半轴于点 A，交 y 轴正半轴于点 B，求当 $\triangle AOB$ 面积最小时直线 l 的方程.

（2020 年香港中文大学综合评价）

二、两直线的位置关系

❶两直线的相交、平行与重合

平面上，两条直线有平行、相交、重合三种位置关系，在欧氏平面几何中，三种位置关系的判定是通过角的大小关系解决的. 下面我们介绍在解析几何中三种位置关系的判别方法：

设直角坐标平面中的两条直线方程分别为

$l_1:a_1x+b_1y+c_1=0(a_1$、b_1 不同时为零)   ①

$l_2:a_2x+b_2y+c_2=0(a_2$、b_2 不同时为零)   ②

如果直线 l_1、l_2 的一个公共点为 $P(x,y)$，那么点 P 的坐标既满足方程①又满足方程②，从而点 P 的坐标必为二元一次方程组 $\begin{cases}a_1x+b_1y+c_1=0\\a_2x+b_2y+c_2=0\end{cases}$ ③的解.

反之,如果点 (x,y) 是方程③的解,那么以 (x,y) 为坐标的点一定既在直线 l_1 上,又在直线 l_2 上,即该点为直线 l_1 与 l_2 的公共点.因此,直线 l_1 与 l_2 的交点的个数与方程组③的解的个数相同.为此,我们只需要讨论方程组③的解的情况即可了解两直线的位置关系.

通过对方程组③的研究,我们可以发现以下两种情况:

(1)当 $a_1b_2 = a_2b_1$,且 $b_2c_1 \neq b_1c_2$,或 $a_1c_2 \neq a_2c_1$ 时,方程组③无解,此时两直线平行;

(2)当 $b_2c_1 = b_1c_2$,且 $a_1c_2 = a_2c_1$ 时,方程组③有无穷多组解,此时两直线重合.

除上述两种情况外,两直线相交.在具体的应用中,若方程③的系数均不为0时,采用下面的形式判断较为快捷:

(1)当 $\dfrac{a_1}{a_2} \neq \dfrac{b_1}{b_2}$ 时,直线 l_1 与直线 l_2 相交;

(2)当 $\dfrac{a_1}{a_2} = \dfrac{b_1}{b_2} \neq \dfrac{c_1}{c_2}$ 时,直线 l_1 与直线 l_2 平行,记作:$l_1 /\!/ l_2$;

(3)当 $\dfrac{a_1}{a_2} = \dfrac{b_1}{b_2} = \dfrac{c_1}{c_2}$ 时,直线 l_1 与直线 l_2 重合.

例 5 设 a,b 是实常数,则二元一次方程组 $\begin{cases} ax+by=1 \\ x-2y=-a-b \end{cases}$ 无解的充分必要条件是(　　)

    A. $2a+b=0$ 且 $a \neq \pm 1$ B. $2a+b=0$ 且 $a+b \neq -1$

    C. $a=1, b=-2$ 或 $a=-1, b=2$ D. $2a+b=0$

(2019 年复旦大学)

例 6 平面上三条直线 $x-2y+2=0$,$x-2=0$,$x+ky=0$,若这三条直线将平面划分为六个部分,则 k 的可能取值情况是(　　)

    A. 只有唯一值   B. 可取两个不同值

    C. 可取三个不同值   D. 可取无穷多个值

(2020 年上海交通大学)

❷ 两直线的夹角

平面上两条相交直线构成四个角,它们是两组对顶角,我们把两条直线所形成的锐角或直角称为**两条直线的夹角**.若两条直线平行或重合,则规定它们所成的角为0.

设两条直线方程分别为 $l_1 : a_1x+b_1y+c_1=0$(a_1,b_1 不同时为零),$l_2 : a_2x+b_2y+c_2=0$(a_2,b_2 不同时为零).我们取直线 l_1,l_2 的方向向量 $\boldsymbol{d}_1 = (b_1, -a_1)$,$\boldsymbol{d}_2 = (b_2, -a_2)$,并设向量 $\boldsymbol{d}_1$,$\boldsymbol{d}_2$ 的夹角为 θ,直线 l_1,l_2 的夹角为 α,则有 $\cos\alpha = |\cos\theta| \left(\theta \in [0, \pi], \alpha \in \left[0, \dfrac{\pi}{2}\right] \right)$.由两个向量的夹角计算公式,得 $\cos\theta = \dfrac{\boldsymbol{d}_1 \cdot \boldsymbol{d}_2}{|\boldsymbol{d}_1||\boldsymbol{d}_2|} = \dfrac{a_1a_2+b_1b_2}{\sqrt{a_1^2+b_1^2}\sqrt{a_2^2+b_2^2}}$.从而可得两直线的夹角公式为 $\cos\alpha = \dfrac{|a_1a_2+b_1b_2|}{\sqrt{a_1^2+b_1^2}\sqrt{a_2^2+b_2^2}} \left(\alpha \in \left[0, \dfrac{\pi}{2}\right] \right)$.

特别地,当 $a_1a_2+b_1b_2=0$ 时,$\alpha=\dfrac{\pi}{2}$,此时 $l_1\perp l_2$.

在知道两直线 l_1,l_2 的斜率分别为 k_1,k_2 的情况下,我们也可以得到两直线夹角 α 的另外一个计算公式:

当 $k_1k_1\neq-1$ 时,$\tan\alpha=\left|\dfrac{k_2-k_1}{1+k_1k_2}\right|\left(\alpha\in\left[0,\dfrac{\pi}{2}\right]\right)$;

当 $k_1k_1=-1$ 时,$\alpha=\dfrac{\pi}{2}$.

例 7 如图,直角坐标系 xOy 中,F_1,F_2 分别是椭圆 $C:\dfrac{x^2}{a^2}+\dfrac{y^2}{b^2}=1(a>b>0)$ 的左右焦点,A 为椭圆的右顶点,点 P 为椭圆 C 上的动点(点 P 与 C 的左右顶点不重合),当 $\triangle PF_1F_2$ 为等边三角形时,$S_{\triangle PF_1F_2}=\sqrt{3}$.

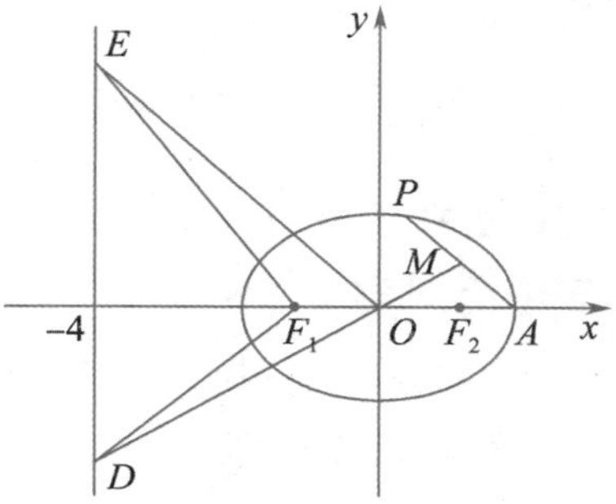

(1)求椭圆 C 的方程;

(2)如图,M 为 AP 的中点,直线 MO 交直线 $x=-4$ 于点 D,过点 O 作 $OE\parallel AP$ 交直线 $x=-4$ 于点 E,求证:$\angle OEF_1=\angle ODF_1$.

(2020 年山东省潍坊市一模)

例 8 如图,在平面直角坐标系 xOy 中,给定两点 $M(-1,2)$、$N(1,4)$,点 P 在 x 轴上运动,当 $\angle MPN$ 取最大值时,点 P 的横坐标为_____.

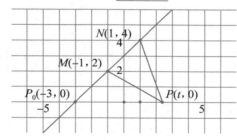

例 9 已知 $\triangle ABC$ 的顶点坐标分别为 $A(3,4)$,$B(6,0)$,$C(-5,-2)$,则角 A 的平分线所在的直线方程为_____.

(2020 年上海交通大学)

三、点到直线的距离
❶两点间的距离公式

设 $A(x_1,y_1)$,$B(x_2,y_2)$,则 $|AB|=\sqrt{(x_1-x_2)^2+(y_1-y_2)^2}$.

❷点到直线的距离公式

设 $P(x_0,y_0)$,$l:Ax+By+C=0$

则点 P 到直线 l 的距离 $d_{P-l}=\dfrac{|Ax_0+By_0+C|}{\sqrt{A^2+B^2}}$.

❸两平行线间的距离公式

$$l_1:Ax+By+C_1=0,l_2:Ax+By+C_2=0$$

则 l_1,l_2 的距离为 $d=\dfrac{|C_1-C_2|}{\sqrt{A^2+B^2}}$.

例 10 已知函数 $f(x)=\left|2x-2\sqrt{4-(x-2)^2}+7\right|$,求 $f(x)$ 的最大值与最小值.

例 11 已知 $A(-3,0),B(0,3)$,点 P 在抛物线 $y^2=2x$ 上,则 $\triangle ABP$ 面积的最小值为_____.

(2019 年北京大学寒假学堂)

四、对称关系

❶中心对称

(1)几何特点:若 A,A' 关于 O 点中心对称,则 O 为线段 AA' 的中点.

(2)解析特征:设 $A(x_0,y_0),O(a,b)$,则与 A 点关于 O 点中心对称的点 $A'(x,y)$ 满足:

$$\begin{cases}a=\dfrac{x_0+x}{2}\\b=\dfrac{y_0+y}{2}\end{cases}\Rightarrow\begin{cases}x=2a-x_0\\y=2b-y_0\end{cases}.$$

❷轴对称

(1)几何特点:若 A,A' 关于直线 l 轴对称,则 l 为线段 AA' 的中垂线,即 $AA'\perp l$,且 AA' 的中点在 l 上;

(2)解析特征:设 $A(x_0,y_0),l:y=kx+b$,则与 A 点关于 l 轴对称的点 $A'(x,y)$ 满足:

$$\begin{cases}k_{AA'}=\dfrac{y-y_0}{x-x_0}=-\dfrac{1}{k}\\\dfrac{y+y_0}{2}=k\cdot\dfrac{x+x_0}{2}+b\end{cases},\text{解出 }A'(x,y)\text{ 即可}.$$

(3)求轴对称的直线:设对称轴为直线 l,直线 l_1 关于 l 的对称直线为 l_1'

①若 $l_1\parallel l$,则 $l_1'\parallel l_1$,且 l_1' 到对称轴的距离与 l 到对称轴的距离相等;

②若 l_1 与 l 相交于 P,则取 l_1 上一点 A,求出关于 l 的对称点 A',则 $A'P$ 即为对称直线 l_1'.

例 12 已知两点 $A(0,-1),B(0,2)$,点 P 在直线 $y=x$ 上,则 $|PB|-|PA|$ 的最大值为（　　）

    A. 3　　　　　　B. $\sqrt{5}$　　　　　　C. $\sqrt{3}$　　　　　　D. 前三个答案都不对

(2019 年北京大学寒假学堂)

例 13 已知点 $A(-1,0)$,点 $B(1,0)$,点 P 在直线 $x+y-4=0$ 上,求 $|AP|+|BP|$ 的最小值.

(2019 年北京大学寒假学堂)

$$\S 9.2 \quad \textbf{曲线与方程}$$

一般地,在直角坐标系中,如果某曲线 C 上的点与一个二元方程 $f(x,y)=0$ 的实数解建立如下的关系:

①曲线上点的坐标都是这个方程的解;

②以这个方程的解为坐标的点都是曲线上的点.

那么,这个方程叫作**曲线的方程**,这条曲线叫作**方程的曲线**.

一、曲线方程的建立

求曲线方程的步骤如下:

①建立适当的坐标系,用实数对 (x,y) 表示曲线上任意一点 M 的坐标;

②写出适合条件 p 的点 M 的集合 $P=\{M\mid p(M)\}$;

③用坐标表示条件 $p(M)$,列出方程 $f(x,y)=0$;

④化方程 $f(x,y)=0$ 为最简形式;

⑤证明以方程的解为坐标的点都在曲线上.

上述方程称为"五步法",在步骤④中的化简过程是同解变形过程,或最简方程的解集与原始方程的解集相同,则步骤⑤可省略不写,因为此时所求得的最简方程就是所求曲线的方程.

例 1 设一动点 P 到直线 $l:x=3$ 的距离与它到点 $A(1,0)$ 的距离之比为 $\dfrac{\sqrt{3}}{3}$,则动点 P 的轨迹方程是(　　　)

A. $\dfrac{x^2}{3}+\dfrac{y^2}{2}=1$　　　B. $\dfrac{x^2}{3}-\dfrac{y^2}{2}=1$　　　C. $\dfrac{(x-4)^2}{3}-\dfrac{y^2}{6}=1$　　　D. $\dfrac{x^2}{2}+\dfrac{y^2}{3}=1$

例 2 已知两定点的坐标分别为 $A(-1,0)$,$B(2,0)$,动点满足条件 $\angle MBA=2\angle MAB$,则动点 M 的轨迹方程为_____.

二、曲线方程的求法

曲线的方程是学习解析几何的基础,下面介绍几种常见的求曲线方程的方法:

❶直接法

若命题中所求曲线上的动点与已知条件能直接发生关系,则可设曲线上的动点坐标为 (x,y),根据命题中的已知条件,研究动点形成的几何特征,在此基础上运用几何或代数的基本公式、定理等列出含有 x,y 的关系式,化简得到轨迹方程,这种求轨迹方程的方法称为**直接法**.

例 3 已知 $\triangle ABC$ 的顶点坐标分别为 $A(3,4)$,$B(6,0)$,$C(-5,-2)$,则内角 A 的平分线所在的直线方程为_____.

(2020 年上海交通大学)

❷代入法

代入法也称为相关点法,即利用动点是既定曲线上的动点,另一动点依赖于它,那么我们就可寻找两点坐标间的关系,通过代入既定曲线的方程,就可以得到原动点的轨迹方程.

例 4 已知 F 是抛物线 $y^2 = 4x$ 上的焦点,P 是抛物线上的一个动点,若动点 M 满足 $\overrightarrow{FP} = 2\overrightarrow{FM}$,则 M 的轨迹方程是_____.

❸几何法

求动点的轨迹方程时,动点的几何特征与平面几何中的定理及有关平面几何知识有着直接或间接的联系,且利用平面几何的知识得到包含已知量与动点坐标的等式,化简后就可以得到动点的轨迹方程,这种求解轨迹方程的方法称为**几何法**.

例 5 若 P 为圆 O 内一点,A、B 是圆 O 上的动点,且满足 $\angle APB = 90°$,则线段 AB 的中点 M 的轨迹为(　　)

　A. 圆　　　　　　　B. 椭圆　　　　　C. 双曲线的一支　　　D. 线段

(2017 年清华大学领军计划)

❹参数法

如果采用直译法求轨迹方程难以奏效,则可寻求引发动点 P 运动的某个几何量 t,以此量作为参变数,分别建立 P 点坐标 x,y 与该参数 t 的函数关系 $x = f(t)$,$y = g(t)$,进而通过消去参数化为轨迹的普通方程 $F(x,y) = 0$.

例 6 如图,过点 $P(2,4)$ 作两条互相垂直的直线 l_1,l_2,若 l_1 交 x 轴于 A 点,l_2 交 y 轴于 B 点,求线段 AB 的中点 M 的轨迹方程.

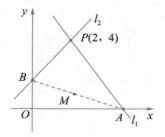

❺定义法

当动点的轨迹符合某一轨迹的定义(如圆、椭圆、双曲线、抛物线等),我们可以直接根据定义写出动点的轨迹方程,这种方法称为**定义法**.

例 7 已知 $\triangle ABC$ 的顶点坐标为 $A(-p,0)$,$B(p,0)$,其内心在直线 $x = q$ 上,且 $p > q > 0$,则顶点 C 的轨迹方程为_____.

(2019 年浙江大学)

❻交轨法

在求动点轨迹时,有时会出现要求两动曲线交点的轨迹问题,这种问题通常通过解方程组得出交点(含参数)的坐标,再消去参数求得所求的轨迹方程(若能直接消去两方程的参数,也可直接消去参数得到轨迹方程),该法经常与参数法并用.

例 8 已知 MN 是椭圆 $\dfrac{x^2}{a^2}+\dfrac{y^2}{b^2}=1$ 中垂直于长轴的动弦,A、B 是椭圆长轴的两个端点,求直线 MA 和 NB 的交点 P 的轨迹方程.

❼点差法

圆锥曲线中与弦的中点有关的轨迹问题可用点差法,其基本方法是把弦的两端点 $A(x_1,y_1)$,$B(x_2,y_2)$ 的坐标代入圆锥曲线方程,然后相减,利用平方差公式可得 $x_1+x_2,y_1+y_2,x_1-x_2,y_1-y_2$ 等关系式,由于弦 AB 的中点 $P(x,y)$ 的坐标满足 $2x=x_1+x_2,2y=y_1+y_2$ 且直线 AB 的斜率为 $\dfrac{y_2-y_1}{x_2-x_1}$,由此可求得弦 AB 中点的轨迹方程.

例 9 如图,抛物线 $x^2=4y$ 的焦点为 F,过点 $(0,-1)$ 作直线 l 交抛物线 A、B 两点,再以 AF、BF 为邻边作平行四边形 $AFBR$,试求动点 R 的轨迹方程.

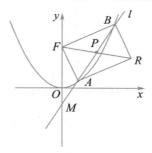

以上我们介绍了求动点轨迹的主要方法,也是常用方法.如果动点的运动和角度有明显的关系,还可以考虑用复数法或极坐标法求轨迹方程(本书将在第十章介绍此两种方法).但无论用何种方法,都需要注意所求轨迹方程中变量的取值范围.

§9.3　圆

平面内到定点的距离等于定长的点的轨迹(集合)叫作圆,其中,定点叫作圆心,定长是半径.根据圆的定义,下面我们研究圆心是 $C(a,b)$,半径为 r 的圆的方程.

一、圆的方程

❶圆的标准方程

设 $M(x,y)$ 是圆上任意一点,则 M 到圆心 $C(a,b)$ 的距离都等于 r. 所以有 $\sqrt{(x-a)^2+(y-b)^2}=r$,两边平方,得 $(x-a)^2+(y-b)^2=r^2(r>0)$.

此方程就是圆心是 $C(a,b)$,半径为 $r(r>0)$ 的圆的方程,我们把它叫作圆的**标准方程**.如果圆心在坐标原点,则圆的方程为 $x^2+y^2=r^2$.

例 1 如图所示,已知 $P(4,0)$ 是圆 $x^2+y^2=36$ 内的一点,A、B 是圆上两动点,且满足 $\angle APB=90°$,求矩形 $APBQ$ 的顶点 Q 的轨迹方程.

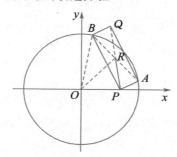

例 2 在平面直角坐标系 xOy 中,设 $A(1,0)$,$B(3,4)$,向量 $\overrightarrow{OC}=x\overrightarrow{OA}+y\overrightarrow{OB}$,其中 $x+y=4$,动点 P 满足 $\overrightarrow{PA}\cdot\overrightarrow{PB}=0$,则 $|\overrightarrow{PC}|$ 的最小值为 _____.

(2021年清华大学语言类保送暨高水平艺术团)

❷ 圆的一般方程

我们将圆的标准方程 $(x-a)^2+(y-b)^2=r^2(r>0)$ 展开,得 $x^2+y^2-2ax-2by+a^2+b^2-r^2=0$.

可见,任何一个圆的方程都可以写成 $x^2+y^2+Dx+Ey+F=0$ ①

的形式,但这种形式的二元二次方程是否是圆的方程呢?

由于 $x^2+y^2+Dx+Ey+F=0$ 通过配方,得 $\left(x+\dfrac{D}{2}\right)^2+\left(y+\dfrac{E}{2}\right)^2=\dfrac{D^2+E^2-4F}{4}$,于是,

当 $\dfrac{D^2+E^2-4F}{4}>0$ 时,方程①表示圆心为 $\left(-\dfrac{D}{2},-\dfrac{E}{2}\right)$,半径为 $r=\sqrt{\dfrac{D^2+E^2-4F}{4}}$ 的圆;当

$\dfrac{D^2+E^2-4F}{4}=0$ 时,方程①表示点 $\left(-\dfrac{D}{2},-\dfrac{E}{2}\right)$;当 $\dfrac{D^2+E^2-4F}{4}<0$ 时,方程①不表示任何

图形.

当 $\dfrac{D^2+E^2-4F}{4}>0$ 时,方程 $x^2+y^2+Dx+Ey+F=0$ 叫作**圆的一般方程**,其中圆心为

$\left(-\dfrac{D}{2},-\dfrac{E}{2}\right)$,半径为 $r=\sqrt{\dfrac{D^2+E^2-4F}{4}}$.

例 3 过直线 $l:x+y+1=0$ 上一点 P 作圆 $C:x^2+y^2-4x-2y+4=0$ 的两条切线,切点分别为 A,B,若四边形 $PACB$ 的面积为 3,则 P 点的横坐标为 _____.

(2019年北京大学博雅闻道)

例 4 已知点 $P(x,y)$ 满足 $x^2+y^2\leqslant 4x-4y-6(x\geqslant 1)$,试求点 P 所构成的图形面积.

(2018年深圳北理莫斯科大学)

❸圆的参数方程

由圆的标准方程 $(x-a)^2+(y-b)^2=r^2\,(r>0)$，得 $\left(\dfrac{x-a}{r}\right)^2+\left(\dfrac{y-b}{r}\right)^2=1$，所以 $\dfrac{x-a}{r}=\cos\theta$，

$\dfrac{y-b}{r}=\sin\theta$ 满足圆的方程，从而圆的参数方程为 $\begin{cases}x=a+r\cos\theta\\y=b+r\sin\theta\end{cases}(0\leqslant\theta<2\pi,\theta$ 为参数$)$.

例 5 直线 $l_1:mx+y-1=0$，$l_2:x-my+2+m=0$ 分别过定点 A、B，若两直线交于点 P，则 $PA+PB$ 的取值范围是_____.

（2018 年复旦大学）

例 6 设 $x=3+\cos\left(t-\dfrac{\pi}{3}\right)$，$y=4+\cos\left(t+\dfrac{\pi}{6}\right)$，则 x^2+y^2 的最大值为_____.

（2019 年中国科学技术大学）

二、点与圆的位置关系

设点 $P(x_0,y_0)$ 与圆 $(x-a)^2+(y-b)^2=r^2$，若点 P 到圆心的距离为 d，则

(1)点 P 在圆外 $\Leftrightarrow d>r\Leftrightarrow (x_0-a)^2+(y_0-b)^2>r^2$；

(2)点 P 在圆上 $\Leftrightarrow d=r\Leftrightarrow (x_0-a)^2+(y_0-b)^2=r^2$；

(3)点 P 在圆内 $\Leftrightarrow d<r\Leftrightarrow (x_0-a)^2+(y_0-b)^2<r^2$.

如果点 $P(x_0,y_0)$ 在圆 $(x-a)^2+(y-b)^2=r^2$ 上，则过点 P 的切线方程为：$(x-a)(x_0-a)+(y-b)(y_0-b)=r^2$；

如果点 $P(x_0,y_0)$ 在圆 $(x-a)^2+(y-b)^2=r^2$ 外，则两切点所在的直线方程为：$(x-a)(x_0-a)+(y-b)(y_0-b)=r^2$；

如果 $P(x_0,y_0)$ 满足圆的一般式方程 $x^2+y^2+Dx+Ey+F=0\left(\dfrac{D^2+E^2-4F}{4}>0\right)$，则过点 P 的切线方程为 $x_0x+y_0y+D\dfrac{x_0+x}{2}+E\dfrac{y_0+y}{2}+F=0$.

例 7 圆 $x^2+y^2=4$ 上一点 (x_0,y_0) 处的切线交抛物线 $y^2=8x$ 于 A，B 两点，且满足 $\angle AOB=90°$，其中 O 为坐标原点，求 x_0.

（2019 年清华大学）

三、直线与圆的位置关系

判断直线与圆的位置关系常用的方法有两种：

（1）几何法

利用圆心到直线的距离 d 与圆的半径 r 的大小关系：

①$d<r\Leftrightarrow$直线与圆相交；②$d=r\Leftrightarrow$直线与圆相切；③$d>r\Leftrightarrow$直线与圆相离.

（2）代数法

考虑直线与圆联立所得的一元二次方程的判别式 $\Delta=b^2-4ac$：

①$\Delta>0\Leftrightarrow$直线与圆相交；②$\Delta=0\Leftrightarrow$直线与圆相切；③$\Delta<0\Leftrightarrow$直线与圆相离.

例 8 已知点 $A\left(\dfrac{1}{2}, \dfrac{\sqrt{3}}{2}\right)$ 关于直线 $y=kx$ 的对称点 A' 落在圆 $(x-2)^2+y^2=1$ 上,则 k 的值为

( )

    A. $\dfrac{1}{2}$ B. $\dfrac{\sqrt{3}}{3}$ C. 1   D. 前三个答案都不对

(2019 年北京大学)

例 9 设光线从点 $A(1,1)$ 出发,经过 y 轴反射到圆 $Q:(x-5)^2+(y-7)^2=1$ 上一点 P,若光线从点 A 到点 P 经过的路程为 R,求 R 的最小值.

(2018 年上海交通大学)

例 10 过点 $(2,1)$ 的直线 l 与圆 $(x-1)^2+(y-2)^2=4$ 相交于 A,B 两点,当 $|AB|=2\sqrt{2}$ 时,直线 l 的方程为_____.

(2019 年清华大学 THUSSAT)

四、圆与圆的位置关系

如图,在同一平面内,两个半径不等的圆的位置关系共有五种:外离、外切、相交、内切、内含.

设两圆的圆心距 $O_1O_2=d$,两圆的半径为 r、R,且 $0<r<R$,则有:

(1)外离:两圆外离$\Leftrightarrow d>R+r$;

(2)外切:两个外切$\Leftrightarrow d=R+r$;

(3)相交:两圆相交$\Leftrightarrow |R-r|<d<R+r$;

(4)内切$\Leftrightarrow d=|R-r|$;

(5)内含:两圆内含$\Leftrightarrow 0\leqslant d<|R-r|$.

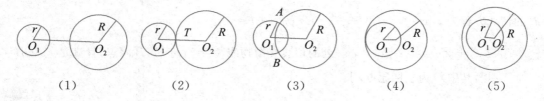

    (1)   (2)   (3)   (4)   (5)

§9.4 线性规划

线性规划是在第二次世界大战中发展起来的一种重要的数学方法,线性规划方法是企业进行总产量计划时常用的一种定量方法.线性规划是运筹学中研究较早、发展较快、应用广泛、方法较成熟的一个重要分支,它是辅助人们进行科学管理的一种数学方法.在经济管理、交通运输、工农业生产等经济活动中,提高经济效益是人们不可缺少的要求,而提高经济效益一般通过两种途径:一是技术方面的改进,例如改善生产工艺,使用新设备和新型原材料;二是生产

组织与计划的改进,即合理安排人力、物力资源.线性规划所研究的是:在一定条件下,合理安排人力、物力等资源,使经济效益达到最好.

一、二元一次不等式(组)所表示的平面区域

二元一次不等式 $Ax+By+C>0$ 在平面直角坐标系中表示直线 $Ax+By+C=0$ 的某一侧所有点组成的平面区域.对于直线 $Ax+By+C=0$ 的同一侧的所有点 (x,y),实数 $Ax+By+C$ 的符号都相同,所以只需在直线的某一侧任取一点 (x_0,y_0),把它的坐标代入 $Ax+By+C$ 中,由其值的符号可以判定所表示的区域在直线的哪一侧,当 $C\neq0$ 时,我们常常取 $(0,0)$ 作为特殊点进行验证.

例 1 不等式 $|x+2y|+|3x+4y|\leq5$ 所表示的平面区域的面积是_____.

(2019 年中国科学技术大学)

例 2 不等式组 $\begin{cases} y\geq2|x|-1 \\ y\leq-3|x|+5 \end{cases}$ 所表示的平面区域的面积为(　　)

A. 6　　　　　B. $\dfrac{33}{5}$　　　　　C. $\dfrac{36}{5}$　　　　　D. 前三个答案都不对

(2017 年北京大学)

二、线性规划的基本概念

一般地,求线性目标函数在线性约束条件下的最大值或最小值的问题,统称为**线性规划问题**.其中由不等式(组)所确定的平面区域称为**可行域**,可行域中每一个符合条件的解,称为**可行解**,使目标函数取到最大(小)值的可行解,称为**最优解**.

例 3 设 x,y 满足约束条件 $\begin{cases} x-y\leq0 \\ x+y-3\leq0 \\ x\geq0 \end{cases}$,则 $z=2x+y$ 的最大值为_____.

(2018 年北京大学博雅闻道)

三、线性规划求最值

利用线性规划思想求最值,是线性规划最重要的应用.特别是关于两个变量的线性规划问题,更是高中数学中重点强调的内容.常用的方法是图解法,其步骤为:

第一步:在平面上建立直角坐标系;

第二步:图示约束条件和非负条件,找出可行域;

第三步:图示目标函数,并寻找最优解.

从类型上来看,主要有以下四种类型:

❶在线性约束条件下求线性函数的最值

这类问题是线性规划问题中最简单的问题,它的线性约束条件是一个二元一次不等式组,目标函数是一个二元一次函数,可行域就是线性约束条件中不等式所对应方程表示的直线围成的区域,区域内各点的坐标即为简单线性规划的可行解,在可行解中使得目标函数取得最大值或最小值点的坐标即为简单线性规划的最优解.

例 4 设变量 x,y 满足约束条件 $\begin{cases} x-y-2\leqslant 0, \\ x+y\geqslant 0, \\ x+2y-4\leqslant 0, \end{cases}$ 则 $z=x-\dfrac{1}{2}y$ 的最大值为（ ）

A. -6 B. $\dfrac{3}{2}$ C. $\dfrac{7}{3}$ D. 3

（2019 年清华大学 THUSSAT）

例 5 已知点 O 是坐标原点，$A(1,-2)$，若 $M(x,y)$ 是平面区域 $\begin{cases} x-y+1\geqslant 0, \\ x+y-3\geqslant 0, \\ x-3\leqslant 0 \end{cases}$ 上的一个动点，

则 $\overrightarrow{OM}$ 在 $\overrightarrow{OA}$ 方向上投影的最小值为（ ）

A. -5 B. $\sqrt{5}$ C. 5 D. $-\sqrt{5}$

（2017 年北京大学中学生核心能力）

❷ 在非线性约束条件下求线性函数的最值

高中数学中的最值问题很多可以转化为非线性约束条件下的线性函数的最值问题，它们的约束条件是一个二元不等式(组)，目标函数是一个二元一次函数，可行域是直线或曲线所围成的图形(或一条曲线)，区域内各点的坐标即为可行解，在可行解中使得目标函数取得最大值或最小值的点的坐标即为最优解.

例 6 设点 (x,y) 是在区域 $|x|+|y|\leqslant 1$ 内动点，求 $z=ax-y(a>0)$ 的最大值与最小值.

❸ 在线性约束条件下求非线性函数的最值

这类问题也是高中数学中常见的问题，它的约束条件是一个二元一次不等式组，目标函数是二元函数，可行域是直线所围成的图形(或一条线段)，区域内的各点的坐标即为可行解，在可行解中使得目标函数取得最大值或最小值的点的坐标即为最优解.

例 7 若 z 为复数，且 $z=x+yi$，$|x|+|y|\leqslant 1$，求 $|z-1-i|$ 的最大值.

（2019 年北京大学寒假学堂）

例 8 若实数 x,y 满足 $\begin{cases} x+2y-4\leqslant 0, \\ x-y-1\leqslant 0, \\ x\geqslant 1, \end{cases}$ 由 $x^2+\left(y-\dfrac{1}{2}\right)^2$ 的取值范围是（ ）

A. $[1,2]$ B. $\left[\dfrac{5}{2},2\right]$ C. $\left[\dfrac{5}{4},\dfrac{17}{4}\right]$ D. $\left[1,\dfrac{17}{4}\right]$

（2018 年清华大学 THUSSAT）

例 9 已知 $A(0,1)$，$B(1,-1)$，且直线 $ax+by=1$ 与线段 AB 有公共点，则 a^2+b^2 的最小值为

_____.

（2018 年复旦大学）

❹在非线性约束条件下求非线性函数的最值

在高中数学中,还有一些常见的问题,也可以用线性规划的思想来解决,它们的约束条件是二元不等式组,目标函数也是二元函数,可行域是由曲线或直线所围成的图形(或一条曲线段),区域内的各点的坐标即为可行解,在可行解中使得目标函数取得最大值或最小值的点的坐标叫作最优解.

例 10 已知实数 x,y 满足 $\begin{cases} x-y\geqslant 0, \\ x+y-6\leqslant 0, \\ y\geqslant \dfrac{1}{5}x^2+\dfrac{1}{5}, \end{cases}$ 则 $\dfrac{(x+2y)^2-3y^2}{x^2+y^2}$ 的取值范围是 _____.

(2018 年清华大学 THUSSAT)

例 11 在图形中相距最远的点之间的距离称为该图形的直径,则曲线 $x^4+y^2=1$ 的直径是

_____.

(2019 年清华大学暑期学校)

习题九

一、选择题

1. 设函数 $f(t)=t^2+2t$,则点集 $\{(x,y)\mid f(x)+f(y)\leqslant 2,$ 且 $f(x)\geqslant f(y)\}$ 所构成的图形的面积是(   )

　　A. 4π 　　　　　　　B. 2π 　　　　　　　C. π 　　　　　　　D. 前三个答案都不对

(2018 年北京大学)

2. 已知圆 C 的方程为 $2x^2+2y^2-2x+4y-1=0$,则圆 C 的圆心坐标为(   )

　　A. $(1,2)$ 　　　B. $(1,-2)$ 　　　C. $\left(\dfrac{1}{2},1\right)$ 　　　D. $\left(\dfrac{1}{2},-1\right)$

(2019 年清华大学 THUSSAT)

3. 动圆过定点 $(a,0)$,且圆心到 y 轴的距离为 $2a$,则圆心的轨迹是(   )

　　A. 椭圆 　　　　B. 双曲线 　　　　C. 抛物线 　　　　D. 直线

(2019 年浙江大学)

4. 已知 F 是抛物线 $x^2=4y$ 的焦点,P 是该抛物线上的动点,则线段 PF 中点 M 的轨迹方程是(   )

　　A. $x^2=y-\dfrac{1}{2}$ 　　B. $x^2=2y-\dfrac{1}{16}$ 　　C. $x^2=2y-2$ 　　D. $x^2=2y-1$

5. 直线 $m:x\cos\alpha-y=0$ 和 $n:3x+y-c=0$,有(   )

　　A. m 和 n 可能重合

　　B. m 和 n 不可能垂直

　　C. m 和 n 可能平行

　　D. 在 m 上存在一点 P,使得 n 以 P 为中心旋转后与 m 重合

(2020 年复旦大学)

6. 已知 a,b,c 成公差非 0 的等差数列,在平面直角坐标系中,点 $P(-3,2),N(2,3)$,过点 P 作直线 $ax+by+c=0$ 的垂线,垂足为 M,则 M,N 间的距离的最大值与最小值的乘积是(   )

　　A. 10 　　　　　B. $6\sqrt{2}$ 　　　　　C. $4\sqrt{2}$ 　　　　　D. 前三个答案都不对

(2018 年北京大学博雅计划)

7. 若三条直线 $l_1:x-2y+2=0,l_2:x=2,l_3:x+ky=0$ 将平面分成 6 个部分,则实数 k 的可能取值有(   )

　　A. 唯一一个 　　　B. 有两个 　　　C. 有三个 　　　D. 无穷多个

(2020 年上海交通大学)

8. 过直线 $l:x+y+1=0$ 上一点 P 作圆 $C:x^2+y^2-4x-2y+4=0$ 的两条切线,切点分别为 A、B,若四边形 $PACB$ 的面积为 3,则点 P 的横坐标为(   )

A. 1　　　　　　B. −1　　　　　　C. 1 或 −1　　　　　　D. 不能确定

（2019 年北京大学博雅闻道）

9. 过直线 $x-y+5=0$ 上的点作圆 $C:x^2+y^2-4x-2y+2=0$ 的切线,则切线长的最小值为（　　）

A. $3\sqrt{2}$　　　　　B. $\sqrt{15}$　　　　　C. 4　　　　　D. $2\sqrt{3}$

（2019 年清华大学 THUSSAT）

10. 点 P、Q 在圆 $x^2+y^2+kx-4y+3=0$ 上（$k\in\mathbf{R}$）,且点 P、Q 关于直线 $2x+y=0$ 对称,则该圆的半径为（　　）

A. $\sqrt{3}$　　　　　B. $\sqrt{2}$　　　　　C. 1　　　　　D. $2\sqrt{2}$

（2020 年清华大学 THUSSAT）

11. 若 $|5x+6y|+|9x+11y|\leqslant 1$,则包围图形的面积 $S=$（　　）

A. 4　　　　　B. 3　　　　　C. 2　　　　　D. 1

（2020 年中国科学技术大学创新试验班）

12. 在正方体 $ABCD\text{-}A_1B_1C_1D_1$ 中,动点 M 在底面 $ABCD$ 内运动,且满足 $\angle DD_1A=\angle DD_1M$,则动点 M 在底面 $ABCD$ 内的轨迹是（　　）

A. 圆的一部分　　　　　　　　B. 椭圆的一部分

C. 双曲线一支的一部分　　　　D. 前三个答案都不对

（2018 年北京大学）

二、填空题

13. 圆甲与圆乙的周长之比是 2：3,如果圆甲的面积是 32 cm^2,则圆乙的面积是_____ cm^2.

（2018 年哈尔滨工业大学）

14. 已知点 P 为直线 $\begin{vmatrix} x & y-6 \\ -1 & 4 \end{vmatrix}=0$ 上一点,点 P 到点 $A(2,5)$ 和点 $B(4,3)$ 的距离相同,则 P 点的坐标为_____.

（2020 年复旦大学）

15. 设实数 x,y 满足 $\begin{cases} x+y-2\geqslant 0 \\ 2x-y-2\leqslant 0 \\ y-1\leqslant 0 \end{cases}$,则 $m=\dfrac{2y+x}{y-2x}$ 的取值范围是_____.

（2018 年清华大学 THUSSAT）

16. 已知平面直角坐标系中有三点 $A(1,0)$,$B(0,1)$,$C\left(x,\dfrac{1}{\sqrt{x}}\right)$,则 $\triangle ABC$ 面积的最小值为_____.

（2019 年中国科学技术大学）

三、解答题

17. 过抛物线 $y^2 = 2px(p > 0)$ 的顶点 O 作两条互相垂直的弦 OA、OB，求弦 AB 的中点 M 的轨迹方程.

18. 过圆 $O: x^2 + y^2 = 4$ 外一点 $A(4, 0)$，作圆的割线，求割线被圆截得的弦 BC 的中点 M 的轨迹.

19. 自爆发新型冠状病毒肺炎疫情以来，武汉医护人员和医疗、生活物资严重缺乏，全国各地纷纷驰援. 截至 1 月 30 日 12 时，湖北省累计接收捐赠物资 615.43 万件，包括医用防护服 2.6 万套，N95 口罩 47.9 万个，医用一次性口罩 172.87 万个，护目镜 3.93 万个等. 某运输队接到给武汉运送物资的任务，该运输队有 8 辆载重为 6t 的 A 型卡车，6 辆载重为 10t 的 B 型卡车，10 名驾驶员，要求此运输队每天至少运送 720t 物资. 已知每辆卡车每天往返的次数：A 型卡车 16 次，B 型卡车 12 次；每辆卡车每天往返的成本：A 型卡车 240 元，B 型卡车 378 元. 求每天派出 A 型卡车与 B 型卡车各多少辆，运输队所花的成本最低？

20. 已知曲线 $C: y = \dfrac{x^2}{2}$，D 为直线 $y = -\dfrac{1}{2}$ 上的动点，过 D 作 C 的两条切线，切点分别为 A, B.

   (1) 证明：直线 AB 过定点；

   (2) 若以 $E\left(0, \dfrac{5}{2}\right)$ 为圆心的圆与直线 AB 相切，且切点为线段 AB 的中点，求四边形 $ADBE$ 的面积.

21. 在直角坐标系 xOy 中，圆 $O: x^2 + y^2 = 4$ 与 x 轴负半轴交于点 A，过点 A 的直线 AM, AN 分别与圆 O 交于 M, N 两点.

   (1) 若 $k_{AM} = 2$，$k_{AN} = -\dfrac{1}{2}$，求 $\triangle AMN$ 的面积；

   (2) 过点 $P(3\sqrt{3}, -5)$ 作圆 O 的两条切线，切点分别为 E、F，求 $\overrightarrow{PE} \cdot \overrightarrow{PF}$.

22. 已知圆 $O:x^2+y^2=1$ 和点 $M(1,4)$.

(1)过点 M 向圆 O 引切线,求切线的方程;

(2)求以点 M 为圆心,且被直线 $y=2x-8$ 截得的弦长为 8 的圆 M 的方程;

(3)设 P 为(2)中圆 M 上任意一点,过点 P 向圆 O 引切线,切点为 Q,试探究:平面内是否存在一定点 R,使得 $\dfrac{PQ}{PR}$ 为定值? 若存在,请求出定点 R 的坐标,并指出相应的定值;若不存在,请说明理由.

第十章

圆锥曲线

　　圆锥曲线是高中数学内容的一个重要组成部分,其解题方法在圆锥曲线中得到了充分展示,具有题型多变、解法灵活的特点.在强基计划的考试中,对圆锥曲线的考查主要集中在三个部分,并且常考常新:

　　1.圆锥曲线的基本概念、标准方程、几何性质等;

　　2.直线与圆锥曲线的位置关系;

　　3.二次曲线与二次曲线的位置关系.

　　解析几何体现了数形结合思想,在解析几何的试题中,运算占有较大的比重,对运算求解能力的要求比较高.圆锥曲线的定义和性质是解题的基础,需要根据题意充分运用曲线的性质简化运算.此外,解析几何试题还考查函数与方程、转化与化归、特殊与一般等数学思想.

§ **10.1** 椭 圆

一、椭圆的概念与标准方程

平面内到两定点 F_1、F_2 的距离之和等于常数(大于 $|F_1F_2|$)的点的轨迹叫作**椭圆**. 这两个定点叫作**椭圆的焦点**,两焦点之间的距离叫作**椭圆的焦距**.

根据椭圆的定义,我们不难得到焦点为 $F_1(-c,0)$,$F_2(c,0)$,长轴长为 $2a$ 的椭圆的标准方程为 $\dfrac{x^2}{a^2}+\dfrac{y^2}{b^2}=1(a>b>0)$,其中 $b^2=a^2-c^2$.

焦点为 $F_1(0,-c)$、$F_2(0,c)$,长轴长为 $2a$ 的椭圆的标准方程为 $\dfrac{y^2}{a^2}+\dfrac{x^2}{b^2}=1(a>b>0)$,其中 $b^2=a^2-c^2$.

根据定积分的概念,不难得到椭圆 $\dfrac{x^2}{a^2}+\dfrac{y^2}{b^2}=1$ 的面积为 $S=ab\pi$.

例 1 设 F_1,F_2 是椭圆 $C:2x^2+y^2=1$ 的两个焦点,点 P 在椭圆 C 上,$\angle F_1PF_2=\theta$,则 $\triangle F_1PF_2$ 的面积是_____(用 θ 表示).

(2016 年中国科学技术大学)

例 2 已知椭圆 $\dfrac{x^2}{16}+\dfrac{y^2}{12}=1$ 的两个焦点分别为 F_1、F_2,P 为椭圆上一点,$\angle F_1PF_2$ 的平分线交 x 轴于点 $Q\left(\dfrac{1}{2},0\right)$. 作 $QH\perp PF_1$,则 $|PH|=$( )

A. 3   B. 4   C. 5   D. 6

(2021 年清华大学语言类保送暨高水平艺术团)

例 3 满足 $(y^2+4x^2-1)(x^2+4y^2-4)\leqslant 0$ 的所有点 (x,y) 组成的平面图形的面积为( )

A. $\dfrac{\pi}{2}$ B. π C. $\dfrac{3}{2}\pi$ D. 前三个选项都不对

(2019 年北京大学博雅计划)

例 4 设 P 为椭圆 $\dfrac{x^2}{25}+\dfrac{y^2}{16}=1$ 上的一点,F_1、F_2 分别为椭圆的左、右焦点,I 为 $\triangle PF_1F_2$ 的内心,若内切圆的半径为 1,求 IP 的长度.

(2019 年北京大学)

二、椭圆的性质

我们由椭圆的标准方程 $\dfrac{x^2}{a^2}+\dfrac{y^2}{b^2}=1(a>b>0)$ 来研究椭圆的性质:

1. 范围:$-a\leqslant x\leqslant a$,$-b\leqslant y\leqslant b$;

2. 对称性:关于 x 轴、y 轴、坐标原点对称;

3. 顶点:长轴的两个端点 $A_1(-a,0)$,$A_2(a,0)$,短轴的两个顶点 $B_1(0,b)$,$B_2(0,-b)$;

4. 离心率:椭圆的焦距与长轴长的比值 $e=\dfrac{c}{a}$ 叫作椭圆的离心率.因为 $a>c>0$,所以 $0<e<1$,且 e 越接近于 0,椭圆越圆;e 越接近于 1,椭圆越扁.

例 5 已知 P、M、Q 是椭圆 $C:\dfrac{x^2}{a^2}+\dfrac{y^2}{b^2}=1(a>b>0)$ 上不同的三点,且原点 O 是 $\triangle PQM$ 的重心,若点 $M\left(\dfrac{\sqrt{2}}{2}a,\dfrac{\sqrt{2}}{2}b\right)$,直线 PQ 的斜率恒为 $-\dfrac{1}{2}$,则椭圆 C 的离心率为( )

A. $\dfrac{\sqrt{2}}{3}$ B. $\dfrac{\sqrt{3}}{3}$ C. $\dfrac{\sqrt{2}}{2}$ D. $\dfrac{\sqrt{3}}{2}$

(2021 年清华大学文科营暨工科营)

例 6 已知椭圆 $C:\dfrac{x^2}{4}+\dfrac{y^2}{3}=1$ 与直线 $l:y=4x+m$,若在椭圆 C 上总存在两点关于直线 l 对称,求实数 m 的取值范围.

(2017 年上海交通大学)

例 7 P 是椭圆 $\dfrac{x^2}{a^2}+\dfrac{y^2}{b^2}=1$ 上的点,P 与两焦点的连线的夹角为 α,求焦点三角形的面积.

(2015 年北京大学优秀中学生暑期体验营)

例 8 已知椭圆 $\dfrac{x^2}{6}+\dfrac{y^2}{2}=1$,过点 $F(2,0)$ 的直线交椭圆于 A、B 两点,点 C 在直线 $x=3$ 上,若 $\triangle ABC$ 为正三角形,求 $\triangle ABC$ 的面积.

(2019 年清华大学领军计划)

三、椭圆的切线问题

与椭圆的切线相关结论有以下几条:

1.过椭圆 $C:\dfrac{x^2}{a^2}+\dfrac{y^2}{b^2}=1(a>b>0)$ 上一点 $P(x_0,y_0)$ 处的切线方程是 $\dfrac{x_0x}{a^2}+\dfrac{y_0y}{b^2}=1$,且此切线平分过 P 的两条焦半径的夹角的外角;

2.过椭圆 $C:\dfrac{x^2}{a^2}+\dfrac{y^2}{b^2}=1(a>b>0)$ 外一点 $P(x_0,y_0)$ 所引两条切线的切点弦方程是 $\dfrac{x_0x}{a^2}+\dfrac{y_0y}{b^2}=1$;

3.椭圆 $\dfrac{x_0x}{a^2}+\dfrac{y_0y}{b^2}=1$ 与直线 $Ax+By+C=0$ 相切的充要条件是 $A^2a^2+B^2b^2=c^2$;

4.椭圆 $\dfrac{x_0x}{a^2}+\dfrac{y_0y}{b^2}=1$ 的斜率为 k 的切线方程是 $y=kx\pm\sqrt{k^2a^2+b^2}$.

例 9 已知椭圆 $C:\dfrac{x^2}{2}+y^2=1$,$P\left(\dfrac{\sqrt{2}}{2},\dfrac{\sqrt{3}}{2}\right)$ 是椭圆上一点,过点 P 作椭圆的切线,分别与 x 轴、y 轴交于 A、B 两点,C 为椭圆的上顶点,求曲线 BCP 所围区域的面积.

(2019 年北京大学寒假课堂)

例 10 (多选)P 为椭圆 $C_1: \dfrac{x^2}{4} + \dfrac{y^2}{3} = 1$ 上的动点,过 P 作 C_1 的切线交圆 $C_2: x^2 + y^2 = 12$ 于 M, N,过 M, N 作 C_2 的切线交于点 Q,则(　　　)

A. $S_{\triangle OPQ}$ 的最大值为 $\dfrac{\sqrt{3}}{2}$ 　　　　　B. $S_{\triangle OPQ}$ 的最大值为 $\dfrac{\sqrt{3}}{3}$

C. Q 的轨迹方程是 $\dfrac{x^2}{36} + \dfrac{y^2}{48} = 1$ 　　　　D. Q 的轨迹方程是 $\dfrac{x^2}{48} + \dfrac{y^2}{36} = 1$

(2018 年清华大学领军计划)

例 11 如图,在平面直角坐标系 xOy 中,已知点 F_1, F_2 分别为

椭圆 $E: \dfrac{x^2}{a^2} + \dfrac{y^2}{b^2} = 1(a > b > 0)$ 的左、右焦点,A, B 分别是

椭圆 E 的左、右顶点,$D(1, 0)$ 为线段 OF_2 的中点,且

$\overrightarrow{AF_2} + 5\overrightarrow{BF_2} = \mathbf{0}$.

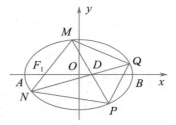

(1)求椭圆 E 的方程;

(2)若 M 为椭圆上的动点(异于 A, B),连接 MF_1 并延长交椭圆 E 于点 N,连接 MD、ND,并分别延长交椭圆 E 于点 P, Q,连接 PQ. 设直线 MN、PQ 的斜率存在且分别为 k_1、k_2,试问是否存在常数 λ,使得 $k_1 + \lambda k_2 = 0$ 恒成立? 若存在,求出 λ 的值;若不存在,说明理由.

(2018 年武汉大学)

例 12 已知 F_1, F_2 是椭圆 $C: \dfrac{x^2}{a^2} + \dfrac{y^2}{b^2} = 1(a > b > 0)$ 的左、右焦点,弦 AB 经过点 F_2,若 $|AF_2|$

$= 2|F_2 B|$,$\tan \angle AF_1 B = \dfrac{3}{4}$,且 $\triangle F_1 F_2 B$ 的面积为 2.

(1)求椭圆的方程;

(2)若直线 $y = k(x - 1)(1 \leqslant k \leqslant 2)$,与椭圆 C 交于 M, N 两点,O 为坐标原点,求 $\triangle OMN$ 面积的取值范围.

(2021 年清华大学 THUSSAT)

§ 10.2　双曲线

一、双曲线的概念与标准方程

平面内与两个定点 F_1, F_2 的距离之差的绝对值等于常数(小于 $|F_1 F_2|$)的点的轨迹叫作**双曲线**. 两定点之间的距离叫作**双曲线的焦点**,两焦点之间的距离叫作**焦距**.

以 $F_1(-c, 0)$,$F_2(c, 0)$ 为焦点的双曲线的标准方程为 $\dfrac{x^2}{a^2} - \dfrac{y^2}{b^2} = 1$,其中 $2a$ 为实轴长,$2b$ 为

虚轴长,且 $c^2=a^2+b^2$;

以 $F_1(0,c)$,$F_2(0,-c)$ 为焦点的双曲线的标准方程为 $\dfrac{y^2}{a^2}-\dfrac{x^2}{b^2}=1$,其中 $2a$ 为实轴长,$2b$ 为虚轴长,且 $c^2=a^2+b^2$.

例 1 若动圆与两圆 $x^2+y^2=1$ 和 $x^2+y^2-6x+7=0$ 都外切,则动圆圆心的轨迹是(　　)

    A. 双曲线   B. 双曲线的一支

    C. 抛物线   D. 前三个答案都不对

(2017 年北京大学)

二、双曲线的性质

根据双曲线的定义,我们可不难得到双曲线的性质,以 $\dfrac{x^2}{a^2}-\dfrac{y^2}{b^2}=1$ 为例:

(1)范围

由标准方程可知,双曲线上的点 (x,y),满足 $x^2\geqslant a^2$,所以 $x\geqslant a$ 或 $x\leqslant -a$. 这说明双曲线在两条直线 $x=a$,$x=-a$ 的外侧;

(2)对称性

双曲线关于坐标原点和两坐标轴都是对称的,所以双曲线既是轴对称曲线,也是中心对称曲线;

(3)渐近线

经过 $(-a,0)$,$(a,0)$ 作 y 轴的平行线 $x=\pm a$;过点 $(0,b)$,$(0,-b)$ 作 x 轴的平行线 $y=\pm b$,这四条直线所围成矩形的对角线所在的直线方程是 $y=\pm\dfrac{b}{a}x$,当双曲线 $\dfrac{x^2}{a^2}-\dfrac{y^2}{b^2}=1$ 的各支向外延伸时,逐渐向这两条直线接近. 这两条直线称为双曲线的渐近线;

(4)离心率

双曲线的焦距与长轴长的比值 $e=\dfrac{c}{a}$,叫作双曲线的离心率. 因为 $e^2=\dfrac{c^2}{a^2}=1+\dfrac{b^2}{a^2}>1$,从而知 $e>1$. 离心率 e 越大,双曲线的开口越大. 如果 $a=b$,双曲线的离心率为 $\sqrt{2}$,此时,双曲线叫作等轴双曲线;

(5)准线

点 M 与一个定点 F 的距离和它到一条定直线的距离的比值是一个常数 $e=\dfrac{c}{a}(e>1)$,则这个点 M 的轨迹是双曲线. 这个定点 F 是双曲线的焦点,定直线叫作双曲线的准线,常数 e 是双曲线的离心率. 不难得到两条准线方程为 $x=\pm\dfrac{a^2}{c}$.

例 2 已知双曲线 $\dfrac{x^2}{a^2}-\dfrac{y^2}{b^2}=1$ 的左、右焦点分别为 F_1,F_2,过点 F_1 作一条与渐近线垂直的直线 l,且 l 与双曲线的左、右两支分别交于 M,N 两点,若 $|MN|=|NF_2|$,则该双曲线的渐

近线方程为_____.

(2021年清华大学文科营暨工科营)

例 3 已知双曲线 $C: \dfrac{x^2}{a^2} - \dfrac{y^2}{b^2} = 1 (a > 0, b > 0)$ 的右焦点为 F, P 为双曲线 C 右支上一点,若三角形 PFO 是等边三角形,则双曲线 C 的离心率为(　　)

A. $\sqrt{3} + 1$　　　　B. $\dfrac{\sqrt{13}}{2}$　　　　C. $\sqrt{5}$　　　　D. 2

(2018年北京大学博雅闻道)

例 4 曲线 $y = \dfrac{x}{\sqrt{3}} + \dfrac{1}{x}$ 的离心率是_____.

(2020年中国科学技术大学)

例 5 已知双曲线 $\dfrac{x^2}{16} - \dfrac{y^2}{9} = 1$,过右焦点 F 作 x 轴的垂线,与双曲线在第一象限的交点为 P,过点 P 作两条渐近线的平行线,交 x 轴于两个点 A, B(A 离原点较近),过点 A 作 x 轴的垂线与以 OB 为直径的圆相交于点 C,则 $|OC|$ 的值为(　　)

A. 4　　　　　　　　　　　　B. 9

C. 16　　　　　　　　　　　D. 随点 P 在双曲线的位置而改变

(2020年北京大学高水平艺术团)

例 6 一直线与一双曲线交于 A, B 两点,与该双曲线的渐近线交于 C, D 两点,证明: $AC = BD$.

(2016年北京大学优秀中学生暑期体验营)

例 7 过双曲线 $C: \dfrac{x^2}{a^2} - \dfrac{y^2}{b^2} = 1 (a > b > 0)$ 的右焦点作直线 l 交双曲线 C 于 A, B 两点,若使得 $|AB| = 2a$ 的直线 l 恰好有 λ 条,则下列关于双曲线 C 的离心率 e 的描述正确的是(　　)

A. 当 $\lambda = 1$ 时,$e \in [\sqrt{2}, +\infty)$　　　　B. 当 $\lambda = 1$ 时,$e \in (1, \sqrt{2})$

C. 当 $\lambda = 3$ 时,$e \in [\sqrt{2}, +\infty)$　　　　D. 当 $\lambda = 3$ 时,$e \in (1, \sqrt{2})$

(2017年北京大学中学生寒假课堂)

例 8 已知 F_1, F_2 是椭圆与双曲线的公共焦点,P 是椭圆与双曲线的一个交点,且 $\angle F_1 P F_2 = \dfrac{\pi}{3}$,则椭圆与双曲线的离心率的倒数之和的最大值是(　　)

A. $2\sqrt{3}$　　　　B. $\sqrt{3}$　　　　C. $\dfrac{\sqrt{3}}{3}$　　　　D. 前三个答案都不对

(2018年北京大学博雅计划)

二、双曲线的切线

与双曲线的切线相关的结论有以下几条:

1. 双曲线 $\dfrac{x^2}{a^2} - \dfrac{y^2}{b^2} = 1 (a > 0, b > 0)$ 上一点 $P(x_0, y_0)$ 处的切线方程是 $\dfrac{x_0 x}{a^2} - \dfrac{y_0 y}{b^2} = 1$,且该切

线平分过点 P 的两条焦半径的夹角;

  2. 过双曲线 $\dfrac{x^2}{a^2}-\dfrac{y^2}{b^2}=1(a>0,b>0)$ 外一点 $P(x_0,y_0)$ 所引两条切线的切点弦方程是 $\dfrac{x_0x}{a^2}-\dfrac{y_0y}{b^2}=1$;

  3. 双曲线 $\dfrac{x^2}{a^2}-\dfrac{y^2}{b^2}=1(a>0,b>0)$ 与直线 $Ax+By+C=0$ 相切的必要条件是 $A^2a^2-B^2b^2=c^2$;

  4. 双曲线 $\dfrac{x^2}{a^2}-\dfrac{y^2}{b^2}=1(a>0,b>0)$ 的斜率为 k 的切线方程是 $y=kx\pm\sqrt{k^2a^2-b^2}$.

例 9 证明:双曲线的切线与渐近线的交点与双曲线的两个焦点四点共圆.

(2020 年北京大学生优秀中学生暑期体验营)

例 10 证明:双曲线的切线与渐近线构成的三角形的面积被切点与双曲线中心的连线平分.

例 11 证明:双曲线的切线与渐近线所围成的三角形的面积等于以双曲线的两半轴长为边长的矩形的面积.

例 12 如图所示,已知双曲线 C:$\dfrac{x^2}{a^2}-\dfrac{y^2}{b^2}=1(a>b>0)$,$P$ 是圆 O:$x^2+y^2=a^2-b^2$ 上任意一点,过点 P 作双曲线的两条切线,证明这两条切线相互垂直.

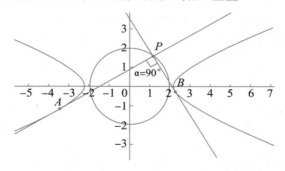

$$\S\ 10.3 \quad \textbf{抛物线}$$

一、抛物线的定义与性质

  平面内与一个定点 F 和一条定直线 l(F 不在定直线 l 上)距离相等的点的轨迹方程叫作**抛物线**.点 F 叫作**抛物线的焦点**,直线 l 叫作**抛物线的准线**.

一条抛物线,由于它在坐标平面的位置不同,方程也不相同.不同形式的标准方程与性质如下表:

标准方程	$y^2=2px(p>0)$	$y^2=-2px(p>0)$	$x^2=2py(p>0)$	$x^2=-2py(p>0)$
图形				
范围	$x\geq 0,y\in \mathbf{R}$	$x\leq 0,y\in \mathbf{R}$	$y\geq 0,x\in \mathbf{R}$	$y\leq 0,x\in \mathbf{R}$
对称轴	x 轴		y 轴	
顶点坐标	原点 $O(0,0)$			
焦点坐标	$\left(\dfrac{p}{2},0\right)$	$\left(-\dfrac{p}{2},0\right)$	$\left(0,\dfrac{p}{2}\right)$	$\left(0,-\dfrac{p}{2}\right)$
准线方程	$x=-\dfrac{p}{2}$	$x=\dfrac{p}{2}$	$y=-\dfrac{p}{2}$	$y=\dfrac{p}{2}$
离心率	$e=1$			
焦半径	$\lvert PF\rvert=x_0+\dfrac{p}{2}$	$\lvert PF\rvert=-x_0+\dfrac{p}{2}$	$\lvert PF\rvert=y_0+\dfrac{p}{2}$	$\lvert PF\rvert=-y_0+\dfrac{p}{2}$

过抛物线焦点的弦称为**抛物线的焦点弦**.以 $y^2=2px$ 为例,如图所示,AB 是抛物线的一条焦点弦,设 $A(x_1,y_1)$,$B(x_2,y_2)$,AB 的中点 $M(x_0,y_0)$,过点 A,M,B 向准线作垂线,垂足分别为 C,E,D.

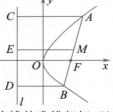

根据抛物线的定义,得 $\lvert AF\rvert=\lvert AC\rvert$,$\lvert BF\rvert=\lvert BD\rvert$,故 $\lvert AB\rvert=\lvert AC\rvert+\lvert BD\rvert=2\lvert ME\rvert$,则有以下结论:

(1)以 AF(或 BF)为直径的圆与 y 轴相切;以 AB 为直径的圆必与抛物线的准线相切;以 CD 为直径的圆切 AB 于点 F;

(2)$\lvert AB\rvert=x_1+x_2+p$;

(3)A,B 两点的横坐标之积,纵坐标之积为定值,即 $x_1x_2=\dfrac{p^2}{4}$,$y_1y_2=-p^2$;

(4)$\dfrac{1}{\lvert AF\rvert}+\dfrac{1}{\lvert BF\rvert}=\dfrac{2}{p}$;

(5)若 AB 的倾斜角为 α,则 $\lvert AF\rvert=\dfrac{p}{1-\cos\alpha}$,$\lvert BF\rvert=\dfrac{p}{1+\cos\alpha}$.

例 1 过抛物线 $y^2=2px(p>0)$ 的焦点 F 作直线 m 交抛物线于 A,B 两点,若 A,B 的横坐标之和为 5,则这样的直线条数为_____.

（2020 年上海交通大学）

例 2 已知抛物线 $C:y^2=4x$ 的焦点为 F,过 F 的直线交抛物线于不同的两点 A,B,且 $|AB|=8$,点 A 关于 x 轴的对称点为 A',线段 $A'B$ 的中垂线交 x 轴于点 D,则 D 点的坐标为(　　)

A.$(2,0)$　　　　　　　　　B.$(3,0)$

C.$(4,0)$　　　　　　　　　D.$(5,0)$

(2018 年北京大学博雅闻道)

例 3 在抛物线 $y^2=2px(p>0)$ 中,过焦点 F 的弦与抛物线交于 A,B 两点,且 $\overrightarrow{AF}=3\overrightarrow{FB}$,准线与 x 轴交于点 C,过点 A 作抛物线准线的垂线,垂足为 A_1,则当四边形 $CFAA_1$ 的面积为 $12\sqrt{3}$ 时,$p=$ _____.

(2020 年复旦大学)

例 4 已知抛物线 $y^2=2px(p>0)$ 及定点 $A(a,b)$,$B(-a,0)(ab\neq0,b^2\neq2pa)$.$M$ 是抛物线上的点,设直线 AM,BM 与抛物线的另一个交点分别为 M_1,M_2.求证:当 M 点在抛物线上变动时(只要 M_1,M_2 存在且不重合),直线 M_1M_2 恒过一个定点,并求出这个定点的坐标.

(2017 年山东大学)

例 5 过点 $(-1,0)$ 的直线 m 与抛物线 $y=x^2$ 相交于 A,B 两点,若 $\triangle AOB$ 的面积为 3(其中 O 为坐标原点),求直线 m 的方程.

(2018 年中国科学技术大学)

二、抛物线的切线

有关抛物线的切线的相关结论如下:

1.抛物线 $y^2=2px(p>0)$ 上一点 $P(x_0,y_0)$ 处的切线方程是 $y_0y=p(x+x_0)$,且此切线平分过点 P 的焦半径和过 P 平行于抛物线的轴的直线的夹角的外角;

2.过抛物线 $y^2=2px(p>0)$ 外一点 $P(x_0,y_0)$ 所引两条切线的切点弦所在的直线方程是 $y_0y=p(x+x_0)$;

3.抛物线 $y^2=2px(p>0)$ 与直线 $Ax+By+C=0$ 相切的必要条件是 $pB^2=2AC$.

例 6 过抛物线 $y^2=2x$ 上一点 P 作切线 l,过点 O 作 l 的垂线交 PF 于点 Q(F 为焦点),$|OQ|=\dfrac{3}{5}$,则 $\triangle OFQ$ 的面积是 _____.

(2021 年北京大学优秀中学生寒假学堂)

例 7 抛物线 $x=3y^2$ 的焦点为 F,过抛物线上点 A 的切线与 AF 的夹角为 $30°$,则点 A 的坐标为 _____.

(2020 年复旦大学)

例 8 已知抛物线 $C:y^2=2px(p>0)$ 的焦点为 F,准线与 x 轴交于点 D,过点 F 的直线与抛物线 C 交于 A,B 两点,且 $|FA|\cdot|FB|=|FA|+|FB|$.

（1）求抛物线 C 的方程；

（2）设 P,Q 是抛物线 C 上不同的两点，且 $PF \perp x$ 轴，直线 PQ 与 x 轴交于点 G，再在 x 轴上截取线段 $|GE| = |GD|$，且点 G 介于点 E 与点 D 之间，连接 PE，过点 Q 作直线 PE 的平行线 l，证明：l 为抛物线 C 的切线.

（2021 年清华大学语言类保送暨高水平艺术团）

例 9 求证：抛物线的焦点发出的光线经抛物线反射后与抛物线的对称轴平行.

（2018 年北京大学优秀中学生暑假体验营）

例 10 已知抛物线 $x^2 = 4y$，点 A 在抛物线上，且在第一象限，以点 A 为切点作抛物线的切线 l，并与 x 轴交于点 B，过点 B 作垂直于直线 l 的直线 l' 交抛物线于 C,D 两点，其中点 C 在第一象限，设 l' 与 y 轴交于点 K.

（1）若点 A 的横坐标为 2，求切线 l 的方程；

（2）连接 OC, OD, AK, AC，记 $\triangle OKD$，$\triangle OKC$，$\triangle AKC$ 的面积分别为 S_1, S_2, S_3，求 $\dfrac{S_3}{S_2} \cdot \left(\dfrac{S_1}{S_2} - 1 \right)$ 的最小值.

（2021 年清华大学工科营）

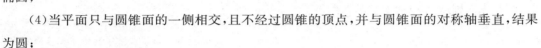

§10.4　直线与圆锥曲线

从几何观点来看，用一个平面去割圆锥面，得到的交线就称为**圆锥曲线**. 通常提到的圆锥曲线包括椭圆、双曲线和抛物线，但严格来讲，它还包括一些退化的情形（如图所示）：

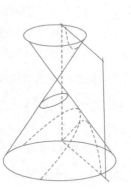

（1）当平面与圆锥的母线平行，且不过圆锥顶点，结果为抛物线；

（2）当平面与圆锥的母线平行，且经过圆锥的顶点，结果退化为一条直线；

（3）当平面只与圆锥面的一侧相交，且不经过圆锥的顶点，结果为椭圆；

（4）当平面只与圆锥面的一侧相交，且不经过圆锥的顶点，并与圆锥面的对称轴垂直，结果为圆；

（5）当平面与圆锥两侧都相交，且经过圆锥的顶点，结果退化为一个点；

（6）当平面与圆锥面两侧相交，且不过圆锥的顶点，结果为双曲线的一支（另一支为此圆锥面对顶圆锥面与平面的交线）；

（7）当平面与圆锥面两侧都相交，且过圆锥的顶点，结果为两条相交直线.

在笛卡尔平面上，二元二次方程 $Ax^2 + Bxy + Cy^2 + Dx + Ey + F = 0$ 的图象是圆锥曲线，根据判别式的不同,也包含了椭圆、双曲线、抛物线以及各种退化情形. 从焦点与准线的观点来看,平面上给定一点 F,一条直线 l 以及一个非负常数 e,则到 F 的距离与到 l 的距离之比等于常数 e 的点的轨迹叫作圆锥曲线. 根据 e 的不同,曲线也各不相同,具体如下:

(1)若 $e=0$,轨迹退化为点(即点 F);

(2)若 $e=1$(即到点 F 与到 l 的距离相同),轨迹为抛物线;

(3)若 $0<e<1$,轨迹为椭圆;

(4)若 $e>1$,轨迹为双曲线.

一、圆锥曲线的位置关系

对于直线与圆锥曲线的位置关系,我们主要研究直线与圆锥曲线相交与相切两种情况:如果直线与圆锥曲线有两个交点,我们称直线与圆锥曲线相交. 设直线 l 与圆锥曲线有 P,Q 两个交点,如右图所示,将直线 l 绕点 P 旋转,使得 Q 点逐渐向 P 点靠近,当点 Q 与点 P 重合时,这时,直线 l 叫作圆锥曲线在点 P 处的**切线**,P 点叫作**切点**. 经过点 P 并且与切线垂直的直线叫作圆锥曲线在点 P 处的**法线**.

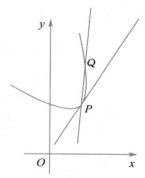

过二次曲线 $Ax^2+Bxy+Cy^2+Dx+Ey+F=0$(A,B,C 不同时为 0)上一点 $P(x_0,y_0)$ 的切线方程为 $Ax_0x+B\dfrac{x_0y+y_0x}{2}+Cy_0y+D\dfrac{x_0+x}{2}+E\dfrac{y_0+y}{2}+F=0$.

例 1 已知椭圆 $C:\dfrac{x^2}{4}+y^2=1$ 与双曲线 $T:xy=4$.

(1)求椭圆 C 上一点 $\left(\dfrac{4}{\sqrt 5},\dfrac{1}{\sqrt 5}\right)$ 处的切线方程;

(2)若 P 是椭圆 C 上一动点,Q 是双曲线 T 上一动点,证明:$|PQ|>\dfrac{6}{5}$.

(2017 年中国科学技术大学)

例 2 抛物线 $y^2=2px(p>0)$ 的焦点为 F,过抛物线外一点 $P(x_0,y_0)$ 作抛物线的切线 l_1,l_2. 切点分别记为 $M(x_1,y_1)$ 和 $N(x_2,y_2)$.

(1)证明:l_1 的方程为 $y_1y=p(x_1+x)$;

(2)证明:$|PF|^2=|MF|\cdot|NF|$;

(3)证明:$\angle PMF=\angle FPN$.

(2018 年清华大学人文社科冬令营)

例 3 如图所示,已知椭圆 $C:\dfrac{x^2}{5}+y^2=1$ 的右焦点为 F,原点为 O,椭圆的动弦 AB 过焦点 F,且不垂直于坐标轴,弦 AB 的中点为 N,椭圆 C 在点 A,B 处的两切线的交点为 M.

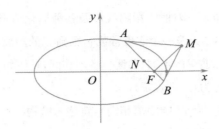

(1)求证:O,M,N 三点共线;

(2)求 $\dfrac{|AB| \cdot |FM|}{|FN|}$ 的最小值.

(2021年清华大学 THUSSAT)

例 4 已知椭圆 $O:\dfrac{x^2}{a^2}+\dfrac{y^2}{b^2}=1(a>b>0)$ 的左、右顶点分别为 A,B,点 P 在椭圆 O 上运动,若 $\triangle PAB$ 面积的最大值为 $2\sqrt{3}$,椭圆 O 的离心率为 $\dfrac{1}{2}$.

(1)求椭圆 O 的标准方程;

(2)过点 B 作圆 $E:x^2+(y-2)^2=r^2(0<r<2)$ 的两条切线,分别与椭圆 O 交于两点 C,D(异于点 B),当 r 变化时,直线 CD 是恒过定点?若是,求出该定点坐标,若不是,请说明理由.

(2018 年北京大学博雅闻道)

二、圆锥曲线的光学性质

❶ 椭圆的光学性质

从椭圆一个焦点发出的光线,经过椭圆反射后,反射光线都汇聚到椭圆的另一个焦点上(如图所示).

椭圆的这种光学特性,常被用来设计一些照明设备或聚热装置.例如在 F_1 处放置一个热源,那么红外线也能聚焦于 F_2 处,对 F_2 处的物体加热.

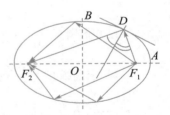

证明 由导数可得切线 l 的斜率 $k=y'\big|_{x=x_0}=\dfrac{-b^2 x_0}{a^2 y_0}$,而 PF_1 的斜率 $k_1=\dfrac{y_0}{x_0+c}$,PF_2 的斜

率 $k_2=\dfrac{y_0}{x_0-c}$. 所以 l 到 PF_1 所成的角 α' 满足 $\tan\alpha'=\dfrac{k_1-k}{1+kk_1}=\dfrac{\dfrac{y_0}{x_0+c}+\dfrac{b^2 x_0}{a^2 y_0}}{1-\dfrac{b^2 x_0 y_0}{(x_0+c)a^2 y_0}}$

$=\dfrac{a^2 y_0^2+b^2 x_0^2+b^2 c x_0}{(a^2-b^2)x_0 y_0+a^2 c y_0}$.

因为 $P(x_0,y_0)$ 在椭圆上,所以 $\tan\alpha'=\dfrac{b^2}{c y_0}$,同理,$PF_2$ 到 l 所成的角 β' 满足 $\tan\beta'=$

$\dfrac{k-k_2}{1+kk_2}=\dfrac{b^2}{c y_0}$.

所以 $\tan\alpha'=\tan\beta'$,而 $\alpha',\beta'\in\left(0,\dfrac{\pi}{2}\right)$,所以 $\alpha'=\beta'$.

❷ 双曲线的光学性质

从双曲线一个焦点发出的光线,经过双曲线反射后,反射光线的反向延长线都汇聚到双曲线的另一个焦点上(如图所示).

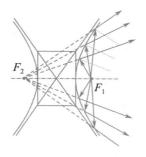

❸ 抛物线的光学性质

从抛物线的焦点发出的光线,经过抛物线反射后,反射光线都平行于抛物线的轴(如图所示).抛物线这种聚焦特性,成为聚能装置或定向发射装置的最佳选择.例如探照灯、汽车大灯等反射镜面的纵剖线是抛物线,把光源置于它的焦点处,经镜面反射后能成为平行光束,使照射距离加大,并可通过转动抛物线的对称轴方向,控制照射方向.卫星通信像碗一样接收或发射信号,一般也是以抛物线绕对称轴旋转

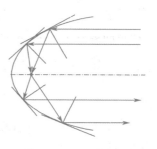

得到的,把接收器置于其焦点,抛物线的对称轴跟踪对准卫星,这样可以把卫星发射的微弱电磁波讯号,最大限度地集中到接收器上,保证接收效果;反之,把发射装置安装在焦点,把对称轴跟踪对准卫星,则可以使发射的电磁波讯号能平行地到达卫星的接收装置,同样保证接收效果.最常见的太阳能热水器,它也是以抛物线镜面聚集太阳光,以加热焦点处的贮水器的.

要探究圆锥曲线的光学性质,首先要将这样一个光学实际问题,转化为数学问题,进行解释论证.

结论 1　若点 $P(x_0,y_0)$ 是椭圆 $\dfrac{x^2}{a^2}+\dfrac{y^2}{b^2}=1$ 上任一点,则椭圆过该点的切线方程为:$\dfrac{x_0 x}{a^2}+\dfrac{y_0 y}{b^2}=1$.

证明　由 $\dfrac{y^2}{b^2}=1-\dfrac{x^2}{a^2}$ 得 $y^2=b^2\left(1-\dfrac{x^2}{a^2}\right)$……①,

当 $x\neq\pm a$ 时,过点 P 的切线斜率 k 一定存在,且 $k=y'|_{x=x_0}$,对①式求导,得 $2yy'=-\dfrac{2b^2}{a^2}x$,则 $k=y'|_{x=x_0}=\dfrac{-b^2 x_0}{a^2 y_0}$,所以切线方程为 $y-y_0=-\dfrac{-b^2 x_0}{a^2 y_0}(x-x_0)$……②,

因为点 $P(x_0,y_0)$ 在椭圆 $\dfrac{x^2}{a^2}+\dfrac{y^2}{b^2}=1$ 上,故 $\dfrac{x_0^2}{a^2}+\dfrac{y_0^2}{b^2}=1$,代入②得 $\dfrac{x_0 x}{a^2}+\dfrac{y_0 y}{b^2}=1$……③,

而当 $x=\pm a$ 时,$y_0=0$,切线方程为 $x=\pm a$,也满足③式,故 $\dfrac{x_0 x}{a^2}+\dfrac{y_0 y}{b^2}=1$ 是椭圆过点

$P(x_0, y_0)$ 的切线方程.

结论 2 若点 $P(x_0, y_0)$ 是双曲线 $\dfrac{x^2}{a^2} - \dfrac{y^2}{b^2} = 1$ 上任一点,则双曲线过该点的切线方程为 $\dfrac{x_0 x}{a^2} - \dfrac{y_0 y}{b^2} = 1$.

证明 由 $\dfrac{y^2}{b^2} = \dfrac{x^2}{a^2} - 1$,得 $y^2 = b^2 \left(\dfrac{x^2}{a^2} - 1 \right)$ ……①,

当 $x \neq \pm a$ 时,过点 P 的切线斜率 k 一定存在,且 $k = y'|_{x = x_0}$,

对①式求导,得 $2yy' = \dfrac{2b^2}{a^2} x$,所以 $k = y'|_{x = x_0} = \dfrac{b^2 x_0}{a^2 y_0}$,

因为切线方程为 $y - y_0 = -\dfrac{b^2 x_0}{a^2 y_0}(x - x_0)$ ……②,

因为点 $P(x_0, y_0)$ 在双曲线 $\dfrac{x^2}{a^2} - \dfrac{y^2}{b^2} = 1$ 上,故 $\dfrac{x_0^2}{a^2} - \dfrac{y_0^2}{b^2} = 1$

代入②得 $\dfrac{x_0 x}{a^2} - \dfrac{y_0 y}{b^2} = 1$ ……③,

而当 $x = \pm a$ 时,$y_0 = 0$,切线方程为 $x = \pm a$,也满足③式,故 $\dfrac{x_0 x}{a^2} - \dfrac{y_0 y}{b^2} = 1$ 是双曲线过点 $P(x_0, y_0)$ 的切线方程.

结论 3 若点 $P(x_0, y_0)$ 是抛物线 $y^2 = 2px$ 上任一点,则抛物线过该点的切线方程是 $y_0 y = p(x + x_0)$.

证明 由 $y^2 = 2px$,对 x 求导,得 $2yy' = 2p \Rightarrow k = y'|_{x = x_0} = \dfrac{p}{y_0}$,

当 $y_0 \neq 0$ 时,切线方程为 $y - y = \dfrac{p}{y_0}(x - x_0)$,即 $y_0 y - y_0^2 = px - px_0$,

而 $y_0^2 = 2px_0 \Rightarrow y_0 y = p(x + x_0)$ ……①

而当 $y_0 = 0, x_0 = 0$ 时,切线方程为 $x = 0$ 也满足①式,故抛物线在该点的切线方程是 $y_0 y = p(x + x_0)$.

定理 1 椭圆上一个点 P 的两条焦半径的夹角被椭圆在点 P 处的法线平分(如图所示).

已知:如图,椭圆 C 的方程为 $\dfrac{x^2}{a^2} + \dfrac{y^2}{b^2} = 1$,$F_1, F_2$ 分别是其

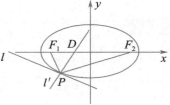

左、右焦点,l 是过椭圆上一点 $P(x_0, y_0)$ 的切线,l' 为垂直于 l 且过点 P 的椭圆的法线,交 x 轴于 D,设 $\angle F_2 PD = \alpha$,$\angle F_1 PD = \beta$,求证:$\alpha = \beta$.

证法一 在 $C: \dfrac{x^2}{a^2} + \dfrac{y^2}{b^2} = 1$ 上,$P(x_0, y_0) \in C$,则过点 P 的切线方程为:$\dfrac{x_0 x}{a^2} + \dfrac{y_0 y}{b^2} = 1$,$l'$ 是

通过点 P 且与切线 l 垂直的法线,则 $l': \left(\dfrac{y_0}{b^2} \right) x - \left(\dfrac{x_0}{a^2} \right) y = x_0 y_0 \left(\dfrac{1}{b^2} - \dfrac{1}{a^2} \right)$,所以法线 l' 与 x 轴交

于 $D\left[\left(\dfrac{c}{a}\right)^2 x_0,0\right]$,

所以 $|F_1D|=\dfrac{c^2}{a^2}x_0+c$, $|F_2D|=c-\dfrac{c^2}{a^2}x_0$, 所以 $\dfrac{|F_1D|}{|F_2D|}=\dfrac{a^2+cx_0}{a^2-cx_0}$, 又由焦半径公式得,

$|PF_1|=a+ex_0$, $|PF_2|=a-ex_0$, 所以 $\dfrac{|F_1D|}{|F_2D|}=\dfrac{|PF_1|}{|PF_2|}$, 故 PD 是 $\angle F_1PF_2$ 的平分线,

所以 $\alpha=\beta$, 因为 $\alpha+\alpha'=90°=\beta+\beta'$, 故可得 $\alpha=\beta\Longleftrightarrow\alpha'=\beta'$.

证法二 由证法一得切线 l 的斜率 $k=y'|_{x=x_0}=\dfrac{-b^2x_0}{a^2y_0}$, 而 PF_1 的斜率 $k_1=\dfrac{y_0}{x_0+c}$, PF_2 的

斜率 $k_2=\dfrac{y_0}{x_0-c}$, 所以 l 到 PF_1 所成的角 α' 满足: $\tan\alpha'=\dfrac{k_1-k}{1+kk_1}=\dfrac{\dfrac{y_0}{x_0+c}+\dfrac{b^2x_0}{a^2y_0}}{1-\dfrac{b^2x_0y_0}{(x_0+c)a^2y_0}}$

$=\dfrac{a^2y_0^2+b^2x_0^2+b^2cx_0}{(a^2-b^2)x_0y_0+a^2cy_0}$.

因为 $P(x_0,y_0)$ 在椭圆 $C:\dfrac{x^2}{a^2}+\dfrac{y^2}{b^2}=1$ 上, 所以 $\tan\alpha'=\dfrac{b^2}{cy_0}$.

同理, PF_2 到 l 所成的角 β' 满足 $\tan\beta=\dfrac{k-k_2}{1+kk_2}=\dfrac{b^2}{cy_0}$, 所以 $\tan\alpha'=\tan\beta'$.

而 $\alpha',\beta'\in\left(0,\dfrac{\pi}{2}\right)$, 所以 $\alpha'=\beta'$.

证法三 作点 F_3, 使点 F_3 与 F_2 关于切线 l 对称, 连接 F_1,F_3 交椭圆 C 于点 P'

下面只需证明点 P 与 P' 重合.

一方面, 点 P 是切线 l 与椭圆 C 的唯一交点, 则 $|PF_1|+|PF_2|=2a$, 是 l 上的点到两焦点距离之和的最小值(这是因为 l 上的其他点均在椭圆外).

另一方面, 在直线 l 上任取另一点 P'',

因为 $|P'F_1|+|P'F_2|=|P'F_1|+|P'F_3|=|F_1F_3|<|P''F_1|+|P''F_2|$

即 P' 也是直线 AB 上到两焦点的距离之和最小的唯一点, 从而 P 与 P' 重合, 即 $\alpha=\beta$ 而得证.

定理2 双曲线上一个点 P 的两条焦半径的夹角被双曲线在点 P 处的切线平分(如图所示).

已知: 如图, 双曲线 C 的方程为 $\dfrac{x^2}{a^2}-\dfrac{y^2}{b^2}=1$, F_1,F_2 分别是其左、右焦点, l 是过双曲线 C 上的一点 $P(x_0,y_0)$ 的切线, 交 x 轴于点 D, 设 $\angle F_1PD=\alpha$, $\angle F_2PD=\beta$.

求证: $\alpha=\beta$.

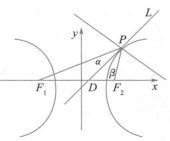

$\boxed{\text{证明}}$ $C:\dfrac{x^2}{a^2}-\dfrac{y^2}{b^2}=1$, 两焦点为 $F_1(-c,0)$, $F_2(c,0)$ $(c^2=a^2+b^2)$, $P(x_0,y_0)$ 在双曲线上, 则过

点 P 的切线 $\dfrac{x_0 x}{a^2} - \dfrac{y_0 y}{b^2} = 1$，切线 l 与 x 轴交于 $D\left(\dfrac{a^2}{x_0}, 0\right)$.

由双曲线的焦半径公式得，$|PF_1| = \left|\dfrac{c}{a}x_0 + a\right|$，$|PF_2| = \left|\dfrac{c}{a}x_0 - a\right|$，双曲线的两焦点

坐标为 $F_1(c, 0), F_2(-c, 0)$，故 $|DF_1| = \left|\dfrac{a}{x_0}\right|\left|\dfrac{c}{a}x_0 + a\right|$，

$$|DF_2| = \left|\dfrac{a}{x_0}\right|\left|\dfrac{c}{a}x_0 - a\right|, \dfrac{|PF_1|}{|PF_2|} = \dfrac{\left|\dfrac{c}{a}x_0 + a\right|}{\left|\dfrac{c}{a}x_0 - a\right|} = \dfrac{|DF_1|}{|DF_2|}$$

故 $\alpha = \beta$，所以切线 l 为 $\angle F_1 P F_2$ 的角分线.

定理 3 抛物线上一个点 P 的焦半径与过点 P 且平行于 x 轴的直线的夹角被抛物线在点 P 处法线平分（如图所示）.

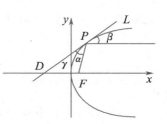

已知：如图，抛物线 C 的方程为 $y^2 = 4cx$，直线 l 是过抛物线上一点 $P(x_0, y_0)$ 的切线，交 x 轴于 D，$\angle DPF = \alpha, \angle PDF = \gamma$，反射线 PQ 与 l 所成角记为 β，求证：$\alpha = \beta$.

证明 如图，抛物线 C 的方程为 $C: y^2 = 4cx$，点 $P(x_0, y_0)$ 在该抛物线上，则过点 P 的切线为 $y_0 y = p(x + x_0)$，切线 l 与 x 轴交于 $D(-x_0, 0)$，焦点为 $F(c, 0)$，$\beta = \gamma$（同位角），

因为 $|PF| = \sqrt{(x_0 - c)^2 + y_0^2} = |x_0 + c|$，$|DF| = |x_0 + c|$，所以 $|PF| = |DF|$，故 $\alpha = \beta \Rightarrow \alpha = \gamma$.

通过以上问题转化可知，圆锥曲线的光学性质是可以用我们学过的知识证明的.

§10.5 平移与旋转

一、平移

坐标轴的方向与长度单位都不改变，只改变原点的位置，这种坐标变换叫作**坐标轴平移**，简称**移轴**. 设 O' 在原坐标系 xOy 中的坐标为 (h, k)，即 $\overrightarrow{OO'} = (h, k)$，以 O' 为坐标原点平移坐标轴，建立新坐标系 $x'O'y'$. 平面内任意一点 M 在原坐标系中的坐标为 (x, y)，在新坐标系的坐标为 (x', y')，即 $\overrightarrow{OM} = (x, y), \overrightarrow{O'M} = (x', y')$，由 $\overrightarrow{OM} = \overrightarrow{OO'} + \overrightarrow{O'M}$，得 $(x, y) = (x' + h, y' + k)$，因此，点 M 的原坐标与新坐标之间有如下关系：$\begin{cases} x = x' + h \\ y = y' + k \end{cases}$，或者写成 $\begin{cases} x' = x - h \\ y' = y - k \end{cases}$.

例 1 在平面直角坐标系 xOy 中，集合 $\{(x, y) \mid 3|x - 1| + 4|y - 2| \leqslant 6\}$ 所对应的区域的面积为（　　）

A. 4

B. 8

C. 12

D. 前三个选项都不对

（2021 年北京大学语言类保送）

二、转轴

如果坐标轴的原点和长度单位都不变,只是将坐标轴按同一方向绕原点旋转同一角度,这种坐标系的变换叫作**坐标轴旋转**,简称**转轴**. 在本书第 7.4 节,我们用复数的几何意义介绍了旋转问题,下面我们从向量角度来推导转轴的变换公式.

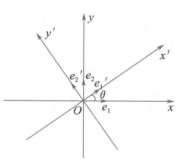

如图,设坐标轴按逆时针方向绕坐标原点 O 旋转角 θ. 设 $\boldsymbol{e}_1, \boldsymbol{e}_2$ 分别是 x 轴, y 轴的单位正向量, $\boldsymbol{e}_1', \boldsymbol{e}_2'$ 分别是 x' 轴, y' 轴的单位正向量,则有 $\boldsymbol{e}_1 = (\cos\theta, \sin\theta) = \boldsymbol{e}_1'\cos\theta + \boldsymbol{e}_2'\sin\theta$, $\boldsymbol{e}_2' = \left(\cos\left(\theta + \dfrac{\pi}{2}\right), \sin\left(\theta + \dfrac{\pi}{2}\right)\right) = -\boldsymbol{e}_1\sin\theta + \boldsymbol{e}_2\cos\theta$.

在平面内任取一点 M,它在坐标系 xOy 和 $x'O'y'$ 中的坐标分别为 (x, y) 和 (x', y'),即 $\overrightarrow{OM} = x\boldsymbol{e}_1 + y\boldsymbol{e}_2$, $\overrightarrow{OM} = x'\boldsymbol{e}_1' + y'\boldsymbol{e}_2'$. $x\boldsymbol{e}_1 + y\boldsymbol{e}_2 = (x'\cos\theta - y'\sin\theta)\boldsymbol{e}_1 + (x'\sin\theta + y'\cos\theta)\boldsymbol{e}_2$,

从而可以得到 $\begin{cases} x = x'\cos\theta - y'\sin\theta \\ y = x'\sin\theta + y'\cos\theta \end{cases}$ ①

解得 $\begin{cases} x' = x\cos\theta + y\sin\theta \\ y' = -x\sin\theta + y\cos\theta \end{cases}$ ②

公式①是用新坐标表示原坐标的旋转变换公式,公式②是用原坐标表示新坐标的旋转变换公式,统称为**旋转(转轴)公式**. 公式②也可以由公式①中以 $-\theta$ 代替 θ 得到. 公式①,②还可以用矩阵形式写成 $\begin{bmatrix} x \\ y \end{bmatrix} = \begin{bmatrix} \cos\theta & -\sin\theta \\ \sin\theta & \cos\theta \end{bmatrix} \begin{bmatrix} x' \\ y' \end{bmatrix}$ ①′

$\begin{bmatrix} x' \\ y' \end{bmatrix} = \begin{bmatrix} \cos\theta & \sin\theta \\ -\sin\theta & \cos\theta \end{bmatrix} \begin{bmatrix} x \\ y \end{bmatrix}$ ②′

转轴公式告诉我们,将坐标轴旋转一个适当的角度,可以简化二元二次方程 $Ax^2 + Bxy + Cy^2 + Dx + Ey + F = 0 (B \neq 0)$ ③

使得新方程没有交叉项 $x'y'$,下面我们来研究这一问题:

将公式① $\begin{cases} x = x'\cos\theta - y'\sin\theta \\ y = x'\sin\theta + y'\cos\theta \end{cases}$ 代入③式,得

$A'x'^2 + B'x'y' + C'y'^2 + D'x' + E'y' + F' = 0$ ③′

其中 $A' = A\cos^2\theta + B\sin\theta\cos\theta + C\sin^2\theta$,

$B' = -2A\sin\theta\cos\theta + B(\cos^2\theta - \sin^2\theta) + 2C\sin\theta\cos\theta$,

$C' = A\sin^2\theta - B\sin\theta\cos\theta + C\cos^2\theta$,

$D' = D\cos\theta + E\sin\theta$,

$E' = -D\sin\theta + E\cos\theta$.

为了使 $B' = 0$,则 $B\cos2\theta = (A - C)\sin2\theta$,只需取 θ 满足 $\cot2\theta = \dfrac{A - C}{B}$ ④

取满足公式④的角 θ 作旋转变换,即可使③′中没有交叉项 $x'y'$.

例 2 设 $f(x,y)=3x^2-2\sqrt{3}xy+5y^2$.

(1)求旋转角 θ,使得 $f(x,y)$ 化简后不含有交叉项 $x'y'$;

(2)对于 $f(x,y)\neq(0,0)$,求 $g(x',y')=\dfrac{f(x,y)}{x^2+y^2}$ 的最大值与最小值.

例 3 若有且仅有一个正方形,其中心位于坐标原点,且其四个顶点在曲线 $y=x^3+ax$ 上,则实数 $a=$ _____.

例 4 已知椭圆 $C:\dfrac{x^2}{a^2}+\dfrac{y^2}{b^2}=1(a>b>0)$ 的离心率为 $\dfrac{\sqrt{2}}{2}$,且过点 $A(2,1)$.

(1)求椭圆 C 的方程;

(2)点 M,N 均在椭圆 C 上,且 $AM\perp AN,AD\perp MN,D$ 为垂足.

证明:存在点 Q,使得 $|DQ|$ 为定值.

(2020 年全国新高考 I 卷)

§ 10.6 极坐标系与参数方程

一、参数方程

一般地,在平面直角坐标系中,如果曲线 C 上任一点的坐标 x,y 都是第三个变量 t 的函数 $\begin{cases}x=f(t)\\y=g(t)\end{cases}(t\in D)$,并且对 t 的每一个允许值,由方程组 $\begin{cases}x=f(t)\\y=g(t)\end{cases}(t\in D)$ 所确定的点 $M(x,y)$ 都在曲线 C 上,那么方程组 $\begin{cases}x=f(t)\\y=g(t)\end{cases}(t\in D)$ 就叫作曲线 C 的**参数方程**,t 叫作**参变数**,简称**参数**.

相对于曲线的参数方程,前面直接给出曲线上的点的坐标 x,y 间的关系的方程 $F(x,y)=0$ 叫作曲线的**普通方程**.

❶直线的参数方程

直线 l 经过点 $P(x_0,y_0)$,且 l 的一个方向向量为 $\boldsymbol{d}=(u,v)$,则直线 l 的参数方程为 $\begin{cases}x=x_0+ut\\y=y_0+vt\end{cases}(t\in \mathbf{R}$ 为参数$)$;如果直线 l 的倾斜角为 α,则直线 l 的参数方程为 $\begin{cases}x=x_0+t\cos\alpha\\y=y_0+t\sin\alpha\end{cases}$

$(t\in \mathbf{R}$ 为参数$)$. 由于 $P_0Q=x-x_0=t\cos\alpha$,$\overrightarrow{QP}=t\sin\alpha$,所以 $t=\overrightarrow{QP}$,这是参数 t 的几何意义.

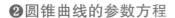

❷圆锥曲线的参数方程

（1）圆的参数方程

设圆的标准方程$(x-a)^2+(y-b)^2=r^2(r>0)$的参数方程为$\begin{cases}x=a+r\cos\alpha\\y=b+r\sin\alpha\end{cases}$（$0\leqslant\alpha<2\pi$ 为参数）；

（2）椭圆的参数方程

设椭圆的标准方程$\dfrac{x^2}{a^2}+\dfrac{y^2}{b^2}=1(a>b>0)$的参数的方程为$\begin{cases}x=a\cos\alpha\\y=b\sin\alpha\end{cases}$（$0\leqslant\alpha<2\pi$ 为参数）；

（3）双曲线的参数方程

设双曲线的标准方程$\dfrac{x^2}{a^2}-\dfrac{y^2}{b^2}=1(a>0,b>0)$的参数方程为$\begin{cases}x=a\sec\alpha\\y=b\tan\alpha\end{cases}$

$\left(0\leqslant\alpha<2\pi,\text{且 }\alpha\neq\dfrac{\pi}{2},\alpha\neq\dfrac{3\pi}{2}\text{为参数}\right)$；

（4）抛物线的参数方程

设抛物线的标准方程$y^2=2px(p>0)$的参数方程为$\begin{cases}x=2pt^2\\y=2pt\end{cases}$（$t\in\mathbf{R}$ 为参数）.

例 1 （多选）已知 P 为双曲线$\dfrac{x^2}{4}-y^2=1$上一点，$A(-2,0),B(2,0)$，令$\angle PAB=\alpha,\angle PBA=\beta$，下列为定值的是（　　）

A. $\tan\alpha\tan\beta$　　　　B. $\tan\dfrac{\alpha}{2}\tan\dfrac{\beta}{2}$　　　　C. $S_{\triangle PAB}\tan(\alpha+\beta)$　　　　D. $S_{\triangle PAB}\cot(\alpha+\beta)$

（2020 年清华大学）

例 2 （1）若 $x^2+y^2\leqslant1$，则 x^2+xy-y^2 的取值范围是（　　）

A. $\left[-\dfrac{\sqrt{3}}{2},\dfrac{\sqrt{3}}{2}\right]$　　B. $[-1,1]$　　C. $\left[-\dfrac{\sqrt{5}}{2},\dfrac{\sqrt{5}}{2}\right]$　　D. $[-2,2]$

（2020 年清华大学）

（2）已知 $1\leqslant x^2+y^2\leqslant2$，则 x^2+xy+y^2 的最大值与最小值的和为_____.

（2017 年北京大学物理、化学秋令营）

例 3 已知动点 A 在椭圆$\dfrac{x^2}{25}+\dfrac{y^2}{16}=1$上运动，动点 B 在圆$(x-6)^2+y^2=1$上运动，则$|AB|$的最大值为_____.

（2018 年上海交通大学）

例 4 设实数 a,b 满足$a^2+b^2=1$，则$ab+\max\{a,b\}$的最大值为（　　）

A. $\dfrac{3\sqrt{3}}{4}$　　　　B. $\dfrac{\sqrt{3}}{4}$　　　　C. $\sqrt{3}$　　　　D. $\dfrac{\sqrt{3}}{2}$

（2017 年北京大学中学生发展与能力核心测试）

二、极坐标系

平面上一个点的位置可用直角坐标系中的有序实数对来确定，也可以用方向角和距离来确定．如图所示，在平面内取一定点 O，叫作**极点**，以 O 为端点引一条射线 Ox，叫作**极轴**，再选定一个单位长度和角度的正方向（一般规定逆时针方向为正方向），这时，对于平面内任一定 M，设 $\rho=|OM|$，$\theta=\angle MOx$，则点 M 的位置可以用有序实数对 (ρ,θ) 表示，(ρ,θ) 叫作点 M 的**极坐标**，其中 ρ 叫作点 M 的**极径**，θ 叫作点 M 的**极角**．这样建立的坐标系叫作**极坐标系**．

当 M 为极点时，它的极坐标为 (ρ,θ)，θ 可以为任意角；当 $\rho<0$ 时，规定 (ρ,θ) 对应的点为 $(-\rho,\theta+\pi)$．

一般地，如果 (ρ,θ) 是一个点的极坐标，那么 $(\rho,\theta+2n\pi)$，$(-\rho,\theta+(2n+1)\pi)$ 都可以作为它的极坐标．但如果限定 $\rho>0$，$0\leqslant\theta<2\pi$（或 $-\pi<\theta\leqslant\pi$），那么，在极坐标系中，除了极点外平面上的所有点构成的集合与实数对 (ρ,θ) 的集合 $\{(\rho,\theta)\,|\,\rho>0,0\leqslant\theta<2\pi\}$（或 $\{(\rho,\theta)\,|\,\rho>0,-\pi<\theta\leqslant\pi\}$）构成一一对应关系．以下如果不加以特殊说明，我们认为 $\rho>0$．

❶ 曲线的极坐标方程

在极坐标系中，曲线可以用含有 ρ，θ 这两个变数的方程 $F(\rho,\theta)=0$ 来表示，方程 $F(\rho,\theta)=0$ 叫作这条曲线的极坐标方程．

由于平面内一个点的极坐标是不唯一的，所以曲线上点的极坐标不一定都适合方程，但其中应至少有一个坐标能满足这个方程，这时，曲线和极坐标方程有如下关系：

(1)以方程 $F(\rho,\theta)=0$ 的解 (ρ,θ) 为极坐标的点都在曲线上；

(2)曲线上每一点的所有极坐标中，至少有一个极坐标 (ρ,θ) 是方程的解．

求曲线的极坐标方程，其实就是建立曲线上所有点的极径 ρ 与极角 θ 所满足的关系式．

❷ 极坐标与直角坐标的互化

极坐标和直角坐标是两种不同的坐标系，同一个点可以有极坐标，也可以有直角坐标；同一条曲线可以有极坐标方程，也可以有直角坐标方程．为了方便研究，我们需要在两种坐标系之间进行相互转化．

如右图所示，把直角坐标系的原点作为极点，x 轴的正半轴作为极轴，并取相同的长度单位，设 M 为平面上任一点，它的直角坐标为 (x,y)，极坐标为 (ρ,θ)．

当 $\rho\geqslant0$ 时，由三角函数的定义，可以得出 x，y 与 ρ，θ 之间的关系式：

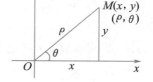

$$x=\rho\cos\theta,\ y=\rho\sin\theta \qquad ①$$

当 $\rho<0$ 时，点 M 的极坐标可以用 $(-\rho,\pi+\theta)$，利用①式可得 $x=-\rho\cos(\pi+\theta)=\rho\cos\theta$，$y=-\rho\sin(\pi+\theta)=\rho\sin\theta$．

这表明当 $\rho<0$ 时，①式也成立．

综上可知①式对点 M 的任意一种极坐标表示都成立．

从①式中解得 $\rho^2 = x^2 + y^2, \tan\theta = \dfrac{y}{x}(x \neq 0)$ ②

由①②两式,我们可将点的直角坐标与极坐标进行互化.

例 5　方程 $5\rho\cos\theta = 4\rho + 3\rho\cos 2\theta$ 所以表示的曲线的形状是_____.

（2020 年复旦大学）

例 6　极坐标系中,曲线 $C: \rho^2 - 6\rho\cos\theta - 8\rho\sin\theta + 16 = 0$ 上一点与曲线 $D: \rho^2 - 2\rho\cos\theta - 4\rho\sin\theta + 4 = 0$ 上一点距离的最大值为_____.

（2018 年复旦大学）

例 7　在直角坐标系 xOy 中,曲线 C 的方程为 $\dfrac{x^2}{4} + \dfrac{y^2}{3} = 1$. 以坐标原点为极点,$x$ 轴的正半轴

为极轴建立极坐标系,直线 l 的极坐标方程为 $\rho\sin\left(x - \dfrac{\pi}{4}\right) = -\sqrt{2}$.

（1）求曲线 C 的参数方程和直线 l 的直角坐标方程;

（2）若直线 l 与 x 轴和 y 轴分别交于 A,B 两点,P 为曲线 C 上的动点,求 $\triangle PAB$ 面积的最大值.

（2018 年北京大学博雅闻道）

❷圆锥曲线的极坐标方程

椭圆、双曲线、抛物线可以统一定义为:到一定点（焦点）的距离和一条定直线（准线）的距离的比等于常数 e 的点轨迹. 当 $0 < e < 1$ 时,曲线是椭圆;当 $e = 1$ 时,曲线是抛物线;当 $e > 1$ 时,曲线是双曲线. 现在我们根据这个定义来求这三种圆锥曲线的极坐标方程.

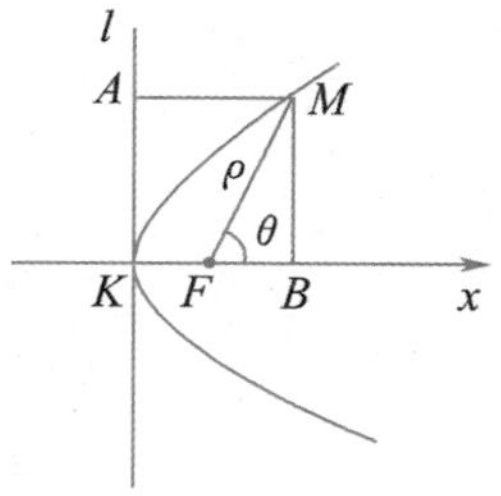

如图,过焦点 F 作准线 l 的垂线,垂足为 K,以 F 为极点,FK 的反向延长线 Fx 为极轴,建立极坐标系.

设 $M(\rho, \theta)$ 是曲线上任一点,联结 MF,作 $MA \perp l$,$MB \perp Fx$,垂足分别为 A,B. 记焦点 F 到准线 l 的距离 $|KF| = p$,则 $\dfrac{|MF|}{|MA|} = e$.

由于 $|MF| = \rho$,$|MA| = |BK| = p + \rho\cos\theta$,所以上式为 $\dfrac{\rho}{p + \rho\cos\theta} = e$,即 $\rho = \dfrac{ep}{1 - e\cos\theta}$.

这就是椭圆、双曲线、抛物线的统一的极坐标方程. 当 $0 < e < 1$ 时,方程表示椭圆,定点 F 是它的左焦点,定直线 l 是它的左准线;当 $e = 1$ 时,方程表示开口向右的抛物线;当 $e > 1$ 时,方程只表示双曲线的右支,定点 F 是它的右焦点,定直线 l 是它的右准线,如果允许 $\rho < 0$,方程就表示整个双曲线.

例 8　点 P 在圆 $(x-2)^2 + (y-1)^2 = 1$ 上运动,向量 $\overrightarrow{PO}$（其中 O 是坐标原点）绕点 P 逆时针旋转 $90°$ 得向量 $\overrightarrow{PQ}$,则点 Q 的轨迹方程是_____.

（2018 年中国科学技术大学）

例 9 已知 F 是椭圆 $\dfrac{x^2}{a^2}+\dfrac{y^2}{b^2}=1$ 的左准点，O 为坐标原点. 若 AB 和 CD 都经过点 F，且 $AB\perp CD$，求证：$\dfrac{1}{|AB|}+\dfrac{1}{|CD|}$ 为定值.

例 10 过椭圆 $\dfrac{x^2}{a^2}+\dfrac{y^2}{b^2}=1(a>b>0)$ 的右焦点 F 作两条相互垂直的弦 AB,CD.

证明：当且仅当 $|AB|=|CD|$ 时 A,B,C,D 四点共圆.

（2016 年中国科学技术大学）

习题十

一、选择题

1. 设 P 为圆 O 内一点，A,B 是圆 O 的上动点，且满足 $\angle APB=90^\circ$，则线段 AB 的中点 M 的轨迹为（　　）

　A. 圆　　　　　　B. 椭圆　　　　　　C. 双曲线的一支　　　　D. 线段

（2017 年清华大学领军计划）

2. 两圆均过点 $(3,4)$，且其半径之积为 80，两圆均以 x 轴为公切线，并且另一公切线过原点，则其斜率为（　　）

　A. $\pm\dfrac{8}{15}\sqrt{5}$　　　　B. $-\dfrac{8}{11}\sqrt{5}$　　　　C. $\pm\dfrac{8}{15}\sqrt{3}$　　　　D. $-\dfrac{8}{15}\sqrt{3}$

（2017 年北京大学优特测试）

3. 设椭圆 $C_1:\dfrac{x^2}{a^2}+\dfrac{y^2}{b^2}=1(a>b>0)$ 的左、右焦点分别为 F_1,F_2，离心率为 $\dfrac{3}{4}$，双曲线 $C_2:\dfrac{x^2}{c^2}-\dfrac{y^2}{d^2}=1(c>d>0)$ 的一条渐近线与椭圆 C_1 的一个交点是 P. 若 $PF_1\perp PF_2$，则双曲线 C_2 的离心率是（　　）

　A. $\sqrt{2}$　　　　B. $\dfrac{9}{8}\sqrt{2}$　　　　C. $\dfrac{9}{4}\sqrt{2}$　　　　D. $\dfrac{3}{2}\sqrt{2}$

（2017 年北京大学优特测试）

4. 过椭圆 $\dfrac{x^2}{a^2}+\dfrac{y^2}{b^2}=1$ 上一点 P 作椭圆的一条切线与椭圆的两条对称轴分别交于点 A,B，若线段 AB 的最小长度为 $3b$，则椭圆的离心率 $e=$（　　）

　A. $\dfrac{\sqrt{2}}{2}$　　　　B. $\dfrac{1}{2}$　　　　C. $\dfrac{\sqrt{3}}{3}$　　　　D. $\dfrac{\sqrt{3}}{2}$

（2017 年北京大学高中生发展与核心能力测评）

5. （多选）如图，已知椭圆 $E:\dfrac{x^2}{4}+y^2=1$ 与直线 $l_1:y=\dfrac{1}{2}x$ 交于两点 A,B，与直线 $l_2:y=-\dfrac{1}{2}x$ 交于 C,D，椭圆 E 上的点 P（点 P 与点 A,B,C,D 均不重合）使得直线 AP,BP 分别与直线 l_2 交于点 M,N，则（　　）

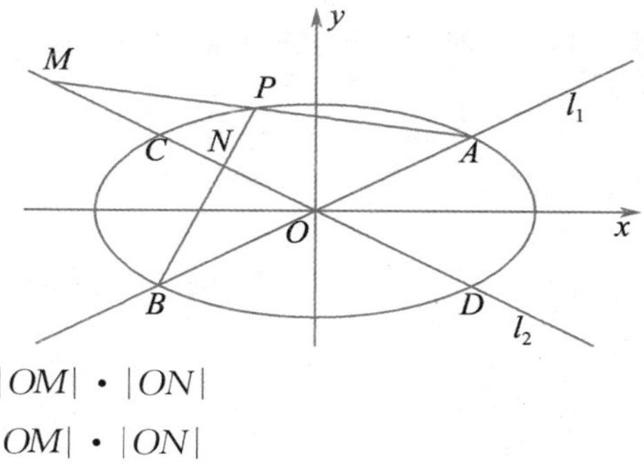

　A. 在椭圆 E 上存在 2 个不同的点 Q，使得 $|OQ|^2=|OM|\cdot|ON|$

　B. 在椭圆 E 上存在 4 个不同的点 Q，使得 $|OQ|^2=|OM|\cdot|ON|$

　C. 在椭圆 E 上存在 2 个不同的点 Q，使得 $\triangle NOQ\backsim\triangle QMO$

　D. 在椭圆 E 上存在 4 个不同的点 Q，使得 $\triangle NOQ\backsim\triangle QMO$

（2017 年清华大学领军计划）

6. 已知 a,b,c 是非零向量,且 $|a-b|=4$,$(c-a)\cdot(c-b)=-\dfrac{15}{4}$,设 λ 为任意实数,当 $a-b$ 与 a 的夹角为 $\dfrac{\pi}{6}$ 时,$|c-\lambda a|$ 的最小值为(   )

A. 1   B. $\dfrac{2}{3}$ C. $\dfrac{1}{2}$ D. $\dfrac{3}{4}$

(2021 年清华大学文科营暨工科营)

7. 从圆 $x^2+y^2=4$ 上的点向椭圆 $C:\dfrac{x^2}{2}+y^2=1$ 引切线,两切点间的线段称为切点弦,则椭圆 C 内不与任何切点弦相交的区域的面积为(   )

A. $\dfrac{\pi}{2}$ B. $\dfrac{\pi}{3}$ C. $\dfrac{\pi}{4}$ D. 前三个答案都不对

(2020 年北京大学博雅计划)

8. (多选)若过椭圆 $\dfrac{x^2}{4}+y^2=1$ 的右准线上的一点 P 作该椭圆的两条切线,切点分别为 A、B,该椭圆的左焦点为 F,则(   )

A. $|AB|$ 的最小值为 1   B. $|AB|$ 的最小值为 $\sqrt{3}$

C. $\triangle FAB$ 的周长为定值   D. $\triangle FAB$ 的面积为定值

(2017 年清华大学领军计划)

9. 设实数 $0<k_1<k_2$,并且 $k_1k_2=4$,两双曲线 C_1,C_2 的渐近线分别是 $y=\pm\dfrac{k_1}{4}(x-2)+2$ 和 $y=\pm k_2(x-2)+2$,且 C_1,C_2 都过原点,则双曲线 C_1,C_2 的离心率的比值是(   )

A. $\sqrt{\dfrac{16+k_1^2}{16+16k_2^2}}$ B. $\sqrt{\dfrac{16+k_1^2}{16+k_2^2}}$ C. 1   D. 2

(2017 年北京大学优秀特长生测试)

10. 过椭圆 $\dfrac{x^2}{9}+\dfrac{y^2}{4}=1$ 上一点 M 作圆 $x^2+y^2=2$ 的两条切线,切点分别为 A,B,过切点的直线 l 与坐标轴交于 P,Q 两点,O 为坐标原点,则 $\triangle POQ$ 面积的最小值为(   )

A. $\dfrac{1}{2}$ B. $\dfrac{2}{3}$ C. $\dfrac{3}{4}$ D. 前三个答案都不对

(2018 年北京大学)

11. 设直线 $y=3x+m$ 与椭圆 $\dfrac{x^2}{25}+\dfrac{y^2}{16}=1$ 相交于 A,B 两点,O 为坐标原点,则三角形 $\triangle OAB$ 的最大值为(   )

A. 8   B. 10

C. 12   D. 前三个答案都不对

(2020 年北京大学强基计划)

12. 过坐标原点的直线 l 与双曲线 $xy=-2\sqrt{2}$ 相交于两点 P,Q,其中点 P 在第二象限,现将上

下两个半平面沿 x 轴折成直二面角,则 $|PQ|$ 的最小值为(　　)

A. $2\sqrt{2}$ B. 4 C. $3\sqrt{2}$ D. $4\sqrt{2}$

(2017 年北京大学)

二、填空题

13. 在平面直角坐标系 xOy 中,设 $A(1,0),B(3,4)$,向量 $\overrightarrow{OC}=x\overrightarrow{OA}+y\overrightarrow{OB}$,其中 $x+y=4$,动点 P 满足 $\overrightarrow{PA}\cdot\overrightarrow{PB}=0$,则 $|\overrightarrow{PC}|$ 的最小值为_____.

(2021 年清华大学艺术生保送暨高水平艺术团)

14. 已知点 (a,b) 在椭圆 $\dfrac{x^2}{4}+\dfrac{y^2}{3}=1$ 上,则 $2a+3b+4$ 的最大值与最小值的和为_____.

(2019 年浙江大学)

15. 已知抛物线 $y=x^2$ 及其焦点 F,F 与 $Q(x,y)$ 连线段的中垂线为该抛物线的切线,则 Q 的轨迹方程为_____.

(2018 年清华大学人文社科冬令营)

16. 已知 F 为双曲线 $\dfrac{x^2}{a^2}-\dfrac{y^2}{b^2}=1$ 的左焦点,过点 F 的直线与圆 $x^2+y^2=\dfrac{c^2}{2}$ 交于 A,B 两点(A 在 F,B 之间),与双曲线在第一象限的交点为 T,O 为坐标原点,若 $FA=BT,\angle AOB=90°$,则该双曲线的离心率为_____.

(2020 年清华大学 THUSSAT)

三、解答题

17. 设椭圆中心为原点,一个焦点为 $F(0,1)$,长轴和短轴的长度之比为 t.

(1)求椭圆的方程;

(2)设经过原点且斜率为 t 的直线与椭圆在 y 轴右边部分的交点为 Q,点 P 在该直线上,且 $\dfrac{|OP|}{|OQ|}=t\sqrt{t^2-1}$,当 t 变化时,求点 P 的轨迹方程,并说明轨迹是什么图形.

18. 在平面直角坐标系 xOy 中,曲线 C_1 的参数方程为 $\begin{cases} x=2+\dfrac{4k}{1+k^2} \\ y=\dfrac{2(1-k^2)}{1+k^2} \end{cases}$ (k 为参数). 以原点 O 为极点, x 轴的非负半轴为极轴建立极坐标系,曲线 C_2 的极坐标方程为 $\rho=\dfrac{2}{\sqrt{3+\cos 2\theta-\sin^2\theta}}$.

(1)直接写出曲线 C_2 的普通方程;

(2)设 A 是曲线 C_1 上的动点,B 是曲线 C_2 上的动点,求 $|AB|$ 的最大值.

(2021 年清华大学 THUSSAT)

19. 已知抛物线 $C:x^2=2py(p>0)$ 的焦点为 F，直线 $l:y=x+1$ 与曲线 C 的交点为 A,B，与 y 轴的交点为 M.

(1)若 $|\overrightarrow{AF}|,4,|\overrightarrow{BF}|$ 成等差数列，求抛物线 C 的方程；

(2)若 $S_{\triangle AFM}=3S_{\triangle BFM}$，求 $S_{\triangle AFB}$.

（2019 年北京大学博雅闻道）

20. 已知 F_1,F_2 是椭圆 $C:\dfrac{x^2}{a^2}+\dfrac{y^2}{b^2}=1(a>b>0)$ 的左、右焦点，弦 AB 经过点 F_2，若 $|AF_2|=2|F_2B|$，$\tan\angle AF_1B=\dfrac{3}{4}$，且 $\triangle F_1F_2B$ 的面积为 2.

(1)求椭圆 C 的方程；

(2)若直线 $y=k(x-1)(1\leqslant k\leqslant 2)$ 与 y 轴交于点 P，与椭圆 C 交于 M,N 两点，线段 MN 的垂直平分线交 y 轴于点 Q，求 $\dfrac{|MN|}{|PQ|}$ 的取值范围.

（2021 年清华大学 THUSSAT）

21. 已知双曲线 $C:\dfrac{x^2}{a^2}-\dfrac{y^2}{b^2}=1(a>0,b>0)$ 的离心率 $e=3$，其左焦点 F_1 到此双曲线渐近线的距离为 $2\sqrt{2}$.

(1)求双曲线 C 的方程；

(2)若过点 $D(2,0)$ 的直线 l 交双曲线 C 于 A,B 两点，且以 AB 为直径的圆 E 过原点 O，求圆 E 的圆心到抛物线 $x^2=4y$ 的准线的距离.

（2020 年清华大学 THUSSAT）

22. 如图所示，过抛物线 $y^2=4x$ 的焦点 F 作互相垂直的直线 l_1,l_2，l_1 交抛物线于 A,B 两点（A 在 x 轴的上方），l_2 交抛物线于 C,D 两点，交其准线于点 N.

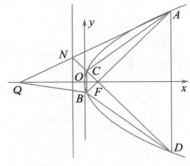

(1)求四边形 $ACBD$ 面积的最小值；

(2)若直线 AN 与 x 轴的交点为 Q，求 $\triangle AQB$ 面积的最小值.

（2020 年清华大学 THUSSAT）

▷ ▷ ▷ **第十一章**

排列组合与二项式定理

　　计数问题是高中数学的重要研究内容之一,分类加法计数原理、分步乘法计数原理是解决计数问题的最基本、最重要的原理,也称为基本计数原理,它为我们解决很多实际问题提供了思路和工具.排列、组合是两类特殊而重要的计数问题,解决排列、组合问题基本思想和基本工具就是两个基本计数原理.二项式定理的学习过程也是应用两个计数原理解决问题的典型过程.

§11.1 两个计数原理

一、分类加法计数原理

分类加法计数原理:一般地,如果完成某件事情有 m 类不同的方法,在第 1 类中有 n_1 种不同的方法,在第 2 类中有 n_2 种不同的方法,$\cdots$,在第 m 类中有 n_m 种不同的方法,那么完成这件事共有 $N = n_1 + n_2 + \cdots + n_m$ 种不同的方法.

例 1 从 2 个红球,3 个黑球,5 个白球中任取 6 个,有_____种不同的取法.

(2020 年上海交通大学)

例 2 2021 年是北京大学建校 123 周年,则满足建校 n 周年的正整数 n 能整除对应年份的 n 的个数为( )

A. 4   B. 8   C. 12   D. 前三个选项都不对

(2021 年北京大学语言类保送考试)

例 3 整数 x, y 满足 $|x| + |y| \leqslant n (n \in \mathbf{N})$,满足此条件的 (x, y) 有_____组.

(2017 年中国科学技术大学)

例 4 对于平面 α,若多面体的各个顶点到平面 α 的距离均相等,则称平面 α 为该多面体的"中位面".

(1)四面体有_____个互不相同的"中位面";

(2020 年上海交通大学)

(2)平行六面体有多少个互不相同的"中位面"?

(3)给定三维空间内不共面的四个点,以这四个点作为平行六面体的顶点(中的四个),共可得到多少个互不相同的平行六面体?

二、分步乘法计数原理

分步乘法计数原理:一般地,如果完成某件事情需要 m 个步骤,完成第 1 步有 n_1 种不同的方法,完成第 2 步有 n_2 种不同的方法,$\cdots$,完成第 m 步有 n_m 种不同的方法,那么完成这件事共有 $N = n_1 \cdot n_2 \cdot \cdots \cdot n_m$ 种不同的方法.

例 5 已知集合 $A, B, C \subseteq \{1, 2, 3, \cdots, 2020\}$,且 $A \subseteq C, B \subseteq C$,则有序集合组 (A, B, C) 的个数是( )

A. 2^{2020} B. 3^{2020} C. 4^{2020} D. 5^{2020}

(2020 年清华大学)

例 6 在正方体的 12 条棱中,选出 4 条两两不相交的棱,共有_____种选法.

(2017 年中国科学技术大学)

例 7 已知 $A=\{-1,0,1\}$，$B=\{2,3,4,5,6\}$，若由 A 到 B 的映射 $f:x \to y$ 满足 $x+f(x)+xf(x)$ 为奇数，则映射 f 的个数为（ ）

A. 18 B. 50 C. 125 D. 243

（2017 年清华大学）

例 8 从 6 名男员工和 4 名女员工中各抽取 2 人，组成羽毛球混合双打比赛，一共有（ ）组合方式.

A. 60 B. 90 C. 180 D. 前三个答案都不对

（2019 年北京大学博雅计划）

§11.2 排列与组合

一、排列

排列与组合是组合学中最基本的概念. 一般地，从 n 个不同的元素中取出 $m(m\leqslant n)$ 个元素，按照一定的顺序排成一列，叫作从 n 个不同元素中取出 m 个元素的一个**排列**.

从 n 个不同元素中取出 $m(m\leqslant n)$ 个元素的所有排列的个数叫作从 n 个不同元素中取出 m 个元素的**排列数**，用符号 A_n^m 表示. 则 $A_n^m=n\cdot(n-1)\cdot(n-2)\cdots(n-m+1)(m\leqslant n)$，这个公式叫作**排列数公式**. n 个不同的元素全部取出的一个排列，叫作 n 个元素的一个**全排列**，这时 $m=n$，即有 $A_n^n=n\cdot(n-1)\cdot(n-2)\cdots3\cdot2\cdot1$. 这就是说，$n$ 个不同元素全部取出的排列数，等于正数 1 到 n 的乘积. 正整数 1 到 n 的连乘积，叫作 n 的**阶乘**，用 $n!$ 表示. 我们规定：$0!=1$.

这样，当 $0<m\leqslant n$，且 $m,n\in\mathbf{N}^*$ 时，有

$$A_n^m=n\cdot(n-1)\cdot(n-2)\cdots(n-m+1)$$
$$=\frac{n\cdot(n-1)\cdot(n-2)\cdots(n-m+1)\cdot(n-m)\cdots2\cdot1}{(n-m)\cdots2\cdot1}$$
$$=\frac{n!}{(n-m)!}.$$

例 1 某公司安排甲、乙、丙等 7 人完成 7 天的值班任务，每人负责一天. 已知甲不安排在第一天，乙不安排在第二天，甲和丙在相邻的两天，则不同的安排方式有_____种.

（2020 年复旦大学）

例 2 从集合 $\{1,2,3,\cdots,2021\}$ 中任取三个不同的数，使这三个数成等差数列，这样的等差数列可以有多少个？

二、组合

一般地,从 n 个不同的元素中取出 $m(m \leqslant n)$ 个元素组成一组,叫作从 n 个不同元素中取出 m 个元素的一个**组合**.

从排列与组合的定义可以看出,排列与组合的本质区别在于:排列与元素的次序有关,组合与元素的次序无关.从 n 个不同元素中取出 m 个元素的所有组合的个数,叫作从 n 个不同元素中取出 m 个元素的组合数,用符号 C_n^m 表示.一般地,对于从 n 个不同元素中取出 m 个元素的排列数为 A_n^m,可看作由下列两个步骤得到:

第一步,先求出从这 n 个元素中取 m 个不同元素的组合,共有 C_n^m 种;

第二步,求出每一个组合中 m 个元素的全排列数 A_m^m,根据分步乘法计数原理,有 $A_n^m = C_n^m \cdot A_m^m$. 所以 $C_n^m = \dfrac{A_n^m}{A_m^m} = \dfrac{n \cdot (n-1) \cdot \cdots \cdot (n-m+1)}{m!} = \dfrac{n!}{m!\,(n-m)!} (m \leqslant n)$.

这个公式叫作**组合数公式**.组合数公式有以下三个性质:

性质 1 $\quad C_n^m = C_n^{n-m}$.

性质 2 $\quad C_{n+1}^m = C_n^m + C_n^{m-1}$.

性质 3 $\quad kC_n^k = nC_{n-1}^{k-1}$.

例 3 从 1 到 60 之间取 3 个不同的数,3 个数之和为 3 的倍数的取法有_____种.

(2017 年上海交通大学)

例 4 将 3 个 1,3 个 2,3 个 3 填入 3×3 的方格表中,且每行每列恰有一个偶数,则共有_____种填法.

(2019 年清华大学暑期学校)

例 5 用 $S(A)$ 表示集合 A 的所有元素之和,且 $A \subseteq \{1,2,3,4,5,6,7,8\}$,$S(A)$ 能被 3 整除,但不能被 5 整除,则符合条件的非空集合 A 的个数是_____.

(2016 年中国科学技术大学)

例 6 已知集合 $A = \{1,2,3,4,5,6,7,8,9,10\}$,若从中取出三个元素构成集合 A 的子集,且所取得的三个数互不相邻。则这样的子集个数为(　　)

A. 56 　　　　　 B. 64 　　　　　 C. 72 　　　　　 D. 80

(2017 年清华大学 THUSSAT)

例 7 平面上给定 5 个点,任意三点不共线,过任意两点作直线,已知任意两条直线既不平行也不垂直,过 5 点中任意一点向另外四点的连线作垂线,则所有这些垂线的交点(不包括已知的 5 点)个数至多有_____个.

(2020 年上海交通大学)

例 8 第十四届全国运动会于 2021 年在陕西举办,为宣传地方特色,某电视台派出 3 名男记者和 2 名女记者到民间进行采访报导.工作过程中的任务划分为:"负重扛机""对象采访""文稿编写""编制剪辑"等四项工作,每项工作至少一人参加,但两名女记者不参加

"负重扛机",则不同的安排方案共有(　　)

A. 150 种　　　　　B. 126 种　　　　　C. 90 种　　　　　D. 54 种

(2018 年北京大学博雅闻道)

例 9 已知甲校 8 人,乙校 4 人,丙校 4 人,共 16 人排队,同校不相邻的排法有_____种.

(2021 年北京大学优秀中学生寒假学堂)

三、常见的排列与组合

❶ 可重排列

从 n 个不同的元素中,每次取出 m 个元素,如果元素允许重复出现,按照一定的顺序排成一列,称为**从 n 个不同元素中每次取出 m 个允许重复的排列**.由分步乘法计数原理,知其排列数为 n^m.

在 n 个元素中,有 n_1 个元素相同,又另有 n_2 个元素相同,…,另有 n_r 个元素相同,且 $n_1+n_2+\cdots+n_r=n$,这 n 个元素的排列叫作**不尽相异的 n 个元素的全排列**.不难得到此全排列的计算公式为 $A=\dfrac{n!}{n_1!\cdot n_2!\cdot\cdots\cdot n_r!}$.

从 n 个不同的元素中任取 $m(1\leqslant m\leqslant n)$ 个不同的元素按照圆圈排列,这种排列叫作**从 n 个元素中取出 m 个元素的环排列**.两个环排列,如果元素之间的相对位置没有改变,它们就是同一种排列.把一个含有 m 个元素的环,在 m 个不同位置拆开,即得 m 个不同的排列.由于 n 个不同元素中仅取 m 个元素的排列方法,即 A_n^m 种,所以 n 个不同元素中仅取 m 个元素的环排列方法有 $\dfrac{A_n^m}{m}$ 种.特别地,n 个不同元素的环排列有 $\dfrac{A_n^n}{n}=(n-1)!$ 种(即项链数).

❷ 两种常见的组合

(1)相异元素允许重复的组合

从 n 个不同元素中,取出 m 个元素,元素可以重复选取,不管顺序并成一组,叫作从 n 个相异元素允许重复的 m 元组合,我们把这种组合数记为 H_n^m,这里 m 可以大于 n.计算允许重复的组合数公式为 $H_n^m=C_{n+m-1}^m=\dfrac{(n+m-1)!}{m!\,(n-1)!}$.

(2)不尽相异元素的组合

一般地,如果 $n=p+q+\cdots+r$ 个元素,其中 p 个相同,q 个相同,…,r 个相同,但彼此并不相同,即 n 个元素不尽相异.从中每次取 1 个,2 个,…,n 个,由分步乘法计数原理易知,组合数的总和为 $[(p+1)(q+1)\cdots(r+1)]-1$ 个.

例 10 若 $a_1,a_2,a_3,a_4\in\{1,2,3,4\}$,$N(a_1,a_2,a_3,a_4)$ 为 a_1,a_2,a_3,a_4 中不同数字的种类,如 $N(1,1,2,3)=3$,$N(1,2,2,1)=2$,则所有的 a_1,a_2,a_3,a_4 的排列(共 $4^4=256$ 个)所得的 $N(a_1,a_2,a_3,a_4)$ 的平均值为(　　)

A. $\dfrac{87}{32}$　　　　　　　　　　B. $\dfrac{11}{4}$

C. $\dfrac{177}{64}$ D. $\dfrac{175}{64}$

（2017 年清华大学）

例 11 已知二进制和十进制可以相互转化，例如 $89=1\times2^6+0\times2^5+1\times2^4+1\times2^3+0\times2^2+0\times2^1+1\times2^0$，则十进制数 89 转化为二进制数为 $(1011001)_2$. 将 n 对应的二进制数中 0 的个数记为 a_n（例如：$4=(100)_2$，$51=(110011)_2$，$89=(1011001)_2$，则 $a_4=2$，$a_{51}=2$，$a_{89}=3$），记 $f(n)=2^{a_n}$，则 $f(2^{2018})+f(2^{2018}+1)+f(2^{2018}+2)+\cdots+f(2^{2019}-1)=$ _____.

（2018 年北京大学博雅闻道）

例 12 从所有不大于 2018 的正整数中任取 3 个，均不相邻的选法有（　　）种

A. C_{2016}^3 B. $\dfrac{1}{2}C_{2018}^3$ C. $C_{2018}^3-C_{2017}^3$ D. 前三个选项都不对

（2018 年北京大学博雅计划）

§11.3 二项式定理

一般地，对于任意正整数 n 有

$(a+b)^n=C_n^0a^n+C_n^1a^{n-1}b+C_n^2a^{n-2}b^2+\cdots+C_n^ra^{n-r}b^r+\cdots+C_n^nb^n(n\in\mathbf{N}^*)$，

我们把这个公式所表示的定理叫作二项式定理，右边的多项式叫作 $(a+b)^n$ 的二项展开式，它一共有 $n+1$ 项，其中各项的系数 $C_n^r(r=0,1,2,\cdots,n)$ 叫作二项式系数，式中 $C_n^ra^{n-r}b^r$ 叫作二项展开式的通项，它是二项展开式中的第 $r+1$ 项，用 T_{r+1} 表示，即 $T_{r+1}=C_n^ra^{n-r}b^r$.

我们发现二项展开式形式上的特征：

①项数有 $n+1$ 项；②a 与 b 的指数和为 n；③把字母 a 按降幂排列，指数从 n 逐项减 1 直到 0，字母 b 按升幂排列，指数从 0 逐项增 1 直到 n.

显然，当二项式定理中 b 用 $-b$ 来代替就能得到特殊形式：

$(a-b)^n=C_n^0a^n-C_n^1a^{n-1}b+C_n^2a^{n-2}b^2-\cdots+(-1)^nC_n^nb^n$.

同理，令 $a=1,b=x$，又能得到特殊形式 $(1+x)^n=1+C_n^1x+C_n^2x^2+\cdots+C_n^nx^n$.

例 1 设 $(x-\sqrt{2})^{2019}$ 展开式中 x 奇次幂的项的和为 $S(x)$，求 $S(\sqrt{2})$.

（2019 年上海交通大学）

例 2 设 n 为正整数，C_n^k 为组合数，则 $C_{2018}^0+3C_{2018}^1+5C_{2018}^2+\cdots+4037C_{2018}^{2018}$ 等于（　　）

A. $2018\cdot2^{2018}$ B. $2018!$ C. C_{4036}^{2018} D. 前三个答案都不对

（2018 年北京大学博雅计划）

例 3 $\left(x+\dfrac{1}{x}-1\right)^5\cdot(x^2+1)$ 的展开式中的常数项为 _____.

（2021 年清华大学语言类保送暨高水平艺术团）

例 4　$\left(x^2+\dfrac{1}{x}+y^3+\dfrac{1}{y}\right)^{10}$ 的展开式中，常数项为_____．

（2020 年复旦大学）

例 5　$\displaystyle\sum_{k=0}^{1008}(-1)^k C_{2016}^{2k}=$_____．

（2016 年中国科学技术大学）

例 6　假设实数 a 满足 $|a|<1$，对于正整数 $n>1$，求证：$(1-a)^n+(1+a)^n<2^n$．

（2018 年南京大学）

例 7　求证：$(\sqrt{2}-1)^p$（其中 p 是任意的正整数）可以表示为两相邻自然数的平方根的差（比如：$(\sqrt{2}-1)^1=\sqrt{2}-\sqrt{1}$，$(\sqrt{2}-1)^2=\sqrt{9}-\sqrt{8}$，$(\sqrt{2}-1)^3=\sqrt{50}-\sqrt{49}$）．

（2018 年上海交通大学）

例 8　3^{2016} 除以 100 的余数是_____．

（2016 年中国科学技术大学）

习题十一

一、选择题

1. 某次数学考试有 25 道题,每道题答案正确得 4 分,不答得 1 分,答错得 0 分. 小明考试得了 80 多分,他把自己的得分告诉小红后,聪明的小红算出了小明答对的题数. 如果小明分数再少一点,但还是会超过 80 分,小红就无法算出小题答对的题数,则小明的实际得分为( )

A. 81   B. 82   C. 83   D. 前三个答案都不对

(2017 年北京大学物理、化学秋令营)

2. 若集合 N 的三个子集 A, B, C 满足 $\mathrm{Card}(A \cap B) = \mathrm{Card}(A \cap C) = \mathrm{Card}(B \cap C) = 1$, 且 $A \cap B \cap C = \varnothing$, 则称 (A, B, C) 为 N 的"有序子集列". 现有 $N = \{1, 2, 3, 4, 5, 6\}$, 则 N 的"有序子集列"的个数为( )

A. 540 个   B. 1280 个   C. 3240 个   D. 7680 个

(2017 年清华大学 THUSSAT)

3. 现将 100 元钱随机分给 25 个人,其中任意 5 人分得的钱数之和不超过 25 元,则分得钱数最多的人有( )

A. 9 元   B. 10 元   C. 11 元   D. 前三个答案都不对

(2021 年北京大学语言类保送考试)

4. 若 $a_1, a_2, a_3, a_4, a_5, a_6, a_7, a_8$ 是 $1, 2, 3, 4, 5, 6, 7, 8$ 的一个排列,则满足 $a_1 + a_3 + a_5 + a_7 = a_2 + a_4 + a_6 + a_8$ 的排列的个数为( )

A. 4608   B. 4708   C. 4808   D. 5008

(2017 年清华大学 THUSSAT)

5. 从 6 名男员工和 4 名女员工中各抽取 2 人,组成羽毛球混合双打比赛,一共有( )组合方式.

A. 60 种   B. 90 种   C. 180 种   D. 前三项都不对

(2019 年北京大学博雅计划)

6. 有 4 副动物拼图,每副一种颜色且各不相同,每副都固定由同一动物的 4 个不同部分(如头、身、尾、腿)组成,现在拼图被打乱重新拼成了 4 副完整的拼图,但每一副都不是完全同色的,则符合上述条件的不同的打乱方式种数是( )

A. 14400   B. 13005   C. 24^3 D. 63^4

(2018 年北京大学物理学科冬令营)

7. 2019 年 4 月,第二届"一带一路"国际合作高峰论坛在北京成功举办. "一带一路"是由中国倡议,积极发展中国与沿线国家经济合作伙伴关系的区域合作平台,共同打造政治互信、经济融合、文化包容的利益、命运和责任共同体,深受有关国家的积极响应. 某公司搭这班快车,计划对沿线甲、乙、丙三个国家进行投资,其中选择一国投资两次,其余两国各投资一次,共四次投资.公司设置投资金额共有 a、b、c、d(亿元)四个档次,其中 b 档投资至多一次,c 档投资至少为一次,a 档投资不能在同一国中被投两次,则不同的投资方案(不考虑投资的先后顺序)有(　　)

　　A. 18 种　　　　　　　B. 24 种　　　　　　　C. 30 种　　　　　　　D. 以上答案均不正确

(2020 年北京大学博雅闻道)

8. 一种正十二面体的骰子,12 个表面上分别写有 1 到 12 的 12 个数字,则扔一对这样的骰子,可能出现的结果种数是(　　)

　　A. 144　　　　　　　B. 132　　　　　　　C. 72　　　　　　　D. 78

(2016 年北京大学生命科学冬令营)

9. 若 $a_1,a_2,a_3,a_4 \in \{1,2,3,4\}$,$N(a_1,a_2,a_3,a_4)$ 为 a_1,a_2,a_3,a_4 中不同数字的种类,如 $N(1,1,2,3)=3$,$N(1,2,2,1)=2$,则所有 a_1,a_2,a_3,a_4 的排列(共 $4^4=256$ 个)所得的 $N(a_1,a_2,a_3,a_4)$ 的平均值(　　)

　　A. $\dfrac{87}{32}$　　　　　B. $\dfrac{11}{4}$　　　　　C. $\dfrac{177}{64}$　　　　　D. $\dfrac{175}{64}$

(2017 年清华大学)

10. 设正整数数列以 14 为周期,且任意相邻四项之和为 30,则满足题意的数列的个数为(　　)

　　A. 14　　　　　　　B. 28　　　　　　　C. 42　　　　　　　D. 前三个选项都不对

(2021 年北京大学语言类保送)

11. 若从圆周的十等分点 $A_1,A_2,\cdots,A_{10}$ 中取出四个点,则这四个点可以是某个梯形的四个顶点的取法种数为(　　)

　　A. 60　　　　　　　B. 40　　　　　　　C. 30　　　　　　　D. 10

(2017 年清华大学 THUSSAT)

12. (多选)若集合 $S=\{1,2,3,\cdots,25\}$,$A \subseteq S$ 且 A 的所有子集中元素之和两两不等,则下列选项中正确的有(　　)

　　A. Card(A)的最大值为 6

　　B. Card(A)的最大值为 7

　　C. 若 $A=\{a_1,a_2,a_3,a_4,a_5\}$,则 $\displaystyle\sum_{i=1}^{5} \dfrac{1}{a_i} < \dfrac{3}{2}$

　　D. 若 $A=\{a_1,a_2,a_3,a_4,a_5\}$,则 $\displaystyle\sum_{i=1}^{5} \dfrac{1}{a_i} < 2$

(2017 年清华大学 THUSSAT)

二、填空题

13. 立方体 8 个顶点任意两个顶点所在的直线中,异面直线共有_____对.

(2020 年上海交通大学)

14. 从正方体的 12 条棱中选出 4 条两两不相交的棱,共有_____种选法.

(2017 年中国科学技术大学)

15. 一个袋子中装有 2 个红球,3 个黑球,5 个白球,现从中任意取出 6 个,不同的取法总数是_____.

(2020 年上海交通大学)

16. 二项式 $\left(ax+\dfrac{b}{x}\right)^{n}(a>0,b>0)$ 的展开式中,设"所有二项式系数和"为 A,"所有项的系数和"为 B,"常数项"的值为 C,若 $A=B=256,C=70$,则含有 x^6 的项为_____.

(2018 年北京大学博雅闻道)

三、解答题

17. 在 3×3 的表格中填入 $1-9$(每个数字各出现一次),要求每行从左至右递增,每列从上至下递增,3 和 4 的位置给出(参考下表),问表格有几种可能的填法?

3	4	

(2018 年清华大学人文社科冬令营)

18. 在 4×4 方格表中,将若干格子染成黑色,求每行每列均恰有 2 个黑色格子的方法数.

(2020 年北京大学优秀中学生暑期体验营)

19. $A=\{1,2,3,\cdots,15\}$,$B=\{1,2,3,4,5\}$,f 是 A 到 B 的映射,若满足 $f(x)=f(y)$,则称有序数对 (x,y) 为"好对",求"好对"的个数的最小值.

(2019 年清华大学)

▷ ▷ ▷ **第十二章**
概率与统计

概率问题的背景一般是复杂多变的,它可以与生产、生活紧密结合.解决概率问题的关键是分析清楚事件,然后再利用公式进行求解,常常需要多种手段求事件发生的种数;概率与统计属于"不确定性"的数学,需要寻找随机性中的规律性,学习时主要依靠辩证思维与归纳方法.

$$\S 12.1 \quad 频率与概率$$

一、随机事件与古典概型

在自然界和人类社会中,经常会遇到两类不同的现象——必然现象与随机现象.在一定条件下必然会发生的事件,叫作**必然事件**;在一定条件下,可能发生也可能不发生的事件,叫作**随机事件**.与必然事件相对应的是不可能事件,即在一定条件下一定不会发生的事件,叫作**不可能事件**.我们通常用字母 $A,B,C,\cdots$ 来表示随机事件.

在一次试验中,我们常常关心的是所有可能发生的基本结果,它们是试验中不能再分的最简单的随机事件,其他事件可以用它们表示,这样的事件称为**基本事件**.

如果一个试验满足以下两个特征:

(1)有限性

在一次试验中,可能出现的结果只有有限多个,即只有有限多个基本事件;

(2)等可能性

每个基本事件发生的可能性均是相等的.

我们称这样的实验为**古典概型**.

一般地,对于古典概型,如果试验的 n 个基本事件为 $A_1,A_2,\cdots,A_n$,而且所有基本事件出现的可能性相等,那么每一个基本事件出现的概率均为 $\dfrac{1}{n}$,如果某个事件 A 包含的基本事件为 m 个,那么事件 A 发生的概率为 $P(A)=\dfrac{m}{n}$.所以,在古典概型中,

$$P(A)=\frac{事件 A 包含的基本事件数}{试验的基本事件总数}$$

这一定义为概率的古典定义.

用集合语言表示,设 $\omega_1,\omega_2,\cdots,\omega_n$ 表示所有的基本事件,基本事件的集合记为 $\Omega=\{\omega_1,\omega_2,\cdots,\omega_n\}$,随机事件 A 看作是 Ω 的子集,则

$$P(A)=\frac{A 包含的 \omega 的个数}{\Omega 中的元素 \omega 的总数}.$$

对于必然事件 Ω、不可能事件 $\varnothing$ 和随机事件 A,有以下四个事实:

(1)不可能事件的概率为 0,即 $P(\varnothing)=0$;

(2)必然事件的概率为 1,即 $P(\Omega)=1$;

(3)对任意随机事件 A,有 $0\leqslant P(A)\leqslant 1$;

(4)若 $\Omega=\{\omega_1,\omega_2,\cdots,\omega_n\}$,则 $P(\omega_1)+P(\omega_2)+\cdots+P(\omega_n)=1$.

如果事件 A 和事件 B 不可能同时发生,那么称这两个事件为**互斥事件**,或称互不相容事

件. 如果事件 A 与事件 B 互斥, 则 $A \cap B$ 为不可能事件, 即 $P(A \cap B)=0$. 如果事件 A 与事件 B 是互斥事件, 且在每次试验中 A、B 必有一个发生, 那么我们称 B 为事件 A 的**对立事件**. 事件 A 的对立事件通常用 $\bar{A}$ 表示, 易知 $P(\bar{A})=1-P(A)$.

例 1 一枚质地均匀的硬币, 抛掷 10 次, 正面向上次数多的概率为_____.

（2019 年浙江大学）

例 2 "题目中给出了 5 个函数, 其中 3 个为奇函数, 2 个为偶函数", 在这 5 个函数中任取 3 个, 其中既有奇函数又有偶函数的概率为_____.

（2020 年复旦大学）

例 3 已知随机变量 $x, y \in \{1,2,3,4,5,6,7,8,9\}$, 且 $x \neq y$, 连接点 $A(x,y)$, $B(y,x)$ 与原点 O, 那么 $\angle AOB = 2\arctan\dfrac{1}{3}$ 的概率是_____.

（2020 年复旦大学）

例 4 从 $0 \sim 9$ 这十个数中任取五个数组成一个五位数 $\overline{abcde}$（a 可以为 0）, 则 $396 \mid \overline{abcde}$ 概率是（　　）

A. $\dfrac{1}{396}$ B. $\dfrac{1}{324}$ C. $\dfrac{1}{315}$ D. $\dfrac{1}{210}$

（2020 年清华大学）

例 5 (1) 从 $1,2,\cdots\cdots,20$ 中等可能地任取出五个不同的数, 其中至少有两个是相邻的概率是_____.

（2018 年浙江大学）

(2) 15 个人围坐在圆桌旁, 从中任取 4 人, 两两不相邻的概率是（　　）

A. $\dfrac{30}{91}$ B. $\dfrac{25}{91}$

C. $\dfrac{10}{91}$ D. 以上选项都不对

（2018 年北京大学博雅计划）

例 6 从集合 $\{1,2,3,\cdots,12\}$ 中任取 3 个数, 则这 3 个数的和能被 3 整除的概率是_____.

（2021 年清华大学自强计划）

二、几何概型

如右图所示, 我们将事件 A 理解为区域 Ω 的某一子区域, A 的概率只与子区域 A 的度量（长度、面积、体积或角度）成正比, 而与 A 的位置和形状无关. 满足以上条件的概率模型称为**几何概型**.

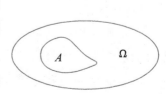

在几何概型中, 事件 A 的概率定义为 $P(A)=\dfrac{\mu_A}{\mu_\Omega}$, 其中 μ_Ω 表示区域 Ω 的几何度量, μ_A 表示区域 A 的几何度量.

几何概型具有以下的特点：

(1)无限性

在每次试验中,可能出现的结果有无穷多个,即基本事件有无限多个.

(2)等可能性

在每次试验中,每个结果出现的可能性相等,即基本事件的发生是等可能的.

几何概型的基本性质：

(1)$0 \leqslant P(A) \leqslant 1, P(G)=1, P(\varnothing)=0$；

(2)有限可加性：设 $A_1, A_2, \cdots\cdots, A_n$ 是 n 个两两互斥的事件,则有

$$P(A_1 + A_2 + \cdots + A_n) = P(A_1) + P(A_2) + \cdots + P(A_n)；$$

(3)互补性：$P(\bar{A}) = 1 - P(A)$.

例 7 如图,金字塔(正四棱锥)的底座为边长 200 m 的正方形,如果一个游客处于底面距离底座中心 200 m 的圆周上,则游客可以同时看见金字塔两个侧面的概率为(   )

A. $\dfrac{1}{3}$　　　　　　　　　B. $\dfrac{1}{2}$

C. $\dfrac{\sqrt{3}}{2}$　　　　　　　　D. 前三项都不对

(2019 年北京大学博雅计划)

例 8 已知三个村庄 A、B、C 构成一个三角形,且 $AB=5$ 千米,$BC=12$ 千米,$AC=13$ 千米. 为了方便市民生活,现在 $\triangle ABC$ 内任取一点 M 建一大型生活超市,则 M 到 A,B,C 的距离都不小于 2 千米的概率为(   )

A. $\dfrac{2}{5}$　　　　　B. $\dfrac{3}{5}$　　　　　C. $1 - \dfrac{\pi}{15}$　　　　　D. $\dfrac{\pi}{15}$

(2018 年北京大学博雅闻道)

例 9 将长为 1 的线段随机截成三段,则它们构成三角形的概率为_____.

(2020 年清华大学)

根据以上例题的解法,可以发现求解几何概型的问题分为以下五个步骤：

1.选择适当的观察角度(从等可能的角度观察)；

2.引入变量,通常情况下一个变量对应区间长度,两个变量对应区域面积,三个变量对应为空间体积；

3.集合表示,用相应的集合分别表示出试验的全部结果,以及事件 A 所包含的试验结果,一般来说,两个集合都是一元二次不等式的交集；

4.作出区域,并分别求出两个区域的测度；

5.计算求解,代入公式 $P(A) = \dfrac{\text{构成事件 } A \text{ 的区域长度(面积或体积)}}{\text{试验的全部结果所构成的区域长度(面积或体积)}}$.

§12.2 概率的加法公式与乘法公式

❶事件的交、并运算

若事件 C 发生当且仅当事件 A 与事件 B 同时发生,则称事件 C 为事件 A 与事件 B 的**交事件**,记为 $A \cap B$,简记为 AB. 多个事件的交事件 $A_1 \cap A_2 \cap \cdots \cap A_n$ 表示事件 $A_1, A_2, \cdots, A_n$ 同时发生. 若事件 C 发生当且仅当事件 A 与事件 B 中至少一个发生(即 A 发生或 B 发生),则称事件 C 为事件 A 与事件 B 的**并事件**,记为 $A \cup B$. 多个事件的并事件 $A_1 \cup A_2 \cup \cdots \cup A_n$ 表示事件 $A_1, A_2, \cdots, A_n$ 中至少一个发生.

❷互斥事件与概率的加法公式

若事件 A 与事件 B 的交事件 $A \cap B$ 为不可能事件,则称 A, B **互斥**,即事件 A 与事件 B 不可能同时发生. 若一项试验有 n 个基本事件 $A_1, A_2, \cdots, A_n$,则每做一次实验只能产生其中一个基本事件,所以 $A_1, A_2, \cdots, A_n$ 之间均不可能同时发生,从而 $A_1, A_2, \cdots, A_n$ 两两互斥.

概率的加法公式(用于计算并事件):若 A, B 互斥,则有 $P(A \cup B) = P(A) + P(B)$.

若事件 A 与事件 B 的交事件 $A \cap B$ 为不可能事件,并事件 $A \cup B$ 为必然事件,则称事件 B 为事件 A 的对立事件,记为 $B = \overline{A}$,也就是我们常说的事件的"对立面".

对立事件概率公式:$P(A) = 1 - P(\overline{A})$.

关于对立事件有几点说明:

①公式的证明:因为 $A, \overline{A}$ 对立,则 $A \cap \overline{A} = \varnothing$,即 $A, \overline{A}$ 互斥,而 $A \cup \overline{A} = \Omega$,所以 $P(\Omega) = P(A \cup \overline{A}) = P(A) + P(\overline{A})$,因为 $P(\Omega) = 1$,从而 $P(A) = 1 - P(\overline{A})$;

②此公式提供了求概率的一种思路:即如果直接求事件 A 的概率所讨论的情况较多时,可以考虑先求其对立事件的概率,再利用公式求解;

③对立事件的相互性:事件 B 为事件 A 的对立事件,同时事件 A 也为事件 B 的对立事件;

④对立与互斥的关系:对立关系要比互斥关系的"标准"更高一层. 由对立事件的定义可知:A, B 对立,则 A, B 一定互斥;反过来,如果 A, B 互斥,则 A, B 不一定对立(因为可能 $A \cup B$ 不是必然事件).

❸独立事件与概率的乘法公式

(1)独立事件:如果事件 A(或 B)发生与否不影响事件 B(或 A)发生与否的概率,则称事件 A 与事件 B 相互独立.

(2)若 A, B 相互独立,则 A 与 $\overline{B}$,B 与 $\overline{A}$,$\overline{A}$ 与 $\overline{B}$ 也相互独立;

(3)概率的乘法公式:若事件 A, B 相互独立,则 A, B 同时发生的概率 $P(AB) = P(A) \cdot P(B)$;

（4）独立重复试验

一项试验，只有两个结果．设其中一个结果为事件 A（则另一个结果为 $\bar{A}$），已知事件 A 发生的概率为 p，将该试验重复进行 n 次（每次试验的结果互不影响），则在 n 次试验中事件 A 恰好发生 k 次的概率为 $P = C_n^k p^k (1-p)^{n-k}$．这里 C_n^k 的意义是指在 n 次试验中事件 A 恰好 k 次发生的情况总数．

例 1 若一个人投篮的命中率为 $\dfrac{2}{3}$，连续投篮直到投进 2 个球时停止，则他投篮次数为 4 的概率是（　　）

A. $\dfrac{4}{27}$ B. $\dfrac{8}{27}$ C. $\dfrac{8}{81}$ D. $\dfrac{16}{81}$

（2017 年清华大学 THUSSAT）

❹ 条件概率及其乘法公式

事件 A 在事件 B 已经发生的条件下发生的概率，称为条件概率．条件概率表示为 $P(A|B)$，读作"在 B 发生条件下 A 发生的概率"．

乘法公式：设事件 A,B，则 A,B 同时发生的概率 $P(AB) = P(B) \cdot P(A|B)$；

计算条件概率的两种方法：（以计算 $P(A|B)$ 为例）

①计算出事件 A 发生的概率 $P(A)$ 和 A,B 同时发生的概率 $P(AB)$，再利用 $P(A|B) = \dfrac{P(AB)}{P(B)}$ 即可计算；

②按照条件概率的意义：即 A 在 B 条件下的概率为事件 B 发生后，事件 A 发生的概率．所以以事件 B 发生后的事实为基础，直接计算事件 A 发生的概率．

❺ 两种乘法公式的联系

独立事件的交事件概率：$P(AB) = P(A) \cdot P(B)$；

含条件概率的交事件概率：$P(AB) = P(A) \cdot P(A|B)$．

通过公式不难看出，交事件的概率计算与乘法相关，且事件 A,B 通常存在顺承的关系，即一个事件发生在另一事件之后．所以通过公式可得出这样的结论：交事件的概率可通过乘法进行计算，如果两个事件相互独立，则直接做概率的乘法，如果两个事件相互影响，则根据题意分析出事件发生的先后，用先发生事件的概率乘以事件发生后第二个事件的概率（即条件概率）．

例 2 已知 6 张彩票中只有一张有奖，甲、乙先后抽取彩票且不放回，求在已知甲未中奖的情况下，乙中奖的概率．

例 3 （多选）A,B 为两个随机事件，$P(A),P(B) > 0$，则 $P(\bar{A}|B) = P(\bar{A}|\bar{B})$ 的充要条件是（　　）

A. $P(AB) = P(A)P(B)$ B. $P(\bar{A}|B) = \dfrac{1}{2}$

C. $P(\bar{A}\mid\bar{B})=\dfrac{1}{2}$　　　　　　　　　D. A,B 独立

(2018 年清华大学)

例 4 重复抛掷一枚质量均匀的硬币,正面得 1 分,反面得 2 分,累积总分.

(1)求总分在某个时刻恰好达到 2 的概率;

(2)记总分在某个时刻恰好达到 n 的概率为 p_n.

①求证:$1-p_n=\dfrac{1}{2}p_{n-1}(n\geqslant 2)$;②求 $\{p_n\}$ 通项公式.

(2019 年清华大学暑期学校)

例 5 甲、乙、丙、丁四个人做互相传球的游戏,若甲第一次传给三人中的一人,第二次由拿到球的人再传给其他三人中的一人,这样的传球进行了 4 次,则第四次传球传回甲的概率是(　　)

A. $\dfrac{7}{27}$　　　　　　B. $\dfrac{5}{27}$　　　　　　C. $\dfrac{7}{8}$　　　　　　D. $\dfrac{21}{64}$

(2017 年清华大学 THUSSAT)

例 6 (多选)某同学投篮,记 r_n 为前 n 次投篮的命中率,若 $r_1=0$,$r_{100}=0.85$,则一定有(　　)

A. $\exists n,r_n=0.5$　　　　　　　　　B. $\exists n,r_n=0.6$

C. $\exists n,r_n=0.7$　　　　　　　　　D. $\exists n,r_n=0.8$

(2017 年清华大学)

例 7 投掷一枚质地均匀的骰子 6 次,若存在 k 使得 1 到 k 次的点数之和为 6 的概率为 p,则 $p\in$(　　)

A. $(0,0.25)$　　　　　　　　　　B. $(0.25,0.5)$

C. $(0.5,0.75)$　　　　　　　　　D. $(0.75,1)$

(2017 年清华大学 THUSSAT)

§12.3　期望与方差

在掷骰子和掷硬币的随机实验中,我们确定了一个对应关系,使得每一个实验的结果都用一个确定的数字表示.在这种对应关系下,数字随着实验结果的变化而变化.像这种随着实验结果变化而变化的变量称为**随机变量**,随机变量常用字母 $X,Y,\xi,\eta\cdots$ 表示.

所有可能取值可以一一列出的随机变量,称为**离散型随机变量**.

一、离散型随机变量分布列

一般地,若离散型随机变量 ξ 可能取不同值为 $x_1,x_2,\cdots,x_n$,ξ 取每一值 $x_i(i=1,2,\cdots,n)$ 的概率 $P(x=x_i)=p_i$ 以表格的形式表示如下:

ξ	x_1	x_2	$\cdots$	x_i	$\cdots$	x_n
P	p_1	p_2	$\cdots$	p_i	$\cdots$	p_n

我们将这张表格称为离散型随机变量 ξ 的**概率分布列**,简称为 ξ 的**分布列**.分布列概率具有的性质为:

(1) $p_i \geqslant 0, i = 1, 2, \cdots, n$;　　　(2) $p_1 + p_2 + \cdots + p_n = 1$.

此性质的作用如下:

①对于随机变量分布列,概率和为 1,有助于检查所求概率是否正确;

②若在随机变量取值中有一个复杂情况,可以考虑利用概率和为 1 的特征,求出其他较为简单情况的概率,利用间接法求出该复杂情况的概率.

常见的分布主要有以下三种:

(1)两点分布:一项试验有两个结果,其中事件 A 发生的概率为 p,令 $X = \begin{cases} 1, 事件发生, \\ 0, 事件未发生, \end{cases}$ 则 X 的分布列为:

X	0	1
P	$1 - p$	p

则称 X 符合两点分布(也称伯努利分布),其中 $P = p(X = 1)$ 称为成功概率.

(2)超几何分布:在含有 M 个特殊元素的 N 个元素中,不放回地任取 n 件,其中含有特殊元素的个数记为 X,则有 $P(X = k) = \dfrac{C_M^k C_{N-M}^{n-k}}{C_N^n}, k = 0, 1, 2, \cdots, m$,其中 $m = \min\{M, n\}, n \leqslant N, M \leqslant N, n, M, N \in \mathbf{N}^*$.

即:

X	0	1	$\cdots$	m
P	$\dfrac{C_M^0 C_{N-M}^{n-0}}{C_N^n}$	$\dfrac{C_M^1 C_{N-M}^{n-1}}{C_N^n}$	$\cdots$	$\dfrac{C_M^m C_{N-M}^{n-m}}{C_N^n}$

则称随机变量 X 服从超几何分布,记为 $X \sim H(N, M, n)$.

(3)二项分布:在 n 次独立重复试验中,事件 A 发生的概率为 p,设在 n 次试验中事件 A 发生的次数为随机变量 X,则有 $P(X = k) = C_n^k p^k (1-p)^{n-k}, k = 0, 1, 2, \cdots, n$,即:

X	0	1	$\cdots$	k	$\cdots$	n
P	$C_n^0 (1-p)^n$	$C_n^1 p (1-p)^{n-1}$	$\cdots$	$C_n^k p^k (1-p)^{n-k}$		$C_n^n p^n$

则称随机变量 X 符合二项分布,记为 $X \sim B(n, p)$.

二、数字特征——期望与方差

一般地,若离散型随机变量 ξ 的分布列为

ξ	x_1	x_2	$\cdots$	x_i	$\cdots$	x_n
P	p_1	p_2	$\cdots$	p_i	$\cdots$	p_n

则称 $E(\xi)=x_1p_1+x_2p_2+\cdots+x_ip_i+\cdots x_np_n$ 为随机变量 ξ 的**均值**或**数学期望**. 它反映了离散型随机变量取值的平均水平. 换句话说, 是做了 n 次这样的试验, 每次试验随机变量会取一个值(即结果所对应的数), 将这些数进行统计, 并计算平均数, 当 n 足够大时, 平均数无限接近一个确定的数, 这个数即为该随机变量的期望.

若两个随机变量 ξ,η 存在线性对应关系 $\xi=a\eta+b$, 则有 $E(\xi)=E(a\eta+b)=aE(\eta)+b$.

一般地, 已知离散性随机变量 ξ 的分布列为:

ξ	x_1	x_2	$\cdots$	x_i	$\cdots$	x_n
P	p_1	p_2	$\cdots$	p_i	$\cdots$	p_n

记随机变量 ξ 的期望为 $E(\xi)$, $[x_i-E(\xi)]^2$ 描述了 $x_i(i=1,2,\cdots,n)$ 相对于均值 $E(\xi)$ 的偏离程度.

而 $D(\xi)=\sum\limits_{i=1}^{n}[x_i-E(\xi)]^2p_i$ 为偏离程度的加权平均, 刻画了随机变量 ξ 与其均值 $E(\xi)$ 的平均偏离程度. 我们称 $D(\xi)$ 为随机变量 ξ 的方差, 其算术平方根 $\sqrt{D(\xi)}$ 为随机变量 ξ 的标准差, 记作 σ_ξ.

(1)方差体现了随机变量取值的分散程度, 与期望的理解类似, 是指做了 n 次这样的试验, 每次试验随机变量会取一个值(即结果所对应的数), 将这些数进行统计. 方差大说明这些数分布的比较分散, 方差小说明这些数分布的较为集中(集中在期望值周围).

(2)在计算方差时, 除了可以用定义式之外, 还可以用以下等式进行计算: 设随机变量为 ξ, 则 $D(\xi)=E(\xi^2)-E(\xi)^2$;

(3)方差的运算法则: 若两个随机变量 ξ,η 存在线性对应关系: $\xi=a\eta+b$, 则有: $D(\xi)=D(a\eta+b)=a^2D(\eta)$.

常见分布的期望与方差:

(1)两点分布: 则 $E(X)=p,D(X)=p(1-p)$;

(2)二项分布: 若 $X\sim B(n,p)$, 则 $E(X)=np,D(X)=np(1-p)$;

(3)超几何分布: 若 $X\sim H(N,M,n)$, 则 $E(X)=n\cdot\dfrac{M}{N},D(X)=\dfrac{nM(N-M)(N-n)}{N^2(N-1)}$.

> 通常随机变量的期望和方差是通过分布列计算得出, 如果题目中跳过求分布列直接问期望(或方差), 则可先观察该随机变量是否符合特殊的分布, 或是与符合特殊分布的另一随机变量存在线性对应关系. 从而跳过分布列中概率的计算, 直接利用公式得到期望(或方差).

例 1 随机变量 $X(=1,2,3,\cdots),Y(=0,1,2)$, 满足 $P(X=k)=\dfrac{1}{2^k}$, 且 $Y\equiv X(\bmod 3)$, 则 $E(Y)$
=(   )

A. $\dfrac{4}{7}$ B. $\dfrac{8}{7}$

C. $\dfrac{12}{7}$ D. $\dfrac{16}{7}$

（2020 年清华大学）

例 2 已知甲盒有 2 个红球,1 个蓝球,乙盒中有 1 个红球,2 个蓝球,从甲乙两个盒中各取 1 个球放入原来为空的丙盒中,现从甲盒中取 1 个球,记红球的个数为 ξ_1,从乙盒中取 1 个球,记红球的个数为 ξ_2,从丙盒中取 1 个球,记红球的个数为 ξ_3,则下列说法正确的是（   ）

A. $E(\xi_1) > E(\xi_3) > E(\xi_2), D(\xi_1) = D(\xi_2) > D(\xi_3)$

B. $E(\xi_1) < E(\xi_3) < E(\xi_2), D(\xi_1) = D(\xi_2) > D(\xi_3)$

C. $E(\xi_1) > E(\xi_3) > E(\xi_2), D(\xi_1) = D(\xi_2) < D(\xi_3)$

D. $E(\xi_1) < E(\xi_3) < E(\xi_2), D(\xi_1) = D(\xi_2) < D(\xi_3)$

（2019 年清华大学 THUSSAT）

例 3 已知随机变量 X 的分布列如下表所示:

X	0	1	2
P	a	b	c

若 $4a, b, c$ 成等比数列,则 $D(X)$ 的最大值为（   ）

A. $\dfrac{1}{6}$ B. $\dfrac{1}{3}$ C. $\dfrac{1}{2}$ D. 1

（2021 年清华大学文科营暨工科营）

例 4 已知随机变量 ξ 的分布列为

ξ	x	y
P	y	x

则下列说法正确是（   ）

A. 存在 $x, y \in (0,1)$, $E(\xi) > \dfrac{1}{2}$ B. 对任意 $x, y \in (0,1)$, $E(\xi) \leqslant \dfrac{1}{4}$

C. 对任意 $x, y \in (0,1)$, $D(\xi) \leqslant E(\xi)$ D. 存在 $x, y \in (0,1)$, $D(\xi) > \dfrac{1}{4}$

（2019 年清华大学 THUSSAT）

例 5 已知甲盒内有大小相同的 2 个红球和 3 个黑球,乙盒内有大小相同的 3 个红球和 3 个黑球,现从甲、乙两个盒内各任取 2 个球.

(1)求取出的 4 个球中恰有 1 个红球的概率;

(2)设 ξ 为取出的 4 个球中红球的个数,求 ξ 的分布列和数学期望.

（2019 年清华大学 THUSSAT）

例 6 袋中装有大小完全相同的 7 个白球,3 个黑球.

(1)若甲一次性抽取 4 个球,求甲至多抽到一个黑球的概率;

(2)若乙共抽取 4 次,每次抽取 1 个球,记录下球的颜色后再放回袋子中,等待下次抽取,且规定抽到白球得 10 分,抽到黑球得 20 分,求乙总得分 X 的分布列和数学期望.

(2021 年清华大学 THUSSAT)

例 **7** 学校为方便学生联系家长,在教学楼下设了一个公共电话亭,学生依次排队打电话. 假设学生打电话所需的时间互相独立,且都是整数分钟,对以往学生打电话所需的时间统计结果如下表:

打电话所需的时间/分	1	2	3	4	5
频率	0.2	0.4	0.25	0.1	0.05

从第一个学生开始打电话时计时.

(1)估计第四个学生恰好等待 5 分钟开始打电话的概率;

(2)Y 表示至第 3 分钟末已打完电话的学生人数,求 Y 的分布列及数学期望.

(2021 年清华大学 THUSSAT)

例 **8** 某游戏公司对今年新开发的一些游戏进行评测,为了了解玩家对游戏的体验感,研究人员随机调查了 300 名玩家,对他们的游戏体验感进行测评,并将所得数据进行统计,如图所示,其中 $a-b=0.016$.

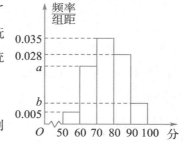

(1)求这 300 名玩家测评分数的平均数;

(2)由于该公司近年来生产的游戏体验感较差,公司计划聘请 3 位游戏专家对游戏进行初测,如果 3 人中有 2 人或 3 人认为游戏需要改进,则公司将回收该款游戏进行改进;若 3 人中仅有 1 人认为游戏需要改进,则公司将另外聘请 2 位专家二测,二测时,2 人中至少有 1 人认为游戏需要改进的话,公司则对该游戏进行回收改进. 已知该公司每款游戏被每位专家认为需要改进的概率为 $p(0<p<1)$,且每款游戏之间改进与否相互独立.

(i)对该公司的任意一款游戏进行检测,求该游戏需要改进的概率;

(ii)每款游戏聘请专家测试的费用均为 300 元/人,今年所有游戏的研发总费用为 50 万元,现对该公司今年研发的 600 款游戏都进行检测,假设公司的预算为 110 万元,判断这 600 款游戏所需的最高费用是否超过预算,并通过计算说明(以聘请专家费用的期望为决策依据).

(2020 年清华大学 THUSSAT)

§ 12.4   抽样与估计

统计调查是根据调查的目的与要求,运用科学的调查方法,有计划有组织地搜集数据信息资料的统计工作过程.按调查对象包括的范围不同,可分为全面调查和抽样调查.全面调查是对被调查对象中所有的单位全部进行调查,其主要目的是要取得全面、系统、完整的总体资料,如普查.全面调查要耗费大量的人力、物力、财力和时间.抽样调查是对被调查对象中一部分单位进行调查.如重点调查、典型调查、抽样调查和非全面统计报表等.全面调查和抽样调查是以调查对象所包括的单位范围不同来区分的,而不是以最后取得的结果是否反映总体特征的全面资料而言的.本节我们主要介绍抽样调查的有关问题.

一、随机抽样

一般地,设一个总体含有 N(N 为正整数)个个体,从中逐个抽取 $n(1 \leqslant n < N)$ 个个体作为样本.如果抽取是有放回的,且每次抽取时总体内的各个个体被抽到的概率都相等,我们把这样的抽样方法叫作放回简单随机抽样;如果抽取是不放回的,且每次抽取时总体内未进入样本的各个个体被抽到的概率都相等,我们把这样的抽样方法叫作不放回简单随机抽样.放回简单随机抽样和不放回简单随机抽样统称为简单随机抽样,通过简单随机抽样获得的样本称为简单随机样本.主要有抽签法和随机数法两种方法.

❶抽签法

把总体中的 N 个个体编号,把号码写在号签上,将号签放在一个容器中搅拌均匀后,每次从中抽取一个号签,连续抽取 n 次,就得到容量为 n 的样本.

❷系统抽样

也称为等间隔抽样,大致分为以下几个步骤:

(1)先将总体的 N 个个体编号;

(2)确定分段间隔 k,设样本容量为 n,若 $\dfrac{N}{n}$ 为整数,则 $k = \dfrac{N}{n}$;

(3)在第一段中用简单随机抽样确定第一个个体编号 l,则后面每段所确定的个体编号与前一段确定的个体编号差距为 k.例如第 2 段所确定的个体编号为 $l+k$,第 m 段所确定的个体编号为 $l+(m-1)k$,直至完成样本.

注:(1)若 $\dfrac{N}{n}$ 不是整数,则先用简单随机抽样剔除若干个个体,使得剩下的个体数能被 n 整除,再进行系统抽样.例如 501 名学生所抽取的样本容量为 10,则先随机抽去 1 个,剩下的 500 个个体参加系统抽样;

(2)利用系统抽样所抽出的个体编号排成等差数列,其公差为 k.

❸分层抽样

也称为按比例抽样,是指在抽样时,将总体分成互不交叉的层,然后按照一定的比例,从各层独立地抽取一定数量的个体,将各层取出的个体合在一起作为样本.分层抽样后样本中各层的比例与总体中各个层次的比例相等,这条结论会经常用到.

例1 某高中共有学生 1500 人,各年级男、女生人数如下表:

	高一年级	高二年级	高三年级
女生	195	330	y
男生	245	x	z

已知在全校学生中随机抽取 1 名,抽到高二年级男生的概率是 0.18.现采用分层抽样的方法在全校抽取 75 名学生,则应在高三年级抽取_____名.

（2019 年清华大学 THUSSAT）

例2 某单位 200 名职工的年龄分布情况如图所示,现要从中抽取 25 名职工进行问卷调查,若采用分层抽样方法,则 40～50 岁年龄段应抽取的人数是( )

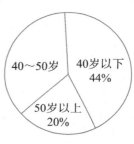

A. 7   B. 8   C. 9   D. 10

（2019 年清华大学 THUSSAT）

二、频率分布直方图

❶频数与频率

(1)频数:指一组数据中个别数据重复出现的次数或一组数据在某个确定的范围内出现的数据的个数.

(2)频率:是频数与数据组中所含数据的个数的比,即频率$=\dfrac{频数}{总数}$;

(3)各试验结果的频率之和等于 1.

❷频率分布直方图

若要统计每个小组数据在样本容量所占比例大小,则可通过频率分布表(表格形式)和频率分布直方图(图象形式)直观地列出.

(1)极差:一组数据中最大值与最小值的差;

(2)组距:将一组数据平均分成若干组(通常 5～12 组),则组内数据的极差称为组距,所以有组距$=\dfrac{极差}{组数}$;

(3)统计每组的频数,计算出每组的频率,便可根据频率作出频率分布直方图;

(4)在频率分布直方图中:横轴按组距分段,纵轴为"$\dfrac{频率}{组距}$".

(5)频率分布直方图的特点:

①频率 $=\dfrac{\text{频率}}{\text{组距}}\times\text{组距}$，即分布图中每个小矩形的面积；

②因为各试验结果的频率之和等于 1，所以可得在频率分布直方图中，各个矩形的面积和为 1.

❸ 茎叶图

通常可用于统计和比较两组数据，其中茎是指中间的一列数，通常体现数据中除了末位数前面的其他数位，叶通常代表每个数据的末位数. 并按末位数之前的数位进行分类排列，相同的数据需在茎叶图中体现多次.

❹ 统计数据中的数字特征

(1)众数：一组数据中出现次数最多的数值，叫作众数；

(2)中位数：将一组数据从小到大排列，位于中间位置的数称为中位数，其中若数据的总数为奇数个，则为中间的数；若数据的总数为偶数个，则为中间两个数的平均值.

(3)平均数：代表一组数据的平均水平，记为 $\bar{x}$，设一组数据为：$x_1,x_2,\cdots,x_n$，则有：

$$\bar{x}=\frac{x_1+x_2+\cdots+x_n}{n}$$

(4)方差：代表数据分布的分散程度，记为 s^2，设一组数据为：$x_1,x_2,\cdots,x_n$，其平均数为 $\bar{x}$，则有：$s^2=\dfrac{1}{n}\left[(x_1-\bar{x})^2+(x_2-\bar{x})^2+\cdots+(x_n-\bar{x})^2\right]$，其中 s^2 越小，说明数据越集中；

(5)标准差：也代表数据分布的分散程度，为方差的算术平方根.

例 3 （多选）某城市为了解游客人数的变化规律，提高旅游服务质量，收集并整理了 2014 年 1 月至 2016 年 12 月期间月接待游客（单位：万人）的数据，绘制了下面的折线图，根据该折线图，下列结论正确的是（　　　　）

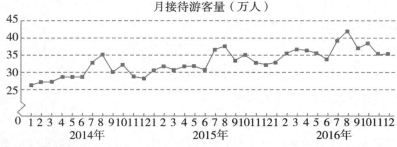

A. 月接待游客量逐月增加

B. 年接待游客量逐年增加

C. 各年的月接待游客量高峰期大致在 7，8 月份

D. 各年 1 月至 6 月的接待游客量相对 7 月至 12 月，波动性更小，变化比较平稳

（2021 年清华大学 THUSSAT）

例 **4** 随着移动互联网的发展,与餐饮美食相关的手机 APP 软件层出不穷. 为调查某款订餐软件的商家的服务情况,统计了 10 次订餐"送达时间",得到茎叶图如下(时间:分钟):

2	8 9	
3	2 4 4 5 6 8	
4	1 3	

送达时间	35 分钟以内(包括 35 分钟)	超过 35 分钟
频数	A	B
频率	C	D

(1)请计算"送达时间"的平均数与方差;

(2)根据茎叶图求出 A,B,C,D 的值;

(3)在(2)的情况下,以频率代替概率. 现有 3 个客户应用这些软件订餐,求在 35 分钟以内(包括 35 分钟)收到餐品的人数 X 的分布列,并求随机变量 X 的数学期望.

(2021 年清华大学 THUSSAT)

例 **5** 在《挑战不可能》的电视节目上,甲、乙、丙三个人组成的解密团队参加一项解密挑战活动,规则是由密码专家给出题目,然后由 3 个人依次出场解密,每人限定时间是 1 分钟内解密完成,否则派下一个人. 3 个人中只要有一人解密正确,则认为该团队挑战成功,否则挑战失败. 根据甲以往解密测试情况,抽取了甲 100 次的测试记录,绘制了如下的频率分布直方图:

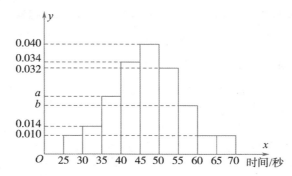

(1)若甲解密成功所需时间的中位数为 47,求 a、b 的值,并求出甲在 1 分钟内解密成功的频率;

(2)在《挑战不可能》节目上由于来自各方及自身的心理压力,甲、乙、丙解密成功的概率分别为 $P_n = P_1 \left(\dfrac{9}{10}\right)^{n-1} + \dfrac{n-1}{10}(n=1,2,3)$,其中 P_i 表示第 i 个出场选手解密成功的概率,并且 P_1 定义为甲抽样中解密成功的频率代替,各人是否解密成功相互独立.

①求该团队挑战成功的概率;

②该团队以 P_i 从小到大的顺序安排甲、乙、丙三个人上场解密,求团队挑战成功所需派出的人员数目 X 的分布列与数学期望.

(2019 年北京大学博雅闻道)

三、回归分析与独立性检验

❶ 回归分析

(1)**相关关系**:当自变量取值一定时,因变量的取值带有一定随机性的两个变量之间的关系叫作相关关系.与函数关系不同,相关关系是一种**非确定关系**.

(2)**散点图**:表示具有**相关关系**的两个变量的一组数据的图形叫作散点图,它可直观地判断两变量的关系是否可以用线性关系表示.若这些散点有 y 随 x 增大而增大的趋势,则称两个变量**正相关**;若这些散点有 y 随 x 增大而减小的趋势,则称两个变量**负相关**.

(3)**回归方程**:$\hat{y}=\hat{b}x+\hat{a}$,其中 $\hat{b}=\dfrac{\sum\limits_{i=1}^{n}x_iy_i-n\bar{x}\cdot\bar{y}}{\sum\limits_{i=1}^{n}x_i^{2}-n\bar{x}^{2}}$,$\hat{a}=\bar{y}-\hat{b}\cdot\bar{x}$,它主要用来估计和预测取值,从而获得对这两个变量之间整体关系的了解.

(4)**相关系数**:$r=\dfrac{\sum\limits_{i=1}^{n}x_iy_i-n\bar{x}\cdot\bar{y}}{\sqrt{\left(\sum\limits_{i=1}^{n}x_i^{2}-n\bar{x}^{2}\right)\left(\sum\limits_{i=1}^{n}y_i^{2}-n\bar{y}^{2}\right)}}.$

它主要用于相关量的显著性检验,以衡量它们之间的线性相关程度.当 $r>0$ 时表示两个变量正相关,当 $r<0$ 时表示两个变量负相关.$|r|$ 越接近 1,表明两个变量的线性相关性**越强**;当 $|r|$ 接近 0 时,表明两个变量间几乎不存在相关关系,相关性**越弱**.

例 6 (多选)已知某次考试之后,班主任从全班同学中随机抽取一个容量为 8 的样本,他们的数学、物理成绩(单位:分)对应如下表,给出散点图(如下图):

学生编号	1	2	3	4	5	6	7	8
数学成绩	60	65	70	75	80	85	90	95
物理成绩	72	77	80	84	88	90	93	95

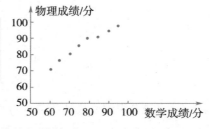

根据以上信息,则下列结论正确的是(　　)

A. 根据散点图,可以判断数学成绩与物理成绩具有线性相关关系

B. 根据散点图,可以判断数学成绩与物理成绩具有一次函数关系

C. 从全班随机抽取甲、乙两名同学,若甲同学数学成绩为 80 分,乙同学数学成绩为 60 分,则甲同学的物理成绩一定比乙同学物理成绩高

D. 从全班随机抽取甲、乙两名同学,若甲同学数学成绩为 80 分,乙同学数学成绩为 60 分,不能判断出甲同学的物理成绩一定比乙同学物理成绩高

(2020 年清华大学 THUSSAT)

例 7　某个国家某种病毒传播的中期,感染
人数 y 和时间 x(单位:天)在 18 天里
的散点图如图所示,下面四个回归方
程类型中最适宜作为感染人数 y 和时
间 x 的回归方程类型的是(　　)

A. $y=a+bx$

B. $y=a+be^x$

C. $y=a+b\ln x$

D. $y=a+b\sqrt{x}$

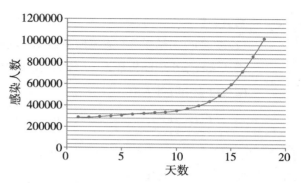

(2021 年清华大学 THUSSAT)

❷独立性检验

(1)2×2 列联表

设 X,Y 为两个分类变量,它们的取值分别为 $\{x_1,x_2\}$ 和 $\{y_1,y_2\}$,其样本频数列联表
(2×2 列联表)如下:

	y_1	y_2	总计
x_1	a	b	$a+b$
x_2	c	d	$c+d$
总计	$a+c$	$b+d$	$a+b+c+d$

(2)独立性检验

利用随机变量 $K^2=\dfrac{n(ad-bc)^2}{(a+b)(c+d)(a+c)(b+d)}$(其中 $n=a+b+c+d$ 为样本容量)来判断
"两个变量有关系"的方法称为独立性检验.

(3)独立性检验的一般步骤

①根据样本数据列出 2×2 列联表;

②计算随机变量 K^2 的观测值 k,查表确定临界值 k_0:

③如果 $k\geqslant k_0$,就推断"X 与 Y 有关系",这种推断犯错误的概率不超过 $P(K^2\geqslant k_0)$;否则,
就认为在犯错误的概率不超过 $P(K^2\geqslant k_0)$ 的前提下不能推断"X 与 Y 有关".

例 8　某学校为了解学生假期参与志愿服务活动的情况,随机调查了 30 名男生,30 名女生,得
到他们一周参与志愿服务活动时间的统计数据如下表(单位:人)

	超过 1 小时	不超过 1 小时
男	22	8
女	14	16

(1)能否有 95% 的把握认为该校学生一周参与志愿服务活动时间是否超过 1 小时与性

别有关?

(2)以这 60 名学生参与志愿服务活动时间超过 1 小时的频率作为该事件发生的概率,现从该校学生中随机抽查 10 名学生,试估计这 10 名学生中一周参与志愿服务活动时间超过 1 小时的人数. 附:

$P(K^2 \geqslant k)$	0.050	0.010	0.001
k	3.841	6.635	10.828

$$K^2 = \frac{n(ad-bc)^2}{(a+b)(c+d)(a+c)(b+d)}.$$

(2019 年清华大学 THUSSAT)

例 9 2019 年 10 月 1 日是中华人民共和国成立 70 周年纪念日. 70 年砥砺奋进,70 年波澜壮阔,感染、激励着一代又一代华夏儿女,为祖国的繁荣昌盛努力拼搏,奋发图强. 为进一步对学生进行爱国教育,某校社会实践活动小组,在老师的指导下,从学校随机抽取四个班级 160 名同学对这次国庆阅兵受到激励情况进行调查研究,记录的情况如下图:

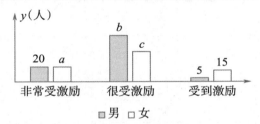

(1)如果从这 160 人中随机选取 1 人,此人非常受激励的概率和此人是受到激励的女同学的概率都是 $\frac{1}{4}$,求 a、b、c 的值;

(2)根据"非常受激励"与"很受激励"两种情况进行研究,判断是否有 95% 的把握认为受激励程度与性别有关.

(2019 年北京大学博雅闻道)

例 10 为了调查民众对国家实行"新农村建设"政策的态度,现通过网络问卷随机调查了年龄在 20 周岁至 80 周岁的 100 人,他们年龄频数分布和支持"新农村建设"人数如下表:

年龄	[20,30)	[30,40)	[40,50)	[50,60)	[60,70)	[70,80]
频数	10	20	30	20	10	10
支持"新农村建设"	3	11	26	12	6	2

(1)根据上述统计数据填下面的 2×2 列联表,并判断是否有 95% 的把握认为以 50 周岁为分界点对"新农村建设"政策的支持度有差异;

	年龄低于 50 周岁的人数	年龄不低于 50 周岁的人数	合计
支持			
不支持			
合计			

(2)为了进一步推动"新农村建设"政策的实施,中央电视台某节目对此进行了专题报道,并在节目最后利用随机拨号的形式在全国范围内选出 4 名幸运观众(假设年龄均在 20 岁至 80 周岁内),给予适当的奖励.若以频数估计概率,记选出 4 名幸运观众中支持"新农村建设"人数为 ξ,试求随机变量 ξ 的分布列和数学期望.

(2018 年北京大学博雅闻道)

习题十二

一、选择题

1. 设集合 S 中有 10 个元素,从 S 中每次随机选取 1 个元素,取出后还放回 S 中,则取 5 次出现重复元素的概率是(保留两位有效数字)(　　)

A. 0.50　　　　　　　B. 0.55　　　　　　　C. 0.70　　　　　　　D. 前三个答案都不对

(2018 年北京大学博雅计划)

2. 如图所示,分别以正方形 $ABCD$ 两邻边 AB、AD 为直径向正方形内做两个半圆,交于点 O. 若向正方形内投掷一颗质地均匀的小球(小球落到每点的可能性均相同),则该球落在阴影部分的概率为(　　)

A. $\dfrac{3\pi-2}{8}$　　　　　　　　　　　　B. $\dfrac{\pi}{8}$

C. $\dfrac{\pi+2}{8}$　　　　　　　　　　　　D. $\dfrac{6-\pi}{8}$

(2018 年北京大学博雅闻道)

3. 右图来自古希腊数学家希波克拉底所研究的平面几何图形. 右图由两个圆组成,O 为大圆圆心,线段 AB 为小圆直径. $\triangle AOB$ 的三边所围成的区域记为 Ⅰ,黑色月牙部分记为 Ⅱ,两个小月牙之和(斜线部分)记为 Ⅲ. 在整个图形中随机取一点,此点取自 Ⅰ,Ⅱ,Ⅲ 的概率分别记作 p_1,p_2,p_3,则(　　)

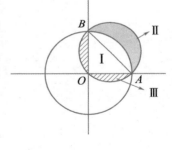

A. $p_1>p_2>p_3$　　　　　　　B. $p_1=p_2+p_3$

C. $p_2>p_1>p_3$　　　　　　　D. $p_1=p_2>p_3$

(2019 年清华大学 THUSSAT)

4. 已知随机变量 ξ,η 的分布列如下表所示,则(　　)

ξ	1	2	3
P	$\dfrac{1}{3}$	$\dfrac{1}{2}$	$\dfrac{1}{6}$

η	1	2	3
P	$\dfrac{1}{6}$	$\dfrac{1}{2}$	$\dfrac{1}{3}$

A. $E\xi<E\eta$,$D\xi<D\eta$　　　　　　　　B. $E\xi<E\eta$,$D\xi>D\eta$

C. $E\xi<E\eta$,$D\xi=D\eta$　　　　　　　　D. $E\xi=E\eta$,$D\xi=D\eta$

(2020 年清华大学 THUSSAT)

5. (多选)若 $0<P(A)<1$,$0<P(B)<1$,且 $P(A|B)=1$,则(　　)

A. $P(\bar{A}|\bar{B})=0$　　　　　　　　　B. $P(\bar{B}|\bar{A})=1$

C. $P(A\cup B)=P(A)$　　　　　　　　　D. $P(\bar{B}|A)=1$

(2017 年清华大学 THUSSAT)

6. 两个相同的正四面体,四个面上分别标有 1、2、3、4,某人每次同时投掷两个正四面体,规定每次两底面数字之和为所得数字,共投掷 3 次,则 3 次所得数字之积能被 10 整除的概率是

( )

A. $\dfrac{1}{2}$ B. $\dfrac{3}{8}$ C. $\dfrac{11}{32}$ D. $\dfrac{15}{32}$

（2017 年北京大学优秀特长生）

7. 9 个人站成一排拍照,从中任选 3 人,则他们互不相邻的概率是( )

A. $\dfrac{5}{12}$ B. $\dfrac{5}{7}$ C. $\dfrac{1}{12}$ D. $\dfrac{1}{7}$

（2020 年清华大学）

8. 第十四届全国学生运动会于 2021 年 7 月份在中国青岛举行,其宗旨为"团结、奋进、文明、育人". 某广告宣传用电子屏幕投影这 8 个字,每一个词组分别随机取自红、黄、蓝、绿中的一种颜色,每一种颜色组合为一种屏幕投影效果,则相邻的颜色不同的投影效果的概率是( )

A. $\dfrac{27}{64}$ B. $\dfrac{1}{8}$ C. $\dfrac{3}{16}$ D. $\dfrac{3}{32}$

（2019 年北京大学博雅闻道）

9. 在 $1,2,\cdots\cdots,10$ 中等可能地取出两个数 a,b,使得 $(x+1)^2+3y^2=\dfrac{a}{b+1}x^2+\dfrac{4b}{a+2}(y+2)^2+\dfrac{a}{ab+3}$ 是抛物线的概率是( )

A. $\dfrac{9}{100}$ B. $\dfrac{1}{10}$ C. $\dfrac{11}{100}$ D. $\dfrac{3}{23}$

（2018 年复旦大学）

10. 一个盒子中装有红、白、蓝、绿四种颜色的玻璃球,每种颜色的玻璃球至少有一个. 从中随机拿出 4 个玻璃球,这 4 个球都是红色的概率为 p_1,恰好有三个红色和一个白色的概率为 p_2,恰好有两个红色和一个白色和一个蓝色的概率为 p_3,四种颜色各一个的概率为 p_4. 若 $p_1=p_2=p_3=p_4$,则这个盒子中玻璃球个数的最小值等于( )

A. 17 B. 19 C. 21 D. 前三个答案都不对

（2017 年北京大学）

11.（多选）下列说法中,正确的命题是( )

A. 已知随机变量 ξ 服从正态分布 $N(2,\sigma^2)$,$P(\xi<4)=0.84$,则 $P(2<\xi<4)=0.16$

B. 以模型 $y=Ce^{kx}$ 去拟合一组数据时,为了求出回归方程,设 $z=\ln y$,将其变换后得到线性方程 $z=0.3x+4$,则 C,k 的值分别为 e^4 和 0.3

C. 已知两个变量具有线性相关关系,其回归直线方程为 $y=a+bx$,若 $b=2,\bar{x}=1,\bar{y}=3$,则 $a=1$

D. 若样本数据 $x_1,x_2,\cdots,x_{10}$ 的方差为 2,则数据 $2x_1-1,2x_2-1,\cdots,2x_{10}-1$ 的方差为 16

（2020 年清华大学 THUSSAT）

12. 从圆周上任取三点,形成锐角三角形的概率为(　　)

    A. $\dfrac{3}{10}$ B. $\dfrac{1}{4}$ C. $\dfrac{2}{5}$ D. $\dfrac{4}{5}$

(2018年清华大学人文社科冬令营)

二、填空题

13. 一枚质地均匀的硬币,扔硬币 10 次,正面朝上次数多的概率为_____.

(2019年浙江大学)

14. 从 $1,2,3,4,5,6,7,8,9$ 中取出 4 个不同的数字,分别记为 a,b,c,d,则 $a+b$ 和 $c+d$ 奇偶性相同的概率是_____.

(2019年北京大学)

15. 某同学手中有 4 种不同的"猪年画",现要将其投放到 A、B、C 三个不同的箱子里,则每个箱子都不空的概率为_____.

(2018年北京大学博雅闻道)

16. 记正方体的六个面中心为 A、B、C、D、E、F,先在这 6 个点中任取两点连线,再在这 6 个点中任取两点连线,则所连两线段平行但不重合的概率是_____.

(2018年复旦大学)

三、解答题

17. 甲从集合 $\{1,2,3,4,5,6,7,8,9\}$ 中任取 3 个不同的数字,并以降序排列,得到十进制三位数 a;乙从集合 $\{1,2,3,4,5,6,7,8\}$ 中任取 3 个不同的数字,并以降序排列,得到十进制的三位数 b,求 $a>b$ 的概率.

(2018年南京大学)

18. 将一枚质地均匀的骰子先后抛掷 2 次,观察向上的点数.

    (1)求点数之和是 6 的概率;

    (2)两数之积不是 4 的倍数的概率.

(2018年浙江大学)

19. 根据某省的高考改革方案,考生应在 3 门理科学科(物理、化学、生物)和 3 门文科学科(历史、政治、地理)6 门学科中选择 3 门参加考试.

    (1)假设考生甲理科成绩较好,决定至少选择两门理科学科,那么该同学的选科方案有几种?

    (2)假设每门学科被选中的概率是相同的,求选科方案中有包括物理但不包括历史的概率.

(2019年清华大学 THUSSAT)

20. 为了调查民众对国家实行"新农村建设"政策的态度,现通过网络问卷随机调查了年龄在20周岁至80周岁的100人,他们年龄频数分布和支持"新农村建设"人数如下表:

年龄	$[20,30)$	$[30,40)$	$[40,50)$	$[50,60)$	$[60,70)$	$[70,80]$
频数	6	24	30	20	15	5
支持"新农村建设"	2	12	26	11	7	2

(1)根据上述统计数据填下面的2×2列联表,并判断是否有95%的把握认为以50周岁为分界点对"新农村建设"政策的支持度有差异;

	年龄低于50周岁的人数	年龄不低于50周岁的人数	合计
支持			
不支持			
合计			

(2)现从年龄在$[70,80]$内的5名被调查人中任选两人去参加座谈会,求选出两人中恰有一人支持新农村建设的概率.

参考数据:

$P(K^2 \geq k)$	0.150	0.100	0.050	0.025	0.010	0.005	0.001
k	2.072	2.706	3.841	5.024	6.635	7.879	10.828

参考公式:$K^2 = \dfrac{n(ad-bc)^2}{(a+b)(c+d)(a+c)(b+d)}$,其中$n=a+b+c+d$.

(2018年北京大学博雅闻道)

21. 有甲乙两个班级进行一门课程的考试,按照学生考试优秀和不优秀统计成绩后,得到如下列联表:

	优秀	不优秀	合计
甲班	20		45
乙班		40	
合计			90

(1)请将上述2×2列联表补充完整,并判断能否在犯错误的概率不超过0.001的前提下认为成绩与班级有关呢?

(2)针对调查的90名同学,各班都想办法要提高班级同学的优秀率,甲班决定从调查的45名同学中按分层抽样的方法随机抽取9名同学组成学习互助小组,每单元学习结束后在这

9 人中随机抽取 2 人负责制作本单元思维导图,设这 2 人中优秀人数为 X,求 X 的分布列与数学期望.

参考数据:

$P(K^2 \geqslant k)$	0.150	0.100	0.050	0.025	0.010	0.005	0.001
k	2.072	2.706	3.841	5.024	6.635	7.879	10.828

参考公式:$K^2 = \dfrac{n(ad-bc)^2}{(a+b)(c+d)(a+c)(b+d)}$,其中 $n=a+b+c+d$.

(2019 年清华大学 THUSSAT)

22. 随着经济的发展,个人收入的提高,自 2018 年 10 月 1 日起,个人所得锐起征点和税率进行调整.调整如下:纳税人的工资、薪金所得,以每月全部收入额减除 5000 元后的余额为应纳税所得额.依照个人所得税税率表,调整前后的计算方法如下表:

个人所得税税率表(调整前)			个人所得税税率表(调整后)		
免征额 3500 元			免征额 5000 元		
级数	全月应纳税所得额	税率/%	级数	全月应纳税所得额	税率/%
1	不超过 1500 元的部分	3	1	不超过 3000 元的部分	3
2	超过 1500 元至 4500 元的部分	10	2	超过 3000 元至 12000 元的部分	10
3	超过 4500 元至 9000 元的部分	20	3	超过 12000 元至 25000 元的部分	20
…	…	…	…	…	…

(1)假如小李某月的工资、薪金等所得税前收入总和不高于 8000 元,用 x 表示总收入,y 表示应纳的税,试写出调整前后 y 关于 x 的函数表达式;

(2)某税务部门在小李所在公司利用分层抽样方法抽取某月 100 个不同层次员工的税前收入,并制成下面的频数分布表:

收入/元	[3000,5000)	[5000,7000)	[7000,9000)	[9000,11000)	[11000,13000)	[13000,15000)
人数	30	40	10	8	7	5

①先从收入在 [3000,5000) 及 [5000,7000) 的人群中按分层抽样抽取 7 人,再从中选 4 人作为新纳税法知识宣讲员,用 a 表示抽到作为宣讲员的收入在 [3000,5000) 的人数,b 表示抽到作为宣讲员的收入在 [5000,7000) 元的人数,随机变量 $Z=|a-b|$,求 Z 的分布列与数学期望;

②小李该月的工资、薪金等税前收入为 7500 元时,请你帮小李算一下调整后小李的实际收入比调整前增加了多少?

(2018 年北京大学博雅闻道)

▷ ▷ ▷ **第十三章**

平面几何

　　早在 1998 年，美国科学家和教育家在美国的科学会上一致认为：21 世纪，几何学万岁！几何学理论广泛应用于 CT 扫描、无线电、高清晰度电视等最新电子产品和最新医疗科学等，其本身具有较强的直观效果，有助于提高学生认识事物的能力，有助于培养学生的逻辑推理能力，有助于利用数形结合思想解决问题．因此，平面几何是高校强基计划考试中经常出现的内容，通过考查平面图形的边角关系，以及长度、角度和面积的计算等，考查学生的逻辑思维能力、推理论证能力以及学生的计算能力等．平面几何在高中课堂上不再出现，不能说不是一大遗憾，很多学生的水平仅停留在初中水平，这对于准备参加强基计划考试的同学而言是远远不够的，它需要考生拿出时间和精力来进行专门的准备．

§ 13.1   相似与全等

我们知道,形状和大小都完全相同的两个三角形,或能够完全重合的两个三角形称为**全等三角形**.把对应角相等、对应边成比例的两个三角形叫作**相似三角形**.

一、全等与相似

对于一般的多边形(甚至包括退化形,如线段),全等和相似的概念是:

如果两个图形可以通过平移、旋转、反射所得到,称它们为**全等形**;如果两个图形可以通过平移、旋转、反射、伸缩所得到,称它们为**相似形**;全等形等价于对应边、角、对角相等;相似形的充要条件是对应角相等,对应边成相同比例.

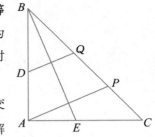

例 1 已知等腰 Rt△ABC 中,$AD=AE$,过点 A,D 作 BE 的垂线,交 BC 于点 P,Q. 求证:$CP=PQ$.(请使用平面几何方法证明,解析几何方法不得分)

(2019 年北京大学优秀中学生暑期体验营)

例 2 设等边三角形 ABC 的边长为 1,过点 C 作以 AB 为直径的圆的切线交 AB 的延长线于点 D,$AD>BD$,则△BCD 的面积为(   )

A. $\dfrac{6\sqrt{2}-3\sqrt{3}}{16}$ B. $\dfrac{4\sqrt{2}-3\sqrt{3}}{16}$ C. $\dfrac{3\sqrt{2}-2\sqrt{3}}{16}$ D. 前三个选项都不对

(2020 年北京大学)

二、九点圆

九点圆是指三角形的九个特殊点:三个垂心在三边上的投影、三边中点、三个顶点与垂心的连线的中点,它们在同一个圆上.

这个问题在相似的观点下几乎是显然的,可以证明:以上提到的九个点,全部位于以 OH 中点为圆心,外接圆半径的一半为半径的圆上.

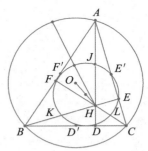

事实上,这两个圆位似,位似中心为 H,位似比为 1∶2.

例 3 如图,△$A_1A_2A_3$ 是一个非等腰三角形,它的边长分别以 a_1,a_2,a_3,其中 a_i 是 $A_i(i=1,2,3)$ 对应的边,M_i 为边 a_i 的中点,△$A_1A_2A_3$ 的内切圆 I 切边 A_i 于 T_i 点,S_i 是 T_i 关于 A_i 角平分线的对称点$(i=1,2,3)$.求证:M_1S_1,M_2S_2,M_3S_3 三线共点.

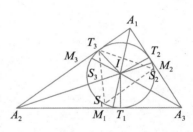

三、位似

位似是一种特殊的相似.所谓位似图形是指:如果两个图形是相似图形,且对应点连线相交于一点,那么这样的两个图形叫作位似图形.位似图形对应点连线的交点是位似中心.位似图形的任意一对对应点与位似中心在同一直线上,它们到位似中心的距离之比等于相似比.

位似图形具有以下性质:

1.位似图形对应线段的比等于相似比;

2.位似图形的对应角都相等;

3.位似图形对应点连线的交点是位似中心;

4.位似图形面积的比等于相似比的平方;

5.位似图形高、周长的比都等于相似比.

例 4 在面积为 1 的 $\triangle ABC$ 中,线段 AC,BC 上各有一点 D,E,使得 $AD=\dfrac{1}{3}AC,CE=\dfrac{1}{3}BC$,记 P 为 AE,BD 的交点,则四边形 $PDCE$ 的面积是(　　)

A. $\dfrac{2}{9}$ B. $\dfrac{2}{7}$

C. $\dfrac{9}{27}$ D. 前三个选项都不对

(2018 年北京大学)

例 5 (多选)在 $\mathrm{Rt}\triangle ABC$ 中,$\angle ABC=\dfrac{\pi}{2}$,$AB=\sqrt{3}$,$BC=1$,$\dfrac{\overrightarrow{PA}}{|\overrightarrow{PA}|}+\dfrac{\overrightarrow{PB}}{|\overrightarrow{PB}|}+\dfrac{\overrightarrow{PC}}{|\overrightarrow{PC}|}=\mathbf{0}$,则下列说法正确的是(　　)

A. $\angle APB=\dfrac{2}{3}\pi$ B. $\angle BPC=\dfrac{2}{3}\pi$

C. $PC=2PB$ D. $PA=2PC$

(2020 年清华大学)

§13.2　三角形

三角形是简单而又重要的平面图形,它是平面几何研究的主角.在初中阶段,我们对三角形进行了深入的研究,获得了三角形的许多性质.本节,我们主要介绍除初、高中课本知识外有关三角形的相关定理.

一、三角形中的量

一个三角形含有各种各样的几何量,除我们所熟悉的正弦定理、余弦定理外,三边边长与内角度数、面积之间存在着确定的数量关系.

例 1 设 $\triangle ABC$ 的三条中线的长度分别为 $6,9,12$,则 $\triangle ABC$ 最长边与最短边的和所在的区

间为（　　）

A. $(17,18)$

B. $(18,19)$

C. $(19,20)$

D. 前三个选项都不对

（2021 北京大学语言类保送）

例 2 在 $\triangle ABC$ 中，D，E 分别为 BC，AC 的中点，$AD=1$，$BE=2$，则 $S_{\triangle ABC}$ 的最大值为

_____．

（2021 年清华大学自强计划）

例 3 如图所示，已知 $\angle A=18°$，$\angle B=87°$，D 在 BC 的延长线上，且 DC $=BC$，E 在 AC 上，$\angle CED=18°$，则 $\dfrac{CE}{BD}=$ _____．

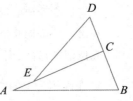

（2020 年北京大学高水平艺术团）

二、三角形的相关定理

定理 1（射影定理） 如图所示，AD 为直角 $\triangle ABC$ 斜边上的高，则有

$AD^2=BD\cdot DC$；

$AB^2=BD\cdot BC$；

$AC^2=CD\cdot CB$．

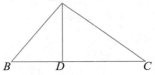

定理 2（共边比例定理） 如下图所示，BC 是 $\triangle ABC$ 与 $\triangle PBC$ 的公共底边，两三角形顶点

A，P 连线交 BC（或所在直线）于点 D，则 $\dfrac{S_{\triangle ABC}}{S_{\triangle PBC}}=\dfrac{AD}{PD}$．

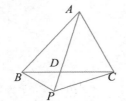 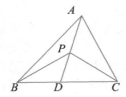 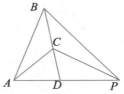 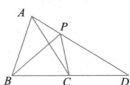

定理 3（共角比例定理） 在 $\triangle ABC$ 和 $\triangle A'B'C'$ 中，$\angle A=\angle A'$，或 $\angle A+\angle A'=180°$，则

$$\dfrac{S_{\triangle ABC}}{S_{\triangle A'B'C'}}=\dfrac{AB\cdot AC}{A'B'\cdot A'C'}．$$

定理 4（角平分线定理） 在 $\triangle ABC$ 中，AD 为 $\angle A$（或外角）的平分线，则有 $\dfrac{BD}{DC}=\dfrac{AB}{AC}$．

定理 5（张角定理） 由 P 点出发的三条射线 PA，PB，PC，设 $\angle APC=\alpha$，$\angle CPB=\beta$，

$\angle APB=\alpha+\beta<180°$，则 A，B，C 三点共线的充要条件是 $\dfrac{\sin\alpha}{PB}+\dfrac{\sin\beta}{PA}=\dfrac{\sin(\alpha+\beta)}{PC}$．

例 4 在 $\triangle ABC$ 中，已知 $AB>AC$，AD 为 $\angle BAC$ 的角平分线，M 为 BC 的中点，过 M 作 AD 的平行线 MN 交 AB 于 N，求证：$BN=\dfrac{1}{2}(AB+AC)$．

（2018 年北京大学优秀中学生暑期体验营）

例 5 如图所示,设 P 是 $\triangle ABC$ 内任一点,AD,BE,CF 是过点 P 且分别交边 BC,CA,AB 于点 D,E,F. 求证:$\dfrac{PD}{AD}+\dfrac{PE}{BE}+\dfrac{PF}{CF}=1$.

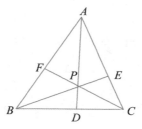

三、三角形的心

三角形的心是指重心、外心、内心、垂心、旁心和界心. 三角形的心是三角形的重要的几何点,在强基计划的考试中,有关三角形的心的几何问题属于热点问题,因此我们有必要对三角形心的几何性质作归纳总结.

❶三角形的重心

三角形的三条中线交于一点,这个交点即为三角形的重心,重心把中线分成 $2:1$ 的两部分,在 $\triangle ABC$ 中,重心通常用字母 G 来表示,重心的位置总是在三角形的内部.

性质 1 设 G 为 $\triangle ABC$ 的重心,连接 AG 并延长交 BC 于点 D,则 D 为 BC 的中点,$AD^2 = \dfrac{1}{2}(AB^2+AC^2)-\dfrac{1}{4}BC^2$,且 $AG:GD=2:1$;

性质 2 设 G 为 $\triangle ABC$ 的重心,过点 G 作 $DE /\!/ BC$ 交 AB 于点 D,交 AC 于点 E,过点 G 作 $PF /\!/ AC$ 交 AB 于点 P,交 BC 于 F,过点 G 作 $KH /\!/ AB$ 交 AC 于点 K,交 BC 于点 H,则

(1) $\dfrac{DE}{BC}=\dfrac{FP}{CA}=\dfrac{KH}{AB}=\dfrac{2}{3}$; (2) $\dfrac{DE}{BC}+\dfrac{FP}{CA}+\dfrac{KH}{AB}=2$.

性质 3 设 G 为 $\triangle ABC$ 的重心,P 为 $\triangle ABC$ 内任意一点,则

(1) $AP^2+BP^2+CP^2=AG^2+BG^2+CG^2+3PG^2$;

(2) $GA^2+GB^2+GC^2=\dfrac{1}{3}(AB^2+BC^2+CA^2)$.

性质 4 设 G 为 $\triangle ABC$ 内一点,G 为 $\triangle ABC$ 重心的充要条件是下列条件之一:

(1) $S_{\triangle GBC}=S_{\triangle GAC}=S_{\triangle GAB}=\dfrac{1}{3}S_{ABC}$;

(2) 当点 G 在三边 BC,CA,AB 上的射影分别为 D,E,F 时,$GD \cdot GE \cdot GF$ 的值最大;

(3) 当 AG,BG,CG 的延长线交三边于 D,E,F 时 $S_{\triangle AFG}=S_{\triangle BDG}=S_{\triangle CEG}$;

(4) 过点 G 的直线交 AB 于点 P,交 AC 于点 Q 时,$\dfrac{AB}{AP}+\dfrac{AC}{AQ}=3$;

(5) $BC^2+3GA^2=CA^2+3GB^2=AB^2+3GC^2$.

性质 5 三角形重心 G 到任一直线 l 的距离等于这三个顶点到同一直线距离的代数和的

三分之一.

性质 6 设 G 为 $\triangle ABC$ 的重心,若 $AG^2 + BG^2 = CG^2$,则两中线 AD 与 BE 垂直;反之,若两中线 AD,BE 垂直,有 $AG^2 + BG^2 = CG^2$.

❷ 三角形的内心

三角形的内切圆的圆心称为三角形的内心.在 $\triangle ABC$ 中,内心常用 I 表示,其位置在三角形的内部.

性质 1 三角形的内心是三角形三条内角平分线的交点;

性质 2 设 I 为 $\triangle ABC$ 内一点,I 为 $\triangle ABC$ 内心的充要条件是 I 到 $\triangle ABC$ 三边的距离相等;

性质 3 设 I 为 $\triangle ABC$ 内一点,AI 所在直线交 $\triangle ABC$ 的外接圆于 D.I 为 $\triangle ABC$ 内心的充要条件是 $ID = DB = DC$;

性质 4 设 I 为 $\triangle ABC$ 内一点,I 为 $\triangle ABC$ 内心的充要条件是:$\angle BIC = 90° + \frac{1}{2}\angle A$,$\angle AIC = 90° + \frac{1}{2}\angle B$,$\angle AIB = 90° + \frac{1}{2}\angle C$.

性质 5 设 I 为 $\triangle ABC$ 内一点,I 为 $\triangle ABC$ 内心的充要条件是:$\triangle IBC,\triangle ICA,\triangle IAB$ 的外心均在 $\triangle ABC$ 的外接圆上.

性质 6 一条直线截三角形,把周长 l 与面积 S 分成对应的两部分 l_1 与 l_2,S_1 与 S_2,则该直线过三角形内心的充要条件是 $\frac{l_1}{l_2} = \frac{S_1}{S_2}$.

性质 7 设 I 为 $\triangle ABC$ 的内心,$BC = a,CA = b,AB = c$,I 在 BC,AC,AB 边上的投影分别为 D,E,F,内切圆半径为 r,令 $p = \frac{1}{2}(a + b + c)$,则

(1) $ID = IE = IF = r,S_{\triangle ABC} = pr$;

(2) $r = \frac{2S_{\triangle ABC}}{a + b + c}$,$AE = AF = p - a,BD = BF = p - b,CE = CD = p - c$;

(3) $abc \cdot = p \cdot AI \cdot BI \cdot CI$.

性质 8 设 I 为 $\triangle ABC$ 的内心,$BC = a,CA = b,AB = c$,$\angle A$ 的平分线交 BC 于点 K,交 $\triangle ABC$ 的外接圆于点 D,则 $\frac{AI}{KI} = \frac{AD}{DI} = \frac{DI}{DK} = \frac{b + c}{a}$.

性质 9(欧拉定理) $\triangle ABC$ 中,R 和 r 分别为外接圆和内切圆的半径,O 和 I 分别为外心和内心,则 $OI^2 = R^2 - 2Rr$.

性质 10 设 I 为 $\triangle ABC$ 的内心,$\triangle ABC$ 内一点 P 在 BC,CA,AB 上的射影分别为 D,E,F,当 P 与 I 重合时,$\frac{BC}{PD} + \frac{CA}{PE} + \frac{AB}{PF}$ 的值最小.

例 6 若四边形 $ABCD$ 的对角线 AC,BD 相交于点 O,$\triangle AOB,\triangle BOC,\triangle COD,\triangle DOA$ 的周长相等,且 $\triangle AOB,\triangle BOC,\triangle COD$ 的内切圆半径分别为 $3,4,6$,则 $\triangle DOA$ 的内切圆的

半径是(　　)

A. $\dfrac{9}{2}$　　　　　　B. $\dfrac{3}{2}$　　　　　　C. $\dfrac{7}{2}$　　　　　　D. 前三个选项都不对

（2017 年北京大学）

例 7　如图,$\triangle ABC$ 的内切圆 I 与三边分别相切于点 D,E,F,连接 AD 与内切圆 I 的另一个交点为 P,过点 P 分别作 AC,AB 的平行线,与圆 I 的另一个交点分别为 R,Q,$\triangle DPQ$ 和 $\triangle DPR$ 的内心分别为 I_1 和 I_2,求证:$I_1I_2 /\!/ EF$.

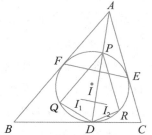

（2021 年福建省预赛）

❸ 三角形的外心

三角形三边的中垂线交于一点,这个交点即为三角形的外心,它是三角形外接圆的圆心,$\triangle AOC$ 的外心常用字母 O 表示.钝角三角形的外心在三角形的外部,直角三角形的外心为斜边的中点,锐角三角形的外心在三角形的内部.外心具有以下性质:

设 $\triangle ABC$ 的外接圆为 $\odot O$,半径为 R,$OD \perp BC$ 于点 D 交 $\odot O$ 于点 E,则

性质 1　$OA = OB = OC = R$;

性质 2　$\angle BOC = 2\angle A$(或 $2(180° - \angle A)$);

性质 3　$BD = DC$,$\overset{\frown}{BE} = \overset{\frown}{EC}$;

性质 4　$S_{\triangle ABC} = \dfrac{abc}{4R}$,或 $R = \dfrac{abc}{4S_{\triangle ABC}}$.

例 8　在锐角 $\triangle ABC$ 中,D 为边 BC 上一点,且 M,N 分别为 $\triangle ADB$,$\triangle ADC$ 的外心,若 $S_{\triangle ABC} = 1$,则 $S_{\triangle MND}$ 的最小值为(　　)

A. $\dfrac{1}{4}$　　　　　　　　　　　　　B. $\dfrac{1}{3}$

C. $\dfrac{1}{3\sqrt{2}}$　　　　　　　　　　　D. 前三个选项都不对

（2021 年北京大学语言类保送）

例 9　命题 p:“$\triangle ABC$ 的内心与外心重合”是命题 q:“$\triangle ABC$ 是正三角形”的(　　)

A. 充分不必要条件　　　　　　　B. 必要不充分条件

C. 充要条件　　　　　　　　　　D. 既不充分也不必要条件

（2021 年复旦大学）

例 10　如图,过等腰 $\triangle ABC$ 底边 BC 上一点 P 作 $PM /\!/ CA$ 交 AB 于点 M,作 $PN /\!/ BA$ 交 AC 于点 N,设点 P 关于直线 MN 的对称点为 Q.求证:点 Q 在 $\triangle ABC$ 的外接圆上.

（2020 年江苏省预赛）

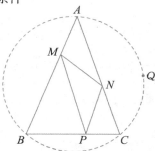

❹三角形的垂心

三角形三条高线相交于一点,这个点即为三角形的垂心.在$\triangle ABC$中,垂心通常用字母H表示,它的位置与外心类似.垂心具有下列性质:

性质1 设H为$\triangle ABC$的垂心,则H,A,B,C四点中任一点均是以其余三点为顶点的三角形的垂心(并称这样的四点组为一垂心组,且一垂心组的四个外接圆的圆心组成另一垂心组,与原垂心组全等).

性质2 设$\triangle ABC$的三条高线AD,BE,CF(其中D,E,F分别为垂足,以下均同),垂心为H.对于点A,B,C,H,D,E,F有六组四点共圆,有三组(每组四个)相似三角形,且$AH \cdot HD = BH \cdot HE = CH \cdot HF$.

性质3 在$\triangle ABC$中,H为垂心,$BC=a$,$CA=b$,$AB=c$,R为$\triangle ABC$外接圆的半径,则$AH^2+a^2=BH^2+b^2=CH^2+c^2=4R^2$.

性质4 设$\triangle ABC$外接圆的半径为R,则$AH=2R|\cos A|$,$BH=2R|\cos B|$,$CH=2R|\cos C|$.

性质5 设H为非直角$\triangle ABC$的垂心,且D,E,F分别为H在边BC,CA,AB上的射影,H_1,H_2,H_3分别为$\triangle AEF,\triangle BDF,\triangle CDE$的垂心,则$\triangle DEF \cong \triangle H_1H_2H_3$.

推论1 条件同上,则$\triangle H_1EF \cong \triangle DH_2H_3$,$\triangle H_2DF \cong \triangle EH_1H_3$,$\triangle H_3DE \cong \triangle FH_1H_2$.

推论2 条件同上,则$S_{六边形H_1FH_2DH_3E}=2S_{\triangle H_1H_2H_3}$.

推论3 条件同上,则HH_1与EF,HH_2与FD,HH_3与DE相互平分.

对于等腰三角形,内心、外心、重心、垂心在顶角的平分线上;而对于正三角形而言,则上述四心重合为一点,该点又称为正三角形的中心.

❺三角形的旁心

三角形的任意两角的外角平分线与第三个内角的角平分线相交于一点,这个交点即为三角形的旁心.在$\triangle ABC$中,旁心常用字母I_a,I_b,I_c表示,其位置在$\triangle ABC$的外部.

设$\triangle ABC$中,$\angle A$的旁切圆$\odot O$(其半径为r)与AB的延长线交于点P_1,则

(1)$\angle BI_1C=90°-\dfrac{1}{2}\angle A$;

(2)$AP_1=r_1\cot\dfrac{A}{2}=\dfrac{1}{2}(a+b+c)$;

(3)$\angle AI_1B=\dfrac{1}{2}\angle C$;

(4)$S_{\triangle ABC}=\dfrac{1}{2}r_1(b+c-a)$.

❻* 三角形的界心

如果三角形一边上的一点和这条边所对点把三角形的周界分割为两条等长的折线,那么就称这一点为三角形的周界中心.其中,三角形的周界是指由三角形折三边所组成的围线.由

于三角形的任意两边之和大于第三边,可知三角形任一边上的周界中点必介于这边的两端点之间.三角形的顶点与其所对边的周界中点的连线,叫作三角形的周界中线(有时也称周界中线所在直线为三角形的周界中线).三角形的三条周界中线交于一点,这一点称为**三角形的界心**.

对于三角形的界心,我们主要介绍下面两个性质:

D,E,F 分别为 $\triangle ABC$ 的边 BC,CA,AB 上的周界中心,R,r 分别是 $\triangle ABC$ 外接圆和内切圆的半径,则

$(1)\dfrac{S_{\triangle DEF}}{S_{\triangle ABC}}=\dfrac{r}{2R}$;

$(2)S_{\triangle DEF}\leqslant\dfrac{1}{4}S_{ABC}$.

§ 13.3　平面几何中的著名定理

除了在初中课本已经介绍的重要定理之外,在高校强基计划的招生考试中,平面几何问题还要用到许多著名的定理,现在择其应用较为广泛的几个介绍如下:

一、梅涅劳斯定理

梅涅劳斯是古希腊著名的几何学家,在他著名的几何著作《球论》一书中,他提出了"梅涅劳斯定理".

梅涅劳斯定理:设 D,E,F 分别是 $\triangle ABC$ 的边 BC,CA,AB 或其延长线上的点,若 D,E,F 三点共线,则 $\dfrac{BD}{DC}\cdot\dfrac{CE}{EA}\cdot\dfrac{AF}{FB}=1.$　　　　　①

这里有几点需要说明:

1. 不过顶点的直线与三角形的三边的关系有两种:

(1)若直线与三角形的一边交于内点,则必与第二边交于内点,与第三边交于外点(延长线上的点);

(2)直线与三角形的三边均交于外点,因而梅涅劳斯定理的图形有 2 个.

2. 结论的结构是:三角形三边上 6 条被截线段的比,首尾相连,组成一个比值为 1 的等式

$$\frac{端点到截点}{截点到端点}\times\frac{端点到截点}{截点到端点}\times\frac{端点到截点}{截点到端点}=1.$$

3. 这个结论反映了数与形的结合,是几何位置的定量描述:"三点共线"量转化为比值等于 1.反过来,若①式成立时,可证"D,E,F 三点共线"(逆定理也成立).这里的"1",如果考虑到线段的方向,应为"-1".

4. 梅涅劳斯定理证明的基本想法是将 6 条线段的比转化为 3 条线段 a,b,c 的连环比,能使

分子分母相约 $\frac{a}{b} \cdot \frac{b}{c} \cdot \frac{c}{a} = 1$. 为此,可有多种作平行线的方法. 下面我们提供一种不作平行线的三角证法.

证明 如右图所示,在 $\triangle FBD$,$\triangle CDE$,$\triangle AEF$ 中,分别由正弦定理,得:

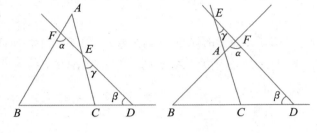

$$\frac{BD}{BF} = \frac{\sin\alpha}{\sin\beta},$$

$$\frac{CE}{CD} = \frac{\sin\beta}{\sin\gamma},$$

$$\frac{AF}{AE} = \frac{\sin\gamma}{\sin(\pi - \alpha)} = \frac{\sin\gamma}{\sin\alpha}.$$

将上述三式相乘即得结论.

一般地,设 D, E, F 是 $\triangle ABC$ 三边(或其延长线)上的三点,且 $\frac{AF}{FB} = \lambda_1$,$\frac{BD}{DC} = \lambda_2$,$\frac{CE}{EA} = \lambda_3$,则有 $\frac{S_{\triangle DEF}}{S_{\triangle ABC}} = \frac{1 + \lambda_1\lambda_2\lambda_3}{(1+\lambda_1)(1+\lambda_2)(1+\lambda_3)}$,从而 $S_{\triangle DEF} = 0 \Leftrightarrow \lambda_1\lambda_2\lambda_3 = -1$.

梅涅劳斯定理的逆定理:设 D, E, F 分别是 $\triangle ABC$ 的边 BC, CA, AB 或其延长线上的点,若 $\frac{BD}{DC} \cdot \frac{CE}{EA} \cdot \frac{AF}{FB} = 1$,则 D, E, F 三点共线.

证明 设直线 DE 交 AB 于 F_1,由梅涅劳斯定理,得 $\frac{BD}{DC} \cdot \frac{CE}{EA} \cdot \frac{AF_1}{F_1B} = 1$.

由题设,有 $\frac{BD}{DC} \cdot \frac{CE}{EA} \cdot \frac{AF}{FB} = 1$,从而有 $\frac{AF_1}{F_1B} = \frac{AF}{FB}$.

又由合比定理,知 $\frac{AF_1}{AB} = \frac{AF}{AB}$,故有 $AF_1 = AF$,从而 F_1 与 F 重合,即 D, E, F 三点共线.

有时,我们也可把上述两个定理合写成一个定理:

设 D, E, F 分别是 $\triangle ABC$ 的边 BC, CA, AB 所在直线(包括三边的延长线)上的点,且有奇数个点在边的延长线上,则 D, E, F 三点共线的充要条件是 $\frac{BD}{DC} \cdot \frac{CE}{EA} \cdot \frac{AF}{FB} = 1$(这里 "$D, E, F$ 三点中有奇数个点在边的延长线上" 非常重要,否则梅涅劳斯定理不成立).

例 1 凸五边形 $ABCDE$ 的对角线 CE 分别与对角线 BD 和 AD 交于点 F 和 G,已知 $BF : FD = 5 : 4$,$AG : GD = 1 : 1$,$CF : FG : GE = 2 : 2 : 3$,则 $S_{\triangle CFD} : S_{\triangle ABE}$ 的值等于( )

A. $8 : 15$　　　　B. $2 : 3$　　　　C. $11 : 23$　　　　D. 前三个答案都不对

(2020 年北京大学)

例 2 在 $\triangle ABC$ 中,点 D, E 分别在边 AB、AC 上,CD 交 BE 于点 I,AI 交 DE 于点 J,AI 交 BC 于点 K. 试寻找 $AJ \cdot AK$ 与 AI^2 的大小关系.

(2018 年清华大学金秋营)

二、塞瓦定理

塞瓦是 17 世纪意大利水利工程师,同时也是一名数学爱好者. 他独立地发现了梅涅劳斯定理,并根据梅涅劳斯定理推导出了以他自己的名字命名的塞瓦定理.

塞瓦定理:设 O 是 $\triangle ABC$ 内任意一点,AO,BO,CO 分别交对边于 D,E,F,则 $\dfrac{BD}{DC} \cdot \dfrac{CE}{EA} \cdot \dfrac{AF}{FB} = 1$.

证法一(用梅涅劳斯定理) $\triangle ADC$ 被直线 BOE 所截,有 $\dfrac{CB}{BD} \cdot \dfrac{DO}{OA} \cdot \dfrac{AE}{EC} = 1$.

$\triangle ABD$ 被直线 COF 所截,有 $\dfrac{BC}{CD} \cdot \dfrac{DO}{OA} \cdot \dfrac{AF}{FB} = 1$.

两式相除即得结论.

证法二(面积证法) $\dfrac{BD}{DC} = \dfrac{S_{\triangle ABD}}{S_{\triangle ADC}} = \dfrac{S_{\triangle BOD}}{S_{\triangle COD}} = \dfrac{S_{\triangle ABD} - S_{\triangle BOD}}{S_{\triangle ADC} - S_{\triangle COD}} = \dfrac{S_{\triangle AOB}}{S_{\triangle AOC}}$.

同理,$\dfrac{CE}{EA} = \dfrac{S_{\triangle BOC}}{S_{\triangle AOB}}$,$\dfrac{AF}{FB} = \dfrac{S_{\triangle AOC}}{S_{\triangle BOC}}$. 三式相乘即得所证.

塞瓦定理逆定理:在 $\triangle ABC$ 三边(所在直线)BC,CA,AB 上各取一点 D,E,F,若有 $\dfrac{BD}{DC} \cdot \dfrac{CE}{EA} \cdot \dfrac{AF}{FB} = 1$,则 AD,BE,CF 交于一点.

证明 AD 与 BE 或是平行,或是相交.

(1)若 $AD \parallel BE$(如图所示),则 $\dfrac{BC}{BD} = \dfrac{EC}{EA}$,代入已知式,可推出 $\dfrac{AF}{FB} = \dfrac{DC}{CB}$.

有 $AD \parallel CF$,从而 $AD \parallel BE \parallel CF$.

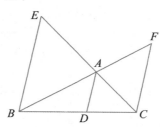

(2)若 AD 与 BE 相交于点 O(如图所示),则连接 CO 交 AB 于 F',由塞瓦定理,有 $\dfrac{BD}{DC} \cdot \dfrac{CE}{EA} \cdot \dfrac{AF'}{F'B} = 1$,与已知式相比较,得 $\dfrac{AF'}{F'B} = \dfrac{AF}{FB}$.

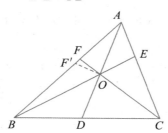

再由合比定理,得 $\dfrac{AF'}{AB}=\dfrac{AF}{AB}$,从而 $AF'=AF$,即 F' 与 F 重合.

有时,我们也把上述两个定理合写成一个定理:

设 D,E,F 分别是 $\triangle ABC$ 的三边 BC,CA,AB 所在直线上的点,则三直线 AD,BE,CF 平行或共点的充要条件是 $\dfrac{BD}{DC}\cdot\dfrac{CE}{EA}\cdot\dfrac{AF}{FB}=1$.

例 3 (多选)如图所示,在棱形 $ABCD$ 中,$\angle BAD=60°$,P 为 BC 延长线上一点,$AP\cap CD=E$,$BE\cap PD=Q$,AP 与 $\triangle ABD$ 外接圆交于 F,则( )

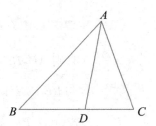

A. B,F,E,C 四点共圆

B. D,F,C,P 四点共圆

C. B,C,D,Q 四点共圆

C. D,F,E,Q 四点共圆

(2018 年清华大学)

三、斯特瓦尔特定理

斯特瓦尔特定理:在 $\triangle ABC$ 中,D 为 BC 上一点,且 $\dfrac{BD}{DC}=\dfrac{m}{n}$,$BC=a,AC=b,AB=c$,则 $AD^2=\dfrac{mb^2+nc^2}{m+n}-\dfrac{mna^2}{(m+n)^2}$.

证明 如图所示,在 $\triangle ABD$ 与 $\triangle ABC$ 中分别运用余弦定理,得

$$AD^2=AB^2+BD^2-2AB\cdot BD\cos\angle B;$$

$$AC^2=AB^2+BC^2-2AB\cdot BC\cos\angle B.$$

消去 $\cos\angle B$,得 $AD^2=\dfrac{AC^2\cdot BD+AB^2\cdot DC}{BC}-BD\cdot DC=\dfrac{mb^2+nc^2}{m+n}-\dfrac{mna^2}{(m+n)^2}$.

推论 1 三角形的中线长为 $m_a=\dfrac{1}{2}\sqrt{2b^2+2c^2-a^2}$;

推论 2 三角形的角平分线长为 $t_a=\dfrac{2}{b+c}\sqrt{bcp(p-a)}$(其中 $p=\dfrac{1}{2}(a+b+c)$);

推论 3 三角形的高线长为 $h_a=\dfrac{2}{a}\sqrt{p(p-a)(p-b)(p-c)}$.

例 4 AD 是 $\triangle ABC$ 的角平分线,$AB=3,AC=8,BC=7$,则 $AD=\underline{\qquad}$.

(2021 年复旦大学)

例 5 (多选)AB 为圆 O 的直径,$CO\perp AB$,M 为 AC 的中点,$CH\perp MB$,则下列选项正确的是( )

A. $AM=2OH$

B. $AH=2OH$

C. $\triangle BOH\backsim\triangle BMA$

D. $OH=CH$

(2019 年清华大学)

四、西姆松定理

西姆松定理:以三角形的外接圆上任意一点作三边的垂线,则 3 垂足共线(称为西姆松线). 反之,若一点到三角形的三边所在直线的垂足共线,则该点在三角形的外接圆上.

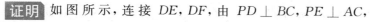

证明 如图所示,连接 DE,DF,由 $PD \perp BC$,$PE \perp AC$,$PF \perp AB$ 知,点 P,B,F,D 及 P,D,C,E 分别共圆,所以

$$\angle PDF + \angle PBF = 180° \qquad ①$$

$$\angle PDE = \angle PCE \qquad ②$$

又 P,A,B,C 四点共圆,得 $\angle PCE = \angle PBF \qquad ③$

由①②③,得 $\angle PDF + \angle PDE = 180° \qquad ④$

从而 E,D,F 共线.

反之,由①②④可得③成立,于是 P,A,B,C 共圆,即点 P 在 $\triangle ABC$ 的外接圆上.

五、托勒密定理

托勒密定理:若四边形的两对边的乘积之和等于它的对角线的乘积,则该四边形内接于一个圆,反之也成立.

证明 如图所示,四边形 $ABCD$ 内接于 $\odot O$,在 BD 上取一点

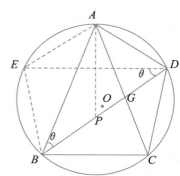

P,使得 $\angle PAB = \angle CAD$,则 $\triangle ABP \backsim \triangle ADC$,于是 $\dfrac{AB}{AC}$

$= \dfrac{BP}{CD}$,从而 $AB \cdot CD = AC \cdot BP$.

又 $\triangle ABC \backsim \triangle APD$,则有 $BC \cdot AD = AC \cdot PD$.

上述两乘积式相加,

得 $AB \cdot CD + BC \cdot AD = AC \cdot (BP + PD) = AC \cdot BD$.

例 6 圆内接四边形 $ABCD$ 中,$\angle ABD = \angle CBD = 30°$,$BD = 6$,则四边形 $ABCD$ 的面积是

_____.

(2021 年北京大学优秀中学生寒假学堂)

例 7 在圆周上逆时针摆放了 A,B,C,D 四个点,已知 $BA = 1$,$BC = 2$,$BD = 3$,$\angle ABD = \angle DBC$,则该圆的直径为(　　)

A. $2\sqrt{5}$ 　　　　　 B. $2\sqrt{6}$ 　　　　　 C. $2\sqrt{7}$ 　　　　　 D. 前三个选项都不对

(2017 年北京大学)

例 8 设 A,B,C,D,X 为圆周上依次排列的五个点.

已知 $\angle AXB = \angle BXC = \angle CXD$,$AX = a$,$BX = b$,$CX = c$.

求 DX 的长.

(2018 年北京大学物理学科冬令营)

六、厄尔多斯—摩德尔定理

厄尔多斯—摩德尔定理:设 P 是 $\triangle ABC$ 内或周界上任一点,P 点到三边距离分别为 x,y, z,则 $PA+PB+PC \geqslant 2(x+y+z)$. 当且仅当 $\triangle ABC$ 为正三角形时等号成立,且 P 是 $\triangle ABC$ 的中心.

证明 如图所示,过点 P 作直线 MN 交 AB 于点 M,交 AC 于点 N,使 $\angle AMN = \angle ACB$,

有 $\triangle AMN \backsim \triangle ACB$,得 $\dfrac{AM}{MN} = \dfrac{AC}{CB} = \dfrac{b}{a}$,$\dfrac{AN}{MN} = \dfrac{AB}{CB} = \dfrac{c}{a}$.

又 $\dfrac{1}{2} MN \cdot AP \geqslant S_{\triangle AMN} = S_{\triangle AMP} + S_{\triangle ANP} = \dfrac{1}{2} AM \cdot z + \dfrac{1}{2} AN \cdot y$,

得 $PA \geqslant z \cdot \dfrac{AM}{MN} + y \cdot \dfrac{AN}{MN} = z \cdot \dfrac{b}{a} + y \cdot \dfrac{c}{a}$　①

同理,$PB \geqslant x \cdot \dfrac{c}{b} + z \cdot \dfrac{a}{b}$　②

$PC \geqslant y \cdot \dfrac{a}{c} + x \cdot \dfrac{b}{c}$　③

相加,得 $PA+PB+PC \geqslant \left(\dfrac{b}{c} + \dfrac{c}{b}\right)x + \left(\dfrac{a}{c} + \dfrac{c}{a}\right)y$

$+ \left(\dfrac{b}{a} + \dfrac{a}{b}\right)z \geqslant 2(x+y+z)$　④

当且仅当 $a=b=c$ 时④式取等号,当且仅当 $AP \perp MN$ 时①式取等号.

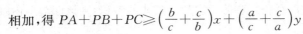

$$\S\,13.4 \quad \text{圆与根轴}$$

圆在平面几何中具有较为重要的地位,在历年的强基计划或大学夏令营、秋令营或冬令营的考试中,与圆有关的试题比比皆是. 本节,我们主要介绍与圆相关的定理.

一、圆

相交弦定理:P 是圆内任一点,过点 P 作圆的两条弦 AB,CD,则有 $PA \cdot PB = PC \cdot PD$.

相交弦定理逆定理:如果四边形 $ABCD$ 的对角线 AC,BD 相交于点 P,且满足 $PA \cdot PB = PC \cdot PD$,则四边形 $ABCD$ 为圆内接四边形.

切割线定理:P 是圆外任意一点,过点 P 任作圆的两割(切)线 PAB,PCD,则 $PA \cdot PB = PC \cdot PD$.

切割线定理逆定理:如果凸四边形 $ABCD$ 的一对对边 AB 与 DC 相交于点 P,且满足 $PA \cdot PC = PB \cdot PD$,则四边形 $ABCD$ 为圆内接四边形.

弦切角定理:弦切角的度数等于它所夹的弧所对的圆心角度数的一半,等于它所夹的弧所对的圆周角度数.(与圆相切的直线,同圆内与切点相交的弦相交所形成的夹角叫作弦切角).

先看一个事实,如右图 $\triangle ABC$ 中,AD,BE,CF 分别是三边上的高,则分别以 AEF,BDF,CDE 作圆,这三个圆交于一点(密克点),通过观察,发现这个点就是垂心,即 AD,BE,CF 的交点.

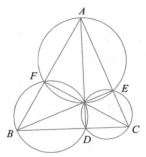

密克定理:$\triangle ABC$ 中,X,Y,Z 分别是直线 AB,BC,CA 上的点,则 $\odot AXZ$,$\odot BXY$,$\odot CYZ$ 三个圆共于一点 O,这样的点 O 称为 X,Y,Z 对于 $\triangle ABC$ 的密克点.

证明 如下图所示,设 $\odot AXZ$ 与 $\odot BXY$ 交于点 O,连接 OX,OY,OZ,只需证 O,Z,Y,C 四点共圆.

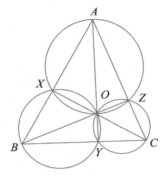

因为 A,X,O,Z 与 B,X,Y,O 为两组四点圆,则 $\angle AZO=\angle BXO=180°-\angle BYO=\angle OYC$,即 $\angle AZO=\angle OYC$,所以 O,Z,Y,C 四点共圆.

上述证明方法,即为证明圆共点的一般方法.

$\triangle ABC$ 内一点 P,如果 P 到三顶点的距离之和最小,则称 P 为 $\triangle ABC$ 的**费马点**.当 $\triangle ABC$ 任一内角都小于120°时,费马点存在于三角形内部,与三个顶点的张角均为120°;当 $\triangle ABC$ 有一内角大于或等于120°时,费马点与此角的顶点重合.

西姆松定理:P 是 $\triangle ABC$ 外接圆上一点,过点 P 作 PD 垂直 AB,PE 垂直 BC,PF 垂直 AC,则 D,E,F 是共线的三点.直线 DEF 称为点 P 关于 $\triangle ABC$ 的西姆松线.

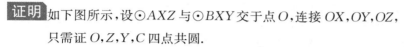

证明 如图所示,连接 PB,PC,ED,EF,要证明 D,E,F 三点共线,只需证明 $\angle BED=\angle CEF$ 即可.

因为 B,D,P,E 以及 C,F,E,P 四点共圆,所以 $\angle BPD=\angle BED$,$\angle FPC=\angle FEC$.

又因为 A,B,P,C 四点共圆,故 $\angle DBP=\angle FCP$,所以 $\angle FPC=\angle DPB$,故 $\angle BED=\angle CEF$.

由对顶点性质,知 D,E,F 三点共线.

西姆松定理逆定理:若一点在三角形三边所在直线上的射影共线,则该点在此三角形的外接圆上,即该点与三角形的三顶点共圆.

完全四边形的密克定理:四条直线(FAC,BDC,AEB,DEF)两两交于 A,B,C,D,E,F 六点,则 $\odot ABC$,$\odot BDE$,$\odot CDF$,$\odot AEF$ 四点共圆,其中所共的点叫作完全四边形的密克点.

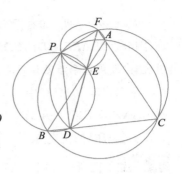

西姆松定理与四边形的密克定理是等价的.

例 1 (多选)如图所示,延长圆 O 一条弦 AB 至 C,过点 C 作圆 O 的切线 CM,CN,切点分别为 M,N,Q 为 AB 的上一点,满足 $\angle AMQ = \angle CNB$,则下列结论正确的是(　　)

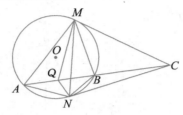

A. $\triangle CBM \backsim \triangle CMA$

B. $\triangle AQM \backsim \triangle NBM$

C. $\triangle MAN \backsim \triangle MQB$

D. $\triangle MAN \backsim \triangle BQN$

(2020 年武汉大学)

例 2 如图所示,$AC = BC$,$\triangle ABC$ 的外接圆在 A,C 的切线交于点 D,BD 交圆于点 E,射线 AE 交 CD 于点 F.证明:F 是 CD 的中点.

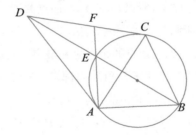

(2021 年新疆预赛)

例 3 如图所示,在 $\triangle ABC$ 中,M 是边 AC 的中点,D,E 是 $\triangle ABC$ 外接圆在点 A 处的切线上的两点,满足 $MD \parallel AB$,且 A 是线段 DE 的中点,过 A,B,E 三点的圆与边 AC 相交于另一点 P,过 A,D,P 三点的圆与 DM 的延长线相交于点 Q.证明:$\angle BCQ = \angle BAC$.

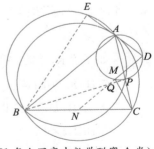

(2021 年全国高中数学联赛 A 卷)

二、圆幂与根轴

圆幂定理:P 是圆 O 所在平面上的任意一点(可以在圆内,圆上,圆外),过点 P 任作一直线交圆 O 于 A,B 两点(A,B 两点可以重合,也可之一与 P 重合),圆 O 半径为 r,我们有 $PA \cdot PB = |PO^2 - r^2|$.

与圆幂定理相关的一个概念是根轴,首先我们给出幂的定义:

幂的定义:从一点 A 作一圆周的任一割线,从 A 起到和圆周相交为止的两线段之积,称为**点对于圆周的幂**.若点 A 在圆外,A 点的幂等于从 A 点所引圆周切线的平方,由相交弦定理及割线定理,可知点 A 的幂为定值.不难证明,幂有以下两个性质:

(1)两圆相交,交点处的切线成直角,则每一圆半径的平方等于它的圆心对于另一圆周的幂,反之亦然;

(2)点 A 对于以 O 为圆心的圆周的幂,等于 OA 及其半径的平方差.

由此,我们有

定理 1 对于两已知圆有等幂的点的轨迹,是一条垂直于连心线的直线.

事实上,设点 A 到 $\odot O_1$ 和 $\odot O_2$ 的幂相等,$\odot O_1$,$\odot O_2$ 的半径分别为 R_1,R_2($R_1 > R_2$),则 $AO_1^2 - R_1^2 = AO_2^2 - R_2^2$,即 $AO_1^2 - AO_2^2 = R_1^2 - R_2^2 =$ 常数.

设 $O_1 O_2$ 的中点为 D,$AM \perp O_1 O_2$ 于点 M,则 $AO_1^2 = AD^2 + O_1 D^2 + 2 O_1 D \cdot DM$,$AO_2^2 = AD^2 + DO_2^2 - 2 DO_2 \cdot DM$.易得 $DM = \dfrac{R_1^2 - R_2^2}{2 O_1 O_2}$ 为常数.

所以,过定点 M 的垂线即是两圆等幂点的轨迹.

定义:两圆等幂点的轨迹,称为两圆的根轴或等幂轴.

由定理 1 可以看出:

(1)若两圆同心,则 $O_1 O_2 = 0$,所以同心圆的根轴不存在;

(2)若 $R_2 = 0$,圆 O_2 缩成一点 O_2,这时 M 点对圆 O_2 的幂即是 MO_2^2.上面的论述仍然都成立,这时,直线(轨迹)称为圆与一定点的根轴.

定理 2 若两圆相交,其根轴就是公共弦所在的直线,由于两圆的交点对于两圆的幂都是 O,所以它们位于根轴上.根轴是直线,所以根轴是两交点的连线.

定理 3 若两圆相切,其根轴就是过两圆切点的公切线.

定理 4 若三个圆两两不同心,则其两两的根轴相交于一点,或互相平行.若这三条根轴中有两条相交,则这一交点对于三个圆的幂均相等,所以必在第三条根轴上,这一点称为三圆的根心.

显然,当三个圆的圆心在一条直线上时,三条根轴互相平行;当三个圆的圆心不共线时,根心存在(**蒙日定理**).

例 4 如图,在 $\triangle ABC$ 中,$AB > AC$,$\triangle ABC$ 内两点 X,Y 均在 $\angle BAC$ 的平分线上,且满足 $\angle ABX = \angle ACY$.设 BX 的延长线与线段 CY 交于点 P,$\triangle BPY$ 的外接圆 ω_1 与 $\triangle CPX$ 的外接圆 ω_2 交于 P 及另一点 Q.

证明:A,P,Q 三点共线.

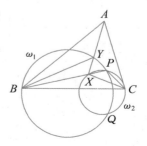

(2021 年全国高中数学联赛 A 卷)

例 5 如图，D 为 $\triangle ABC$ 内一点，且 $AC \neq BC$，满足 $\angle ADB = 90° + \dfrac{1}{2}\angle ACB$，$\triangle ABC$ 的外接圆在点 C 处的切线交直线 AB 于点 P，$\triangle ADC$ 的外接圆在点 C 处的切线交直线 AD 于点 Q. 证明：直线 PQ 平分 $\angle BPC$.

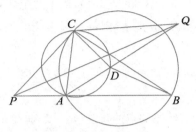

例 6 在 $\triangle ABC$ 中，D 为 BC 中点，取 $\triangle ABC$ 的外接圆 ω，E、F 分别是 $\overset{\frown}{BC}$，$\overset{\frown}{BAC}$ 的中点. $\triangle ADE$ 的外接圆与射线 AB，AC 交于点 J，K，$\triangle ADF$ 的外接圆与射线 AB，AC 交于点 L，M. 证明：若 AD，JK，LM 共点，则 JM，LK 的交点在圆 ω 上.

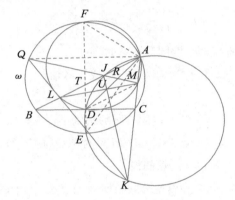

（2020 北京大学金秋营）

三、调和点列

设 A，B，C，D 是共线的四点，若满足条件 $\dfrac{AC}{CB} = \dfrac{AD}{DB}$，则称 A，C，B，D 为 **调和点列**，亦称线段 AB 被 C，D **调和分割**，或线段 CD 被 A，B **调和分割**.

若从共点直线外一点 P 引射线 PA，PC，PB，PD，则称 PA，PC，PB，PD 为调和点束. 为了研究这一类强基试题，我们先介绍调和点列的几条结论：

定理 1 设 A，C，B，D 共线，从共点直线外一点 P 引射线 PA，PC，PB，PD，则 A，C，B，D 为调和点列的充要条件是，当 PC 平分 $\angle APB$ 时，有 $\angle CPD = 90°$.

证明 （充分性）当 PC 平分 $\angle APB$，且 $\angle CPD = 90°$ 时，如图，则称 PD 是 $\angle APB$ 的外角的平分线，由角的内、外角平分线的性质，知

$\dfrac{AC}{CB} = \dfrac{PA}{PB} = \dfrac{AD}{DB}$，即 C，D 调和分割 AB.

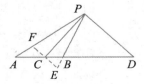

（必要性）当 C，D 调和分割 AB，且 PC 平分 $\angle APB$ 时，过点 C 作 PD 的平行线交射线

PB 于点 E,交射线 PA 于点 F,则 $\dfrac{FC}{PD}=\dfrac{AC}{AD}$,$\dfrac{EC}{PD}=\dfrac{CB}{BD}$.

而 $\dfrac{AC}{CB}=\dfrac{AD}{DB}$,即 $\dfrac{AC}{AD}=\dfrac{CB}{DB}$,从而 $FC=CE$.

于是当 PC 平分 $\angle APB$,则 $PC\perp EF$. 所以 $PC\perp PD$,即 $\angle CPD=90°$.

定理 2　设 A,C,B,D 共线,则 A,C,B,D 为调和点列的充要条件是,从线段 CD 的中点 O 起,截同向线段 OA 及 OB,使这线段的一半长为比例中项,即 $OC^2=OA\cdot OB$.

证明　如图,因为 O 为 CD 的中点,知 $OC=OD$.

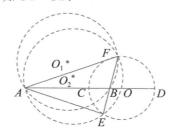

A,C,B,D 为调和点列

$\Leftrightarrow\dfrac{AC}{CB}=\dfrac{AD}{DB}\Leftrightarrow\dfrac{OA-OC}{OC-OB}=\dfrac{OA+OC}{OC+OB}\overset{(*)}{=}\dfrac{2OA}{2OC}\Leftrightarrow OC^2=OA\cdot OB.$

$[(*)$ 处用到了等比定理,同加与同减$]$

推论 1　一圆的直径被另一圆调和分割的充要条件是,这个圆与过两分割点的任何圆周相交成直角.

事实上,$\odot O$ 的半径的平方 OC^2 等于点 O 对 $\odot O_1$($\odot O_1$ 过 A,B 两点)的幂 $OA\cdot OB$.

推论 2　设点 C 是 $\triangle AEF$ 的内心,角平分线 AC 交边 EF 于点 B,射线 AB 交 $\triangle AEF$ 的外接圆于点 O,则射线 AB 上的点 D 为 $\triangle AEF$ 旁心的充要条件是 $\dfrac{AC}{CB}=\dfrac{DO}{OB}$.

事实上,若 D 为 $\triangle AEF$ 的旁心,则由定理 1 知,三角形的角平分线被其内心和相应的旁心调和分割. 于是有 $\dfrac{AC}{CB}=\dfrac{AD}{DB}$. 显然,$C,E,D,F$ 共圆,且圆心为 O.

推论 3　$\triangle AEF$ 的角平分线 AB 交 EF 于点 B,交 $\triangle AEF$ 的外接圆于点 O,则 $OE^2=OF^2=OA\cdot OB$.

定理 3　完全四边形一条对角线被其他两条对角线调和分割.

定理 4　从圆外一点 A 引圆的割线交圆于 C,D,若割线 ACD 与点 A 的切点弦交于点 B,则弦 CD 被 A,B 调和分割.

例 7　在锐角 $\triangle ABC$ 中,$AB<AC$,I 为其内心,$AD\perp BC$ 于点 D. 内切圆 ω 与 BC 切于点 E,点 F 在圆 ω 上,使得 $\triangle BCF$ 的外接圆与圆 ω 内切. 线段 EF 与 AD 交于点 G,过点 G 作 BC 的平行线,与 AE 交于点 H,连接 HI 并延长与边 BC 交于点 J. 证明:J 为线段 BC 的中点.

(2017 年北京大学夏令营)

例 **8** 如图，△ABC 中 AB≠AC. 点 A 所对应旁切圆圆 J 分别与直线 BC,CA,AB 相切于点 D,E,F. 点 M 是线段 BC 的中点，点 S 在线段 JM 上，且满足 AS+DS＝AE.

求证：$\dfrac{MS}{SJ}=\dfrac{\sqrt{BD \cdot CD}}{JD}$.

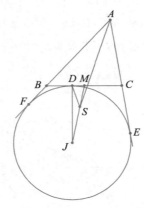

(2018 年北京大学"中学生数学奖"夏令营)

例 **9** 如图，△ABC 内部取一点 O，直线 AO,BO,CO 分别交对边于 D,E,F，若四边形 AEOF，BDOF，CDOE 都有内切圆，记其圆心分别为 I_A，I_B，I_C，求证：O 在△ABC 内心 I 与 △$I_A I_B I_C$ 垂心 H 的连线上.

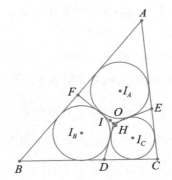

(2020 年北京大学秋令营)

§13.5 　四点共圆

　　多点共圆问题是高校强基计划考试中经常出现的内容. 其中，四点共圆问题应用较为广泛，多点共圆问题也常常是以四点共圆为基础而实现的. 本节，我们重点研究四点共圆问题，以此为基础探索多点共圆的处理策略.

一、四点共圆的认识

　　四点共圆问题一般有两种形式：一是以"四点共圆"为证题目的；二是以"四点共圆"为解题

手段,为解决其他问题铺平道路.处理四点共圆常常采用以下几种思考方法:

1.先设法发现其中以某两点为端点的线段恰为一圆的直径,然后证明其他点对这个线段的视角均为直角;

2.如果以四个点顶点的四边形的对角互补,或者某两点视另两点所连线段的视角相等,则该四点共圆;

3.如果两线段 AB,CD 相交于点 E,且 $AE \cdot EB = CE \cdot ED$,则 A,B,C,D 四点共圆;

4.如果相交直线 PA,PB 上各有一点 C,D,且 $PA \cdot PC = PB \cdot PD$,则 A,B,C,D 四点共圆;

5.若四边形一个外角等于其内对角,则该四边形的四个顶点共圆;

6.要证明若干个点共圆,可先证明其中的四点共圆,然后再证明其余点都在此圆上.

共圆问题不仅是几何中的重要问题,而且也是直线与圆之间度量关系或位置关系相互转化的媒介.

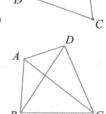

例 1 已知 A,B,C,D 四点共圆,且 $AB=1,CD=2,AD=4,BC=5$,P 为 AD,BC 的交点,则 PA 的长度是_____.

（2020 年复旦大学）

例 2 三角形 $\triangle ABC$ 和凸四边形 $ABCD$ 如图所示,则"$\angle BAC = \angle BDC$"是"$\angle DAC = \angle DBC$"的(　　)(注:同弧或等弧所对的圆周角相等).

A. 充分不必要条件　　　　　B. 必要不充分条件

C. 充要条件　　　　　　　　D. 既不充分也不必要条件

（2020 年复旦大学）

例 3 在平面凸四边形 $ABCD$ 中,$\angle ABC = \angle ADB = 90°$,$BD=BC$,点 E 在线段 AB 上,F 为 CE 的中点,且 $\angle AFB = 90°$.求证:$AD = AE$.

（2018 年北京大学优秀中学生暑期体验营）

二、四点共圆的证明方法

对四点共圆的证明,我们常采用以下定理:

1.若两个直角三角形有公共斜边,则这两个直角三角形的四个顶点共圆;

2.若两个三角形有公共底边,且在公共底边同侧,又有相等的顶角,则四顶点共圆;

3.若四边形的两组对角互补,则四顶点共圆;

4.若四边形的一个外角等于它的内对角,则四顶点共圆,反之亦然;

5.若两线段 AB 和 CD 相交于点 E,且 $AE \cdot EB = CE \cdot ED$,则 A,B,C,D 四点共圆,这是相交弦定理的逆定理;

6.若相交于点 P 的两线段 PB,PD 上分别有点 A 和 C,满足 $PA \cdot PB = PC \cdot PD$,则 A,B,C,D 四点共圆,这是切割线定理的逆定理;

7. 利用圆的定义, 即若 A,B,C,D 四点与某一定点的距离相等, 则 A,B,C,D 四点共圆;

8. 利用托勒密定理的逆定理;

9. 利用图形自身的几何性直接给出证明.

例 4 在非等边 $\triangle ABC$ 中, $BC=AC$, 若 O 和 P 分别为 $\triangle ABC$ 的外心和内心, D 在线段 BC 上, 且满足 $OD\perp BP$, 则下列选项正确的是( )

A. B,D,O,P 四点共圆   B. $OD/\!/AC$

C. $OD/\!/AB$ D. $PD/\!/AC$

(2020 年清华大学)

例 5 如下图所示, 四边形 $ABCD$ 为圆内接四边形, I_1 为 $\triangle ABC$ 的内心, I_2 为 $\triangle ABD$ 的内心, J_1 为 $\triangle BCD$ 的点 D 所对的旁心, J_2 为 $\triangle ACD$ 的点 C 所对的旁心.

求证: I_1,I_2,J_1,J_2 四点共线.

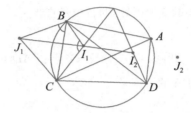

(2019 年北京大学中学生数学奖个人能力挑战赛)

例 6 如图, 四边形 $ABCD$ 内接于圆 Γ, $AB>CD$, I,J 分别为 $\triangle ABC$, $\triangle DBC$ 的内心, 直线 IJ 分别交线段 AB,CD 于点 K,L.

证明: 圆 Γ 上存在一点 P, 使得 B,P,J,K 四点共圆, 且 C,P,I,L 四点共圆.

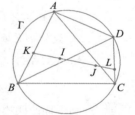

(2020 年全国高中数学联赛)

例 7 如图, 已知等腰 $\triangle ABC$ 顶角 A 的平分线交其外接圆于点 D, 且 M,N,P 分别在边 AB, AC,BC 上, 使得四边形 $AMPN$ 为平行四边形. 若 $PR/\!/AD$ 交 MN 于点 R, 直线 MN, DP 交于点 Q. 求证: B,Q,R,C 四点共圆.

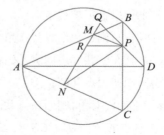

(2021 年山东省教练员培训)

例 8 如图, 在 $\triangle ABC$ 中, $\odot I$ 为其内切圆, 且 $AC>BC>AB$, D 为 AC 的中点, M 为 $\odot I$ 与 AC 的切点, F 在 AM 上, $AE\perp BI$ 于点 E, $DJ/\!/AE$, 且 J,E,F 三点共线, $\odot(DEF)$ 与 DJ 交

于不同于 D 的点 K.

求证：$\odot(JFK)$ 与 $\odot I$ 相切.

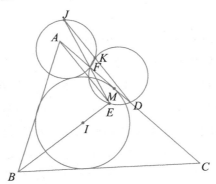

（2021 年北京大学夏令营）

例 9 证明双曲线的切线与渐近线的交点与双曲线的两个焦点四点共圆.

（2020 年北京大学优秀中学生暑期体验营）

三、多点共圆

多点共圆问题主要有两类：一类是直接证有若干个点共圆；另一类则是利用多点共圆对找角度或三角形边长之间的等量关系.

例 10 证明：三角形三条高的垂足、三边的中点，以及垂心与顶点的三条连接线段的中点，这九点共圆.（**九点圆定理**）

设 $\triangle ABC$ 三条高 AD,BE,CF 的垂足分别为 D,E,F 且边 BC,CA,AB 的中点分别为 L,M,N；又 AH,BH,CH 的中点分别为 P,Q,R.

求证：D,E,F,L,M,N,P,Q,R 九点共圆.

例 11 正方形 $ABCD$ 与 $A'B'C'D'$ 同向，B 与 B' 不重合. 证明：BB',CC',DD' 共点.

习题十三

1. 以梯形 $ABCD$ 的下底 BC 上一点为圆心作半圆,此半圆与这个梯形的上底 AD 和两腰 AB、CD 都相切,则 $|AB|+|CD|-|BC|$ 的值(　　)

  A. 为正   B. 为负   C. 可正可负 D. 前三个答案都不对

(2018 年北京大学)

2. 若存在 n 边形可分成有限个平行四边形,则 n 的取值范围包括(　　)

  A. 大于等于 4 的偶数   B. 大于等于 5 的奇数

  C. 大于等于 4 的整数   D. 前三个选项都不对

(2021 年北京大学优秀中学生寒假学堂)

3. 在平行四边形 $ABCD$ 中,$AC=2AB$,K 为边 BC 上一点,且 $\angle ADB=\angle BDK$,则 $BK:CK$ 等于(　　)

  A. $2:1$ B. $4:3$ C. $5:3$ D. 前三个选项都不对

(2021 年北京大学语言类保送)

4. 在四边形 $ABCD$ 中,$BC=8$,$CD=1$,$\angle ABC=30°$,$\angle BCD=60°$. 如果四边形 $ABCD$ 的面积为 $\dfrac{13\sqrt{3}}{2}$,那么 AB 的值为(　　)

  A. $\sqrt{3}$ B. $2\sqrt{3}$ C. $3\sqrt{3}$ D. $4\sqrt{3}$

(2020 年北京大学高水平艺术团)

5. 边长为 1 的正九边形的最长对角线与最短对角线之差等于(　　)

  A. $\dfrac{\sqrt{6}+\sqrt{2}}{4}$ B. $\dfrac{\sqrt{6}+\sqrt{3}}{4}$

  C. $\dfrac{\sqrt{6}-\sqrt{2}}{4}$ D. 前三个选项都不对

(2021 年北京大学语言类保送)

6. 设有 $\triangle A_0B_0C_0$,作它的内切圆,三个切点确定一个新的 $\triangle A_1B_1C_1$,再作 $\triangle A_1B_1C_1$ 的内切圆,三个切点确定 $\triangle A_2B_2C_2$,依此类推,一次一次不停地作下去,可以得到一个三角形序列,它们的尺寸越来越小,则最终这些三角形的极限情况是(　　)

  A. 等边三角形   B. 直角三角形

  C. 与原 $\triangle A_0B_0C_0$ 相似   D. 前三个选项都不对

(2018 年北京大学物理学科冬令营)

7. 设锐角 $\triangle ABC$ 的外心为 O,线段 OA,BC 的中点分别为 M,N,$\angle ABC=4\angle OMN$,$\angle ACB=6\angle OMN$,则 $\angle OMN=$ _____ .

(2021 年山东省竞赛教练员培训)

8. 求边长为 1 的正五边形的对角线长.

（2021 年上海交通大学）

9. 已知 $\triangle ABC$ 的面积为 2，D 在线段 AB 上，E 在线段 AC 上，F 在线段 DE 上，且满足 $\dfrac{AD}{AB} = x$，$\dfrac{AE}{AC} = y$，$\dfrac{DF}{DE} = z$，若 $y + z - x = 1$，求 $\triangle BDF$ 面积的最大值.

（2019 年上海交通大学）

10. 如图，设 H 为 $\triangle ABC$ 内一点，点 D,E,F 分别是 AH,BH,CH 的延长线与 BC,CA,AB 的交点，点 G 为 FE 延长线与 BC 延长线的交点，点 O 为 DG 的中点，以 O 为圆心，OD 为半径作圆交线段 FE 于点 P.

求证：(1) $\dfrac{BD}{DC} = \dfrac{BG}{GC}$；(2) $\dfrac{PB}{PC} = \dfrac{BD}{DC}$.

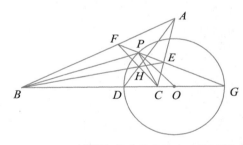

（2021 年广西壮族自治区预赛）

11. 锐角 $\triangle ABC$ 中，以高 AD 为直径的圆 O，交 AC,AB 于点 E,F，过点 E,F 分别作圆 O 的切线，若两切线相交于点 P. 证明：直线 PA 重合于 $\triangle ABC$ 的一条中线.

（2021 年江西省预赛）

12. 已知 F_1、F_2 分别是椭圆的左、右焦点，B 为椭圆上一点，延长 F_2B 到点 A，满足 $BF_1 = BA$，AF_1 的中点为 H，则下列两个结论是否正确？

结论 1：$AF_1 \perp BH$；   结论 2：BH 为椭圆的切线.

（2021 年复旦大学）

13. 如图，I 是 $\triangle ABC$ 的内心，点 P,Q 分别为 I 在边 AB,AC 上的投影. 直线 PQ 与 $\triangle ABC$ 的外接圆相交于点 $X,Y(P$ 在 X,Q 之间). 已知 B,I,P,X 四点共圆，证明：C,I,Q,Y 四点共圆.

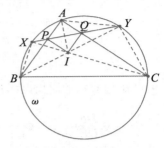

（2021 年全国高中数学联赛 B 卷）

14. 在直角梯形 $ABCD$（其中顶点 A 对应于直角）中放置两个圆，其中一个圆相切于两条腰和长边，另一个圆相切于两条腰、短边和第一个圆。如果两个圆的半径分别为 $\dfrac{28}{3}$ 和 $\dfrac{7}{3}$，求梯形 $ABCD$ 的面积.

（2020 年深圳北理莫斯科大学）

▷ ▷ ▷ **第十四章**

初等数论

　　初等数论是关于数的学问,主要研究整数,重点研究对象是正整数.对中学生来说,数论是研究正整数的一个数学分支.

　　什么是正整数呢? 人们借助于"集合"和"后继"关系给正整数(也即自然数)作过本质的描述,正整数 $1,2,3,\cdots$ 是这样一个集合 $\mathbf{N}^+$:

　　(1)有一个最小的数 1;

　　(2)每一个数 a 的后面都有且只有一个后继数 a';除 1 之外,每一个数都是且只是一个数的后继数.

　　这个结构很像数学归纳法,事实上,有这样的归纳公理:

　　(3)对 $\mathbf{N}^+$ 的子集 M,若 $1\in M$,且当 $a\in M$ 时,有后继数 $a'\in M$,则 $M=\mathbf{N}^+$.

　　就是这么一个简单的数集,里面却有无穷无尽的奥秘,有的奥秘甚至使得人们怀疑:正如罗增儒教授在其《竞赛中的数论问题》提到的那样"人类的智慧还没有成熟到解决它的程度".

　　本章内容,在题目选择上我们努力做到精挑细选,在内容的安排上我们也尽量做到讲解详尽、明白.相信通过本章节的学习,读者可以对数论有一个大致的了解.

§ 14.1　整　数

一、整除的概念及其性质

在本章中如果不加特殊说明,我们所涉及的数都是整数,所采用的字母也表示整数.

定义　设 a,b 是给定的数,$b\neq0$,若存在整数 c,使得 $a=bc$ 则称 b 整除 a,记作 $b|a$,并称 b 是 a 的一个约数(因子),称 a 是 b 的一个倍数;如果不存在上述 c,则称 b 不能整除 a,记作 $b\nmid a$.

由整除的定义,容易推出以下性质:

(1)若 $b|c$ 且 $c|a$,则 $b|a$(传递性质).

(2)若 $b|a$ 且 $b|c$,则 $b|(a\pm c)$,即某一整数倍数的整数集关于加、减运算封闭.若反复运用这一性质,易知 $b|a$ 及 $b|c$,则对于任意的整数 u,v 有 $b|(au\pm cv)$.更一般,若 $a_1,a_2,\cdots,a_n$ 都是 b 的倍数,则 $b|(a_1+a_2+\cdots+a_n)$,或者 $a|b_i$,则 $a|\sum\limits_{i=1}^{n}c_ib_i$ 其中 $c_i\in\mathbf{Z},i=1,2,\cdots,n$.

(3)若 $b|a$,则或者 $a=0$,或者 $|a|\geqslant|b|$,因此若 $b|a$ 且 $a|b$,则 $a=\pm b$.

(4)a,b 互质,若 $a|c,b|c$,则 $ab|c$,

(5)p 是质数,若 $p|a_1a_2\cdots a_n$,则 p 能整除 $a_1,a_2,\cdots,a_n$ 中的某一个;特别地,若 p 是质数,若 $p|a^n$,则 $p|a$.

(6)(带余除法)设 a,b 为整数,$b>0$,则存在整数 q 和 r,使得 $a=bq+r$,其中 $0\leqslant r<b$,并且 q 和 r 由上述条件唯一确定;整数 q 被称为 a 被 b 除得的(不完全)商,数 r 称为 a 被 b 除得的余数.注意:r 共有 b 种可能的取值:$0,1,\cdots\cdots,b-1$.若 $r=0$,即为 a 被 b 整除的情形.

易知,带余除法中的商实际上为 $\left[\dfrac{a}{b}\right]$(不超过 $\dfrac{a}{b}$ 的最大整数),而带余除法的核心是关于余数 r 的不等式:$0\leqslant r<b$.证明 $b|a$ 的基本手法是将 a 分解为 b 与一个整数之积,在较为初级的问题中,这种数的分解常通过在一些代数式的分解中除特殊值而产生,下面两个分解式在这类论证中应用很多.

若 n 是正整数,则 $x^n-y^n=(x-y)(x^{n-1}+x^{n-2}y+\cdots+xy^{n-2}+y^{n-1})$;

若 n 是正奇数,则 $x^n+y^n=(x+y)(x^{n-1}-x^{n-2}y+\cdots-xy^{n-2}+y^{n-1})$;(在上式中用 $-y$ 代 y)

(7)如果在等式 $\sum\limits_{i=1}^{n}a_i=\sum\limits_{k=1}^{m}b_k$ 中取去某一项外,其余各项均为 c 的倍数,则这一项也是 c 的倍数;

(8)n 个连续整数中,有且只有一个是 n 的倍数;

(9)任何 n 个连续的整数之积一定是 $n!$ 的倍数,特别地,三个连续的正整数之积能被 6 整除.

例 1 2021 年是北京大学建校 123 周年,则满足建校 n 周年的正整数 n 能整除对应年份的 n 的个数为(　　)

A. 4　　　　　　B. 8　　　　　　C. 12　　　　　　D. 前三个选项都不对

(2021 年北京大学语言类保送)

例 2 设 a,b 是正整数 n 的正因数,使得 $(a-1)(b+2)=n-2$,则 n 可以等于(　　)

A. 2020^{2020}　　　B. 2×2020^{2020}　　　C. 3×2020^{2020}　　　D. 前三个选项都不对

(2021 年北京大学语言类保送)

例 3 若 x,y 是两个不同的质数,是否存在正偶数 n,使得 $(x+y)\mid x^n+y^n$.

(2021 年清华大学自强计划)

例 4 已知 a,b,c,d 都是正整数,且 $a^3=b^2,c^5=d^4,c-a=77$,求 $d-b$.

(2021 年清华大学邱成桐数学领军人才)

二、奇数、偶数

(1)奇数±奇数=偶数,偶数±偶数=偶数,奇数±偶数=奇数,偶数×偶数=偶数,奇数×偶数=偶数,奇数×奇数=奇数;即任意多个偶数的和、差、积仍为偶数,奇数个奇数的和、差仍为奇数,偶数个奇数的和、差为偶数,奇数与偶数的和为奇数,积为偶数;

(2)奇数的平方都可以表示成 $8m+1$ 的形式,偶数的平方可以表示为 $8m$ 或 $8m+4$ 的形式;

(3)任何一个正整数 n,都可以写成 $n=2^m\cdot l$ 的形式,其中 m 为负整数,l 为奇数.

(4)若有限个整数之积为奇数,则其中每个整数都是奇数;若有限个整数之积为偶数,则这些整数中至少有一个是偶数;两个整数的和与差具有相同的奇偶性;偶数的平方根若是整数,它必为偶数.

三、完全平方数

能表示为某整数的平方的数称为完全平方数,简称平方数.平方数有以下性质与结论:

(1)平方数的个位数字只可能是 $0,1,4,5,6,9$;

(2)偶数的平方数是 4 的倍数,奇数的平方数被 8 除余 1,即任何平方数被 4 除的余数只有可能是 0 或 1;

(3)奇数平方的十位数字是偶数;

(4)十位数字是奇数的平方数的个位数一定是 6;

(5)不能被 3 整除的数的平方被 3 除余 1,能被 3 整除的数的平方能被 3 整除.因而,平方数被 9 除的余数为 $0,1,4,7$,且此平方数的各位数字的和被 9 除的余数也只能是 $0,1,4,7$;

(6)平方数的约数的个数为奇数;

(7)任何四个连续整数的乘积加 1,必定是一个平方数.

(8)设正整数 a,b 之积是一个正整数的 k 次方幂($k\geqslant2$),若 $(a,b)=1$,则 a,b 都是整数的 k 次方幂.一般地,设正整数 $a,b,\cdots,c$ 之积是一个正整数的 k 次方幂($k\geqslant2$),若 $a,b,\cdots,c$ 两两互

素,则 $a,b,\cdots,c$ 都是正整数的 k 次方幂.

例 5 设 $x,y\in\mathbf{Z}$,若 $(x^2+x+1)^2+(y^2+y+1)^2$ 为完全平方数,则数对 (x,y) 有( )组.

A. 0   B. 1

C. 无穷多   D. 前三个选项都不对

(2019 年北京大学)

例 6 (多选)若存在 $x,y\in\mathbf{N}^*$,使得 x^2+ky,y^2+kx 均为完全平方数,则正整数 k 可能是(   )

A. 2   B. 4

C. 5   D. 6

(2020 年清华大学)

例 7 满足 $n^3+2n^2+8n-5a^3$ 的自然数组 (n,a) 的对数是(   )

A. 0   B. 1

C. 3   D. 前三个答案都不对

(2019 年北京大学博雅计划)

例 8 设 n 为正整数,4^n+2021 是完全平方数,则这样的 n 的个数为(   )

A. 1   B. 2

C. 无穷多个   D. 前三个选项都不对

(2021 年北京大学语言类保送)

四、整数的尾数

整数 a 的个位数也称为整数 a 的尾数,并记为 $G(a)$.$G(a)$ 也称为尾数函数,尾数函数具有以下性质:

(1) $G(G(a))=G(a)$;

(2) $G(a_1+a_2+\cdots+a_n)=G[G(a_1)+G(a_2)+\cdots+G(a_n)]$;

(3) $G(a_1\cdot a_2\cdot\cdots\cdot a_n)=G[G(a_1)\cdot G(a_2)\cdot\cdots\cdot G(a_n)]$;

(4) $G(10a)=0;G(10a+b)=G(b)$;

(5) 若 $a-b=10c$,则 $G(a)=G(b)$;

(6) $G(a^{4k})=G(a^4),a,k\in\mathbf{N}^*$;

(7) $G(a^{4k+r})=G(a^r),k\geqslant0,0<r<4,a,k,r\in\mathbf{N}^*$;

(8) $G(a^{b_1^{b_2\cdots}})=\begin{cases}G(a),\text{当 }b_1\text{ 为奇数},b_2\text{ 是偶数}\\G(a^4),\text{当 }b_1\text{ 为偶数},b_2\text{ 为奇数或 }b_1,b_2\text{ 同时为偶数时}\\G(a^{b_1}),\text{当 }b_1,b_2\text{ 同为奇数时}\end{cases}$

例 9 $\overline{abc}$ 是所有小数中最接近 $\sqrt{11}$ 的数,求 $a+b+c$ 的值.

(2019 年浙江大学)

例 10 a_n 是距离 $\sqrt{n}$ 最近的整数，则 $S_{2021} =$ _____．

（2021 年清华大学自强计划）

五、整数整除性的一些数码特征（即常见结论）

（1）若一个整数的末位数字能被 2（或 5）整除，则这个数能被 2（或 5）整除，否则不能；

（2）一个整数的数码之和能被 3（或 9）整除，则这个数能被 3（或 9）整除，否则不能；

（3）若一个整数的末两位数字能被 4（或 25）整除，则这个数能被 4（或 25）整除，否则不能；

（4）若一个整数的末三位数字能被 8（或 125）整除，则这个数能被 8（或 125）整除，否则不能；

（5）若一个整数的奇位上的数码之和与偶位上的数码之和的差是 11 的倍数，则这个数能被 11 整除，否则不能.

例 11 若一个 2020 位数可以写成两个 1010 位数的积，则称为 A 型，否则称为 B 型. 则 A 型数多还是 B 型数多？

（2021 年北京大学优秀中学生寒假学堂）

六、质数与合数

❶ 正整数分为三类

（1）单位数 1；（2）质数（素数）：一个大于 1 的正整数，如果它的因数只有 1 和它本身，则称为质（素）数；（3）如果一个自然数包含有大于 1 而小于其本身的因子，则称这个自然数为合数.

❷ 有关质（素）数的一些性质

（1）若 $a \in \mathbf{Z}, a > 1$，则 a 的除 1 以外的最小正因数 q 是一个质（素）数. 如果 $q \neq a$，则 $q \leqslant \sqrt{a}$；

（2）若 p 是质（素）数，a 为任一整数，则必有 $p \mid a$ 或 $(a, p) = 1$；

（3）设 $a_1, a_2, \cdots, a_n$ 为 n 个整数，p 为质（素）数，且 $p \mid a_1 a_2 \cdots a_n$，则 p 必整除某个 $a_i (1 \leqslant i \leqslant n)$；

（4）（算术基本定理）任何一个大于 1 的正整数 a，能唯一地表示成质（素）因数的乘积（不计较因数的排列顺序）；

（5）任何大于 1 的整数 a 能唯一地写成 $a = p_1^{a_1} p_2^{a_2} \cdots p_k^{a_k}, i = 1, 2, \cdots, k$　①的形式，其中 p_i 为质（素）数 $[p_i < p_j (i < j)]$. 上式叫作整数 a 的标准分解式；

（6）若 a 的标准分解式为①，a 的正因数的个数记为 $f(a)$，则 $f(a) = (a_1 + 1)(a_2 + 1) \cdots (a_k + 1)$.

例 12 使得 $p^3 + 7p^2$ 为完全平方数的不大于 100 的素数 p 的个数为（　　　　）

　　A. 0　　　　　　B. 1　　　　　　C. 2　　　　　　D. 前三个答案都不对

（2017 年北京大学博雅计划）

七、公约数与公倍数

最大公约数与最小公倍数是数论中的一个重要的概念，这里我们主要讨论两个整数互素、最大公约数、最小公倍数等基本概念与性质.

定义1 (最大公约数)设 a,b 不全为零,同时整除 a,b 的整数(如 ±1)称为它们的公约数. 因为 a,b 不全为零,故 a,b 只有有限多个,我们将其中最大一个称为 a,b 的最大公约数,用符号 (a,b) 表示. 显然,最大公约数是一个正整数.

当 $(a,b)=1$(即 a,b 的公约数只有 ±1)时,我们称 a 与 b 互素(互质). 这是数论中的非常重要的一个概念.

同样,如果对于多个(不全为零)整数 $a,b,\cdots,c$,可类似地定义它们的最大公约数 $(a,b,\cdots,c)$. 若 $(a,b,\cdots,c)=1$,则称 $a,b,\cdots,c$ 互素. 请注意,此时不能推出 $a,b,\cdots,c$ 两两互素;但反过来,若 $(a,b,\cdots,c)$ 两两互素,则显然有 $(a,b,\cdots,c)=1$.

由最大公约数的定义,我们不难得出最大公约数的一些简单性质:例如任意改变 a,b 的符号,不改变 (a,b) 的值,即 $(\pm a,\pm b)=(a,b)$;(a,b) 可以交换,$(a,b)=(b,a)$;(a,b) 作为 b 的函数,以 a 为周期,即对于任意的实数 x,有 $(a,b+ax)=(a,b)$,等等. 为了更详细地介绍最大公约数,我们给出一些常用的一些性质:

(1)设 a,b 是不全为 0 的整数,则存在整数 x,y,使得 $ax+by=(a,b)$;

(2)(裴蜀定理)两个整数 a,b 互素的充要条件是存在整数 x,y,使得 $ax+by=1$;

事实上,条件的必要性是性质(1)的一个特例. 反过来,若有 x,y 使等式成立,不妨设 $(a,b)=d$,则 $d|a,d|b$,故 $d|ax$ 及 $d|by$,于是 $d|(ax+by)$,即 $d|1$,从而 $d=1$.

(3)若 $m|a,m|b$,则 $m|(a,b)$,即 a,b 的任何一个公约数都是它们的最大公约数的约数;

(4)若 $m>0$,则 $(ma,mb)=m(a,b)$;

(5)若 $(a,b)=d$,则 $\left(\dfrac{a}{d},\dfrac{b}{d}\right)=1$,因此两个不互素的整数,可以自然地产生一对互素的整数;

(6)若 $(a,m)=1,(b,m)=1$,则 $(ab,m)=1$,也就是说,与一个固定整数互素的整数集关于乘法封闭. 并由此可以推出:若 $(a,b)=1$,对于 $\forall k>0$ 有 $(a^k,b)=1$,进而有对 $\forall l>0$ 有 $(a^k,b^l)=1$.

(7)设 $b|ac$,若 $(b,c)=1$,则 $b|a$;

(8)设正整数 a,b 之积是一个正整数的 k 次方幂 $(k\geq2)$,若 $(a,b)=1$,则 a,b 都是整数的 k 次方幂. 一般地,设正整数 $a,b,\cdots,c$ 之积是一个正整数的 k 次方幂 $(k\geq2)$,若 $a,b,\cdots,c$ 两两互素,则 $a,b,\cdots,c$ 都是正整数的 k 次方幂.

定义2 设 a,b 是两个非零整数,一个同时为 a,b 倍数的数称为它们的公倍数,a,b 的公倍数有无穷多个,这其中最小的一个称为 a,b 的最小公倍数,记作 $[a,b]$,对于多个非零实数 $a,b,\cdots,c$,可类似地定义它们的最小公倍数 $[a,b,\cdots,c]$.

最小公倍数主要有以下几条性质:

(1)a 与 b 的任一公倍数都是 $[a,b]$ 的倍数,对于多于两个数的情形,类似结论也成立;

(2)两个整数 a,b 的最大公约数与最小公倍满足:$(a,b)[a,b]=|ab|$(但请注意,这只限于两个整数的情形,对于多于两个整数的情形,类似结论不成立);

(3)若 $a,b,\cdots,c$ 两两互素,则 $[a,b,\cdots,c]=|ab\cdots c|$;

(4)若 $a|d,b|d,\cdots,c|d$,且 $a,b,\cdots,c$ 两两互素,则 $ab\cdots c|d$.

§14.2 数论函数

对于任何正整数均有定义的函数,称为数论函数.在初等数论中,所能用到的无非也就有三个,分别为:高斯取整函数 $[x]$ 及其性质,除数函数 $d(n)$ 和欧拉函数 $\varphi(x)$ 和它的计算公式.

❶ 高斯取整函数 $[x]$

设 x 是实数,不大于 x 的最大整数称为 x 的整数部分,记为 $[x]$;$x-[x]$ 称为 x 的小数部分,记为 $\{x\}$.例如:$[0.5]=0$,$[\sqrt{50}]=7$,$[-3]=-3$,$[-\pi]=-4$,$\{\pi\}=0.1415\cdots$,$\{-0.3\}=0.7$,等等.

由 $[x]$,$\{x\}$ 的定义可得如下性质:

性质 1 $x-[x]=\{x\}$;$0\leqslant\{x\}<1$;

性质 2 $x-1<[x]\leqslant x<[x]+1$;

性质 3 设 $a\in\mathbf{Z}$,则 $[a+x]=a+[x]$;

性质 4 $[x+y]\geqslant[x]+[y]$;$\{x+y\}\leqslant\{x\}+\{y\}$;

性质 5 $[-x]=\begin{cases}-[x], & x\in\mathbf{Z}, \\ -[x]-1, & x\notin\mathbf{Z};\end{cases}$

性质 6 对于任意的正整数 n,都有如下的埃米特恒等式成立:

$$[x]+\left[x+\frac{1}{n}\right]+\left[x+\frac{2}{n}\right]+\cdots+\left[x+\frac{n-1}{n}\right]=[nx];$$

为了描述性质 7,我们给出如下记号:若 $b^a|a$,且 $b^{a+1}\nmid a$,则称 b^a 恰好整除 a,记为 $b^a\parallel a$.例如:我们有 $2^4\parallel 2000$,$5^3\parallel 2000$ 等等.其实,**由素数唯一分解定理**:

任何大于 1 的整数 a 能唯一地写成 $a=p_1^{a_1}p_2^{a_2}\cdots p_k^{a_k}$,$i=1,2,,\cdots,k$ 的形式,其中 p_i 为质(素)数 $[p_i<p_j(i<j)]$.

我们还可以得到:$p_i^{a_i}\parallel a$,$i=1,2,\cdots,k$.

性质 7 若 $p^a|n!$,则 $\alpha=\left[\dfrac{n}{p}\right]+\left[\dfrac{n}{p^2}\right]+\left[\dfrac{n}{p^3}\right]\cdots$

请注意,此式虽然被写成了无限的形式,但实际上对于固定的 n,必存在正整数 k,使得 $p^k>n$,因而 $0<\dfrac{n}{p^k}<1$,故 $\left[\dfrac{n}{p^k}\right]=0$,而且对于 $m>k$ 时,都有 $\left[\dfrac{n}{p^m}\right]=0$.因此,上式实际上是有限项的和.另外,此式也指出了乘数 $n!$ 的标准分解式中,素因数 p 的指数 α 的计算方法.

例 1 已知 $f(x)=[x]+[2x]+[3x]$（$[x]$ 表示不超过 x 的最大整数），则 $f(x)$ 的值域为 _____.

（2021年北京大学寒假学堂）

例 2 （多选）已知函数 $f(x)=\dfrac{\frac{1}{x}+x}{[x]+\left[\frac{1}{x}\right]+2}$（$[x]$ 表示不超过 x 的最大整数），是否存在 x 使

得 $f(x)=$（　　　）

A. $\dfrac{4}{3}$ 　　　　 B. $\dfrac{3}{2}$ 　　　　 C. $\dfrac{8}{5}$ 　　　　 D. $\dfrac{10}{7}$

（2021年清华大学自强计划）

例 3 $g(x)=\dfrac{x+[x]+2-[x+|x|-2]}{4}$，有 $f(x)\leqslant 0$，若 $f(x)=\log_2 x$，解不等式 $0<$

$g[f(x)]<1$.

（2021年复旦大学）

例 4 已知 $Y=\sum\limits_{i=0}^{2021}\left[\dfrac{2^i}{7}\right]$，则 Y 的个位数字是（　　　）

A. 2 　　　　 B. 3 　　　　 C. 5 　　　　 D. 前三个答案都不对

（2021年北京大学）

❷ 除数函数 $d(n)$

为了叙述地更加明确，我们先给出**算术基本定理（素数唯一分解定理）**：

每个大于 1 的正整数均可分解成有限个质数的乘积. 如果不计质因子在乘积中的次序，则其分解方式是唯一的，即 $n=p_1^{a_1}p_2^{a_2}\cdots p_k^{a_k}$（其中，$p_k$ 为质数，$\alpha_i\in\mathbf{N}^+$，$i=1,2,\cdots,k$）.

例如：$24=2\times2\times2\times3$. 当一个整数分解成素数的乘积时，其中有些素数可以重复出现. 例如在上面的分解式中，2 出现了三次. 把分解式中相同的素数的积写成幂的形式，我们就可以把大于 1 的正整数 n 写成 $n=p_1^{a_1}p_2^{a_2}\cdots p_k^{a_k}$，$i=1,2,\cdots,k$ 　　　　（1）

此式称为 n 的标准分解式. 这样，算术基本定理也可以描述为大于 1 的整数的标准分解式是唯一的（不考虑乘积的先后顺序）.

推论 1 若 n 的标准分解式是（1）式，则 d 是 n 的正因数的充要条件是：

$d=p_1^{\beta_1}p_2^{\beta_2}\cdots p_k^{\beta_k}$，$0\leqslant\beta_i<a_i$，$i=1,2,\cdots,k$ 　　　　（2）

应说明（2）不能称为是 d 的标准分解式，其原因是其中的某些 β_i 可能取零值（d 也有可能不含有某个素因数 p_i，因而 $\beta_i=0$）

推论 2 设 $n=bc$，且 $(b,c)=1$，若 n 是整数的 k 次方，则 b,c 也是整数的 k 次方. 特别地，若 n 是整数的平方，则 b,c 也是整数的平方.

记 $T(n)$ 正整数 n 的正约数的个数，$\delta(n)$ 是正整数 n 的正约数之和，且其标准分解式为：

$n=p_1^{a_1}p_2^{a_2}\cdots p_k^{a_k}$（其中，$p_k$ 为质数，$\alpha_i\in\mathbf{N}^+$，$i=1,2,\cdots,k$）.

统称 $T(n),\delta(n)$ 为除数函数. 这里给出 $T(n)$ 的计算公式:

$T(n)=(\alpha_1+1)(\alpha_2+1)\cdots(\alpha_k+1)$, 其中 $\alpha_1,\alpha_2,\cdots,\alpha_k+1$ 为素数唯一分解定理中的指数.

$\delta(n)=(1+p_1+\cdots+p_1^{\alpha_1})\cdot(1+p_2+\cdots+p_2^{\alpha_2})\cdot\cdots\cdot(1+p_k+\cdots+p_k^{\alpha_k})$

$=\dfrac{p_1^{\alpha_1}-1}{p_1-1}\cdot\dfrac{p_2^{\alpha_2}-1}{p_2-1}\cdot\cdots\cdot\dfrac{p_k^{\alpha_k}-1}{p_k-1}.$

例 5 已知 N 为正整数,恰有 2021 个正整数有序对 (x,y) 满足 $\dfrac{1}{x}+\dfrac{1}{y}=\dfrac{1}{N}$. 证明:$N$ 是完全平方数.

例 6 设有理数 $r=\dfrac{p}{q}\in(0,1)$, 其中 p,q 为互素的正整数,且 pq 整除 3600. 这样的有理数 r 的个数为_____.

(2021 年高中数学联赛)

例 7 已知 $m,n\in\mathbf{Z}$, 且 $0\leqslant n\leqslant 11$, 若满足 $2^{2020}+3^{2021}=12m+n$, 则 $n=$_____.

(2020 年复旦大学)

例 8 在 $(2019\times 2020)^{2021}$ 的全体正因数中选出若干个,使得其中任意两个的乘积都不是平方数,则最多可选因数的个数为( )

A. 16   B. 31

C. 32   D. 前三个答案都不对

(2020 年北京大学)

❸欧拉函数 $\varphi(n)$

由欧拉函数而引发的欧拉定理及其推论(费马小定理)是初等数论中的两个重要定理.

设 n 正整数 $0,1,\cdots,n-1$ 中与 n 互素的个数,称之为 n 的欧拉函数,并记为 $\varphi(n)$. 它具有以下两个重要的性质:

(1)若 $(a,b)=1$, 则 $\varphi(ab)=\varphi(a)\varphi(b)$ (积性);

(2)若 $d_1,d_2,\cdots,d_k$ 是正整数 n 的所有正约数,则 $\sum\limits_{i=1}^{k}\varphi(d_i)=n$.

其计算公式为:

(1)若 n 为素数,则 $\varphi(n^k)=n^k-n^{k-1}(n\in\mathbf{N}^*)$

(2)若 n 的标准分解式是 $n=p_1^{\alpha_1}p_2^{\alpha_2}\cdots p_k^{\alpha_k}$, $i=1,2,,\cdots,k$, 则 $\varphi(n)$ 的计算公式是:

$\varphi(n)=p_1^{\alpha_1-1}p_2^{\alpha_2-1}\cdots p_k^{\alpha_k-1}(p_1-1)(p_2-1)\cdots(p_k-1)=n\left(1-\dfrac{1}{p_1}\right)\left(1-\dfrac{1}{p_2}\right)\cdots\left(1-\dfrac{1}{p_k}\right).$

例如:$\varphi(2000)=\varphi(2^4 5^3)=2^3 5^2(2-1)(5-1)=800$;

$\varphi(2001)=\varphi(3\times 23\times 29)=(3-1)(23-1)(29-1)=1232.$

欧拉定理:若 $n\geqslant 2,(m,n)=1$, 则 $m^{\varphi(n)}\equiv 1(\bmod n)$; 若 r 是使得 $m^r\equiv 1(\bmod n)$ 成立的最小正

整数,则 $r \mid \varphi(n)$.

费马小定理:(1)若 n 为素数,且 $(m,n)=1$,则 $m^{n-1} \equiv 1 \pmod{n}$;

(2)若 n 为素数,对任意的整数 m,有 $m^n \equiv m \pmod{n}$.

例 9 证明:如果正整数 a,b 互质,则 a^2+b^2 的质因子都是 $4k+1$ 的形式.

例 10 证明:当素数 $p \geqslant 7$ 时,p^4-1 能被 240 整除.

§14.3 同 余

同余性质应用非常广泛,在处理某些整除性、进位制、对整数分类、解不定方程等方面的问题中有着不可替代的功能,与之密切相关的数论定理有欧拉定理、费马定理和中国剩余定理.

同余的概念是高斯在 1800 年左右给出的. 设 m 是正整数,若用 m 去除整数 a,b,所得的余数相同,则称为 a 与 b 关于模 m 同余,记作 $a \equiv b \pmod{m}$,否则,称 a 与 b 关于模 m 不同余.

定义 1(同余) 设 $m>0$,若 $m \mid (a-b)$,则称 a 与 b 对模 m 同余,记作 $a \equiv b \pmod{m}$;若不然,则称 a 与 b 对模 m 不同余,记作 $a \not\equiv b \pmod{m}$. 例如:$34 \equiv 4 \pmod{15}$,$1000 \equiv -1 \pmod{7}$ 等等. 当 $0 \leqslant b < m$ 时,$a \equiv b \pmod{m}$,则称 b 是 a 对模 m 的最小非负剩余.

由带余除法可知,a 与 b 对模 m 同余的充要条件是 a 与 b 被 m 除得的余数相同. 对于固定的模 m,模 m 的同余式与通常的等式有许多类似的性质:

性质 1 $a \equiv b \pmod{m}$ 的充要条件是 $a=b+mt,t \in \mathbf{Z}$ 也即 $m \mid (a-b)$.

性质 2 同余关系满足以下规律:

(1)(反身性)$a \equiv a \pmod{m}$;

(2)(对称性)若 $a \equiv b \pmod{m}$,则 $b \equiv a \pmod{m}$;

(3)(传递性)若 $a \equiv b \pmod{m}$,$b \equiv c \pmod{m}$,则 $a \equiv c \pmod{m}$;

(4)(同余式相加)若 $a \equiv b \pmod{m}$,$c \equiv d \pmod{m}$,则 $a \pm c \equiv b \pm d \pmod{m}$;

(5)(同余式相乘)若 $a \equiv b \pmod{m}$,$c \equiv d \pmod{m}$,则 $ac \equiv bd \pmod{m}$;

反复利用(4)(5),可以对多个两个的(模相同的)同余式建立加、减和乘法的运算公式. 特别地,由(5)易推出:若 $a \equiv b \pmod{m}$,k,c 为整数且 $k>0$,则 $a^k c \equiv b^k c \pmod{m}$;但是同余式的消去律一般并不成立,即从 $ac \equiv bc \pmod{m}$ 未必能推出 $a \equiv b \pmod{m}$,可是我们却有以下结果:

(6)若 $ac \equiv bc \pmod{m}$,则 $a \equiv b \left(\bmod \dfrac{m}{(m,c)} \right)$,由此可以推出,若 $(c,m)=1$,,则有 $a \equiv b \pmod{m}$,即在 c 与 m 互素时,可以在原同余式两边约去 c 而不改变模(这一点再一次说明了互素的重要性).

现在提及几个与模相关的简单而有用的性质：

（7）若 $a \equiv b(\bmod m), d \mid m$，则 $a \equiv b(\bmod d)$；

（8）若 $a \equiv b(\bmod m), d \neq 0$，则 $da \equiv db(\bmod dm)$；

（9）若 $a \equiv b(\bmod m_i)(i=1,2,\cdots,k)$，则 $a \equiv b(\bmod[m_1,m_2,\cdots,m_n])$，特别地，若 $m_1,m_2,\cdots$，m_n 两两互素时，则有 $a \equiv b(\bmod m_1 m_2 \cdots m_n)$；

性质 3 若 $a_i \equiv b_i(\bmod m), i=1,2,\cdots,k$，则 $\sum\limits_{i=1}^{k} a_i \equiv \sum\limits_{i=1}^{k} b_i(\bmod m); \prod\limits_{i=1}^{k} a_i \equiv \prod\limits_{i=1}^{k} b_i(\bmod m)$；

性质 4 设 $f(x)$ 是系数全为整数的多项式，若 $a \equiv b(\bmod m)$，则 $f(a) \equiv f(b)(\bmod m)$.

这一性质在计算时特别有用：在计算大数字的式子时，可以改变成与它同余的小的数字，使计算大大简化.

定义 2 设 $(a,m)=1, d_0$ 是使 $a^d \equiv 1(\bmod m)$ 成立的最小正整，则称 d_0 为 a 对模 m 的阶.

在取定某数 m 后，按照同余关系把彼此同余的整数归为一类，这些数称为模 m 的剩余类. 一个类的任何一个数，都称为该类所有数的剩余. 显然，同类的余数相同，不同类的余数不相同，这样我们就把全体整数按照模 m 划分为了 m 个剩余类：$K_r = \{qm+r \mid q \in \mathbf{Z}, 0 \leqslant 余数 r \leqslant m-1\}$. 在上述的 m 个剩余类中，每一类任意取一个剩余，可以得到 m 个数 $a_0, a_1, \cdots, a_{m-1}$，称为模 m 的一个完全剩余系. 例如关系模 7，下面的每一组数都是一个完全剩余系：

$$0,1,2,3,4,5,6;$$
$$-7,8,16,3,-10,40,20;$$
$$-3,-2,-1,0,1,2,3.$$

显然，一组整数成为模 m 的完全剩余系只需要满足两个条件：（1）有 m 个数；（2）各数关于模 m 两两不同余. 最常用的完全剩余系是最小非负完全剩余系及绝对值最小完全剩余系. 模 m 的最小非负完全剩余系是 $0,1,2,\cdots\cdots,m-1$；即除数为 m 时，余数可能取到的数的全部值.

当 m 为奇数时，绝对值最小的完全剩余系是：$-\dfrac{m-1}{2},\cdots,-1,0,1,\cdots,\dfrac{m-1}{2}$；

当 m 为偶数时，绝对值最小的完全剩余系有两个：

$$-\frac{m}{2}+1,\cdots,-1,0,1,\cdots,\frac{m}{2};$$
$$-\frac{m}{2},\cdots,-1,0,1,\cdots,\frac{m}{2}-1.$$

以上只是我们对同余及剩余类的理解，为了方便大家研究，我们把有关材料上的具体概念给出：

定义 3（同余类） 设 $M_r = \{x \mid x \in \mathbf{Z}, x \equiv r(\bmod m)\}, r=0,1,\cdots,m-1$，每一个这样的类为模 m 的同余类.

说明：整数集合可以按模 m 来分类，确切地说，若 a 和 b 模 m 同余，则 a 和 b 属同一类，否则不属于同一类，每一个这样的类为模 m 的一个同余类. 由带余除法，任一整数必恰与 0，

$1,\cdots\cdots,m-1$ 中的一个模 m 同余,而 $0,1,\cdots\cdots,m-1$ 这 m 个数彼此模 m 不同余,因此模 m 共有 m 个不同的同余类,即 $M_r=\{x|x\in\mathbf{Z},x\equiv r(\bmod m)\},r=0,1,\cdots,m-1$.

例如,模 2 的同余类共有两个,即通常说的偶数类与奇数类,这两类中的数分别具有形式 $2k$ 和 $2k+1$(k 为任意整数).

定义 4(剩余类) 设 m 是正整数,把全体整数按对模 m 的余数分成 m 类,相应的 m 个集合记为:$K_0,K_1,\cdots,K_{m-1}$,其中 $K_r=\{qm+r|q\in\mathbf{Z},0\leqslant$ 余数 $r\leqslant m-1\}$,称为模 m 的一个剩余类.以下是几条常用性质:

(1)$\mathbf{Z}=\bigcup\limits_{0\leqslant i\leqslant m-1}K_i$ 且 $K_i\bigcap K_j=\varphi(i\neq j)$;

(2)每一个整数仅在 $K_0,K_1,\cdots,K_{m-1}$ 中的一个;

(3)对于任意 $a,b\in\mathbf{Z}$,则 $a,b\in K_r$ 的充要条件是 $a\equiv b(\bmod m)$.

定义 5(完全剩余系) 一组数 $y_1,y_2,\cdots,y_s$ 称为模 m 的完全剩余系,如果对任意 a 有且仅有一个 y_j 是 a 对模 m 的剩余,即 $a\equiv y_j(\bmod m)$.换一种说法更好理解:

设 $K_0,K_1,\cdots,K_{m-1}$ 为模 m 的全部剩余类,从每个 K_r 中任取一个 a_r,得 m 个数 $a_0,a_1,\cdots,a_{m-1}$ 组成的数组,叫作模 m 的一个完全剩余系.

说明:在 m 个剩余类中各任取一个数作为代表,这样的 m 个数称为模 m 的一个完全剩余系,简称模 m 的完系.换句话说,m 个数 $c_1,c_2,\cdots,c_m$ 称为模 m 的一个完系,是指它们彼此模 m 不同余,例如 $0,1,2,\cdots\cdots,m-1$ 是模 m 的一个完系,这称作是模 m 的最小非负完系.

性质:(1)m 个整数构成模 m 的一个完全剩余系 $\Leftrightarrow$ 两两对模不同余;

(2)若 $(a,m)=1$,则 x 与 $ax+b$ 同时跑遍模 m 的完全剩余系.

例 1 从集合 $\{1,2,3,\cdots,12\}$ 中任取 3 个数,则这 3 个数的和能被 3 整除的概率是_____.

(2021 年清华大学自强计划)

例 2 $1\times1!+2\times2!+\cdots+672\times672!$ 被 2019 除的余数是( )

A. 1 B. 2017

C. 2018 D. 前三项答案都不对

(2019 年北京大学博雅计划)

例 3 2019^{2020} 在十进制下的末两位数数字是( )

A. 01 B. 21 C. 81 D. 前三个选项都不对

(2021 年北京大学语言类保送试题)

例 4 已知 $0\leqslant n\leqslant18,19m+n=2021^{2022}$,则 $n=$_____.

(2020 年复旦大学)

例 5 若存在正整数 n,使得 $3^m|(1!+2!+\cdots+n!)$,则正整数 m 的最大值是_____.

(2021 年北京大学优秀中学生寒假学堂)

例 6 设 $a=4444^{4444}$,b 是 a 的各位数字之和,c 是 b 的各位数字之和,d 是 c 的各位数字之和,

求 d.

（2019 年清华大学）

例 7 十进制表示下的正整数 n 满足：n^3 的末三位数为 888，求 n 的最小值.

（2018 年上海交通大学）

例 8 求证：不存在自然数 $n \geqslant 2$，使得 $n \mid 2^n - 1$.

（2021 年中国科学院大学综合评价）

§14.4 多项式

整系数多项式、有理系数多项式，以及系数在有限域上的多项式等，都是数论所研究的重要内容. 本节，我们着重讨论有理数域上的多项式问题.

一、有理系数多项式

设 **Q** 代表有理数域，**Q** 上的 n 次多项式 $f(x)$ 是指

$$f(x) = a_n x^n + a_{n-1} x^{n-1} + \cdots + a_1 x + a_0 \text{（其中 } n > 0, a_i \in \mathbf{Q}, i = 0, 1, 2, \cdots, n, a_n \neq 0\text{）},$$

选取适当的整数 c 乘以 $f(x)$，总可以使 $cf(x)$ 是一个整系数多项式.

很明显，$f(x)$ 与 $cf(x)$ 在 **Q** 上同为可约或同为不可约的多项式.

定理 1 设 $I(x)$ 是有理数域多项式集 $\mathbf{Q}(x)$ 的一个子集，满足下列两条性质：

(1) 任意 $f(x), g(x) \in I$，有 $f(x) + g(x) \in I(x)$；

(2) 任意 $f(x) \in I(x)$，$c(x) \in \mathbf{Q}(x)$，有 $f(x)c(x) \in I(x)$.

则存在 $p(x) \in I(x)$，使得 $I(x) = \{q(x) \mid p(x)\}$ 是 $q(x)$ 的因式.

带余除法：对于多项式 $f(x)$ 和 $g(x)$，其中 $g(x) \neq 0$，一定有多项式 $q(x), r(x)$ 存在，使得 $f(x) = q(x)g(x) + r(x)$ 成立，其中 $r(x)$ 的次数小于 $g(x)$ 的次数，或 $r(x) = 0$，并且这样的 $q(x), r(x)$ 是唯一的.

当且仅当多项式 $f(x)$ 与 $g(x)$ 中同次项的系数（含常数项）全相等时，$f(x)$ 与 $g(x)$ 恒等（又称"相等"），记作 $f(x) \equiv g(x)(f(x) = g(x))$.

若有 $n+1$ 个不同的 x 值使 n 次多项式 $f(x)$ 与 $g(x)$ 的值相等，则 $f(x) \equiv g(x)$.

余数定理：用一次多项式 $x - a$ 去除多项式 $f(x)$，所得的余数是一个常数，这个常数等于函数值 $f(a)$. 如果 $f(x)$ 在 $x = a$ 时的函数值 $f(a) = 0$，那么 a 就称为 $f(x)$ 的一个根或零点. a 是 $f(x)$ 的根的充分必要条件是 $(x-a) \mid f(x)$.

有下列三个简单的事实：

(1) 若 $f(x)$ 为整系数多项式，a 为整数，则 $f(x)$ 除以 $x - a$ 所得的商也为整系数多项式，余数为整数；

(2) 若 $f(x)$ 为整系数多项式，a, b 为不同的整数，则 $(a-b) \mid (f(a) - f(b))$；

(3) $f(x)$ 除以 $ax-b(a\neq 0)$ 所得的余数为 $f\left(\dfrac{b}{a}\right)$.

例 1 求所有的二次实系数多项式 $f(x)=x^2+ax+b$,使得 $f(x)\mid f(x^2)$.

(2018 年中国科学技术大学)

例 2 满足 $f[f(x)]=f^4(x)$ 的实系数多项式 $f(x)$ 的个数是(　　)

    A. 2 　　　　　　B. 4 　　　　　　C. 无穷多 　　　　D. 前三个答案都不对

(2017 年北京大学)

例 3 是否存在整系数多项式 $P(x)$,满足 $P(1+\sqrt[3]{3})=1+\sqrt[3]{3}$,$P(1+\sqrt{3})=7+\sqrt{3}$. 若存在,求该整系数多项式 $P(x)$;若不存在,说明理由.

(2019 年南京大学)

例 4 已知 $p(n)$ 为 n 次的整系数多项式,若 $p(0)$ 和 $p(1)$ 均为奇数,则(　　)

    A. $p(n)$ 无整数根　　　　　　　　B. $p(n)$ 可能有负整数根

    C. $p(n)$ 无解　　　　　　　　　　D. $p(n)$ 有正整数根

(2019 年浙江大学)

二、整系数多项式及其性质

定义 若整系数多项式 $P(x)$ 的各项系数的最大公因数为 1,则称 $P(x)$ 为本原多项式.

定理 2(高斯引理) 两个本原多项式的乘积仍然是本原多项式.

定理 3 如果一个整系数多项式可以分解为两个有理系数多项式的乘积,则它也可以分解成两个整系数多项式的乘积.

由于整系数多项式在整数范围内分解和在有理数范围内的分解只差系数常数,如无特殊说明,下面我们称整系数多项式不可约是指它对应的本原多项式在整数范围内不可约.

定理 4 设 $f(x)=a_nx^n+a_{n-1}x^{n-1}+\cdots+a_1x+a_0$ 为整系数多项式,最简分数 $\dfrac{q}{p}$ 是 $f(x)$ 的有理根,则必有 $p\mid a_n,q\mid a_0$.

证明:由于 $f\left(\dfrac{q}{p}\right)=a_n\left(\dfrac{q}{p}\right)^n+a_{n-1}\left(\dfrac{q}{p}\right)^{n-1}+\cdots+a_1\left(\dfrac{q}{p}\right)+a_0$,得

$a_nq^n+a_{n-1}q^{n-1}p+\cdots+a_1qp^{n-1}+a_0p^n=0$,所以 $q\mid a_0p^n$,$p\mid a_nq^n$.

由于 $(p,q)=1$,所以 $p\mid a_n,q\mid a_0$.

例 5 设 p,q 均为不超过 100 的正整数,则有有理根的多项式 $f(x)=x^5+px+q$ 的个数为(　　)

    A. 99　　　　　　　　　　　　　　B. 133

    C. 150　　　　　　　　　　　　　　D. 前三个答案都不对

(2020 年北京大学)

例 6 设多项式 $f(x)$ 的各项系数都是非负实数,且 $f(1)=f'(1)=f''(1)=f'''(1)$,则 $f(x)$ 常

数项的最小值为(　　)

A. $\dfrac{1}{2}$　　　　B. $\dfrac{1}{3}$　　　　C. $\dfrac{1}{4}$　　　　D. $\dfrac{1}{5}$

(2020 年清华大学)

例 7　已知 $f_n(x)=x^{n+1}-2x^n+3x^{n-1}-2x^{n-2}+3x-3(n\in\mathbf{N}^*,n\geqslant 4)$. 记 $f_n(x)$ 的实根个数为 a_n，求 $\max\{a_4,a_5,a_6,\cdots,a_{2021}\}$.

(2021 年清华大学邱成桐数学科学营)

三、复数域上的多项式

在本书的第 7.5 节，我们介绍了 1 的 n 次方根的相关知识，由此我们可以解决 x^n-1 在整数环上的因式分解问题.

首先，我们知道，方程 $x^n-1=0$ 在复数域内有 n 个根，分别为 $\cos\dfrac{2k\pi}{n}+\mathrm{i}\cdot\sin\dfrac{2k\pi}{n}(k=0,1,2,\cdots,n-1)$. 根据单位根的相关知识，令 $\varepsilon_n=\cos\dfrac{2\pi}{n}+\mathrm{i}\cdot\sin\dfrac{2\pi}{n}$，则 x^n-1 在复数域内可分解为 $(x-1)(x-\varepsilon_n)\cdots(x-\varepsilon_n^{n-1})$. 这里注意到一个单位根 x_n 满足 $x_n^k(k=0,1,2,\cdots,n-1)$ 包含所有 n 次单位根，当且仅当 $x_n=\varepsilon_n^k$，且 $(k,n)=1$.

定理 5(拉格朗日定理)　设 p 为素数，n 为正整数，$n\leqslant p$，则同余方程
$$f(x)=x^n+a_{n-1}x^{n-1}+\cdots+a_1x+a_0\equiv 0(\bmod p)$$
有 n 个解的充要条件是 x^p-x 除以 $f(x)$ 后所得余式的所有系数都是 p 的倍数.

简单地说，若 p 为素数，考察在模 p 意义下的 n 次整系数多项式 $f(x)=a_nx^n+a_{n-1}x^{n-1}+\cdots+a_1x+a_0\equiv 0(p\mid a_n)$，则同余方程 $f(x)\equiv 0(\bmod p)$ 在模 p 意义下至多有 n 个不同的解.

推论　设 p 为素数，d 是 $p-1$ 的正因数，则多项式 x^d-1 模 p 有 d 个不同的根.

例 8　已知下列结论成立：在复平面上的多项式 $f(z),g(z)$ 和实数 $r>0$，若对 $|z|=r$，都有 $|g(z)|<|f(z)|$，则有 $\{z\mid |z|<r\}$ 中，$f(z)$ 与 $f(z)+g(z)$ 的零点数相等(计算重数). 现已知多项式 $z^9+2z^5-8z^3+3z+1$，求其在 $\{z\mid 1<|z|<2\}$ 上的零点个数(计算重数).

(2021 年清华大学邱成桐数学科学营)

例 9　设 n 是正整数.

(1)证明：存在多项式 $p_n(x)$，使得 $\cos(n\theta)=p_n(\cos\theta)$；

(2)在实数范围内可完全因式分解 $p(x)$.

(2019 年中国科学技术大学)

例 10　设 $f(x)$ 是 n 次实系数多项式，其中 $n\geqslant 1$，$g(x)=f(x)-f'(x)$. 证明：若 $f(x)$ 的 n 个根都是实数，则 $g(x)$ 的 n 个根也都是实数.

(2021 年中国科学技术大学)

§14.5　不定方程

所谓不定方程，是指未知数的个数多于方程个数，且未知数受到某些(如要求是有理数、整

数或正整数等等)限制的方程或方程组.不定方程也称为丢番图方程,是数论的重要分支,也是历史上最活跃的数学领域之一.不定方程的内容十分丰富,与代数数论、几何数论、集合数论等等都有较为密切的联系.

❶不定方程问题的常见类型

(1)求不定方程的解;

(2)判定不定方程是否有解;

(3)判定不定方程的解的个数(有限个还是无限个).

❷解不定方程问题常用的解法

(1)代数恒等变形:如因式分解、配方、换元等;

(2)不等式估算法:利用不等式等方法,确定出方程中某些变量的范围,进而求解;

(3)同余法:对等式两边取特殊的模(如奇偶分析),缩小变量的范围或性质,得出不定方程的整数解或判定其无解;

(4)构造法:构造出符合要求的特解,或构造一个求解的递推式,证明方程有无穷多解;

(5)无穷递推法.

本节我们给出几个关于特殊方程的求解定理:

一、二元一次不定方程（组）

定义 1 形如 $ax+by=c(a,b,c,\in \mathbf{Z},a,b$ 不同时为零)的方程称为二元一次不定方程.

定理 1 方程 $ax+by=c$ 有解的充要是 $(a,b)|c$;

定理 2 若 $(a,b)=1$,且 x_0,y_0 为 $ax+by=c$ 的一个解,则方程的一切解都可以表示成

$$\begin{cases} x=x_0+\dfrac{b}{(a,b)}t \\ y=y_0-\dfrac{a}{(a,b)}t \end{cases} (t \text{ 为任意整数}).$$

定理 3 n 元一次不定方程 $a_1x_1+a_2x_2+\cdots+a_nx_n=c,(a_1,a_2,\cdots,a_n,c\in \mathbf{N})$ 有解的充要条件是 $(a_1,a_2,\cdots,a_n)|c$.

例 1 求不定方程 $37x+107y=25$ 的整数解.

例 2 求不定方程 $7x+19y=213$ 的所有整数解.

例 3 方程 $18x+4y+9z=2021$ 的正整数解的组数为_____.

(2021 年复旦大学)

二、高次不定方程（组）及其解法

❶因式分解法

对方程的一边进行因式分解,另一边作质因式分解,然后对比两边,转而求解若干个方

程组；

❷同余法

如果不定方程 $F(x_1, \cdots, x_n) = 0$ 有整数解，则对于任意 $m \in \mathbf{N}$，其整数解 $(x_1, \cdots, x_n)$ 满足 $F(x_1, \cdots, x_n) \equiv 0 \pmod{m}$，利用这一条件，同余可以作为探究不定方程整数解的一块试金石；

❸不等式估计法

利用不等式工具确定不定方程中某些字母的范围，再分别求解；

❹无穷递降法

若关于正整数 n 的命题 $P(n)$ 对某些正整数成立，设 n_0 是使 $P(n)$ 成立的最小正整数，可以推出：存在 $n_1 \in \mathbf{N}^*$，使得 $n_1 < n_0$ 成立，适合证明不定方程无正整数解.

例 4 已知 $a, b, c \in \mathbf{R}$，且 $a + bc = b + ac = c + ba = 1$，则（　　）

　　A. $a = b = c$ 　　　　　　　　B. a, b, c 不全相等

　　C. (a, b, c) 有 2 组 　　　　　D. (a, b, c) 有 5 组

（2021 年清华大学）

例 5 方程 $x(x+1) + 1 = y^2$ 的正整数解有_____个.

（2020 年上海交通大学）

例 6 已知实数 x, y, z 满足 $\begin{cases} \dfrac{1}{9}x^3 - \dfrac{1}{3}y^2 - y = 1 \\ \dfrac{1}{9}y^3 - \dfrac{1}{3}z^2 - z = 1 \\ \dfrac{1}{9}z^3 - \dfrac{1}{3}x^2 - x = 1 \end{cases}$，则（　　）

　　A. (x, y, z) 有 1 组 　　　　　B. (x, y, z) 有 4 组

　　C. x, y, z 均为有理数 　　　　D. x, y, z 均为无理数

（2020 年清华大学）

例 7 若 $x_1, x_2, \cdots, x_7$ 为非负整数，则方程 $x_1 + x_2 + \cdots + x_7 = x_1 x_2 \cdots x_7$ 的解有_____组.

（2021 年北京大学强基计划）

例 8 方程 $x^3 + y^4 = z^5$ 的正整数解 (x, y, z) 的组数为_____.

（2021 年北京大学强基计划）

例 9 正整数 m, n 的最大公因数是 $10!$，最小公倍数是 $50!$，求 (m, n) 的对数.

（2021 年清华大学）

例 10 设整数 $n > 1$. 证明：至多只有有限多个正整数 a，使得方程 $x_1^2 + x_2^2 + \cdots + x_n^2 = a x_1 x_2 \cdots x_n$ 有非零整数解.

（2020 年清华大学"大中衔接"研讨活动）

三、特殊的不定方程

利用分解法求不定方程 $ax + by = cxy \, (abc \neq 0)$ 整数解的基本思路：

将 $ax+by=cxy(abc\neq0)$ 转化为 $(x-a)(cy-b)=ab$ 后，若 ab 可分解为 $ab=a_1b_1=\cdots=a_ib_i\in\mathbf{Z}$，则解的一般形式为 $\begin{cases}x=\dfrac{a_i+a}{c}\\y=\dfrac{b_i+b}{c}\end{cases}$，再取舍得其整数解；

定义 2　形如 $x^2+y^2=z^2$ 的方程叫作**勾股数方程**，这里 x,y,z 为正整数.

对于方程 $x^2+y^2=z^2$，如果 $(x,y)=d$，则 $d^2|z^2$，从而只需讨论 $(x,y)=1$ 的情形，此时易知 x,y,z 两两互素，这种两两互素的正整数组叫方程的本原解.

定理 3　勾股数方程 $x^2+y^2=z^2$ 满足条件 $2|y$ 的一切解可表示为：
$$x=a^2-b^2,\ y=2ab,\ z=a^2+b^2,$$
其中 $a>b>0,(a,b)=1$ 且 a,b 为一奇一偶.

推论　勾股数方程 $x^2+y^2=z^2$ 的全部正整数解（x,y 的顺序不加区别）可表示为：
$$x=(a^2-b^2)d,\ y=2abd,\ z=(a^2+b^2)d,$$
其中 $a>b>0$ 是互质的奇偶性不同的一对正整数，d 是一个整数.

勾股数不定方程 $x^2+y^2=z^2$ 的整数解的问题主要依据定理来解决.

定义 3　方程 $x^2-dy^2=\pm1,\pm4(x,y\in\mathbf{Z},d\in\mathbf{N}^*$ 且不是平方数$)$ 是 $x^2-dy^2=c$ 的一种特殊情况，称为**沛尔方程**.

这种二元二次方程比较复杂，它们本质上归结为双曲线方程 $x^2-dy^2=c$ 的研究，其中 c,d 都是整数，$d>0$ 且非平方数，而 $c\neq0$. 它主要用于证明问题有无数多个整数解. 对于具体的 d 可用尝试法求出一组正整数解. 如果上述沛尔方程有正整数解 (x,y)，则称使 $x+\sqrt{d}y$ 的最小的正整数解 (x_1,y_1) 为它的最小解.

定理 4　沛尔方程 $x^2-dy^2=1(x,y\in\mathbf{Z},d\in\mathbf{N}^*$ 且不是平方数$)$ 必有正整数解 (x,y)，且若设它的最小解为 (x_1,y_1)，则它的全部解可以表示成：
$$\begin{cases}x_n=\dfrac{1}{2}\left[(x_1+\sqrt{d}y_1)^n+(x_1-\sqrt{d}y_1)^n\right]\\y_n=\dfrac{1}{2\sqrt{d}}\left[(x_1+\sqrt{d}y_1)^n-(x_1-\sqrt{d}y_1)^n\right]\end{cases}\quad(n\in\mathbf{N}^*).$$

上面的公式也可以写成以下几种形式：

$(1)x_n+y_n\sqrt{d}=(x_1+y_1\sqrt{d})^n$；$(2)\begin{cases}x_{n+1}=x_1x_n+dy_1y_n,\\y_{n+1}=x_1y_n+y_1x_n;\end{cases}$ $(3)\begin{cases}x_{n+1}=2x_1x_n-y_{n-1},\\y_{n+1}=2x_1y_n-y_{n-1}.\end{cases}$

定理 5　沛尔方程 $x^2-dy^2=-1(x,y\in\mathbf{Z},d\in\mathbf{N}^*$ 且不是平方数$)$ 要么无正整数解，要么有无穷多组正整数解 (x,y)，且在后一种情况下，设它的最小解为 (x_1,y_1)，则它的全部解可以表示为 $\begin{cases}x_n=\dfrac{1}{2}\left[(x_1+\sqrt{d}y_1)^{2n-1}+(x_1-\sqrt{d}y_1)^{2n-1}\right]\\y_n=\dfrac{1}{2\sqrt{d}}\left[(x_1+\sqrt{d}y_1)^{2n-1}-(x_1-\sqrt{d}y_1)^{2n-1}\right]\end{cases}\quad(n\in\mathbf{N}^*)$

定理 6(费马大定理)　方程 $x^n+y^n=z^n(n\geqslant3$ 为整数$)$ 无正整数解.

费马大定理的证明一直以来是数学界的难题,但是在 1994 年 6 月,美国普林斯顿大学的数学教授 A. Wiles 完全解决了这一难题. 至此,这一困扰了人们 400 多年的数学难题终于露出了庐山真面目,脱去了其神秘面纱.

例 11 方程 $19x+93y=4xy$ 的整数解的个数为(　　)

    A. 4   B. 8   C. 16   D. 前三个答案都不对

（2020 年北京大学）

例 12 求证:存在无限多对正整数 x,y 满足方程 $x^2-3y^2=1$.

（2018 年南京大学）

习题十四

一、选择题

1. 不等式 $\dfrac{2}{x}+\dfrac{2}{y}>1$，则 $x \geqslant 3, y \geqslant 3$ 的正整数解 (x,y) 的个数是（　　）

  A. 3   B. 4   C. 6   D. 前三个答案都不对

（2018 年北京大学）

2. 设 $x, y \in \mathbf{Z}$，若 $(x^2+x+1)^2+(y^2+y+1)^2$ 为完全平方数，则数对 (x,y) 有（　　）个.

  A. 0   B. 1   C. 无穷多   D. 前三个选项都不对

（2019 年北京大学）

3. 若 p, q, r 均为素数，且 $\dfrac{pqr}{p+q+r}$ 为整数，则（　　）

  A. p, q, r 中一定有一个是 2   B. p, q, r 中一定有一个是 3

  C. p, q, r 中一定有两个数相等   D. $\dfrac{pqr}{p+q+r}$ 也为素数

（2018 年清华大学）

4. 已知 $n \in \mathbf{N}^*$，下列说法正确的是（　　）

  A. 若 $n \neq 3k, k \in \mathbf{N}$，则 $7 \mid (2^n-1)$ B. 若 $n=3k, k \in \mathbf{N}$，则 $7 \mid (2^n-1)$

  C. 若 $n \neq 3k, k \in \mathbf{N}$，则 $7 \mid (2^n+1)$ D. 若 $n=3k, k \in \mathbf{N}$，则 $7 \mid (2^n+1)$

（2019 年浙江大学）

5. 正整数 $n \geqslant 3$ 称为理想的，若存在正整数 $1 \leqslant k \leqslant n-1$，使得 $C_n^{k-1}, C_n^k, C_n^{k+1}$ 构成等差数列，其中

$C_n^k = \dfrac{n!}{k!\,(n-k)!}$ 为组合数，则不超过 2020 的理想数的个数为（　　）

  A. 40   B. 41

  C. 42   D. 前三个答案都不对

（2020 年北京大学）

6. 若 $100! = 12^n \cdot M$（其中 $M \in \mathbf{N}^*$），n 为使得等式成立的最大的自然数，则 M（　　）

  A. 能被 2 整除，但不能被 3 整除   B. 能被 3 整除，但不能被 2 整除

  C. 能被 4 整除，但不能被 3 整除   D. 不能被 3 整除，也不能被 2 整除

（2018 年上海交通大学）

7. 将七个互不相同的非零的素数排成一行，且任意相邻的三个数之和都大于 100. 则这七个数和的最小值为（　　）

  A. 208   B. 240   C. 201   D. 191

（2018 年清华大学）

8. 已知 n 的所有正因子的乘积等于 n^3（n 为 $1 \sim 400$ 之间的正整数）则 n 的个数为（　　）

　　A. 50　　　　　　　B. 51　　　　　　　C. 55　　　　　　　D. 前三个选项都不对

（2018 年北京大学）

9. （多选）已知 $\triangle ABC$ 的三条边长均为整数，且面积为有理数，则 $|AB|$ 的值可能是（　　　）

　　A. 1　　　　　　　B. 2　　　　　　　C. 4　　　　　　　D. 101

（2020 年清华大学）

10. （多选）设 x,y 是两个不同的正整数，下列说法正确的是（　　　）

　　A. x^2+2y 与 y^2+2x 可以均为完全平方数

　　B. x^2+4y 与 y^2+4x 可以均为完全平方数

　　C. x^2+5y 与 y^2+5x 可以均为完全平方数

　　D. x^2+6y 与 y^2+6x 可以均为完全平方数

（2020 年清华大学）

11. （多选）设复数 z 的实部和虚部都是实数，则（　　　）

　　A. z^2-z 的实部都能被 2 整除　　　　　B. z^3-z 的实部都能被 3 整除

　　C. z^4-z 的实部都能被 4 整除　　　　　D. z^5-z 的实部都能被 5 整除

（2020 年武汉大学）

12. $a=4444^{4444}$，b 是 a 的各位数字之和，c 是 b 的位数字之和，则 c 的值为（　　　）

　　A. 5　　　　　　　B. 6　　　　　　　C. 7　　　　　　　D. 16

（2019 年清华大学）

二、填空题

13. 若正整数 m,n 满足 $m^3+n^3+99mn=33^3$，则 (m,n) 有 _____ 组.

（2021 年北京大学优秀中学生寒假学堂）

14. 正整数数列 $1,2,3,\cdots$，将其中的完全平方数和完全立方数都划去，将剩下的数按从小到大的顺序排列，则第 500 个数是 _____.

（2018 年上海交通大学）

15. 设 $x,y\in\mathbf{N}$，则方程 $\dfrac{1}{x}+\dfrac{1}{y}=\dfrac{3}{100}$ 的解的个数为 _____.

（2019 年清华大学）

16. $x^2-y^2=4p^2$，x,y 是正整数，p 为素数，则 $x^3-y^3=$ _____.

（2020 年中国科学技术大学）

三、解答题

17. 求 $M=[\sqrt[3]{1}]+[\sqrt[3]{2}]+\cdots+[\sqrt[3]{2021}]$ 的值.

（2021 年南京大学）

18. 是否存在整系数多项式 $P(x)$，使得 $P(1+\sqrt[3]{2})=1+\sqrt[3]{2}$，且 $P(1+\sqrt{5})=2+3\sqrt{5}$？如果存在，求出多项式 $P(x)$；如果不存在，说明理由.

19. 求方程 $2^x-5^y\cdot7^z=1$ 的所有非负整数解 (x,y,z).

（2016 年中国科学技术大学）

20. 设 a,b 是正整数，$\sin\theta=\dfrac{2ab}{a^2+b^2}(0<\theta<\dfrac{\pi}{2})$，$A_n=(a^2+b^2)^n\sin n\theta$.

求证：对任意正整数 n，A_n 都是整数.

（2018 年南京大学）

21. 设 a,b,c 是正整数，p 是素数，$p\geq5$ 且 p 整除 $a^{\frac{p-1}{2}}+b^{\frac{p-1}{2}}+c^{\frac{p-1}{2}}$. 证明：$p$ 整除 abc.

（2021 年中国科学技术大学）

22. 求满足方程 $m^4+2nm^3-6m^2+2n+m+24=0$ 的所有整数对 (m,n).

（2020 年深圳北理莫斯科大学）

第十五章

组合数学

　　组合数学是一个古老的数学分支,最早可追溯至四千多年以前的大禹治水时期.在《河图》和《洛书》中,古人就已经对一些有趣的组合问题进行了研究,并给出了正确的答案.比如我们所熟知的三阶幻方问题.1666年德国数学家莱布尼茨在其一篇文章中给这门学科起了一个名字——"组合学(Combinatorics)",这预示着这门分支学科的诞生.然而组合数学的飞速发展,却是最近几十年的事情.随着计算机科学的迅猛发展,组合数学与其他多个学科发生了越来越多的交叉和融合.如今,组合数学已经成为一个令人着迷的数学分支,在工程学、运筹学、经济分析、遗传工程、国防工业、空间技术、数字通讯、人工智能等领域都有着极为广泛的应用.

　　组合数学主要研究有关离散对象在各种约束条件下的安排和配置的问题,一般包括以下四个方面的内容:

　　(1)这种安排和配置是否存在?

　　(2)若存在,怎样具体给出这些安排?

　　(3)这些安排有多少种可能性?

　　(4)如何找到"最优的"安排?

　　这四个问题就是组合数学中所谓的"存在性问题""构造问题""计数问题"和"优化问题".

§15.1   逻辑推理

从小学阶段我们就接触过逻辑推理问题,逻辑推理一般指演绎推理.所谓演绎推理是由一般到特殊的推理方法.与"归纳法"相对,推理前提与结论之间的联系是必然的,是一种确定性推理.运用此法研究问题,首先要正确掌握作为指导思想或依据的一般原理,其次要全面了解所要研究的问题的实际情况和特殊性,然后才能推导出一般原理用于特定事物的结论.总体来说,逻辑推理的常用方法主要有以下几类:

一、条件分析

❶假设法

假设可能情况中的一种成立,然后按照这个假设去判断,如果有与题设条件矛盾的情况,则说明假设的情况是不成立的,与假设相反的情况成立.

例 1 甲、乙、丙三位同学讨论一道数学题,甲说:"我做错了."乙说:"甲做对了."丙说:"我做错了."而事实上,甲、乙、丙三人中仅有一个人做对了题目,且只有一个人说错了.根据以上信息可以推断(　　)

A. 甲做对了　　　　B. 乙做对了　　　　C. 丙做对了　　　　D. 无法确定谁做对了

(2020 年清华大学)

例 2 甲、乙、丙三人从事 A、B、C 三种职业,乙的年龄比从事 C 工作人的年龄大,丙的年龄和从事 B 工作人的年龄不同,从事 B 工作人的年龄比甲的年龄小.则甲、乙、丙的职业分别是(　　)

A. A、B、C　　　　B. C、A、B　　　　C. C、B、A　　　　D. B、C、A

(2020 年上海交通大学)

❷列表法

当题设条件比较多,需要多次假设才能完成时,就需要列表辅助分析.列表法就是把题设的条件全部表示在一个长方形的表格中,表格的行、列表示不同的对象与情况,观察表格内的题设情况,运用逻辑规律就可以判断出结论.

例 3 英国、法国、意大利、巴西、西班牙和德国六个国家参加足球比赛,甲、乙、丙三人的对话如下:

甲说:意大利和西班牙肯定不是冠军;

乙说:冠军肯定出自法国和德国;

丙说:巴西肯定不是冠军.

已知这三个人说的话中,恰好有两人正确,一人错误,则冠军队是(　　)

A. 巴西　　　　　　B. 德国或法国　　　C. 英国　　　　　　D. 意大利或西班牙

（2018 年清华大学）

例 4 （多选）《红楼梦》《三国演义》《水浒传》和《西游记》四部书分列在四层架子的书柜的不同层上. 小赵、小钱、小孙、小李分别借阅了四部书中的一部. 现已知：小钱借阅了第一层的书籍，小赵借阅了第二层的书籍，小孙借阅的是《红楼梦》，且《三国演义》在第四层，则（　　　）

A.《水浒传》一定陈列在第二层　　　B.《西游记》一定陈列在第一层

C. 小孙借阅的一定是第三层的书籍　　D. 小李借阅的一定是第四层的书籍

（2020 年清华大学）

❸图表法

当两个对象之间只有两种关系时，就可用连线表示两个对象之间的关系，有连线就表示"是""有"等肯定的状态，没有连线就表示"否""无"等否定的状态. 例如，A 和 B 两人之间有认识或不认识两种状态，有连线就表示认识，没有连线就表示不认识.

例 5 6 个人参加一个集会，每两个人或者互相认识或者互相不认识. 证明：存在两个"三人组"，在每一个"三人组"中的三个人，或者互相认识，或者互相不认识（这两个"三人组"可以有公共成员）.

二、逻辑计算

在逻辑推理的过程中，除了要进行条件分析的推理，有时还需要进行相应的计算，根据计算结果提供一个新的判断筛选条件.

例 6 （多选）甲乙丙丁四人共同参加 4 项体育比赛，每项比赛第一名到第四名的分数依次为 4、3、2、1 分. 比赛结束时，甲获得 14 分第一名，乙获得 13 分第二名，则（　　　）

A. 第三名不超过 9 分　　　　　　B. 第三名可能获得其中一场比赛的第一名

C. 最后一名不超过 6 分　　　　　D. 第四名可能一项比赛拿 3 分

（2021 年清华大学）

例 7 平面上给定五个点，任意三个点不共线，过任意两个点作直线，已知任意两条直线既不平行也不垂直，过五个点中任意一个点向另外四个点的连线作垂线，则所有这些垂线的交点（不包括已知的五个点）个数至多有_____个.

（2020 年上海交通大学）

三、简单归纳

根据题目提供的数据和特征分析出其中存在特殊情形的规律与方法，再从特殊情形推广到一般的情况，并递推出相应的关系式，从而使问题得以解决.

例 8 用有限多条抛物线及其内部，能否覆盖整个坐标平面？证明你的结论.

例 9 在平面上任给 100 个点,其中任何 3 点都不共线,考察以这些点为顶点的所有可能的三角形. 证明:至多有 70% 的三角形是锐角三角形.

四、反证法

反证法属于间接证明中的一类,它是从一个否定原结论的假设出发,经过正确逻辑推导,最终导出(与公理、定理、题设条件等)相矛盾的结论,从而否定假设是错误的,这就验证了原结论的正确性. 反证法主要用于基本命题、限定式命题、存在性命题、无穷性命题、唯一性命题、否定性命题、肯定性命题以及某些不等式命题等的证明.

例 10 给定 1991 个集合,每个集合都恰好有 45 个元素,每两个集合的并集都恰好有 89 个元素. 求这 1991 个集合的并集所含元素的个数.

例 11 有 10 条长为 1 的线段,每一条都被分成若干小线段,证明:总可以从中选择 6 条组成 2 个三角形.

(2019 年北京大学优秀中学暑期体验营)

例 12 对任意的正整数 k,证明:存在无穷个正整数 n 为 k 的倍数,在十进制条件下,n 的最左 4 位为 2020.

(2020 年北京大学优秀中学暑期体验营)

§15.2 存在性问题

存在性问题是指判断满足某种条件的事物或事件是否存在的问题,此类问题的知识覆盖面较广,综合性较强,题意构思非常精巧,解题方法灵活,对学生分析问题和解决问题的能力要求较高.

一、组合存在思考方法

高校强基计划考试中常常要证明组合存在的问题,解这类问题的思考方法有以下几种:

1. 利用反证法和极端原理;

2. 利用抽屉原理、平均值原理或图形重叠原理;

3. 计数方法;

4. 染色方法与赋值方法;

5. 数学归纳法;

6. 组合分析法;

7. 构造法;

8. 利用介值原理.

例 1 设有 n 个人,任意两人在其他 $n-2$ 人中都有至少 2016 位共同的朋友,朋友关系是相互的.求所有 n,使得满足以上条件的任何情形下都存在 5 人彼此是朋友.

(2016 年中国科学技术大学)

例 2 设一个凸多边形和它的内部能被 n 个半径不相等的圆盘完全覆盖,证明或否定:可以从这些圆盘中选出一些两两不相交的圆盘,使得将它们的半径扩大三倍之后,可以覆盖原来的凸多边形.

(2018 年清华大学金秋营)

例 3 圆周上有 2019 只蚂蚁,初始位置各不相同,一开始每只蚂蚁各选一个方向(顺时针、逆时针)以相同的速度开始运动,若两只蚂蚁相撞,则它们立即反向以相同的速度运动.证明:每只蚂蚁都经过圆周上的每一点.

(2019 年北京大学秋令营)

例 4 在平面上有一个 27×27 的方格棋盘,在棋盘的正中间摆好 81 枚棋子,它们被摆成一个 9×9 的正方形.按下面的规则进行游戏:每一枚棋子都可沿水平方向或竖直方向越过相邻的棋子,放进紧挨着这枚棋子的空格中,并把越过的这枚棋子取出来.问:是否存在一种走法,使棋盘上最后恰好剩下一枚棋子?

例 5 对一条直线 l,若其经过无穷个整点,则称之为好直线.对平面上所有整点染色,满足对任意平行于坐标轴的好直线 l,l 上整点具有无穷多种颜色.问:是否对任意这样的染色方式,一定存在一条不平行于坐标轴的好直线,其上整点具有无穷多种颜色?

(2019 年北京大学夏令营)

例 6 若集合 A,B 满足 $A \cap B = \varnothing$,$A \cup B = \mathbf{N}^*$,则称 (A,B) 为 $\mathbf{N}^*$ 的一个二分划,则(　　　)

A. 设 $A = \{x \mid x = 3k, k \in \mathbf{N}^*\}$,$B = \{x \mid x = 3k \pm 1, k \in \mathbf{N}^*\}$,则 (A,B) 是 $\mathbf{N}^*$ 的一个二分划

B. 设 $A\{x \mid x > 0$ 且 x 为质数$\}$,$B = \{x \mid x > 0$ 且 x 为合数$\}$,则 (A,B) 是 $\mathbf{N}^*$ 的一个二分划

C. 能找到 $\mathbf{N}^*$ 的一个二分划 (A,B) 满足:A 中不存在三个成等差数列的数,且 B 中不存在无穷的等差数列

D. 能找到 $\mathbf{N}^*$ 的一个二分划 (A,B) 满足:A 中不存在三个成等比数列的数,且 B 中不存在无穷的等比数列

(2019 年清华大学)

例 7 设共有 $k(k \geqslant 4)$ 个不同的字母,可用它们构成单词,给定一族(记为 T)禁用单词,其中任何两个禁用单词长度不等,称一个单词是可用的,如果它不含有连续一段字母恰为某禁用单词.证明:至少有 $\left(\dfrac{k + \sqrt{k^2 - 4k}}{2}\right)^n$ 个长为 n 的可用单词.

(2020 年清华大学"大中衔接"研讨活动)

二、组合不等式

有时我们不仅要证明具有某些性质的组合是存在的,而且要证明其个数在一定的范围内,也就是要证明组合不等式,在本书第 15.3 节组合构造中所提到的六种方法均可用于组合不等式的证明,下面我们举出一些例子加以说明.

例 8 高考过后,有 20 名同学参加聚会.聚会时,任何三名同学都曾经在一起祝福过别的同学.证明:其中必然存在某个同学,他至少受过其余九名同学的祝福.

例 9 在面积为 1 的平面图形内任意放入 9 个面积为 $\frac{1}{5}$ 的小正方形,证明:必有两个小正方形,它们重叠部分的面积不小于 $\frac{1}{45}$.

例 10 设 $A_1, A_2, \cdots, A_n$ 都是 9 元集合 $\{1, 2, \cdots, 9\}$ 的子集,已知 $|A_i|$ $(1 \leqslant i \leqslant n)$ 为奇数; $|A_i \cap A_j|$ $(1 \leqslant i \neq j \leqslant n)$ 为偶数,则 n 的最大值为_____.(其中 $|A|$ 表示有限集 A 中元素的个数)

(2015 年北京大学)

例 11 设 $S = \{1, 2, \cdots, 10\}$,$A_1, A_2, \cdots, A_k$ 都是 S 的子集且满足:

(1) $|A_i| = 5$,$i = 1, 2, \cdots, k$;

(2) $|A_i \cap A_j| \leqslant 2$,$1 \leqslant i < j \leqslant k$.

求 k 的最大值.

例 12 对前 n 个正整数用 k 种颜色染色,使得无法从中选出三个同色的正整数构成等差数列.设 k 的最大值为 $f(n)$,证明:$\log_3 n \leqslant f(n) \leqslant 1 + \log_2 n$.

(2018 年清华大学金秋营)

§15.3 组合构造

构造法是解证组合问题的重要方法和基本手段,利用构造法,常常可以将问题化难为易,化抽象为直观.但构造法需要具有较强的结构转化与知识综合的能力.本节,我们介绍几种常见的构造方法.

一、从简单情况入手

为了构造具有某种性质 p 的对象,我们可以考虑结构最为简单的情况,从而达到"以简驭繁"的目的.

例 1 甲、乙两人进行一场数学游戏:给定一正整数 $n(n \geq 2)$,第一回合:甲得到数 n,说出 n 的任意真因子 m 后,得到新数 $n'=n-m$,乙得到数 n',说出 n' 的任意真因子 m',得到新数 $n''=n'-m'$,依此类推,直到某个人说出某真因子后得到新数为 1,该人获胜. 若给定正整数为 2019,由甲开始说数,试问:甲、乙两人谁有必胜的策略,并简要陈述该策略.

(2019 年南京大学新生入学)

例 2 一个班有 n 个同学,每个同学都有一个信息希望通过短信告诉别人. 已知每次一个同学可以给另一个同学发短信告诉他自己已经知道的所有信息. 问同学们至少一共需要发送多少要短信,才能使每个同学都知道所有的信息?

(北京大学夏令营)

二、从特殊情况入手

例 3 有三个给定的经过原点的平面,过原点作第四个平面 α,使之与给定的三个平面形成的三个二面角都相等,则这样的 α 的个数为(　　　)

A. 1　　　　　　B. 4　　　　　　C. 6　　　　　　D. 前三个选项都不对

(2021 年北京大学)

例 4 已知 $[0,n]$ 的 n 元子集 S 满足 $0 \in S, n \in S$. 若 $S+S=\{x+y \mid x, y \in S\}$ 中恰好有 $2n$ 个元素,则称 S 为 n-好的. 求所有 n-好的集合 S 的个数.

(2017 年清华大学金秋营)

三、从极端情况入手

例 5 在 $n \times n$ 方格表中,每个方格都填上一个绝对值不大于 1 的实数,使任何 2×2 正方形内的 4 个数之和为 0,求证:表中所有数之和不大于 n.

(北京大学夏令营)

四、局部调整法

局部调整法也称逐步调整法,是指暂时固定问题中的一些可变因素,使之不动,转而研究另一些可变量对求解问题的影响,当取得局部成果后,再设法求得整个问题的结果.

例 6 $n(n \geq 4)$ 个盘子中放有总数不少于 4 粒的糖,从任意选出的两个盘子里各取一粒糖放入另一个盘子中称为一次操作. 能否经过有限次操作,把所有的糖集中到一个盘子里? 证明你的结论.

例 7 给定正整数 n,有 $2n$ 张纸牌叠成一堆,从上到下依次编号为 1 到 $2n$. 我们进行这样的操作:每次将所有从上往下数偶数位置的牌抽出来,保持顺序放在牌堆下方. 例如 $n=3$ 时,初始顺序为 123456,操作后依次得到 135246,154326,142536,123456.

证明:对任意正整数 n,操作不超过 $2n-2$ 次后,这堆牌的顺序会变回初始状态.

(2016 年北京大学夏令营)

五、递归构造

例 8 一副纸牌共 52 张,其中"方块""梅花""红心""黑桃"每种花色的牌各 13 张,标号依次是 $2,3,\cdots,10,J,Q,K,A$,其中相同花色、相邻标号的两张牌称为"同花顺牌",并且 A 与 2 也算是顺牌(即 A 可以当成 1 使用).试确定,从这副牌中取出 13 张牌,使每种标号的牌都出现,并且不含"同花顺牌"的取牌方法数.

例 9 将周长为 24 的圆周等分成 24 段,从 24 个分点中选取 8 个点,使得其中任何两点间所夹的弧长都不等于 3 和 8;问满足要求的 8 点组的不同取法共有多少种? 说明理由.

六、等价构造

例 10 给定正整数 $n,k(n\geqslant2)$,给定一个标号为 $1,2,\cdots,n$ 的树 T. 我们对正整数序列 $(a_1,a_2,\cdots,a_k)$ 进行操作,这里的 $1\leqslant a_i\leqslant n$. 选定一个 $1\leqslant i\leqslant k-1$,若 a_i 和 a_{i+1} 在树中有边相连,则可以交换 a_i,a_{i+1} 的位置. 若一个序列可以通过有限次交换变成另一个,则称这两个序列等价. 记 $f(T)$ 是序列的等价类的个数,求 $f(T)$ 的所有可能值.

(2019 年北京大学夏令营)

例 11 设 m,n 是正整数,有 mn 根长度为 1 的火柴和一个 $m\times n$ 矩阵点阵,矩阵中同行、同列相邻两点的距离也等于 1. 小红同学将 mn 根火柴互不重叠地放在点阵中,使得所有火柴头恰一一覆盖了这 mn 个点,火柴尾在与火柴头相邻的点上,称两根火柴是连接的. 如果存在一个以这两根连接为首尾的序列,序列中相邻两根火柴都有公共交点,称若干根火柴是一个"图形". 如果图形内的火柴两两相接,图形外的任意一根火柴都不与图形内的火柴连接,试问小红同学至多能摆出多少个图形?

(2021 年北京大学中学生夏令营)

$$\S 15.4 \quad \textbf{组合计数}$$

组合数学中的计数问题,是数学竞赛和高校强基计划考试中的熟面孔,看似司空见惯,不足为奇. 很多同学认为只要凭借课内知识就可迎刃而解. 其实具体解题时,时常会让你挖空心思也无所适从. 这类问题的求解往往先要通过构造法描绘出对象的简单数学模型,继而借助在计数问题中常用的一些数学原理方可得出所求对象的总数或其范围. 本节主要介绍组合数学中常见的和重要的一些计数原理、计数方法和计数公式,主要包括对应原理、容斥原理、生成函数、抽屉原理、反演原理、Polya 计数、差分以及斯特林数等,这是研究组合数学的基础.

一、对应原理

❶映射的概念

定义 1   设 A 和 B 是两个集合(二者可以相同),如果对于集合 A 中的每一个元素 x,按照

某种对应关系 f,在集合 B 中都有唯一确定的 y 与之对应,则称这种对应关系为 A 到 B 的映射,记作 $f:A \to B$. 这时, $y = f(x) \in B$ 称为 $x \in A$ 的象, x 称为 y 的原象.

特别地,当 A、B 都是数集时,映射 f 称为 A 到 B 的函数.

本讲主要介绍有限集上的映射及其性质,这在与计数有关的数学问题中应用极广,是学生准备高校强基计划考试必不可少的预备知识. 为了方便,我们用 $|A|$ 表示集合 A 中元素的个数.

定义 2　设 f 是从 A 到 B 的一个映射.

(1)如果对于任何 $x_1, x_2 \in A, x_1 \neq x_2$,都有 $f(x_1) \neq f(x_2)$,则称 f 为单射;

(2)如果对任何 $y \in B$,都有 $x \in A$,使得 $f(x) = y$,则称 f 满射;

(3)如果映射 f 既是单射,又是满射,则称 f 为双射(也称一一映射);

(4)如果映射 f 是满射,且对于任何 $y \in B$,恰好 A 中有 m 个元素,它们的像都是 y,则称 f 为倍数(且倍数是 m)映射.

对应原理是利用映射法计数的主要依据.

❷对应原理

设 A,B 都是有限集, $f:A \to B$ 为 A 到 B 的一个映射.

(1)如果 f 是单射,则 $|A| \leqslant |B|$;

(2)如果 f 是满射,则 $|A| \geqslant |B|$;

(3)如果 f 是双射,则 $|A| = |B|$;

(4)如果 f 是倍数(且倍数是 m)映射,则 $|A| = m|B|$.

对应原理的使用关键在于找到一个能与集合 A 建立映射且又便于计算其元素个数的集合 B,从而使问题转化为较为容易求解的问题. 但是如何寻求集合 B,如何建立 A 到 B 的映射,往往需要相当的技巧.

例 1　在圆周上给出了一个由点 $A_1, A_2, \cdots, A_n$ 所组成的点集. 考察所有以该点集中的点为顶点的各种不同的凸多边形(含三角形),并把这些凸多边形分为两组:第一组多边形都以 A_1 作为自己的一个顶点,第二组中的多边形都不以 A_1 作为顶点. 试问:哪一组中的多边形多一些?

例 2　连接一个凸 $4k+3$ 边形的所有对角线,这些线无任何三条交于形内一点. 设 P 为形内一点,且不在任何对角线上. 求证:以此 $4k+3$ 边形的 $4k+3$ 个顶点为顶点的四边形中包含点 P 的四边形个数是 2 的倍数(其中 k 为正整数).

二、容斥原理

容斥原理,又称包容排斥原理或逐步淘汰原理. 它是由十九世纪英国数学家西尔维斯特在德·摩根关于子集的交和并的结论(德·摩根律)的基础上首先创立. 这个原理有多种表达形式.

❶容斥原理

设 $S_1, S_2, \cdots, S_n$ 是 n 个有限集合,则

$$|S_1 \cup S_2 \cup \cdots \cup S_n| = \sum_{1 \leqslant i \leqslant n} |S_i| - \sum_{1 \leqslant i_1 < i_2 \leqslant n} |S_{i_1} \cap S_{i_2}| + \cdots +$$

$$(-1)^{k-1} \sum_{1 \leqslant i_1 < i_2 < \cdots < i_k \leqslant n} |S_{i_1} \cap S_{i_2} \cap \cdots \cap S_{i_k}| + \cdots + (-1)^{n-1} |S_1 \cap S_2 \cap \cdots \cap S_n|. \qquad ①$$

我们知道,若 $a \in S_1 \cup S_2 \cup \cdots \cup S_n$,则 a 至少属于 $S_1, S_2, \cdots, S_n$ 中的一个集合.不妨设 a 属于 $S_1, S_2, \cdots, S_k (1 \leqslant k \leqslant n)$ 而不属于其他集合.于是 a 在①式左端计算了一次.而在右端的第一个和中计算了 C_k^1 次,第 2 个和中计算了 C_k^2 次,$\cdots$,可见,a 在右端算式中,它被计算的总次数为:$C_k^1 - C_k^2 + C_k^3 - \cdots + (-1)^{k-1} C_k^k = C_k^0 - (C_k^0 - C_k^1 + \cdots + (-1)^k C_k^k) = 1 - (1-1)^k = 1$.

若 $a \notin S_1 \cup S_2 \cup \cdots \cup S_n$,则显然 a 在 1 式两端计算的次数都为 0.这表明 1 式右端的确至少属于 $S_1, S_2, \cdots, S_n$ 中一个集合的元素总数为 $|S_1 \cup S_2 \cup \cdots \cup S_n|$,从而①式成立.

上述证明①式成立的方法叫作**贡献法**.

容斥原理也可以写成:

$$|S_1 \cap S_2 \cap \cdots \cap S_n| = \sum_{1 \leqslant i \leqslant n} |S_i| - \sum_{1 \leqslant i_1 < i_2 \leqslant n} |S_{i_1} \cup S_{i_2}| + \cdots +$$

$$(-1)^{k-1} \sum_{1 \leqslant i_1 < i_2 < \cdots < i_k \leqslant n} |S_{i_1} \cup S_{i_2} \cup \cdots \cup S_{i_k}| + \cdots + (-1)^{n-1} |S_1 \cup S_2 \cup \cdots \cup S_n|.$$

❷逐步淘汰原理(筛法公式)

设 $S_1, S_2, \cdots, S_n$ 是 S 的子集,则

$$|\overline{S_1} \cap \overline{S_2} \cap \cdots \cap \overline{S_n}| = |S| - \sum_{1 \leqslant i \leqslant n} |S_i| + \sum_{1 \leqslant i_1 < i_2 \leqslant n} |S_{i_1} \cap S_{i_2}| - \cdots +$$

$$(-1)^k \sum_{1 \leqslant i_1 < i_2 < \cdots < i_k \leqslant m} |S_{i_1} \cap S_{i_2} \cap \cdots \cap S_{i_k}| + \cdots + (-1)^n |S_1 \cap S_2 \cap \cdots \cap S_n|. \qquad ②$$

这是因为 $|S_1 \cup S_2 \cup \cdots \cup S_n| = |S| - |\overline{S_1 \cup S_2 \cup \cdots \cup S_n}|$,而由集合论中德·摩根律,我们有 $\overline{S_1 \cup S_2 \cup \cdots \cup S_n} = \overline{S_1} \cap \overline{S_2} \cap \cdots \cap \overline{S_n}$.

由上述两式及①式即得②式.

公式①和②都源于同一思想,即不断地使用包含与排除,逐步筛去重复计数.因此,这两个公式又统称为包含与排除原理,今后我们将其统称为**容斥原理**.

例 3 设集合 $\{1, 2, \cdots, n\}$ 的一个排列 $(i_1, i_2, \cdots, i_n)$ 满足 $i_1 \neq 1, i_2 \neq 2, \cdots, i_n \neq n$,称这样的排列 $(i_1, i_2, \cdots, i_n)$ 为 $\{1, 2, \cdots, n\}$ 的一个错位排列.试求 $\{1, 2, \cdots, n\}$ 所有错位排列的个数 D_n.

例 4 有 8 个小孩坐在旋转木马上,如果让他们交换座位,使得每一个孩子的前边都不是原来在他前边的那个孩子,有多少种不同的方法?

三、抽屉原理

将 10 个苹果放在 9 个抽屉中,无论怎么放,一定会有一个抽屉里放了 2 个或更多的苹果,这个简单的事实就是抽屉原理. 它是由德国数学家狄利克雷(Dirichlet)提出来的,因此也称为狄利克雷原理. 如果将苹果换成信、鸽子或鞋,而把抽屉换成信筒、鸽笼或鞋盒,那么这个原理应然适用. 它是许多存在性问题得以证明的理论依据,也是离散数学中的一个重要原理,把它推广到一般情形,就可以得到:

抽屉原理　如果将 m 个物品放入 n 个抽屉内,那么至少有一个抽屉的物品不少于 l 个,其中 $l = \begin{cases} \dfrac{m}{n}, & n \mid m \\[3mm] \left[\dfrac{m}{n}\right] + 1, & n \nmid m \end{cases}$（这里 $[x]$ 表示不超过 x 的最大整数）

证明　当 $n \mid m$ 时,若结论不真,则每个抽屉中至多有 $\dfrac{m}{n} - 1$ 个物品,那么 n 个抽屉中物品的总数 $\leq n\left(\dfrac{m}{n} - 1\right) = m - n < m$ 个,矛盾!

当 $n \nmid m$ 时,若结论不真,则 n 个抽屉中物品总数 $\leq n \cdot \left[\dfrac{m}{n}\right] < n \cdot \dfrac{m}{n} = m$ 个,也产生矛盾!

有的参考书上给出了此定理的另外一种写法:如果将 m 个物品放入 n 个抽屉内,那么必有一个抽屉内至少有 $\left[\dfrac{m-1}{n}\right] + 1$ 个物品. 这是抽屉原理的不同的两种表现形式,其本质是一样的. 另外,抽屉原理还有其他几种形式的推广:

推广 1　如果将 m 个物体放入 n 个抽屉内,那么必有一个抽屉内的物品至多有 $\left[\dfrac{m}{n}\right]$ 个.

这是推广也叫作第二抽屉原理,证明如下:

证明　用反证法,如果每个抽屉内至少有 $\left[\dfrac{m}{n}\right] + 1$ 个物品,那么 n 个抽屉内的物品的总数至少为 $n \cdot \left(\left[\dfrac{m}{n}\right] + 1\right) > n \cdot \dfrac{m}{n} = m$,这与 n 个抽屉内共有 m 个物品矛盾!

推广 2　无穷多个物品放入有限个抽屉中,则至少有一个抽屉中有无穷多个物品.

推广 3　把 $m_1 + m_2 + \cdots + m_n - n + 1$ 个元素分成 n 类,则存在一个 k,使得第 k 类至少有 m_k 个元素.

推广 2 和推广 3 利用反证法,类似于述证法,不难得到其证明,这里我们不再一一赘述.

一般说来,适用于利用抽屉原理解决的数学问题具有以下几个特征:(1)新的元素具有任意性,如将 10 个苹果放入 9 个抽屉中,可以随意地在一个抽屉中放几个,也可以让某个抽屉空着;(2)问题的结论是存在性命题,题目中经常含有"至少有……""一定有……""不少于……""存在……""必然有……"等词语,其结论只要存在,不必确定,即不需要知道第几个抽屉中放多少个苹果的问题.

对于一个具体的可以用抽屉原理解决的数学问题,还应弄清楚三个问题:

(1)什么是物品?(2)什么是抽屉?(3)物品和抽屉各多少个?

使用抽屉原理解决问题的本质是把所要讨论的问题利用抽屉原理缩小范围,使之在一个特定的小范围内考虑问题,从而使问题变得简单;其基本思想是根据问题的自身特点和本质,弄清楚对哪些元素进行分类,找出分类规律;其关键在于利用题目中的条件构造出符合题意的"物品"和"抽屉".

例 5 设空间 6 个点中任意 4 个点不共面,若将其中任意两个点之间的连线染成红色或蓝色之一,则必存在一个三边颜色相同的三角形.

例 6 设 $n \geqslant 4$,在正 n 边形的 n 个顶点中任取 $\geqslant \left[\dfrac{1+\sqrt{8n+1}}{2} \right] + 1$ 个顶点,则必有 4 个点,使得其中某两个点的连线与另外两个点的连线平行.

例 7 在边长为 1 的正方形的内部,放置若干个圆,这些圆的周长之和等于 10.

证明:可作出一条直线,至少与其中四个圆有交点.

四、生成函数

母函数又称生成函数,是组合数学中尤其是计数方面的一个重要理论和工具.法国数学家Laplace P. S. 在其 1812 年出版的《概率的分析理论》中明确提出"生成函数的计算",书中对生成函数思想奠基人——Euler 在 18 世纪对自然数的分解与合成的研究做了延伸与发展.生成函数的理论由此基本建立.母函数的应用简单来说在于研究未知(通项)数列规律,用这种方法在给出递推式的情况下求出数列的通项,母函数是推导 Fibonacci 数列的通项公式方法之一,另外组合数学中的卡特兰数(Catalan)也可以通过生成函数的方法得到.

母函数有普通型母函数和指数型母函数两种,其中普通型用的比较多.形式上说,普通型母函数用于解决多重集合的组合问题,而指数型母函数用于解决多重集合的排列问题.母函数还可以解决递归数列的通项问题(例如使用母函数解决斐波那契数列的通项公式).母函数方法的基本思想是把离散的数列同多项式或幂级数——对应起来,从而把离散数列之间的结合关系转化为多项式或幂级数之间的运算.

定义 对于数列 $\{a_n\}$,称无穷级数 $G(x) \equiv \sum\limits_{n=0}^{\infty} a_n x^n$ 为该数列的(普通型)母函数,简称生成函数或母函数.

例 8 证明:$\sum\limits_{k=0}^{q} C_n^k C_m^{q-k} = C_{m+n}^q$(范德蒙公式).

例 9 已知：两个非负整数组成的不同集合 $\{a_1,a_2,\cdots,a_n\}$ 和 $\{b_1,b_2,\cdots,b_n\}$. 求证：集合 $\{a_i+a_j \mid 1\leqslant i<j\leqslant n\}$ 与集合 $\{b_i+b_j \mid 1\leqslant i<j\leqslant n\}$ 相同的充要条件是 n 是 2 的幂次，这里允许集合内相同的元素重复出现.

例 10 一副三色牌共有 32 张，红、黄、蓝各 10 张，编号为 $1,2,\cdots,10$，另有大、小王各一张，编号均为 0. 从这副牌中任取若干张牌，按如下规则计算分值：每张编号为 k 的牌计为 2^k 分，若它们的分值之和为 2004，则称这些牌为一个"好牌"组，求好牌组的个数.

五、莫比乌斯反演

我们在自然数集 **N** 上引进一个数论函数：对任意的自然数 n，若 $n>1$，则 n 可以唯一地分解成若干个质因数的乘积 $n=p_1^{l_1} \cdot p_2^{l_2} \cdots \cdot p_r^{l_r}$ (1)

其中 $p_1,p_2,\cdots,p_r$ 是不同的素数 $l_i\geqslant1(1\leqslant i\leqslant r)$. 定义莫比乌斯函数 $\mu(n)$ 为

$$\mu(n)=\begin{cases}1,(\text{若 } n=1)\\0,(\text{若}(1)\text{式中有某个 } l_i>1)\\(-1)^r,(\text{若}(1)\text{式中 } l_1=l_2=\cdots=l_r).\end{cases}$$

例如 $30=2\times3\times5$，$18=3^2\times2$，于是 $\mu(30)=(-1)^3=-1$，$\mu(18)=0$.

例 11 对任意自然数 n，求证：$\displaystyle\sum_{d\mid n}\mu(d)=\begin{cases}1,(n=1)\\0,(n>1).\end{cases}$

例 12 （**莫比乌斯反演定理**）设 $f(n)$ 和 $g(n)$ 是定义在自然数集 N 上的两个函数，若对任意自然数 n，有 $f(n)=\displaystyle\sum_{d\mid n}g(d)=\sum_{d\mid n}g\left(\frac{n}{d}\right)$，则可将 g 表示成 f 的函数 $g(n)=\displaystyle\sum_{d\mid n}\mu(d)f\left(\frac{n}{d}\right)$. 反之也成立.

六、差分序列与斯特林数
❶差分序列

设 $h_0,h_1,h_2,\cdots,h_n,\cdots$ 是一个序列，我们定义的（一阶）差分序列为 $\Delta h_0,\Delta h_1,\Delta h_2,\cdots,\Delta h_n$，$\cdots$，其中 $\Delta h_n=h_{n+1}-h_n$. 并定义 $\Delta^p=\Delta(\Delta^{p-1}h_n)$ 为 p 阶差分序列，规定：$\Delta^0 h_n=h_n$.

我们可以把一个序列的 $0\sim p$ 阶差分序列写成一个倒三角，俗称差分表：

$$
\begin{array}{ccccccc}
h_0 & & h_1 & & h_2 & & h_3 & & h_4 & \cdots\\
& \Delta h_0 & & \Delta h_1 & & \Delta h_2 & & \Delta h_3 & & \cdots\\
& & \Delta^2 h_0 & & \Delta^2 h_1 & & \Delta^2 h_2 & & \cdots\\
& & & \Delta^3 h_0 & & \Delta^3 h_1 & & \cdots
\end{array}
$$

例如:设序列为 $h_n=2n^2+3n+1$,这个序列的差分表,如下:

1	1	6	15	28	45	66	91	$\cdots$
2		5	9	13	17	21	25	$\cdots$
3			4	4	4	4	4	$\cdots$
4				0	0	0	0	$\cdots$

在这个序列中,三阶差分序列全部由 0 组成的,因此所有更高的差分序列都是由 0 组成的. 现在我们知道,如果一个序列的通项是 n 的 p 次多项式,那么 $(p+1)$ 阶差分就都是 0,这种情况下,我们可以把第一行 0 后的所有 0 行都删去.

定理 1 设序列的通项为 n 的 p 次多项式,即

$$h_n=a_pn^p+a_{p-1}n^{p-1}+\cdots+a_1n+a_0,$$

则对所有的 $n\geqslant 0,\Delta^{p+1}h_n=0$.

性质 1 假设 g_n,f_n 分别是两个序列的通项,定义新的序列 $h_n=g_n+f_n(n\geqslant 0)$,则 $\Delta h_n=\Delta g_n+\Delta f_n$.

这是由于 $\Delta h_n=h_{n+1}-h_n=(g_{n+1}+f_{n+1})-(g_n+f_n)=(g_{n+1}-g_n)+(f_{n+1}-f_n)=\Delta g_n+\Delta f_n$.

更一般地,我们可以归纳出 $\Delta^p h_n=\Delta^p g_n+\Delta^p f_n$.

如果 c 和 d 是常数,则对每一个整数 $p\geqslant 0$,有 $\Delta^p(cg_n+df_n)=c\Delta^p g_n+d\Delta^p f_n$,我们将这一性质称为差分的线性性质.

比如设 $g_n=n^2+n+1,f_n=n^2-n-2,g_n$ 的差分表如下:

1	1	3	7	13	21	$\cdots$
2		2	4	6	8	$\cdots$
3			2	2	2	$\cdots$
4				0	0	$\cdots$

f_n 的差分表如下:

1	-2	-2	0	4	10	$\cdots$
2		0	2	4	6	$\cdots$
3			2	2	2	$\cdots$
4				0	0	$\cdots$

如果设 $h_n=5n^2-n-4$,则因为 $h_n==2(n^2+n+1)+3(n^2-n-2)=2g_n+3f_n$,所以 h_n 的差分表通过 g_n 的差分表的各项乘以 2 并将 f_n 的差分表的各项乘以 3 后,然后对应相加即可得 h_n 的差分表,如下:

1	-4	0	14	38	72	$\cdots$
2		4	14	24	34	$\cdots$
3			10	10	10	$\cdots$
4				0	0	$\cdots$

在差分表中,我们把下标均为 0 的一列数 $h_0, \Delta h_0, \Delta^2 h_0, \Delta^3 h_0, \cdots$ 称为之差分序列表的第 0 条对角线,如图所示:

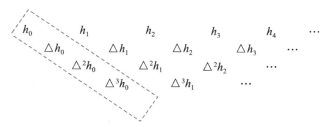

定理 2 设一列数 $h_0, h_1, h_2, \cdots, h_n, \cdots$ 的差分表的第 0 条对角线上的数 $h_0, \Delta h_0, \Delta^2 h_0, \Delta^3 h_0,$ $\cdots$ 记为 $c_0, c_1, c_2, \cdots, c_p, 0, 0, \cdots$,则有 $h_n = c_0 C_n^0 + c_1 C_n^1 + c_2 C_n^2 + \cdots + c_p C_n^p$.

所以,有 $\sum\limits_{k=0}^{n} h_k = c_0 C_{n+1}^1 + c_1 C_{n+1}^2 + c_2 C_{n+1}^3 + \cdots + c_{p-1} C_{n+1}^p + c_p C_{n+1}^{p+1}$.

如:设 $h_n = n^3 + 3n^2 - 2n + 1$,其差分表为

1	1	3	17	49	$\cdots$
2		2	14	32	$\cdots$
3			12	18	$\cdots$
4				6	$\cdots$

因为 h_n 是 n 的三次多项式,所以它的关分表的第 0 条对角线为:1,2,12,6,0,0,$\cdots$

由定理 2,得 $h_n = 1 \cdot C_n^0 + 2 \cdot C_n^1 + 12 \cdot C_n^2 + 6 \cdot C_n^3$.

❷ 斯特林数

由上面所介绍的差分序列,我们考虑序列 $h_n = n^p$,记它的第 0 条对角线为 $c(p,0), c(p,1),$ $c(p,2), \cdots, c(p,p), 0, 0, \cdots$,现在我们引入一个数 $S(p,k) = \dfrac{c(p,k)}{k!}$,这个数叫作**第二类斯特林数(Stirling 数)**,下面我们给出第二类斯特林数的递推公式:

如果 $1 \leqslant k \leqslant p-1$,则有 $S(p,k) = kS(p-1,k) + S(p-1,k-1)$.

定理 3 第二类斯特林数 $S(p,k)$ 计数是把 p 元素划分到 k 个不可区分的盒子且没有空盒子的划分个数.

第一类斯特林数 $s(p,k)$ 表示的是将 p 个不同的元素排成 k 个非空循环列的方法数.我们可以将循环排列叫作圆圈.

定理 4 如果 $1 \leqslant k \leqslant p-1$,则 $s(p,k) = (p-1)s(p-1,k) + s(p-1,k-1)$.

12. 已知 $\sqrt{1-x^2}=4x^3-3x$，则该方程所有实根个数与所有实根乘积的比值为_____.

13. 若 A 为十进制数，$A=\overline{a_0a_1\cdots a_n}$，记 $D(A)=a_0+2a_1+2^2a_2+\cdots+2^na_n$. 已知 $b_0=2033^{10}$，$b_{n+1}=D(b_n)$，则 b_{2022} 各位数字的平方和_____200（横线上填大于，小于或等于）

14. 已知数列 $\{a_n\}$ 满足 $a_1=12$，$a_{n+1}=\dfrac{1}{4}(3+a_n+3\sqrt{1+2a_n})$，则 a_{10} 最接近的整数为_____.

15. 已知 $f(x)$ 是二次函数，$f(-2)=0$，且 $2x\leqslant f(x)\leqslant\dfrac{x^2+4}{2}$，则 $f(10)=$_____.

16. 已知数列 $\{a_k\}_{1\leqslant k\leqslant 5}$ 各项均为正整数，且 $\{a_{k+1}-a_k\}\leqslant 1$，$\{a_k\}$ 中存在一项为 3，可能的数列的个数为_____.

17. 将不大于 12 的正整数分为 6 个两两交集为空的二元集合，且每个集合中两个元素互质，则不同的分法有_____种.

18. 已知 y,f,d 为正整数，$f(x)=(1+x)^y+(1+x)^f+(1+x)^d$. 其中 x 的系数为 10，则 x^2 的系数的最大可能值与最小可能值之和为_____.

19. 若 $\triangle ABC$ 三边长为等差数列，则 $\cos A+\cos B+\cos C$ 的取值范围是_____.

20. 内接于椭圆 $\dfrac{x^2}{4}+\dfrac{y^2}{9}=1$ 的菱形周长的最大值和最小值之和是_____.

2022 年北京大学
强基计划笔试数学试题(回忆版)
答案及解析

1.1　解析: 设 $2n+1=a^2$,$3n+1=b^2$,

化简得到 $3a^2-2b^2=1$,即 $(3a)^2-6b^2=3$.

由于 $(3,1)$ 为佩尔方程 $x^2-6y^2=3$ 的一组解,

由佩尔方程的性质知其有无穷多组解,

对其任意一组解 (x_k,y_k),因为 $x_k^2=6y_k^2+3$,

所以 x_k 为被 3 整除的正奇数.

则 $a=\dfrac{x_k}{3}$,$n=\dfrac{a^2-1}{2}$,知这样的 n 均为正整数.

由于 $1\leqslant n\leqslant 2022$,知 $1<a\leqslant 63$,

所以 $3<x_k\leqslant 189$,

由佩尔方程的通解知 $x_k=\dfrac{(3+2\sqrt{6})(5+2\sqrt{6})^k+(3-2\sqrt{6})(5-2\sqrt{6})^k}{2}$,

由特征方程知其所对应的递推公式为 $x_{k+2}=10x_{k+1}-x_k$,$x_0=3$,$x_1=27$,得 $x_2=267$,

所以仅 $x_1=27$ 满足条件,此时 $n=40$.

所以这样的 n 为 1 个.

2.2　解析: 对凸四边形 $ABCD$,由 $\angle CAD=\angle ACB$,有 $AD\parallel BC$;由 $\angle ABD=\angle BDC$,

有 $AB\parallel CD$,故四边形 $ABCD$ 为平行四边形.

如图所示,设对角线 AC 中点为 O.固定对角线 AC,则点 D 在固定的射线 AD 上,只需求出该

射线上满足 $\angle CDO=50°$ 的点 D 个数即可.

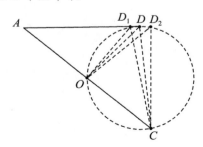

记过 C,O 且与射线 AD 相切的圆为 ω(易知这样的圆存在且唯一),切点为 D,由圆幂定理知

则 $f(2,2,1,1)=10, f(2,2,2,0)=12, f(3,2,1,0)=14, f(3,3,0,0)=18$,

$f(3,3,1,-1)=20, f(4,2,1,-1)=22, f(4,3,0,-1)=26, f(4,2,2,-2)=28$,

$f(4,3,1,-2)=30, f(4,4,0,-2)=34$,

因而 $a^2+b^2+c^2+d^2$ 的取值为所有 10 到 34 之间不为 8 的倍数的偶数,

因此 $ab+ac+ad+bc+bd+cd$ 的不同取值为 10 个.

7. $\left(\dfrac{\sqrt{15}}{5}, \dfrac{2\sqrt{6}}{5}\right]$ **解析:** 先证明一个引理:平面上四边形 $ABCD$ 的四边长分别记为 a, b, c, d,那么四边形 $ABCD$ 的面积

$$S_{ABCD}=\sqrt{(p-a)(p-b)(p-c)(p-d)-abcd\cos^2\frac{A+C}{2}},$$

其中 p 为四边形 $ABCD$ 的半周长 $\dfrac{1}{2}(a+b+c+d)$.

引理的证明:在 $\triangle ABD$ 和 $\triangle CBD$ 中分别应用余弦定理,有

$$\begin{cases} BD^2=a^2+d^2-2ad\cos A, \\ BD^2=b^2+c^2-2bc\cos C, \end{cases}$$

又 $S_{ABCD}=\dfrac{1}{2}ad\sin A+\dfrac{1}{2}bc\sin C$,

于是可得 $\begin{cases} ad\cos A-bc\cos C=\dfrac{1}{2}(a^2-b^2-c^2+d^2), \\ ad\sin A+bc\sin C=2S_{ABCD}, \end{cases}$

两式平方相加,移项可得

$$S_{ABCD}^2=\frac{1}{4}(a^2d^2+b^2c^2)-\frac{1}{16}(a^2-b^2-c^2+d^2)^2-\frac{1}{2}abcd\cos(A+C),$$

整理即证.

加到本题中,一方面,

$$r=\frac{S}{p}\leqslant\frac{\sqrt{(p-a)(p-b)(p-c)(p-d)}}{p}=\frac{2\sqrt{6}}{5}$$

另一方面,欲求 r 最小值,即使得 S 最小,即使得 $\cos^2\dfrac{A+C}{2}=\cos^2\dfrac{B+D}{2}$ 最大即可.

又因为 $\max\left\{\dfrac{A+C}{2}, \dfrac{B+D}{2}\right\}\geqslant\dfrac{\pi}{2}$,

所以只需令 $\max\left\{\dfrac{A+C}{2}, \dfrac{B+D}{2}\right\}$ 最大即可.

设 $AC=x, BD=y$,由 $1<x<3, 2<y<4$,易知 $\angle A, \angle C$ 随 y 增加而增加,$\angle B, \angle D$ 随 x 增加而增加,所以只需比较 $x\to 3$ 和 $y\to 4$ 的情况即可,此时四边形 $ABCD$ 分别趋向退化成边长为 $3, 3, 4$ 和 $4, 4, 2$ 的三角形,经比较可得面积较小者为 $\sqrt{15}$.

故 $r=\dfrac{S}{p}>\dfrac{\sqrt{15}}{5}$.

综上, $r\in\left(\dfrac{\sqrt{15}}{5},\dfrac{2\sqrt{6}}{5}\right]$.

8. $\dfrac{33}{7}$　**解析：** 已知 $|z_1|+|z_2|+|z_3|\geqslant|z_1+z_2+z_3|=|10+10\mathrm{i}|=10\sqrt{2}$,

当且仅当 $\arg z_1=\arg z_2=\arg z_3=\dfrac{\pi}{4}$ 时取等号.

此时 $5-a=6-4b,2+2a=3+b,3-a=1+3b$,

解得 $a=\dfrac{5}{7},b=\dfrac{3}{7}$,

所以当 $|z_1|+|z_2|+|z_3|$ 取最小值时 $3a+6b=\dfrac{33}{7}$.

9. $12-2\pi$　**解析：** 设满足要求的复数 $z=x+y\mathrm{i}(x,y\in\mathbf{R})$,

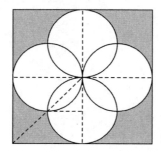

则原命题即为 $\dfrac{2x}{x^2+y^2}+\dfrac{2y}{x^2+y^2}\mathrm{i}$ 与 $\dfrac{x}{2}+\dfrac{y}{2}\mathrm{i}$ 的实部和虚部均属于 $[-1,1]$,

因此 $-1\leqslant\dfrac{2x}{x^2+y^2}\leqslant1,-1\leqslant\dfrac{2y}{x^2+y^2}\leqslant1,-1\leqslant\dfrac{x}{2}\leqslant1,-1\leqslant\dfrac{y}{2}\leqslant1$.

整理后得 $-2\leqslant x\leqslant2,-2\leqslant y\leqslant2$,

$(x-1)^2+y^2\geqslant1,(x+1)^2+y^2\geqslant1,x^2+(y-1)^2\geqslant1,x^2+(y+1)^2\geqslant1$.

因此点 z 的轨迹所构成的图形为图中阴影区域,其外边界为一个边长为 4 的正方形.

此区域面积为 $8\times\left(\dfrac{2\times2}{2}-\dfrac{1\times1}{2}-\dfrac{\pi\times1^2}{4}\right)=12-2\pi$.

10. 1　**解析：** 因为 $R=2$,

所以 $4(\sin^2A-\sin^2B)=(\sqrt{3}a-b)\sin B\Rightarrow a^2-b^2=(\sqrt{3}a-b)b\Rightarrow a=\sqrt{3}b$.

因为 $S_{\triangle ABC}=\dfrac{c}{2}(a-b)$,

所以 $bc\sin A=c(a-b)\Rightarrow\sin A=\sqrt{3}-1$.

进而有 $\sin B=\dfrac{\sin A}{\sqrt{3}}=1-\dfrac{\sqrt{3}}{3}$,

所以 $f(2)=4$，由此解得 $a=\dfrac{1}{4}$.

所以 $f(x)=\dfrac{1}{4}(x+2)^2,f(10)=36$.

法二：

$2x\leqslant f(x)\leqslant\dfrac{x^2+4}{2}\Rightarrow 0\leqslant f(x)-2x\leqslant\dfrac{1}{2}(x-2)^2$

令 $g(x)=f(x)-2x$，则 $g(-2)=4,g(2)=0$，

设 $g(x)=a(x-2)(x-m)(a\neq 0)$.

若 $m\neq 2$，则

$\left[\dfrac{1}{2}(x-2)^2-g(x)\right]'\bigg|_{x=2}=-g'(2)=a(m-2)\neq 0$

于是 $a(m-2)>0$ 时，存在 $x_0<2$ 使得 $\dfrac{1}{2}(x_0-2)^2-g(x_0)<0$，矛盾；

$a(m-2)<0$ 时，存在 $x_0>2$ 使得 $\dfrac{1}{2}(x_0-2)^2-g(x_0)<0$，矛盾；

故 $m=2$，令 $x=-2$，则 $16a=g(-2)=4\Rightarrow a=\dfrac{1}{4}$.

于是 $f(x)=g(x)+2x=\dfrac{1}{4}(x-2)^2+2x=\dfrac{1}{4}(x+2)^2$，进而 $f(10)=36$.

16. 211 **解析**：记 $b_i=a_{i+1}-a_i(1\leqslant i\leqslant 4)$，则 $b_i\in\{-1,0,1\}$，

对确定的 b_1,b_2,b_3,b_4，数列 $\{a_k\}_{1\leqslant k\leqslant 5}$ 各项间的大小顺序即确定，

设 $\min\{a_1,a_2,a_3,a_4,a_5\}=a$，则 $a\in\{1,2,3\}$，

对于给定的 a,b_1,b_2,b_3,b_4 可唯一确定一组数列，

由于 $b_i\in\{-1,0,1\}$ 且 $a\in\{1,2,3\}$，这样的数列共 $3\times 3^4=243$ 个，

其中不符合题设条件的数列各项均为 1 或 2，这样的数列有 $2^5=32$ 个，

综上所述，符合要求的数列共有 $243-32=211$ 个.

17. 252 **解析**：易知 $\{2,4,6,8,10,12\}$ 中的元素两两不互质，因此恰好在 6 个不同的集合中.

设依次为 $Y_2,Y_4,\cdots,Y_{12}$.

此时剩余的正整数中 1,7,11 可以任意放在上述 6 个集合中，5 不能放在 Y_{10} 中，3,9 不能放在 Y_6 或 Y_{12} 中，分两种情况：

(1)若 5 放入了 Y_6 或 Y_{12} 中，有两种情况，此时 3 与 9 可在 4 个集合中选择，有 A_4^2 种情况，而 1,7,11 放入集合有 A_3^3 种情况.

(2)若 5 没有放入 Y_6 或 Y_{12} 中，则 5 有 3 个集合可以选择，进而 3 与 9 可在 3 个集合中选择，有 A_3^2 种情况，而 1,7,11 放入集合有 A_3^3 种情况.

综上所述，不同的集合拆分方法共有 $A_2^1A_4^2A_3^3+A_3^1A_3^2A_3^3=252$ 种.

18. 40 　**解析:** 由题意得 $y+f+d=10$,

x^2 的系数为 $C_y^2+C_f^2+C_d^2=\dfrac{y^2+f^2+d^2-y-f-d}{2}=\dfrac{y^2+f^2+d^2-10}{2}.$

由柯西不等式知 $y^2+f^2+d^2\geqslant\dfrac{(y+f+d)^2}{3}=\dfrac{100}{3}$,

又由于 y,f,d 为正整数,所以 $y^2+f^2+d^2\geqslant 34$.

当 $y=3,f=3,d=4$ 时,$y^2+f^2+d^2=34$.

因此 $y^2+f^2+d^2$ 的最小值为 34.

另一方面,若 a,b 为正整数,则 $a^2+b^2\leqslant 1^2+(a+b-1)^2$,

这是因为上式展开即为 $ab-a-b+1\geqslant 0$,亦即 $(a-1)(b-1)\geqslant 0$.

所以 $y^2+f^2+d^2\leqslant 1^2+(y+f-1)^2+d^2\leqslant 1^2+1^2+(y+f+d-2)^2=1+1+64=66$.

当 $y=1,f=1,d=8$ 时,$y^2+f^2+d^2=66$,

因此 $y^2+f^2+d^2$ 的最大值为 66.

进而我们有 $\dfrac{y^2+f^2+d^2-10}{2}$ 的最大最小值分别为 12,28,

所以 x^2 的系数的最大可能值与最小可能值之和为 40.

19. $\left(1,\dfrac{3}{2}\right]$ 　**解析:** 不妨设三边长为 $1-d,1,1+d$,其中 $0\leqslant d<\dfrac{1}{2}$. 由余弦定理得,

$\cos A+\cos B+\cos C$

$=\dfrac{(1+d)^2+1-(1-d)^2}{2(1+d)}+\dfrac{(1-d)^2+1-(1+d)^2}{2(1-d)}+\dfrac{(1+d)^2+(1-d)^2-1}{2(1+d)(1-d)}$

$=\dfrac{3(1-2d^2)}{2(1-d^2)}$

$=\dfrac{3}{2}\left(2-\dfrac{1}{1-d^2}\right)\in\left(1,\dfrac{3}{2}\right].$

20. $\dfrac{100\sqrt{13}}{13}$ 　**解析:** 椭圆内接菱形的中心与椭圆中心重合.

设菱形的两个相邻顶点为 A,B.

当 A,B 为椭圆顶点时,周长为 $4\sqrt{13}$.

当 A,B 不为椭圆顶点时,不妨 A 在第一象限,B 在第四象限,

设 OA 斜率为 k,则 OB 斜率为 $-\dfrac{1}{k}$.

解得 A 为 $\left(\dfrac{6}{\sqrt{4k^2+9}},\dfrac{6k}{\sqrt{4k^2+9}}\right)$,

B 为 $\left(\dfrac{6k}{\sqrt{9k^2+4}},-\dfrac{6}{\sqrt{9k^2+4}}\right).$

4. 在复平面内,复数 z_1 终点在 $1+i$ 和 $1+ai$ 表示两点连成的线段上移动,$|z_2|=1$,若 $z=z_1+z_2$ 在复平面上表示的点围成的面积为 $\pi+4$,则 a 的可能值为_____.

6. 对于 $x\in\mathbf{R}$,$f(x)$ 满足 $f(x)+f(1-x)=1$,$f(x)=2f\left(\dfrac{x}{5}\right)$,对于 $0\leqslant x_1\leqslant x_2\leqslant 1$,恒有 $f(x_1)\leqslant f(x_2)$,则 $f\left(\dfrac{1}{2022}\right)=$_____.

7. 用蓝色和红色给一排 10 个方格涂色,则至多 2 个蓝色相邻的方法数为_____.

8. 对于三个正整数 a,b,c,有 $\sqrt{a+b}$,$\sqrt{b+c}$,$\sqrt{c+a}$ 三个连续正整数,则 $a^2+b^2+c^2$ 的最小值为_____.

9. 已知 $a^2+ab+b^2=3$,求 a^2+b^2-ab 的最大值和最小值.

10. $\displaystyle\lim_{n\to\infty}\sum_{k=1}^{n}\frac{1}{n}\sin\frac{(2k-1)\pi}{2n}=$

11. 曲线 C:$(x^2+y^2)^3=16x^2y^2$,则(　　)

　　A. 曲线 C 仅过$(0,0)$一个整点

　　B. 曲线 C 上的点距原点最大距离为 2

　　C. 曲线 C 围成的图形面积大于 4π

　　D. 曲线 C 为轴对称图形

12. 任意四边形 $ABCD$,$\overrightarrow{AC}=\boldsymbol{a}$,$\overrightarrow{BD}=\boldsymbol{b}$,则$(\overrightarrow{AD}+\overrightarrow{BC})(\overrightarrow{AB}+\overrightarrow{DC})=$_____.(结果用 $\boldsymbol{a}$,$\boldsymbol{b}$ 表示)

13. 已知 $ax+by=1$,$ax^2+by^2=2$,$ax^3+by^3=7$,$ax^4+by^4=18$,则 $ax^5+by^5=$_____.

$$f(x)=2f\left(\frac{x}{5}\right)\Rightarrow f(0)=2f(0)\Rightarrow f(0)=0,$$

$$f(1)=1.$$

设 $0\leqslant x_0\leqslant 1$，则 $f(x_0)=1-f(1-x_0)=2f\left(\frac{x_0}{5}\right)=1-2f\left(\frac{1-x_0}{5}\right)$，

于是有 $2f\left(\frac{x_0}{5}\right)=1-2f\left(\frac{1-x_0}{5}\right)\Leftrightarrow f\left(\frac{1-x_0}{5}\right)+f\left(\frac{x_0}{5}\right)=\frac{1}{2}$，

当 $x_0=0$ 时，则有 $f\left(\frac{1}{5}\right)+f(0)=\frac{1}{2}\Leftrightarrow f\left(\frac{1}{5}\right)=\frac{1}{2}$，且 $f\left(\frac{1}{2}\right)=\frac{1}{2}$.

所以当 $\frac{1}{5}\leqslant x\leqslant\frac{1}{2}$ 时，$f(x)=\frac{1}{2}$.

$$f\left(\frac{1}{5^n}\right)=f\left[\frac{\frac{1}{5^{n-1}}}{5}\right]=\frac{1}{2}f\left(\frac{1}{5^{n-1}}\right)=\cdots=\left(\frac{1}{2}\right)^{n-1}\cdot f\left(\frac{1}{5}\right)=\left(\frac{1}{2}\right)^n.$$

因为 $3125>2022>1875$，

所以 $\frac{1}{3125}<\frac{1}{2022}<\frac{1}{1875}$.

$$f\left(\frac{1}{3125}\right)=f\left(\frac{1}{5^5}\right)=\left(\frac{1}{2}\right)^5=\frac{1}{32},$$

$$f\left(\frac{1}{1875}\right)=f\left(\frac{1}{5^4\times 3}\right)=\left(\frac{1}{2}\right)^4\cdot f\left(\frac{1}{3}\right)=\left(\frac{1}{2}\right)^5=\frac{1}{32}.$$

由 $0\leqslant x_1\leqslant x_2\leqslant 1$ 时，$f(x_1)\leqslant f(x_2)$，

得 $f\left(\frac{1}{2022}\right)=\frac{1}{32}$.

7.504　**解析**：插空法＋捆绑法

8.1297　**解析**：不妨设 $a>b>c$，令 $\begin{cases}a+b=(k+1)^2\\b+c=k^2\\a+c=(k-1)^2\end{cases}$，

易解得 $\begin{cases}a=4k+1\\b=\dfrac{k^2}{2}+2k\\c=\dfrac{k^2}{2}-2k\end{cases}$，

且 $\begin{cases}c=\dfrac{k^2}{2}-2k\geqslant 1\\c\in\mathbf{N}^+\end{cases}\Rightarrow k\geqslant 6$，

此时 $\begin{cases}a\geqslant 30,\\b\geqslant 19,\\c\geqslant 6,\end{cases}$ 因此 $a^2+b^2+c^2\geqslant 1297$.

18

9. 解析：不等式

$$a^2+ab+b^2=3 \Rightarrow \begin{cases} 3ab \leq 3 \\ -ab \leq 3 \end{cases} \Rightarrow -3 \leq b \leq 1,$$

于是 $1 \leq a^2+b^2-ab=3-2ab \leq 9.$

10. 解析：定积分放缩求极限，单调有界性准则.

利用定积分定义求和的极限公式.

$$\lim_{n \to \infty} \sum_{i=1}^{n} f\left(\frac{i}{n}\right) \frac{1}{n} = \int_0^1 f(x) \mathrm{d}x$$

则
$$\lim_{n \to \infty} \sum_{k=1}^{n} \frac{1}{n} \sin \frac{(2k-1)\pi}{2n} = \lim_{n \to \infty} \sum_{k=1}^{n} \frac{1}{n} \sin\left(\frac{k}{n}\right)\pi$$

$$= \int_0^1 \sin(\pi x) \mathrm{d}x$$

$$= \frac{1}{\pi} \int_0^1 \sin(\pi x) \mathrm{d}\pi x$$

$$= -\frac{1}{\pi}(\cos \pi - \cos 0)$$

$$= \frac{2}{\pi}.$$

11. A、D 解析：设曲线 $C:f(x,y)$，则 $f(x,y)=f(-x,y)=f(x,-y)$，D 正确；

$(x^2+y^2)^3=16x^2y^2 \leq \frac{16(x^2+y^2)^2}{4}=4(x^2+y^2)^2$，解得 $x^2+y^2 \leq 4.$

故 B 正确，C 错误；

联立 $\begin{cases} (x^2+y^2)^3=16x^2y^2 \\ x^2+y^2=4 \end{cases}$ 得到两曲线交点均不为整数，且 $\begin{cases} x < \sqrt{2} \\ y < \sqrt{2} \end{cases}$，因此曲线 C 仅过 $(0,0)$ 一个整点.

故选 A、D.

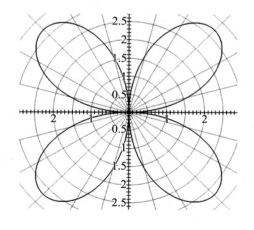

2022 年北京大学
强基计划笔试数学试题(回忆版)

本试卷共 20 题,原题均为单选题,以下题目为学生回忆,部分题目条件可能与实际考试有所出入,仅供参考.

1. 已知 $2n+1$ 与 $3n+1$ 均为完全平方数且 n 不超过 2022,则正整数 n 的个数为_____.

2. 已知凸四边形 $ABCD$ 满足 $\angle ABD = \angle BDC = 50°$,$\angle CAD = \angle ACB = 40°$,则符合题意且不相似的凸四边形 $ABCD$ 的个数为_____.

3. 已知正整数 y 不超过 2022 且满足 100 整除 $2^y + y$,则这样的 y 的个数为_____.

4. 已知 $[x]$ 表示不超过 x 的整数,如 $[1.2]=1$,$[-1.2]=-2$. 已知 $\alpha = \dfrac{1+\sqrt{5}}{2}$,则 $[\alpha^{12}] = $ _____.

5. 已知六位数 $\overline{y_1y_2f_3f_4d_5d_6}$,满足 $\dfrac{\overline{y_1y_2f_3f_4d_5d_6}}{\overline{f_4d_5d_6}} = (1+\overline{y_1y_2f_3})^2$,则所有满足条件的六位数之和为_____.($\overline{f_4d_5d_6}$ 不必为三位数)

6. 已知整数 a,b,c,d 满足 $a+b+c+d=6$,则 $ab+ac+ad+bc+bd+cd$ 的正整数取值个数为_____.

7. 已知凸四边形 $ABCD$ 满足:$AB=1$,$BC=2$,$CD=4$,$DA=3$,则其内切圆半径取值范围为_____.

8. 已知 $a,b\in\mathbf{R}$,$z_1=5-a+(6-4b)\mathrm{i}$,$z_2=2+2a+(3+b)\mathrm{i}$,$z_3=3-a+(1+3b)\mathrm{i}$,当 $|z_1|+|z_2|+|z_3|$ 最小时,$3a+6b=$_____.

9. 已知复数 z,满足 $\dfrac{z}{2}$ 与 $\dfrac{2}{z}$ 的实部和虚部均属于 $[-1,1]$,则 z 在复平面上形成轨迹的面积为_____.

10. 在 $\triangle ABC$ 中,$S_{\triangle ABC} = \dfrac{c}{2}(a-b)$,其外接圆半径 $R=2$,且 $4(\sin^2 A - \sin^2 B) = (\sqrt{3}a-b)\sin B$,则 $\sin\dfrac{A-B}{2} + \sin\dfrac{C}{2} = $_____.

11. 在梯形 $ABCD$ 中,$AD \parallel BC$,M 在边 CD 上,有 $\angle ABM = \angle CBD = \angle BCD$,则 $\dfrac{AM}{BM}$ 取值范围为_____.

$AD^2 = AO \cdot AC$, 从而 $AD = \sqrt{2}AO$.

首先说明 $\angle CDO = 50°$,

该结论等价于 $180° - \angle CAD - 2\angle ADO > 50°$, 即 $\angle ADO < 45°$.

设 $\angle ADO = \theta$, 易知 $\theta < 90°$, 在 $\triangle ADO$ 中, 由正弦定理,

$$\frac{AO}{\sin \theta} = \frac{AD}{\sin(140° - \theta)} \Rightarrow \frac{\sin(140° - \theta)}{\sin \theta} = \sqrt{2}.$$

因为 $\sqrt{2} = \dfrac{\sin(140° - \theta)}{\sin \theta} \leqslant \dfrac{1}{\sin \theta}$,

所以 $\sin \theta \leqslant \sin 45°$, 且当 $\theta = 45°$ 时等号不成立, 故 $\theta < 45°$, 结论得证.

射线 AD 上在 D 的左右两侧各有一个满足 $\angle CDO = 50°$ 的点 D', 故满足条件的形状不同的凸四边形有两种.

3. **20** **解析:** 由于 $100 \mid 2^y + y$, 所以 $4 \mid 2^y + y$.

显然 $y \neq 1$, 所以 $y \geqslant 2$,

所以 $4 \mid 2^y$, 进而得到 $4 \mid y$.

设 $y = 4f (1 \leqslant f \leqslant 504)$,

则 $5 \mid 2^{4f} + 4f$, 由于 $2^4 \equiv 1 \pmod 5$,

所以 $4f + 1 \equiv 0 \pmod 5$, 即 $f \equiv 1 \pmod 5$.

设 $f = 5d + 1$, 则 $y = 4f = 20d + 4 (0 \leqslant d \leqslant 100)$.

则 $2^{20d+4} + 20d + 4 \equiv 0 \pmod{25}$.

由欧拉定理, $\varphi(25) = 20$,

所以 $2^{20} \equiv 1 \pmod{25}$.

进而得到 $0 \equiv 2^{20d+4} + 20d + 4 \equiv 20d + 20 \pmod{25}$.

所以 $25 \mid 20d + 20$, $5 \mid d + 1$,

所以 $d = 5k + 4 (0 \leqslant k \leqslant 19)$.

因此这样的 y 有 20 个.

4. **321** **解析:** 记 $a_n = \left(\dfrac{1+\sqrt{5}}{2}\right)^n + \left(\dfrac{1-\sqrt{5}}{2}\right)^n$,

则由其所对应的特征根方程知数列 a_n 满足 $a_{n+2} = a_{n+1} + a_n$ 且 $a_0 = 2, a_1 = 1$,

依次可得 $a_2 = 3, a_3 = 4, a_4 = 7, a_5 = 11, a_6 = 18, a_7 = 29, a_8 = 47, a_9 = 76, a_{10} = 123$,

$a_{11} = 199, a_{12} = 322$.

因为 $\left|\dfrac{1-\sqrt{5}}{2}\right| \in (0, 1)$,

所以 $\left(\dfrac{1-\sqrt{5}}{2}\right)^{12} \in (0, 1)$,

所以 $a_{12} > \left(\dfrac{1+\sqrt{5}}{2}\right)^{12} > a_{12} - 1$，

所以 $[a^{12}] = 321$.

5. 2065020　**解析**：设 $\overline{y_1 y_2 f_3} = m$，$\overline{f_4 d_5 d_6} = n$，则 $100 \leqslant m \leqslant 999, 1 \leqslant n \leqslant 999$.

由此可得原命题等价于 $1000\,\dfrac{m}{n} + 1 = (1+m)^2$，即 $\dfrac{1000}{n} = 2 + m$.

由于 $102 \leqslant 2 + m \leqslant 1001$，

所以 $1 \leqslant n \leqslant 9$ 且 $n \mid 1000$，

所以 $n = 1, 2, 4, 5, 8$，因此对应的 (m, n) 有 5 种有不同的取值，对应的六位数为 $1000m + n =$

$1000 \times \left(\dfrac{1000}{n} - 2\right) + n$，即 $998001, 498002, 248004, 198005, 123008$.

这样的六位数之和为 2065020.

6. 10　**解析**：由于 a, b, c, d 均为整数，

所以 $ab + ac + ad + bc + bd + cd = \dfrac{(a+b+c+d)^2 - (a^2+b^2+c^2+d^2)}{2}$ 为整数.

由题意知 $(a+b+c+d)^2 - (a^2+b^2+c^2+d^2) > 0$，即 $a^2+b^2+c^2+d^2 < 36$.

因此原命题即为求 $a^2+b^2+c^2+d^2$ 小于 36 的不同取值的个数.

由柯西不等式知 $(a^2+b^2+c^2+d^2)(1+1+1+1) \geqslant (a+b+c+d)^2 = 36$，

因此 $a^2+b^2+c^2+d^2 \geqslant 9$，

又因为 $a^2+b^2+c^2+d^2$ 与 $a+b+c+d$ 奇偶性相同，

所以 $a^2+b^2+c^2+d^2$ 的取值必为 10 到 34 之间的偶数.

下证 $a^2+b^2+c^2+d^2$ 不为 8 的倍数；

采用反证法，若否，则 $a^2+b^2+c^2+d^2 \equiv 0 (\bmod 4)$，

此时 a, b, c, d 要么同为偶数要么同为奇数.

（ⅰ）a, b, c, d 同为偶数：设 $a = 2a', b = 2b', c = 2c', d = 2d'$.

此时 $a' + b' + c' + d' = 3, a^2+b^2+c^2+d^2 = 4(a'^2+b'^2+c'^2+d'^2)$.

因为 $a'^2+b'^2+c'^2+d'^2$ 与 $a'+b'+c'+d'$ 奇偶性相同，

所以 $a^2+b^2+c^2+d^2$ 不可能为 8 的倍数.

（ⅱ）a, b, c, d 同为奇数：

由于奇数的平方模 8 同余于 1，

所以 $a^2+b^2+c^2+d^2 \equiv 4(\bmod 8)$，

所以 $a^2+b^2+c^2+d^2$ 不可能为 8 的倍数.

因此 $a^2+b^2+c^2+d^2$ 的取值必为 10 到 34 之间的偶数且不为 8 的倍数.

另一方面，设 $f(a, b, c, d) = a^2+b^2+c^2+d^2$，

于是 $\left(\sin \dfrac{A-B}{2}+\sin \dfrac{C}{2}\right)^2=\left(\sin \dfrac{A-B}{2}+\cos \dfrac{A+B}{2}\right)^2$

$$=\sin^2 \dfrac{A-B}{2}+\cos^2 \dfrac{A+B}{2}+2\sin \dfrac{A-B}{2}\cos \dfrac{A+B}{2}$$

$$=1-\dfrac{1}{2}\cos(A-B)+\dfrac{1}{2}\cos(A+B)+\sin A-\sin B$$

$$=1-\sin A\sin B+\sin A-\sin B$$

$$=1$$

因为 $0<A-B,C<\pi$,

所以 $\sin \dfrac{A-B}{2}+\sin \dfrac{C}{2}=1.$

11. $\left(\dfrac{1}{2},+\infty\right)$ **解析:** $\angle ADM=180°-\angle BCD=180°-\angle ABM,$

所以 A,B,M,D 四点共圆,

于是 $\dfrac{AM}{BM}=\dfrac{\sin \angle ABM}{\sin \angle BDM}=\dfrac{\sin \angle DCB}{\sin \angle BDC}=\dfrac{DB}{BC}$

易知 $\dfrac{DB}{BC}\in\left(\dfrac{1}{2},+\infty\right).$

12. 12 **解析:** 令 $x=\cos \theta(\theta\in[0,\pi])$,

则 $\sin \theta=\cos 3\theta$, 即 $\cos\left(\dfrac{\pi}{2}-\theta\right)=\cos 3\theta$,

由于 $\dfrac{\pi}{2}-\theta\in\left[-\dfrac{\pi}{2},\dfrac{\pi}{2}\right],3\theta\in[0,3\pi]$,

所以 $3\theta=\dfrac{\pi}{2}-\theta$ 或 $3\theta=\dfrac{\pi}{2}-\theta+2\pi$ 或 $3\theta=\theta-\dfrac{\pi}{2}+2\pi.$

解得 $\theta=\dfrac{\pi}{8}$ 或 $\dfrac{5\pi}{8}$ 或 $\dfrac{3\pi}{4}.$

因而其全部解为 $x=\cos \dfrac{\pi}{8}$ 或 $\cos \dfrac{5\pi}{8}$ 或 $\cos \dfrac{3\pi}{4}.$

由题意知,所求值为:

$$\dfrac{3}{\cos \dfrac{\pi}{8}\cos \dfrac{5\pi}{8}\cos \dfrac{3\pi}{4}}=\dfrac{3}{-\cos \dfrac{\pi}{8}\sin \dfrac{\pi}{8}\cos \dfrac{3\pi}{4}}=\dfrac{6}{\sin \dfrac{\pi}{4}\cos \dfrac{\pi}{4}}=\dfrac{12}{\sin \dfrac{\pi}{2}}=12.$$

13. 小于 **解析:** 由题意知若 A 为 $n+1$ 位数,则 $D(A)\leqslant(2^{n+1}-1)\times 9<2^{n+1}\times 10$,

$b_0=2033^{10}<10^{40}$,

所以 b_0 至多为 40 位,所以 $b_1<2^{40}\times 10<8^{14}\times 10<10^{15}$,

所以 b_1 至多 15 位,进而 $b_2<2^{15}\times 10<8^5\times 10<10^6$,

所以 b_2 至多 6 位,进而 $b_3<2^6\times 10<640$,

所以 b_3 至多 3 位，进而 $b_4 < 2^3 \times 10 < 80$，

所以 b_4 至多 2 位，进而 $b_5 < 40$ 也至多两位，

依次类推可得 b_{2022} 至多两位，

其各位数字的平方和不超过 $81 + 81 = 162$，小于 200.

【注】原问题为求 b_{2022} 各位上数字的平方和，题目中所给出选项分别为"730"，"520"和"370"和"以上答案均不正确".

14.4 **解析**：令 $b_n = \sqrt{1 + 2a_n}$，则 $b_1 = 5$ 且 $a_n = \dfrac{b_n^2 - 1}{2}$，

原式为 $\dfrac{b_{n+1}^2 - 1}{2} = \dfrac{1}{4}\left(3 + \dfrac{b_n^2 - 1}{2} + 3b_n\right)$，

整理得 $4b_{n+1}^2 = b_n^2 + 6b_n + 9$，则 $b_n > 0$ 得 $2b_{n+1} = b_n + 3$，

即 $2(b_{n+1} - 3) = b_n - 3$，

所以 $b_n - 3 = \dfrac{1}{2^{n-1}}(b_1 - 3) = \dfrac{1}{2^{n-2}}$，

所以 $b_n = \dfrac{1}{2^{n-2}} + 3 > 3$，$a_n = \dfrac{b_n^2 - 1}{2} > 4$，

另一方面，$b_{10} = \dfrac{1}{256} + 3 < \dfrac{1}{\sqrt{10} + 3} + 3 = \sqrt{10}$，

所以 $a_{10} = \dfrac{b_{10}^2 - 1}{2} < 4.5$，

综上所述，$4 < a_{10} < 4.5$，

所以与之最接近的整数为 4.

15.36 **解析**：法一：

由 $f(-2) = 0$，可设 $f(x) = (x+2)(ax+b) = ax^2 + (2a+b)x + 2b$，

则由 $f(x) \geqslant 2x$ 得 $ax^2 + (2a+b-2)x + 2b \geqslant 0$，

所以 $a \geqslant 0$ 且 $(2a+b-2)^2 \leqslant 8ab$，整理后即为 $4a^2 + b^2 \leqslant 4ab + 8a + 4b - 4$，

由 $f(x) \leqslant \dfrac{x^2 + 4}{2}$ 得 $(2a-1)x^2 + (4a+2b)x + 4b - 4 \leqslant 0$，

若 $2a - 1 = 0$，则必有 $4a + 2b = 0$，此时与 $(2a+b-2)^2 \leqslant 8ab$ 矛盾，

所以 $2a - 1 \leqslant 0$ 且 $(4a+2b)^2 \leqslant 4(2a-1)(4b-4)$，

整理后为 $4a^2 + b^2 \leqslant 4ab - 8a - 4b + 4$，

与 $4a^2 + b^2 \leqslant 4ab + 8a + 4b - 4$ 相加即得 $4a^2 + b^2 \leqslant 4ab$，

即 $(2a-b)^2 \leqslant 0$，所以 $2a = b$，

所以 $f(x) = (x+2)(ax+2a) = a(x+2)^2$，

又由于在原不等式中令 $x = 2$ 可得 $4 \leqslant f(2) \leqslant 4$，

$$|AB|^2 = \left(\frac{6}{\sqrt{4k^2+9}} - \frac{6k}{\sqrt{9k^2+4}}\right)^2 + \left(\frac{6k}{\sqrt{4k^2+9}} + \frac{6}{\sqrt{9k^2+4}}\right)^2$$

$$= 36\left(\frac{(k\sqrt{4k^2+9} - \sqrt{9k^2+4})^2 + (k\sqrt{9k^2+4} + \sqrt{4k^2+9})^2}{(4k^2+9)(9k^2+4)}\right)$$

$$= \frac{36(k^2+1)(13k^2+13)}{(4k^2+9)(9k^2+4)}$$

设 $t = \dfrac{1}{k^2+1} \in (0,1)$,

则 $|AB|^2 = \dfrac{36 \times 13}{(4+5t)(9-5t)} = \dfrac{36 \times 13}{-25\left(t - \dfrac{1}{2}\right)^2 + \dfrac{169}{4}} \in \left[\dfrac{144}{13}, 13\right)$,

结合 A, B 为椭圆顶点时, 知 $|AB| \in \left[\dfrac{12\sqrt{13}}{13}, \sqrt{13}\right]$.

所以周长的最小值与最大值之和为 $\dfrac{100\sqrt{13}}{13}$.

清华大学 2022 强基计划
数学试题（部分）

原试卷共 35 题, 本试卷为考生回忆版, 有缺失, 仅供考生参考.

1. 若 $x \& (y \& z) = x \& y + z, x \& x = 0$, 求 $2000 \& 2022$.

2. $a^2 + b^2 + c^2 + d^2 + e^2 = 1$, 求 $|a-b| + |b-c| + |c-d| + |d-e| + |e-a|$ 的最大值.

3. 已知复数 $|z| = 1$, 求 $|(z-2)(z+1)^2|$ 的最大值.

清华大学 2022 强基计划
数学试题（部分）
答案及解析

1. **解析：** 由于变量的任意性，不妨带入 $\begin{cases} x=2000, \\ y=2022, \\ z=2022, \end{cases}$

   于是有 $2000\&(2022\&2022)=2000\&0=2000\&2022+2022$

   即 $2000\&0=2000\&2022+2022$ 1.1

   再代入 $\begin{cases} x=2000 \\ y=2000, \\ z=2000 \end{cases}$

   则有 $2000\&(2000\&2000)=2000\&0=2000\&2000+2000=2000$

   即 $2000\&0=2000$ 1.2

   由 1.1，1.2 知

   $2000\&2022+2022=2000$

   因此，$2000\&2022=-22$.

2. **解析：** 对于 $|a-b|\leqslant|a|+|b|$，其取等条件为 a,b 异号或至少其中一个为 0，不妨设 $a\geqslant0$，则 b $\leqslant0$，同理可得 $|b-c|\leqslant|b|+|c|$，$|c-d|\leqslant|d|+|d|\cdots$

   当以上不等式都取等时，

   则有 $a\geqslant0,b\leqslant0,c\geqslant0,d\leqslant0,e\geqslant0$.

   令 $a\geqslant e$，于是有

   $|a-b|+|b-c|+|c-d|+|d-e|+|e-a|=2a-2b+2c-2d=2(|a|+|b|+|c|+|d|)$

   因为 $\dfrac{|a|+|b|+|c|+|d|}{4}\leqslant\sqrt{\dfrac{a^2+b^2+c^2+d^2}{4}}$，

   所以有 $2(|a|+|b|+|c|+|d|)\leqslant4\sqrt{(a^2+b^2+c^2+d^2)}=4\sqrt{1-e^2}\leqslant4$

   因此，$|a-b|+|b-c|+|c-d|+|d-e|+|e-a|$ 的最大值为 4.

   当 $a=0,b=d=-\dfrac{1}{2},c=e=\dfrac{1}{2}$ 时取等.

3. **解析：** 已知 $|z_1\cdot z_2|=|z_1|\cdot|z_2|$，$|z|^2=z\cdot\bar{z}$，则

$$|(z-2)(z+1)^2| = |z-2||z+1|^2$$
$$= \sqrt{\sqrt{z-2} \cdot \sqrt{\bar{z}-2}(z+1)(\bar{z}+1)}$$
$$= \sqrt{(5-2(z+\bar{z}))(z+\bar{z}+2)},$$

设 $T = \sqrt{(5-2(z+\bar{z}))(z+\bar{z}+2)},$

令 $z+\bar{z}=t,$

则 $T = \sqrt{(5-2t)(t+2)}$
$$= \sqrt{(5-2t)(t+2)(t+2)}$$
$$\leqslant \sqrt{\left(\frac{(5-2t)+(t+2)+(t+2)}{3}\right)^3}$$
$$= 3\sqrt{3},$$

当且仅当 $t=1, z=\frac{1}{2}\pm\frac{\sqrt{3}}{2}i$ 时取等.

故最大值为 $3\sqrt{3}$.

4. -1 **解析**: 设 $z_1 = 1+ti$, 则 $1 \leqslant t \leqslant a(a>1)$, $z_2 = \cos\theta + i\sin\theta$,

所以 $z = 1+\cos\theta + (t+\sin\theta)i = x+yi$.

因此有 $(x-1)^2 + (y-t)^2 = 1, 1 \leqslant t \leqslant a$.

如下图所示, 则 z 在复平面上围成的面积即为阴影区域, 即

$S = 2(a-1) + \pi = \pi + 4.$

解得 $a=3$.

同理当 $a<1$ 时,

则有 $S = 2(1-a) + \pi = \pi + 4 \Rightarrow a = -1.$

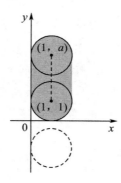

6. $\frac{1}{32}$ **解析**: 由条件知:

$$f(x)+f(1-x)=1 \Rightarrow f\left(\frac{1}{2}\right)+f\left(1-\frac{1}{2}\right)=1 \Rightarrow f\left(\frac{1}{2}\right)=\frac{1}{2}$$

12. a^2-b^2 **解析:**由向量的回路恒等式

$$\overrightarrow{AB}+\overrightarrow{CD}=\overrightarrow{AD}+\overrightarrow{CB}$$

证明:$\overrightarrow{AB}+\overrightarrow{CD}=(\overrightarrow{AD}+\overrightarrow{DB})+\overrightarrow{CD}=\overrightarrow{AD}+(\overrightarrow{CD}+\overrightarrow{DB})=\overrightarrow{AD}+\overrightarrow{CB}$

因此:

$(\overrightarrow{AD}+\overrightarrow{BC})(\overrightarrow{AB}+\overrightarrow{DC})=(\overrightarrow{AC}-\overrightarrow{DC}+\overrightarrow{BD}-\overrightarrow{CD})(\overrightarrow{AC}-\overrightarrow{BC}+\overrightarrow{DB}-\overrightarrow{CB})=(\overrightarrow{AC}+\overrightarrow{BD})(\overrightarrow{AC}+\overrightarrow{DB})=(\boldsymbol{a}-\boldsymbol{b})(\boldsymbol{a}+\boldsymbol{b})=\boldsymbol{a}^2-\boldsymbol{b}^2$

13. $\dfrac{163}{3}$ **解析:**由题意可知

$(x+y)(ax^2+by^2)=ax^3+by^3+xy(ax+by)\Rightarrow 2(x+y)=7+xy$

$(ax^3+by^3)(x+y)=ax^4+by^4+xy(ax^2+by^2)\Rightarrow 7(x+y)=18+2xy$

联立上述两式可得

$x+y=\dfrac{4}{3},xy=-\dfrac{13}{3}$ ①

此时

$(x+y)(ax^4+by^4)=ax^5+by^5+xy(ax^3+by^3)\Rightarrow 18(x+y)=ax^5+by^5+7xy$ ②

将①代入②可得

$ax^5+by^5=\dfrac{163}{3}.$